W0305053

Pläne, Projekte, Bauten

Philipp Meuser

Pläne Projekte Bauten

Architektur und Städtebau in Köln 2000 bis 2010

Herausgegeben von Klaus O. Fruhner

unter Mitarbeit von Andrea Platena und Uta Keil

Verlagshaus Braun

Inhalt

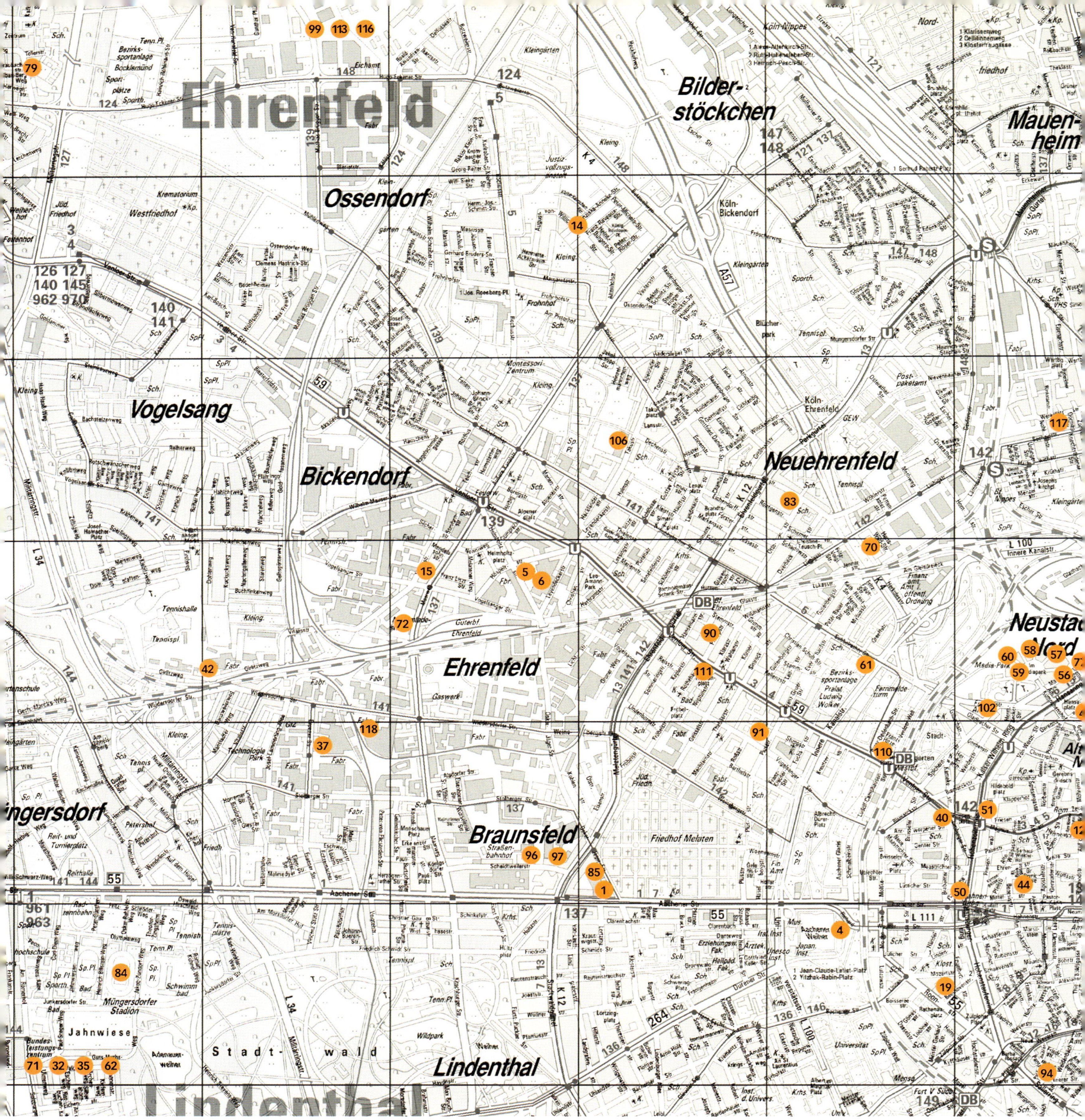

Straßen- und Objektregister

1. Aachener Straße, Bezirksrathaus
2. Agrippinaufer, Büro- und Geschäftshaus
3. Agrippinaufer, ehem. Getreidespeicher
4. Am Aachener Weiher, Café
5. Am Kölner Brett 2, Loftgebäude
6. Am Kölner Brett 8, Bürogebäude
7. Am Molenkopf, Heizkraftwerk
8. Amsterdamer Straße 1, Weinmuseum
9. An der Deutzer Brücke, Museum der Düfte
10. An der Schanz 1 a, Galerie
11. Antoniterstraße, Antoniter-Zentrum/Café
12. Auf dem Berlich 26, Schmuckgalerie
13. Auguste-Kowa ski-Straße, Quartierszentrum
14. August-von-Willich-Straße, Wohnsiedlung
15. Äußere Kanalstraße 1–33, Wohngebäude
16. Bahnhofsvorplatz, Neugestaltung
17. Bayenstraße 2, Hafenamt
18. Bayenstraße 51, Hotel
19. Beethovenstraße 12–18, Wohn- und Geschäftshaus
20. Berrenrather Straße, Schulgebäude
21. Bischofsgartenstraße, Eingang Museum Ludwig
22. Bonner Wall, U-Bahn-Station
23. Breslauer Platz, Städtebauliche Neuordnung
24. Brückenstraße/Kolumbastraße, Diözesanmuseum

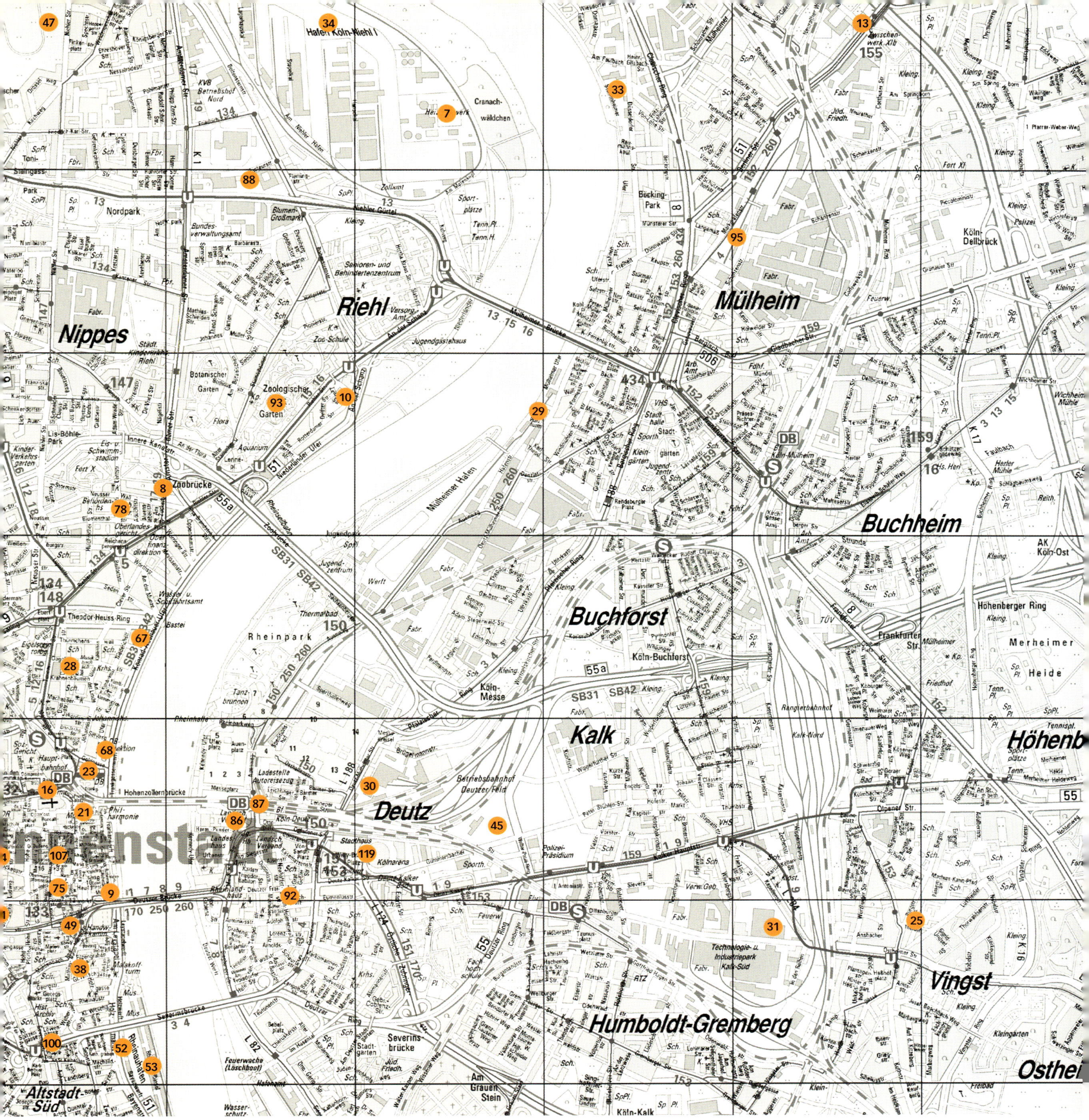

25. Burgstraße 42, Pfarrkirche St. Theodor
26. Cäcilienstraße, Kulturzentrum am Neumarkt
27. Chlodwigplatz, U-Bahn-Station
28. Dagobertstraße, Wohn- und Geschäftshaus
29. Deutz-Mülheimer-Straße, Wohngebäude
30. Deutz-Mülheimer-Straße, Städtebau
31. Dillenburger Straße, Technikhof Kalk
32. Dürener Straße, Städtebauliche Neuordnung
33. Düsseldorfer Straße, Wohnbebauung
34. Egonstraße, Werkstattgebäude Großklärwerk
35. Else-Lang-Straße 1, Bürohaus
36. Ettore-Bugatti-Straße, Bürogebäude
37. Eupener Straße 133, Technologie- und Bürozentrum
38. Filzengraben 2 b/c Kunsthochschule für Medien
39. Friedrich-Ebert-Straße 2, Bürogebäude
40. Friesenplatz 25, Bürogebäude
41. Gereonswall 75, Bürogebäude
42. Girlitzweg, Gewerbe- und Landschaftspark
43. Goltsteinstraße 110, Wohnhaus
44. Große Brinkgasse 21–25, Geschäftshaus
45. Gummersbacher Straße, Städtebau
46. Gustav-Heinemann-Ufer, Bürogebäude
47. Henry-Ford-Straße, Produktionsgebäude
48. Hermann-Espenmüller-Straße, Wohnhäuser
49. Heumarkt, U-Bahn-Station
50. Hohenzollernring, Hotel- und Geschäftshaus
51. Hohenzollernring/Friesenwall, Geschäftshaus
52. Holzmarkt, Loftgebäude
53. Holzmarkt/Bayenstraße, Rheinauhafen
54. Höninger Weg 153, Wohnbebauung
55. Houdainerstraße 32, Gemeindezentrum
56. Im Mediapark 2, Bürogebäude
57. Im Mediapark 4, Bürogebäude
58. Im Mediapark 6, Bürogebäude
59. Im Mediapark 8, Bürohochhaus
60. Im Mediapark 8 a, Bürogebäude

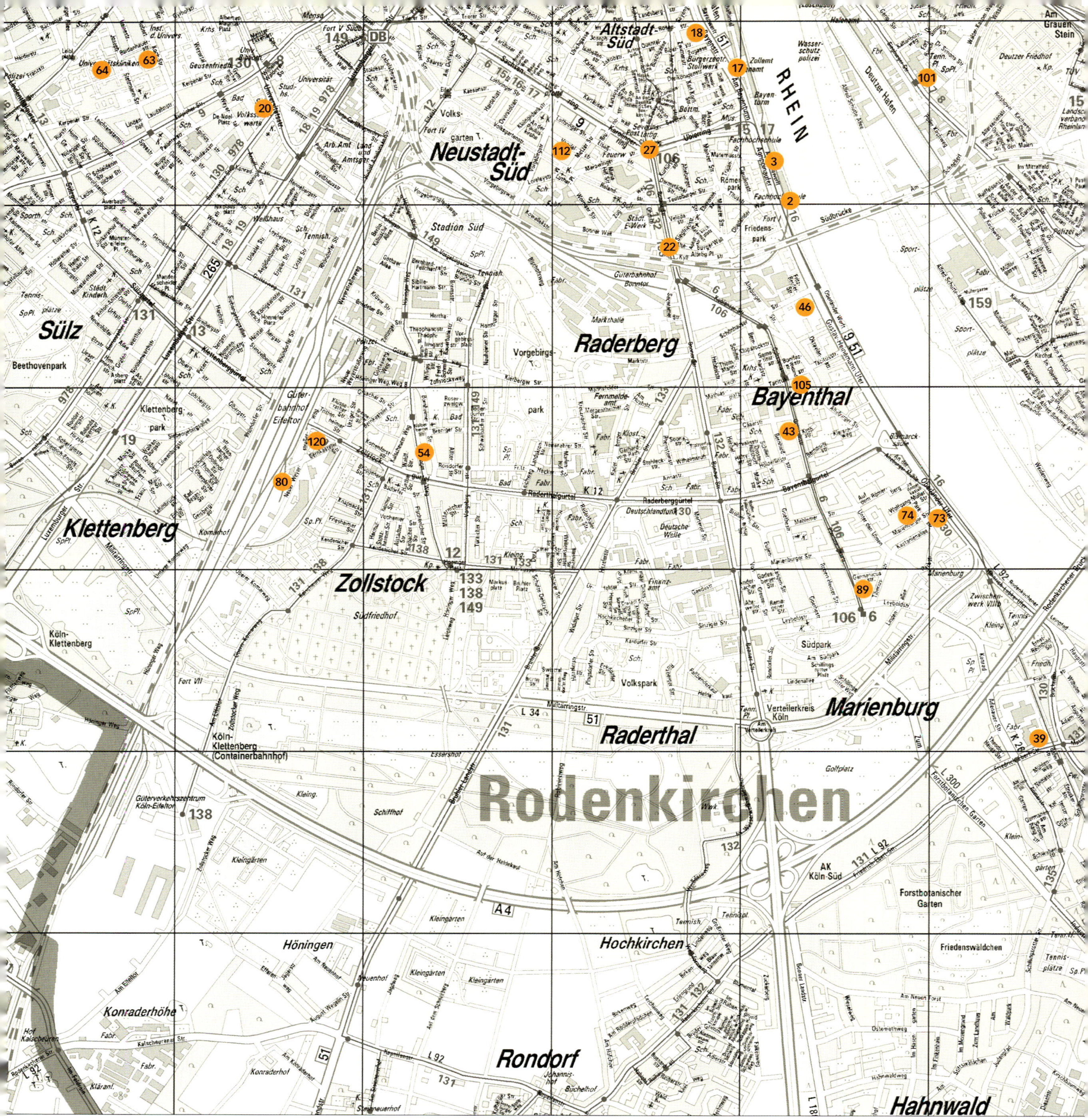

61. Innere Kanalstraße, Bürogebäude
62. Johannes-Theodor-Baargeld-Weg, Wohnbebauung
63. Joseph-Stelzmann-Straße, Laborgebäude
64. Joseph-Stelzmann-Straße, Universitätsklinik
65. Kämmergasse Bürogebäude
66. Komödienstraße, WDR-Besucherzentrum
67. Konrad-Adenauer-Ufer 69, Wohngebäude
68. Konrad-Adenauer-Ufer, ehem. Bahndirektion
69. Leonhard-Tietz-Straße/Peterstraße, Bürogebäude
70. Liebigstraße/Hans-Wild-Straße, Wohnbebauung
71. Lindenallee, Wohngebiet
72. Maarweg, Betriebshof
73. Marienburger Straße 1, Bürogebäude
74. Marienburger Straße 6, Wohnhaus
75. Martinstraße 39, Wallraf-Richartz-Museum
76. Maternusplatz, Städtebauliche Neuordnung
77. Maybachstraße, Klinik
78. Merlostraße 10–14, Wohnhaus
79. Nattermannallee, Büro- und Laborgebäude
80. Neuer Weyerstraßer Weg, Bürohaus
81. Neven-DuMont-Straße, Büro- und Geschäftshaus
82. Nord-Süd-Fahrt/Cäcilienstraße, Bürogebäude
83. Nussbaumerstraße, Jüdisches Gemeindezentrum
84. Olympiaweg/Heinrich-Billstein-Weg, Stadion
85. Oskar-Jäger-Straße 1–7, Bürogebäude
86. Ottoplatz/Hermann-Pünder-Straße, Bürogebäude
87. Ottoplatz, ICE-Bahnhof »Köln-Deutz/Messe«
88. Pasteurstraße 1 a, Büro- und Produktionsgebäude
89. Pferdemengesstraße, Wohnhaus
90. Philippstraße 31–39, Wohngebäude
91. Piusstraße/Venloer Straße, Wohngebäude
92. Reischplatz 2 c, Wohn- und Geschäftshaus
93. Riehler Straße 173, Elefantenhaus
94. Salierring 32, Bürogebäude
95. Schanzenstraße, Gewerbepark
96. Scheidtweilerstraße 38, KVB-Zentrale

97. Scheidtweilerstraße/Melatengürtel, Bürogebäude
98. Schildergasse/Antonsgasse, Kaufhaus
99. Schneebergstraße, Kath. Gemeindezentrum
100. Severinstraße, U-Bahn-Station
101. Siegburger Straße, Bürogebäude
102. Spichernstraße/Erftstraße, Bürogebäude
103. Ströer Allee 1, Firmenzentrale
104. Sürther Straße, Städtebauliche Neuordnung
105. Tacitusstraße, Wohn- und Geschäftshaus
106. Takustraße, Wohnbebauung
107. Theo-Burauen-Platz 1, Spanischer Bau
108. Theodor-Heuss-Straße, Jugendzentrum
109. Uferstraße 10, Mehrfamilienhaus
110. Venloer Straße 44, Büro- und Geschäftshaus
111. Venloer Straße/Neptunplatz, Geschäftshaus
112. Vondelstraße 29–31, Bürogebäude
113. Von-Hünefeld-Straße, Bürogebäude
114. Waldstraße, Flughafen Köln/Bonn, Terminal 1 + 2
115. Waldstraße, ICE Bahnhof »Flughafen Köln/Bonn«
116. Weichselring, Schulgebäude
117. Werkstattstraße 9, Loftgebäude
118. Widdersdorfer Straße/Mercedes-Allee, Büropark
119. Willy-Brandt-Platz, KölnArena und Stadthaus
120. Zollstockgürtel, Verlags- und Bürohaus

Kartengrundlage: Stadt Köln/Amt für Liegenschaften, Vermessung und Kataster, Maßstab 1:25.000

Pläne, Projekte, Bauten

Klaus Otto Fruhner
Dezernent für Wirtschaft, Stadtentwicklung und Stadtplanung
Department Head for Economy, City Development, Urban Planning

Während früher Staat und Kirche, Kaufleute und Handwerker sowie Einzelpersonen gegenüber Architekten als Bauherren auftraten, so hat sich die Situation in den letzten Jahren grundlegend gewandelt. Projektentwickler, Besitzergesellschaften, Betreibergesellschaften, Fonds oder Investoren haben den Bauherren als identifizierbare Person oftmals abgelöst. — Auf der anderen Seite ist auch das Berufsbild des Architekten in die Diskussion gekommen. Die Baumeister unserer Zeit sehen sich einem Markt ausgesetzt, in dem nicht mehr allein Qualität und Beständigkeit, sondern Finanzierung, Preiskampf und Termindruck sowie zunehmend auch internationaler Anspruch beziehungsweise Vergleich dominieren. — In diesen neuen, sich ständig verändernden Strukturen einen Städtebau, eine Architektur zu schaffen, deren Qualitäten über die Stadtgrenzen hinaus und auch noch nach Ablauf der Amortisationszeit eine Aufmerksamkeit erlangt, gehört heute mehr denn je zu den Herausforderungen aller an Planung und Bau Beteiligten. Die Verantwortung der Entwicklungs- und Baubehörde endet deshalb nicht bei der Festsetzung von baurechtlichen Vorgaben. Sie muss als Hüterin der Baukultur dafür Sorge tragen, dass Bauherren und Architekten trotz gegenwärtig schwieriger Rahmenbedingungen den Blick für das Ganze nicht verlieren. Sie muss ebenso jedoch dafür Verantwortung tragen, dass es zur Ausführung und somit zur weiteren Entwicklung und Profilbildung einer Stadt kommt. — Das vorliegende Buch unternimmt daher den Versuch, das zukünftige Stadtbild Kölns anhand von geplanten, in Bau befindlichen oder gerade fertig gestellten Projekten zu zeichnen. Dabei ist der gewählte Zeitraum von zehn Jahren, in dem die gezeigten Gebäude realisiert wurden beziehungsweise noch werden, in stadtentwicklungspolitischer Dimension eigentlich zu kurz. Denn unsere Städte wachsen langsam; sie sind nicht für den Augenblick gebaut. Ihre Infrastruktur sollte so angelegt sein, dass sie mehreren Generationen dient. — Vor diesem Hintergrund kann »Pläne, Projekte, Bauten. Architektur und Städtebau in Köln 2000 bis 2010« nicht mehr als eine Bestandsaufnahme im Jahre 2003 sein. Das Buch soll nicht werten, es soll vielmehr die rege Entwicklungs- und mit ihr einher gehende Bautätigkeit am Rhein dokumentieren. — Darüber hinaus erhebt es nicht den Anspruch auf Vollständigkeit, sondern ist eine Auswahl von 120 Projekten, die einen baukulturellen Beitrag zu unserer Stadt leisten wollen und vom kleinen Ladenausbau bis hin zu städtebaulichen Großprojekten reichen. Wie lange gerade ambitionierte Großprojekte ihrer Fertigstellung entgegensehen, zeigen die Beispiele MediaPark und Rheinauhafen. Während im MediaPark nach knapp 15 Jahren auch das letzte »Tortenstück« realisiert werden konnte, steht mit dem Rheinauhafen nun ein ebenso ehrgeiziges Projekt an. Die Baustellen sind dort inzwischen eingerichtet; erste Projekte bereits ihrer Nutzung übergeben. — Dass derart große Flächen in Innenstadtlage überhaupt zur Verfügung stehen, hat einen einfachen Grund: Der Strukturwandel unserer Gesellschaft bedingt eine neue Nutzung der Stadt. Personalintensive Industrien und großflächiges Gewerbe, die unsere Stadt vor über 100 Jahren geprägt und reich gemacht haben, verlassen das Zentrum und werden von Dienstleistungsunternehmen abgelöst. Auch tragen politische Veränderungen – wie etwa der Abzug militärischer Einrichtungen – dazu bei, dass in Innenstadtnähe ehemalige Kasernenanlagen zu attraktiven Wohngebieten transformiert werden können. — Ein Blick auf die Bauprojekte spiegelt aber auch die wirtschaftliche Entwicklung und Orientierung Kölns. So ist etwa die Biotechnologie – trotz der insgesamt nicht optimalen Rahmenbedingungen – zu einem weiteren Hoffnungsträger geworden. Hier entwickelt sich die Region Köln mehr und mehr zu einer der deutschen Leitregionen. Die derzeitigen Anstrengungen städtischer Strukturförderung zielen dabei auf eine noch stärkere Ausschöpfung der Synergiepotenziale zwischen Wissenschaft, Forschung und Wirtschaft, mit besonderer Zielrichtung hin zur Medizin und Medizintechnik. — Nach Jahren eher kleiner Schritte hat Köln seine Positionierung als Euro-Hub, also als europäische Verkehrsdrehscheibe, deutlich gestärkt. Eine zentrale Rolle kommt dabei der neuen ICE-Strecke zwischen Köln und Frankfurt/Main zu. Sie verkürzt seit Ende 2002 nicht nur die Bahnfahrt zwischen der Domstadt und der Mainmetropole, sondern wird nach der Fertigstellung des ICE-Terminals »Flughafen Köln/Bonn« 2004 im wahrsten Sinne des Wortes zur Verbindungsschiene zwischen den Airports Düsseldorf, Köln und Frankfurt/Main. Ebenfalls ausgebaut wurde die Strecke Köln-Aachen mit Weiterführung nach London, Amsterdam, Paris via Brüssel. Seit Ende 2002 verkehrt hier der Thalys. Köln ist in Deutschland jetzt der einzige Verkehrsknotenpunkt mit schnellem internationalen Ost-West- sowie nationalen Nord-Süd-Schienenverkehr. — An diesem Knoten des Verkehrs entsteht nach MediaPark und Rheinauhafen das größte Projekt Kölns: der Ausbau des ICE-Bahnhofs »Köln-Deutz/Messe«, die Neudisposition und Ausweitung der Messe in Innenstadtlage, direkt an diesem Bahnhof und mittelbar am Rhein, sowie die Platzierung eines Kongresszentrums mit Hotel- und Bürokomplex. Der Bahnhof erlebt seine Renaissance durch die Erst- und Neunutzung seines Umfeldes. Köln gewinnt Innenstadtlagen hinzu. Das Rechtsrheinische wird zum Wachstums- und Strukturfaktor höchster Bedeutung für die Gesamtstadt. — Von den Ausbaumaßnahmen profitiert auch der Nahverkehr. Der S-Bahnverkehr ist und wird weiter bis 2006 ausgebaut. Bis 2012 wird der Kölner Autobahnring sechsstreifig und in Teilen achtstreifig ausgebaut sein. — In engem Zusammenhang mit dem Ausbau der Verkehrsinfrastruktur und der zentralen Lage Kölns in Europa steht die Entwicklung des Tourismus-, Kongress- und Messestandorts Köln, ergänzt durch den Kulturstandort. Die kräftige Investitionstätigkeit im Hotelsektor ist überall im Stadtgebiet sichtbar geworden. — Trotz knapper öffentlicher Budgets sind in den vergangenen Jahren neue Museen und Kultureinrichtungen entstanden, sind viele in Planung oder im Bau. Vielfach hat sich der Staat als Bauherr und Investor zurückziehen müssen. Doch private Bauherren erkennen mehr und mehr ihre Verantwortung gegenüber der Gesellschaft. Baukultur wird nicht zuletzt durch die Initiative der Bundesregierung zu einem festen Bestandteil deutscher Kulturpolitik. Jeder Investor gestaltet die Zukunft Kölns mit. Jedes neue Gebäude prägt daher unser Stadtbild und stärkt gleichzeitig den Wirtschaftsstandort Köln. Wir brauchen das Engagement von Investoren und Unternehmen, die als Nutzer neuer Gebäude die Stadt voran bringen. Die in diesem Band vorgestellten Projekte sind daher mehr als nur Signale für die Zukunft Kölns. Sie sind die Basis für ein Wachstum und Erneuerung unserer Stadt. — While in the past the state and church, merchants and craftsmen, approached the architect as a client, today's situation is fundamentally a different one. To a certain extent, the structures associated with contractors in the field of building have all been drastically altered. More often than not, the project developers, holdings companies, management societies, funds, or the investors, take the place of the person once identified as the client. — On the other side, even the job profile of the professional architect has become subject to discussion. The master builders of our time see themselves at the mercy of a market in which quality alone is no longer what dominates, but also financing, building costs, pressure-ridden deadlines, and upholding international standards or being compared to them. — To create within these new and perpetually-changing structures an architecture whose inherent quality surpasses urban boundaries, and draws attention to itself after its amortization period, ranks more than ever among the major challenges of all those involved in construction endeavors. For that reason, the responsibility of the planning and controlling departments never ends with the establishing of regulations enforced by planning and building laws. As the protectors of our building culture, they must see to it that the architects and their clients, in spite of today's difficult circumstances, never lose sight out of the overall view; they must likewise assume responsibility for the completion of these projects, and thereby promote both the city's development and stature. — The existing publication takes on the attempt to portray Cologne's urban imagery of the future through architectural projects either in the planning, under construction, or recently completed. In doing so, the chosen time-span of ten years, as the period in which the buildings shown here were realized or would be, is actually too short when seen from the standpoint of the urban development and political dimension. This is because our cities develop slowly, and are never built to simply satisfy the moment at hand; their infrastructure has to be developed in a manner that serves generations to come. — Before so vast a background, »Plans, Projects, Buildings. Architecture and Urban Development in Cologne 2000 to 2010« can be hardly more than a stock-taking in the year 2003. This publication does not set out to judge, but rather to clearly document the lively building activities executed along the Rhine. — In addition, this publication does not claim to be a complete documentation of these activities. It focuses on a selection of 120 projects, all of which propose significant architectural contributions to our city, and range from extensions on shops to large-scale urban design projects. The MediaPark and Rheinau Harbor projects are perfect examples of how long ambitious large-scale projects can await completion. While with the MediaPark the last »glazed slice« could be completed after almost 15 years, with the Rheinau Harbor an equally ambitious project still awaits its completion. Meanwhile the construction sites have been erected, and the initial projects assigned their terms of use. — There is a simple reason for such immense inner-city areas being made available at all: The structural change within our society requires a new way of using the city. The personnel-laden industries and big businesses that characterized our city for more than 100 years, and made it rich, are leaving the center and being replaced by the service-oriented concern. Political changes – such as the departure of military installations – also play a decisive role, and allow the former barracks' compound on the fringe of the inner city to be transformed into attractive residential areas. — A glimpse at our city's building projects likewise reflects the economic development and orientation of Cologne. In a similar fashion, the field of biotechnology – despite the not altogether ideal surrounding circumstances – has developed into a carrier for hope. Greater Cologne is steadily developing into one of Germany's leading regions, and the city's present-day attempts to meet the structural requirements are targeted at further exhausting the synergetic potential between the fields of science, research and economy, focussing in particular on medicine and medical technologies. — After years of taking relatively small steps, Cologne has substantially strengthened its position as a European hub, and as a turntable for European traffic. Essential to this development is the new ICE train route between Cologne and Frankfurt/Main. Since the summer of last year, this not only reduces traveling time between the Cathedral City and the metropolis on the Main, but together with the completion of the ICE terminal »Cologne/Bonn Airport«, it becomes, in the truest sense of the word, the distribution track of the Düsseldorf, Cologne, and Frankfurt/Main airports. Extensions were also completed on the Cologne-Aachen route, with route extensions to London, Amsterdam, and Paris via Brussels. Since the end of 2002, »Thalys« are in operation here. In Germany, Cologne is now the only traffic-exchange point with east-west as well as north-south rapid-transit international train routes. — Within this immense traffic interface, following the MediaPark and Rheinau Harbor projects, emerges Cologne's largest project: the extension of the »Cologne/Deutz Fair« ICE train station, and the repositioning as well as expanding of the inner-city fair grounds to this station so close to the Rhine – along with positioning a congress center with hotel and office complex. In this way, the train station experiences a renaissance through the initial and new use of its surroundings. And while Cologne receives a wealth of new inner-city situations, the right side of the Rhine becomes an extremely important growth-and-structuring factor for the entire city. — Local traffic as well profits from these expansion measures. The S-Bahn (Suburban Railway Route) service is and will be extended up into 2006. This also applies to the Cologne-Ring highway, due to receive six lanes and, in certain sections, eight lanes. — Closely associated with developing the traffic's infrastructure as well as Cologne's centralized European position, is developing Cologne's tourism, congress and trade-fair location – and in the hotel sector, the activities of diligent investors are visible all throughout the city. — In spite of reduced public funding, new museums and cultural institutions have been erected, with many others in the planning stages or already under construction. On numerous occasions, the state, as client and investor, was forced to step down. But then, too, private clients recognized to an increasing degree their responsibility toward society. Not only because of the Federal government initiatives is »building culture« such an integral part of Germany's cultural politics. Each and every investor participates in the designing of Cologne's future. Each and every new building project further accents our urban image, and likewise strengthens the location of Cologne's economy. We greatly need the dedication of investors and concerns, who, as users of these new buildings, promote the city's progress. The projects presented in this volume are therefore much more than merely the signals for Cologne's future. They stand for the basis of our city's growth and renewal.

Köln/Cologne, Juli/July 2003

Innenstadt Nord

Brückenstraße/Kolumbastraße

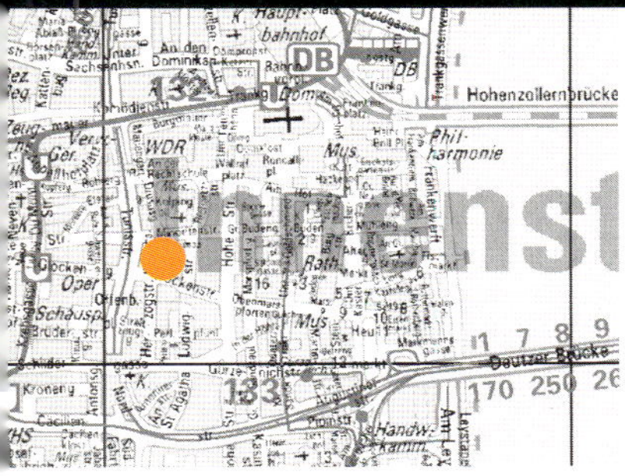

Innenstadt Nord

Neubau Erzbischöfliches Diözesanmuseum »Kolumba«

Architekt Peter Zumthor **Bauherr** Erzbistum Köln

Fertigstellung
2005

An der Brückenstraße soll der Neubau des 1853 gegründeten Erzbischöflichen Diözesanmuseums entstehen. Hier – in zentraler Innenstadtlage – befinden sich zahlreiche steinerne Zeugnisse der Kölner Geschichte: Spuren römischer Bebauung, Fragmente romanischer Sakralbauten, etwa 50 zum Teil vollständig erhaltene Grüfte, die Ruinen der im Zweiten Weltkrieg zerstörten spätgotischen Pfarrkirche St. Kolumba sowie die 1947 von Gottfried Böhm errichtete Kapelle »Madonna in den Trümmern«. In diesen Bestand soll der neue Bau behutsam integriert werden. — Aus dem 1997 durch das Kölner Erzbistum ausgelobten Realisierungswettbewerb ging der Schweizer Architekt Peter Zumthor als Sieger hervor. Die Bauherren wünschten sich ein »Museum der Vertikalität«, das zum Verweilen einladen und das Mittelalter und Neuzeit kongenial miteinander verbinden soll. — Zumthor übernimmt für seinen Backsteinbau den spätgotischen Grundriss von St. Kolumba und baut die Umfassungsmauern auf den Ruinen wieder auf. Das Grabungsfeld umschließt die Kapelle Böhms. Die auf acht konischen Stützen aufgeständerten Ausstellungsflächen werden in zwei Geschossen unmittelbar über dem Grabungsfeld angeordnet.

A new building for the art collection founded in 1853 by a Christian art association related to the Archbishopric of Cologne is to take shape on Brückenstrasse. – Located at the heart of the city centre, the site traces the history of Cologne in documents of stone: Roman remains, fragments of Romanesque religious buildings, approx. 50 partially or completely preserved tombs, the ruins of the late-Gothic parochial church of St. Columba, which was destroyed in World War II, and the chapel »Madonna among the Ruins« erected in 1947 by Gottfried Böhm. The design cautiously integrates the new building into the existing context. — Swiss architect Peter Zumthor won the competition tendered by the Archbishopric of Cologne in 1997. The client specified a focused museum that would encourage visitors to linger rather than casually stroll past exhibits from the Middle Ages to the modern age. For his brick building Zumthor adopts the late-Gothic ground plan of St. Columba and rebuilds the curtain walls from the ruined base. Böhm's chapel lies within the excavation site. The exhibition floors are raised on eight conical pillars and will be arranged in two floors immediately above the excavation site.

Konrad-Adenauer-Ufer

Ensemble aus Grand-Hotel und Bürogebäude (ehem. Bahndirektion)
Architekt Thomas van den Valentyn Bauherr Vivico Real Estate GmbH

oben
Hauptgebäude
unten
Villa/Neubau

rechts oben
Ansicht bei Nacht
rechts mitte
Ehemalige Präsidentenvilla
rechts unten
Gesamtensemle

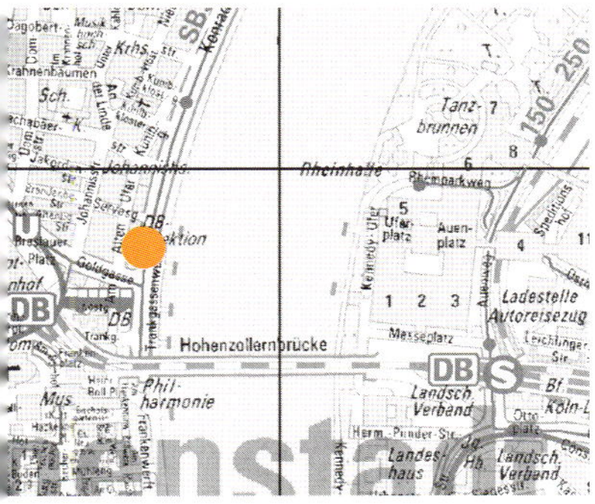

Bruttogeschossfläche
43.300 Quadratmeter
Fertigstellung
2006/2007

Das Hauptgebäude der ehemaligen Bahndirektion aus dem Jahr 1913 soll von der Vivico Real Estate GmbH zu einer exklusiven Immobilie entwickelt werden. Direkt am Konrad-Adenauer-Ufer mit Blick auf den Rhein sowie unmittelbar in der Innenstadt und in direkter Nähe zur Altstadt und zur Messe gelegen, bietet das Objekt auf etwa 25.000 Quadratmetern Bruttogeschossfläche gute Voraussetzungen für eine hochwertige Nutzung. Im Moment wird geprüft, welchem Zweck – Bürostandort oder Büro/Hotel als Mischnutzung – das denkmalgeschützte Hauptgebäude in Zukunft dienen soll. — Das Konzept der neben dem Hauptgebäude gelegenen ehemaligen Präsidentenvilla verbindet traditionsreiche Bausubstanz mit den Ansprüchen moderner Nutzung. Der vordere Gebäudeteil wird in den historischen Strukturen wiederhergestellt, dahinter schließt sich ein mehrgeschossiger Neubau an. Für das Objekt existiert bereits ein tragfähiges Nutzungskonzept – auf etwa 9.800 Quadratmetern Bruttogeschossfläche entstehen in unmittelbarer Nähe von Innenstadt und Messe Büroräume. — Als drittes Teilprojekt auf dem Gelände der ehemaligen Bahndirektion entwickelt die Vivico ein siebengeschossiges Bürogebäude. Das vom Kölner Architekturbüro Thomas van den Valentyn geplante Gebäudeensemble der ehemaligen Bahndirektion schlägt mit diesem Neubau einen architektonisch reizvollen Spannungsbogen zwischen moderner und historischer Bausubstanz. — Mit dem Projekt am Konrad-Adenauer-Ufer wird ein in zentraler Lage gelegener Standort revitalisiert und aufgewertet. Alle Planungen erfolgen in enger Kooperation mit der Stadt Köln.

The main building of the former railway management, dating from 1913, is to be transformed into an exclusive property by Vivico Real Estate GmbH. Located on Konrad-Adenauer-Ufer with a view on the River Rhine, the site is close both to the city centre and the trade fair. The building's approximately 25,000 square meters gross storey space provide ideal conditions for high-quality uses. The main building is under preservation orders; its future purpose – office building or luxury hotel – is still under discussion. — The concept for the president's villa next to the main building combines its rich tradition with the demands posed by modern uses. The front of the building will be returned to its original historical shape, while a new multi-storey wing is added at the back. A workable use concept has already been developed. The building will provide offices in close proximity to the city centre and trade fair on approximately 9,800 square meters gross storey space. — In a third sub-project on the site of the former railway management building, Vivico is developing a seven-storey office building. Designed by the Cologne-based architectural practice Thomas van den Valentyn, the ensemble now taking shape attractively spans the ages from historical to modern architecture. — The project on Konrad-Adenauer-Ufer revitalizes and enhances the status of a site that, despite its central location, has been neglected in the past years. All planning is conducted in close cooperation with the city of Cologne.

Breslauer Platz

Neuordnung Breslauer Platz

Architekt Büder + Menzel Architekten BDA **Bauherr** Stadt Köln

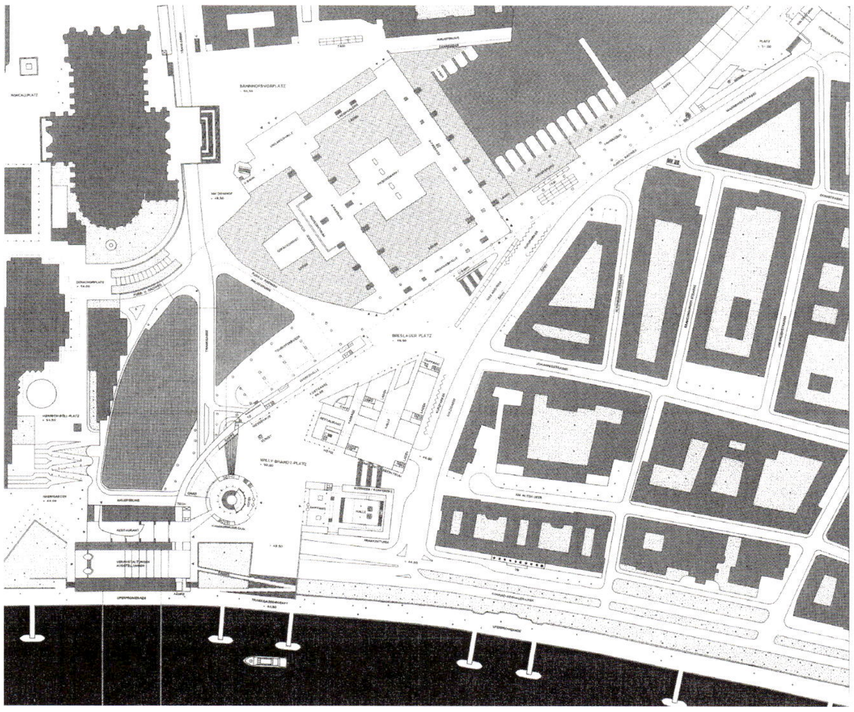

oben
Blick aus der Vogelperspektive (Modell)
links
Lageplan

rechts
Blick vom Rhein
(Modell)

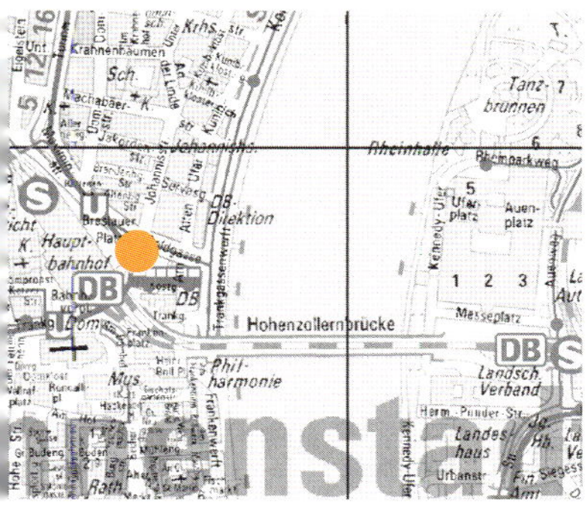

Bruttogeschossfläche
82.000 Quadratmeter
Fertigstellung
ab 2010

Fotos: Wolfgang Zurborn

Ein Ensemble unterschiedlich ausgeprägter Baukörper bildet die räumliche Fassung einer Verbindung zwischen dem Hauptbahnhof und der Rheinuferpromenade. — Auf dem Breslauer Platz, der Vorplatz zum Hauptbahnhof ist, werden die Wechselbeziehungen zwischen Straßen- und Schienenverkehr organisiert. — Ein weiterer Platz mit einer frei bespielbaren Platzfläche befindet sich im Kernbereich der neuen Bebauung. Von hier aus ist die Hohenzollernbrücke über eine breite Treppe mit Fahrradrampe als Verbindung zur Messe angebunden. Im weiteren Verlauf des öffentlichen Platzes werden die Rheinfährenanleger und die Rheinuferpromenade mit den kulturellen sowie gastronomischen Angeboten der Altstadt fußläufig und ohne Kreuzung der verkehrsreichen Rheinuferstraße angebunden. — Städtebaulich komplettieren die neuen Gebäude um den Breslauer Platz die Kölner Rheinuferbebauung. Die Bebauung schließt die Lücke zwischen der ehemaligen Bundesbahndirektion und der Hohenzollernbrücke. Der Rhythmus der Rheinsilhouette wird mit einem Hochpunkt – in Anlehnung an die Proportionen der Kirche Groß St. Martin – harmonisch ergänzt. — Nach Westen hin wird vom Breslauer Platz aus das Stadtquartier Eigelstein erreicht. Die Wegebeziehung entwickelt sich entlang der Eingangspavillons, der bodenbündigen Oberlichter und der Aufzüge der Stadtbahn-Haltestelle. Im Übergangsbereich zum Eigelstein entsteht ein Platz über der Turiner Straße, der von einem neuen Gebäude entlang der Gleiskante der Deutschen Bahn geprägt wird. — Das städtebauliche Konzept kann im Anschluss an die Baumaßnahme der Nord-Süd-Stadtbahn einer Realisierung zugeführt werden.

An ensemble of diversely styled structures form the spatial content of a connection between the Central Station and the Rhine's riverside promenade. — The fluctuating relationships between the street's and railway's traffic are organized on Breslauer Platz, the Central Station's forecourt. — Another square offering free to utilize surface space is at the center of the new development. From here, using a wide staircase with bicycle ramp, the Hohenzollern Bridge establishes a connection to the fair grounds. In the latter stages of the public space, the Rhine's ferryboat businesses and riverside promenade will be connected to the Altstadt district's cultural and gastronomical offerings, accessible on foot, and will also have a connection without intersections to the busy Rheinstrasse. — Cologne's Rhinebank rebuilding project completes the buildings surrounding Breslauer Platz adhering to urban design principles. The rebuilding process closes the gap between the offices of the former Federal Railway and Hohenzollern Bridge. Aligned with the proportions of the Groß St. Martin Church, the rhythm of the Rhine's silhouette is both enriched and heightened. — Moving west from Breslauer Platz, one reaches the city quarter of Eigelstein. The route passes entrance pavilions, overhead lighting secured to the ground, and the elevators of the suburban railway's station stop. At the crossing to Eigelstein, the square that emerges on Turiner Strasse is defined by a new building alongside the tracks of the German Railway. — The urban design concept can be carried out in conjunction with the building measures for the North-South Suburban Railway.

Bahnhofsvorplatz

Neugestaltung der Domtreppe und des Bahnhofsvorplatzes

Planung Schaller/Theodor Architekten **Bauherr** Stadt Köln

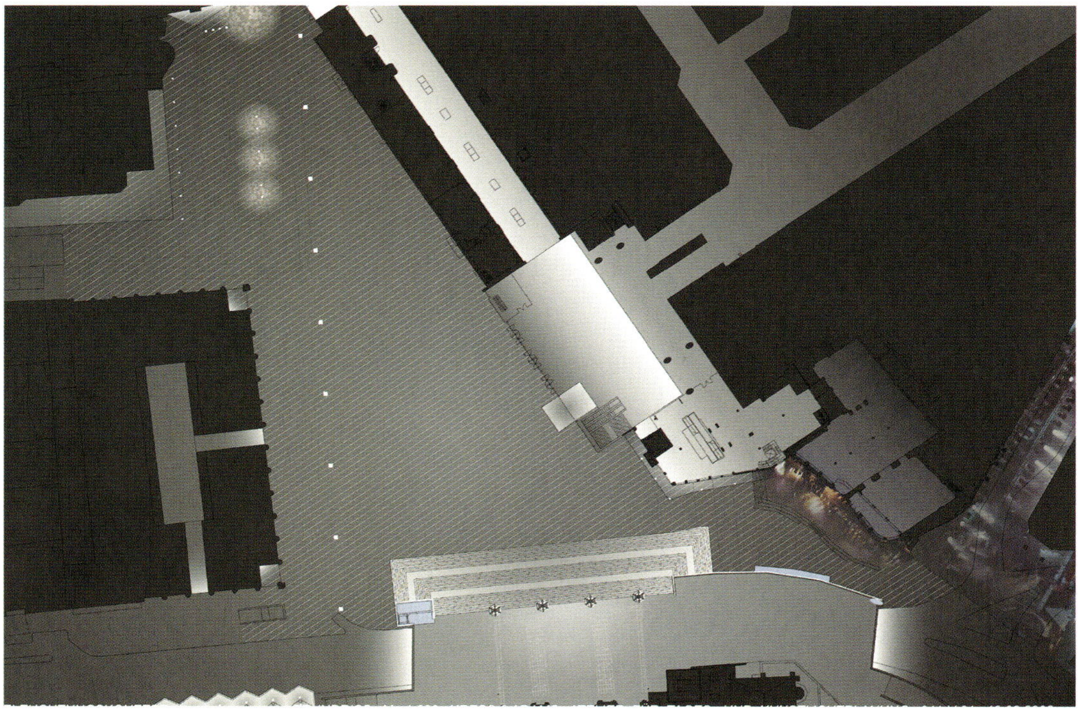

oben
Blick in Richtung Dom
links
Lageplan

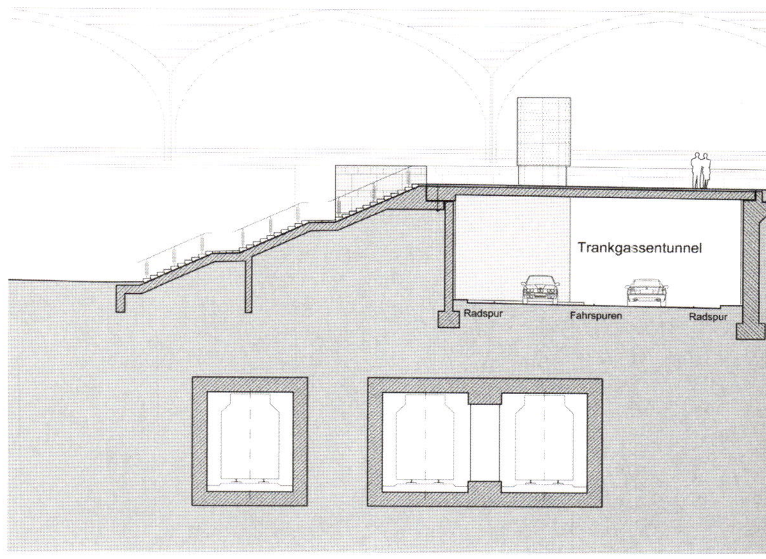

rechts
Blick über den Bahnhofsvorplatz
rechts außen
Querschnitt Treppe

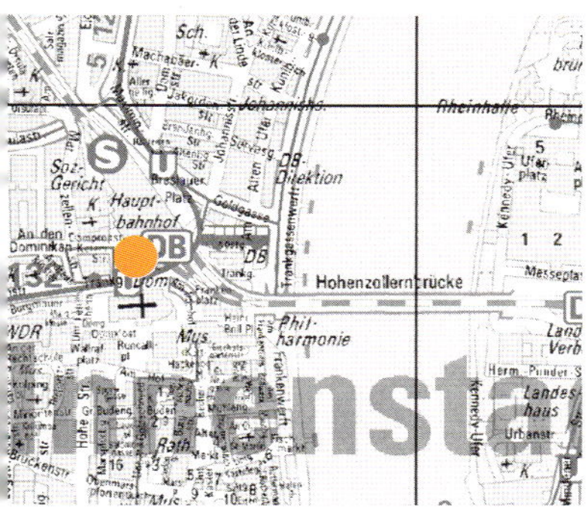

Lichtplanung
Kress & Adams
Gesamtfläche
10.700 Quadratmeter
Realisierung
ab 2003

Das Umfeld des Kölner Doms ist im Laufe der Stadtentwicklung immer stärker durch den Hauptbahnhof und die hoch liegenden Bahngleise eingeengt worden. Museum Ludwig und Philharmonie haben Bahndamm und Domhügel miteinander verschmolzen und die topografische Situation verwischt. Die untere Stadtebene wurde zur Andienungs- und Servicezone degradiert. In gleicher Weise hat die Überbrückung der siebenspurigen Trankgasse vor dem Nordportal dazu geführt, dass Domhügel und Hauptbahnhof miteinander verwachsen sind und die erhöhte Position des Doms als Abschluss und Eckpfeiler der Kernstadt kaum noch ablesbar ist. Eine der wichtigsten Aufgaben des Projektes ist es daher, an dieser Stelle die grundlegende topografische Situation der Stadt wieder herauszuarbeiten. — Die bestehende Treppenanlage wird bis zur Tunnelmittelwand abgerissen. Domplatte und Hauptbahnhof werden durch den Abbruch der Domherrenstube und der Brücke zum Bahnsteig 1 wieder voneinander getrennt. Der Reisende tritt aus dem Bahnhof und steht am Fuß der neuen Domtreppe, die mit durchgehenden Stufen in drei Absätzen vom Bahnhofsvorplatz auf den eigentlichen Domvorplatz hinaufführt. Obere und untere Platzebene werden durch die Treppe zu einer einheitlichen Platzanlage als Entree der Innenstadt zusammengefasst. — Ebenso wichtig wie der Rückbau der Treppe ist die Neugestaltung des Platzes selbst. Durch die Verlegung der Taxenvorfahrt in die Nordspitze, die Nutzung der Domprobst-Ketzer-Straße als Zufahrt und einen im Übrigen freigeräumten und einheitlich mit Granit ausgelegten Platz entsteht ein angemessenes Vorfeld für den Dom. Flankiert wird die Treppenanlage durch zwei ruhig gestaltete Kopfbauten. Der westliche Bau integriert die notwendige Aufzugsverbindung zur Domebene und zum U-Bahnhof. Der deutlich zurückgenommene Ostkopf fasst den neu entstehenden Platz vor dem Alten Wartesaal.

During the course of the Cologne's development, its Central Station and elevated train tracks have placed increasing restrictions on the immediate surroundings of the Cologne Cathedral. The Museum Ludwig and the Philharmonie caused the merging of the thoroughfare Bahndamm with the grounds surrounding the cathedral, the Domhügel, thus erasing the topographic situation. The underlying city level was then degraded to a service area. In the same manner, erecting a bridge over the seven lanes of the Trankgasse, before the Nordportal, led to a grafting together of the Domhügel and Central Station, and even now the cathedral's elevated position as the conclusion and cornerstone of the heart of the city remains hardly recognizable. One of the project's main objectives is, therefore, to make visible again the city's fundamental topographic situation. — The existing stair arrangement will be torn down as far as the tunnel's middle wall. By demolishing the Domherrenstube and the bridge leading to Platform 1, the cathedral's baseboard and Central Station will be separated again. On leaving the station, travelers stand at the foot of the cathedral's new stairs. In its full length, the stair arrangement paced over three steps leads from the Central Station's forecourt to what is actually the cathedral's forecourt. Now both squares merge into a single unit and create the inner city's new entrée. — As important as reconstructing the stairs is redesigning the actual square. Relocating the zone reserved for taxis in the north vertex and using the Domprobst-Ketzer-Strasse as an access road, and utilizing an otherwise vacant square uniformly paved in granite, creates an acceptable reception area for the cathedral. The stair arrangement is flanked by two quietly designed head structures. The westerly structure integrates the needed elevator connection to the cathedral level and subway station. Clearly recessed, the easterly head structure defines the newly created square in front of the Old Waiting Room.

Bischofsgartenstraße/Heinrich-Böll-Platz

Eingang Museum Ludwig
Architekt Rem Koolhaas/Office for Metropolitan Architecture (OMA)
Bauherr Stadt Köln

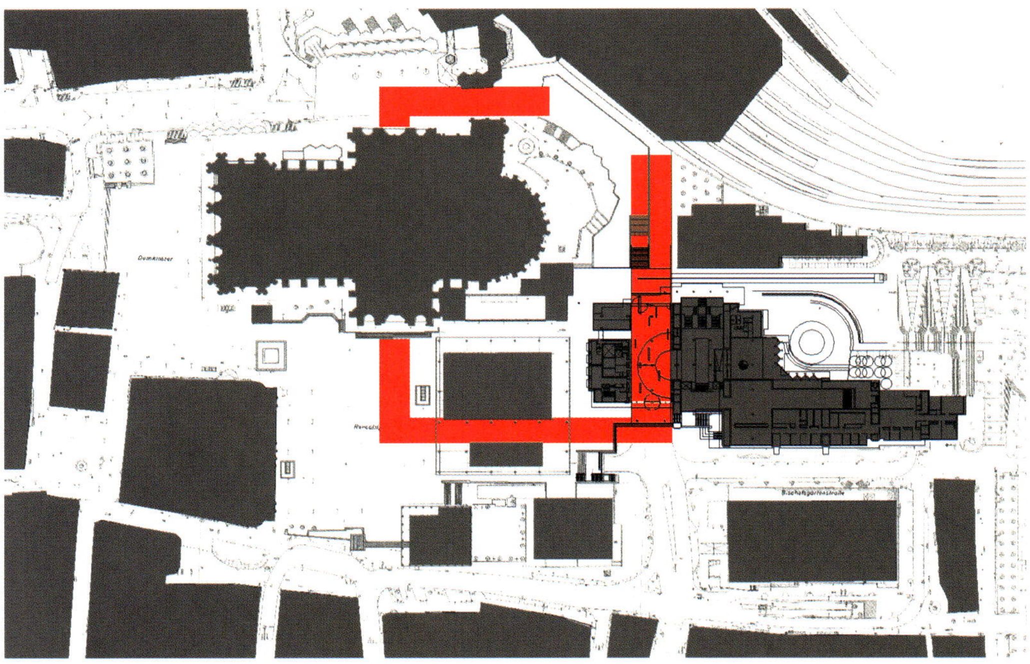

oben
Blick in das Foyer (Modell)
links
Lageplan

rechts
Außenansichten

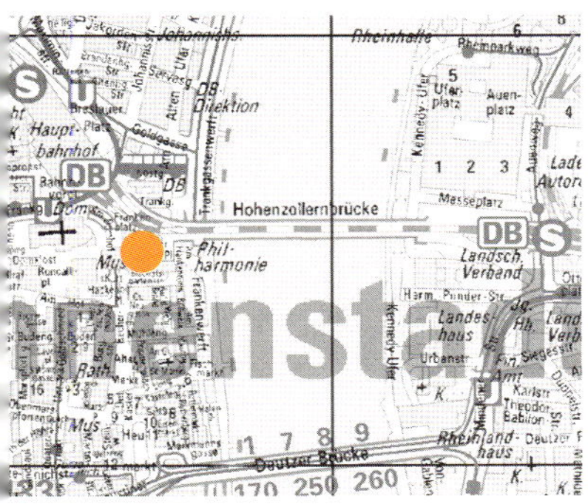

Fertigstellung
2004

Das 1976 von dem Kölner Ehepaar Ludwig gegründete Museum Ludwig umfasst eine der größten Sammlungen moderner Kunst in Deutschland. Seit 1986 ist es in dem vom Kölner Architekturbüro Busmann und Haberer konzipierten Museumsbau an der Bischofsgartenstraße untergebracht, der bis zum Januar 2001 auch die Kollektion des Wallraf-Richartz-Museums beherbergte. Nach dessen Auszug in einen eigenen Neubau soll das Museum Ludwig einer Umgestaltung und Modernisierung unterzogen werden. — Bereits Ende 2000 beauftragte Museumsdirektor Kasper König den niederländischen Architekten Rem Koolhaas mit dem Umbau des Foyers. Die 800 Quadratmeter große Halle sollte sich noch mehr nach außen öffnen und noch stärker als Bindeglied zur Domplatte wirken. Bereits Busmann und Haberer hatten dieses Konzept der Verzahnung von Museum und Außenraum verfolgt, indem sie das Foyer mit einem durchlaufenden Bodenbelag sowie mit seitlichen roten Ziegelsteinwänden ausstatteten und es so zu einer Passage auch für die Fußgänger des näheren Umfelds gestalteten. — Der neue Entwurf befreit die Eingangshalle nun von ihren Sekundärfunktionen wie Kasse, Garderobe oder Bookshop; sie sollen in einem eigenen, neuen Baukörper zum Dom hin Platz finden. Der Besucher soll gleich beim Eintritt in das Museum mit Kunst konfrontiert werden – außerdem wird die neue Halle eine Infozone, eine Leseecke sowie ausreichend Platz für Eröffnungen und andere Veranstaltungen bieten. — Drehbare Großvitrinen in Form von Fassadenelementen ersetzen die alten Zugänge, zusätzlich soll ein neuer Eingang entstehen, der das Museum vom Domplatz aus erschließt. Eine mit Polycarbonat-Doppelstegplatten verkleidete »Lichtdecke« wird als Überdachung über den Ausgang zur Altstadtseite hinausgezogen. Über die roten Ziegelwände werden Holzplatten gelegt, der Boden wird mit weißem Magnesitestrich versehen.

Founded in 1976, by the Cologne couple Mr. and Mrs. Ludwig, the Museum Ludwig houses one of Germany's largest modern art collections. Since 1996, its new location is on Bischofsgartenstrasse, in a museum building conceived by the architectural office Busmann and Haberer. Up until January of 2001, this building housed the collection of the Wallraf-Richartz-Museum. Following the relocation of the museum to a new building of its own, Museum Ludwig was to undergo a thorough redesigning and modernization. — In late 2000, Dutch architect Rem Koolhaas was commissioned by museum director Kasper König to oversee the reconstruction of the foyer. The large hall of 800 square meters should not only give the effect of opening itself more toward the street; its position as a link to the cathedral should be strengthened. Busmann and Haberer had already explored the concept of meshing the museum and exterior space: using in the foyer an uninterrupted floor covering and lateral walls of brick, and designing these to function as an arcade to be used for even the pedestrians in the vicinity. — The new design releases the entrance hall from its secondary functions of ticket booth, cloakroom and bookshop, and relocates these functions to a building structure of their own, facing the cathedral. In this way, on entering the museum, visitors are immediately confronted with art. In addition, the new hall offers an info-zone, reading corner, and sufficient space for exhibitions as well as for other events. — The former entranceways are replaced by revolving, glass cases in the form of façade elements. Also to be erected is a new entrance that connects the cathedral's square to the museum. As a roof element, a »light deck« surfaced with polycarbonate double-webbed plating stretches over the exit that leads to the Altstadt district. The red-brick walls are covered with wooden panels, and the floor receives a coating of white magnesite.

An der Deutzer Brücke

Museum der Düfte

Architekt Lorber Paul Schneider + Fuhrmann **Bauherr** KITG Düsseldorf

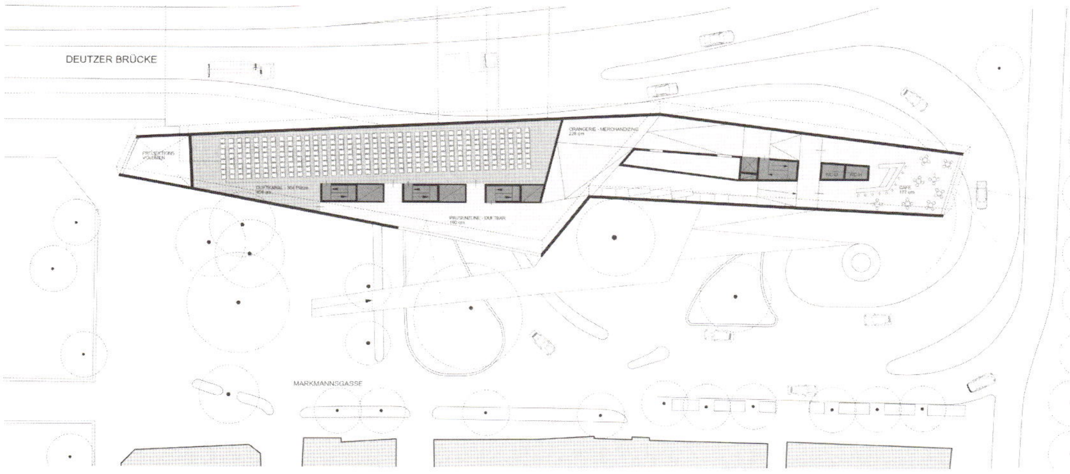

oben
Modell
links
Grundriss Hauptgeschoss

rechts oben
Ausstellung (Collage)
rechts unten
Orangerie (Collage)
rechts unten, außen
Rheinblick (Collage)

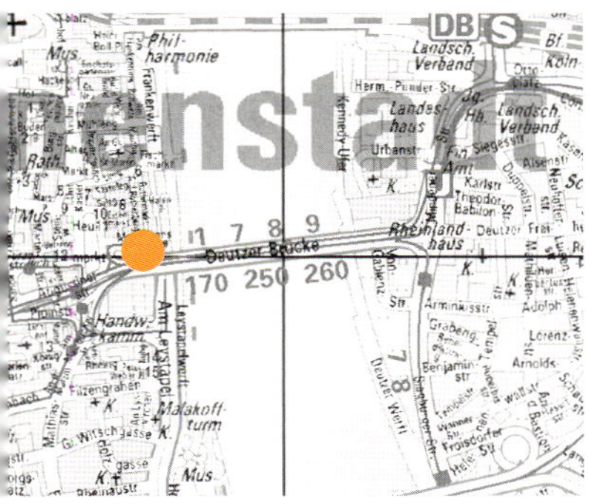

Bruttogrundfläche
2.580 Quadratmeter
Fertigstellung
2006

Im Auftrag der KITG GmbH wurde am Rande des Heumarkts, entlang der Deutzer Brücke, das »Museum der Düfte« durch das Kölner Architektenteam Lorber Paul Schneider + Fuhrmann errichtet. Das prägnante Bauwerk reagiert einerseits stadträumlich primär auf die lineare Dynamik des diesseitigen Brückenfußes, ohne den Markmannsplatz zuzubauen. Andererseits bezieht es seine Unverwechselbarkeit aus der Umsetzung der inhaltlichen Thematik, die durch die Begriffe Riechen, Sehen, Hören, Schmecken, Duft, Neugier, Bewegung, Information und Animation charakterisiert wird. — Der Baukörper begleitet mit seiner Länge von 120 Metern die Kante des aufsteigenden Brückenfußes und bildet so eine Zäsur zwischen langsamer, beschaulicher Altstadtatmosphäre und dem groß dimensionierten Straßenraum der Deutzer Brücke mit Maritim Hotel. Die stromlinienförmige Dynamik des Gebäudes reagiert auf die vorhandene Situation. Der Bereich zur Altstadt wird räumlich gefasst, der gesamte Baumbestand bleibt erhalten und wertet den neuen Markmannsplatz auf. — Die Stirnseiten des Gebäudes bilden Fenster zur Stadt: So zeigt sich das Café dem Flaneur auf dem Heumarkt; dem Rhein zugewandt sind großflächige Projektionen weithin von der Deutzer Brücke sichtbar. — Dem fließenden Konzept entsprechend wird der Besucher in einer Wegeschleife entlang der Gebäudehülle geführt, dabei erlebt er wechselnde Raumeindrücke wie Enge und Weite, Aussicht auf den Dom, Altstadt und Rhein, Sonnenlicht und effektvolle Lichtinstallationen. — Der Endpunkt des Weges wird durch den Duftkanal markiert – einen schlauchartigen Kinosaal mit 20 Groß-Leinwänden, der auf sinnliche Weise die Dimensionen des Riechens, Sehens und Hörens zelebriert. — Die Leichtigkeit des Duftmuseums wird dem Besucher durch seine Außenhülle vermittelt. Dem Entwurfskonzept der »einen« Form entsprechend, bekleidet eine Glasfassade als homogene Außenhaut das gesamte Gebäude. — Die Fassadenhülle wird mit bedruckten/satinierten Glastafeln bespielt. Lichtinstallationen in der dahinter liegender Luftschicht verleihen dem Gebäude räumliche Tiefe, lassen es leuchten und über Dimmfunktionen sogar »atmen«.

Commissioned by KITG GmbH, the »Scent Museum« was erected on the edge of Heumarkt, beside Deutzer Bridge, through the efforts of the Cologne architectural team Lorber Paul Schneider + Fuhrmann. On the one hand, from an urban-spatial standpoint, this terse structure reacts primarily to the linear dynamics of the foot of the bridge closest to it, without engaging in overbuilding on Marksmannplatz. On the other hand, its unmistakable character is derived from interpreting the nature of its thematic content, characterized by the expressions »smell, sight, hearing, taste, scent, curiosity, movement, information, and animation«. — The building structure has a length of 120 meters. While it accompanies the edge of the bridge's elevated foot, it causes a break that separates the slower quiet atmosphere of the historic Altstadt district from the hugely-dimensioned street space of the Deutzer Bridge with Maritim Hotel. The building's streamlined dynamics react to the given situation. The area approaching Altstadt is spatially defined, and leaving the full stock of trees untouched enriches the new Markmannplatz. — The front side of the building creates engaging windows on the city: like the café does for the flaneur. Overlooking the Rhine, its enormous projections are visible far beyond the Deutzer Bridge. — In keeping with the structure's »flowing« concept, the visitor is led down a looping path skirting the building's outer form, and experiences alternating spatial impressions such as constriction and openness, as well as views of the cathedral, Altstadt and the Rhine, sunlight and highly effective light installations. — The path's conclusion is marked by the scent canal: a tube-like movie-theater auditorium with 20 large projection screens in which the dimensions of smell, sight, and hearing are celebrated. — The lightness of the Scent Museum is conveyed to visitors through its outer shell. Respecting the design concept of a »single« form, a glass façade or homogenous outer skin encases the entire building. — The façade's shell is ornamented with printed/glazed panels of glass. Light installations installed in the layer of space directly behind the outer shell endow the building with spatial depth, allow it to glow and, with dimming functions, to even »breathe«.

Martinstraße 39

Wallraf-Richartz-Museum

Architekt Oswald Mathias Ungers **Bauherr** Stadt Köln

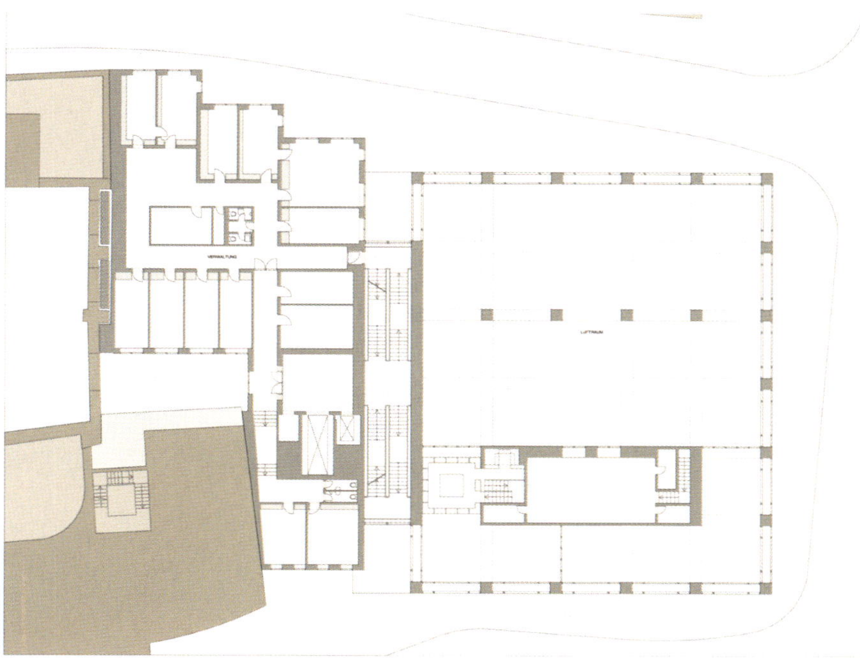

oben
Ansicht des Neubaus
links
Grundriss Erdgeschoss

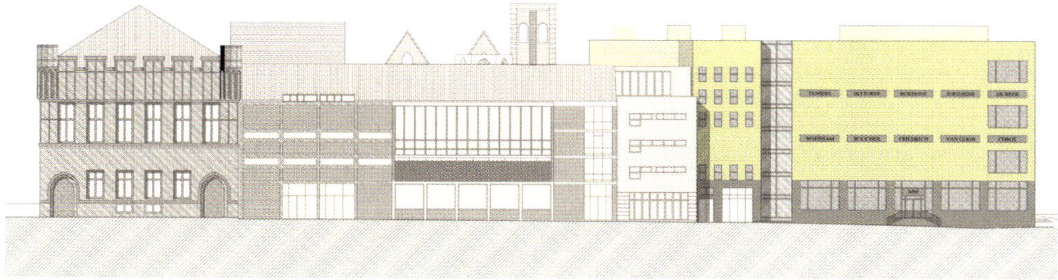

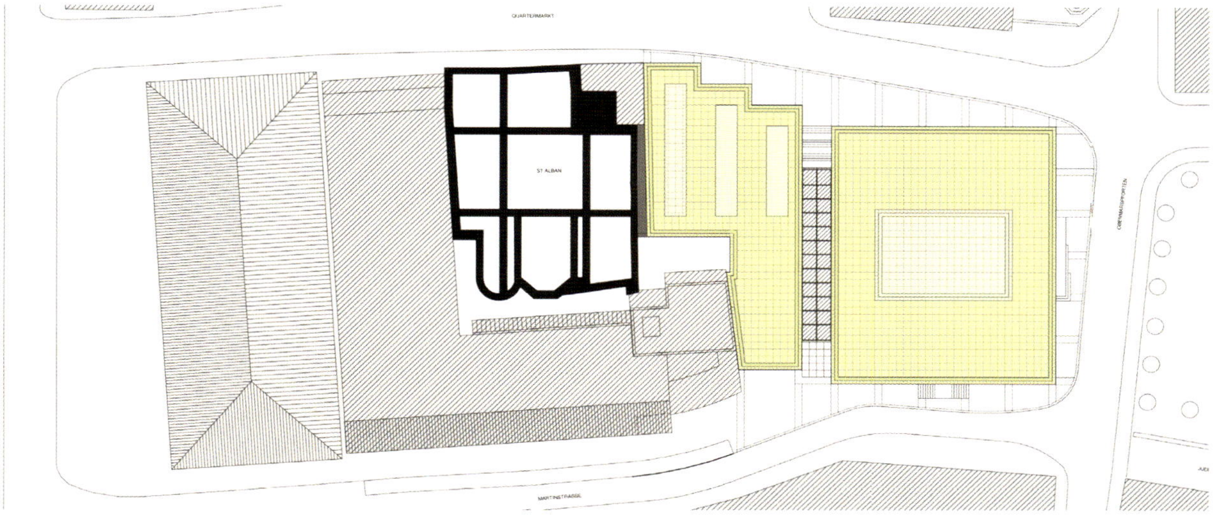

rechts oben
Ansicht Ost
rechts unten
Lage im Bestand

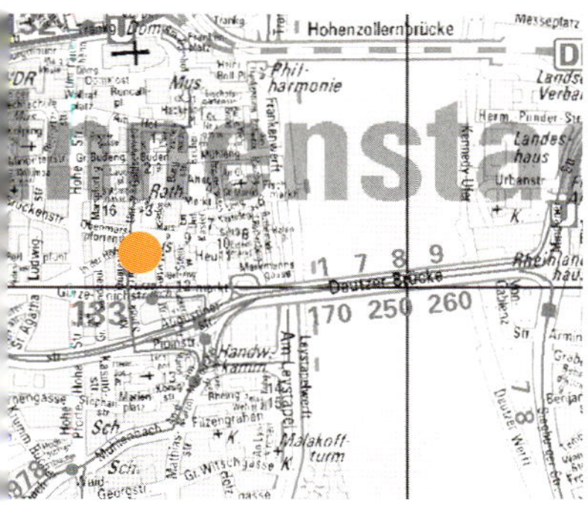

Fertigstellung
2000

Das Grundstück für den Neubau des Wallraf-Richartz-Museums bildet den Abschluss des historischen Gürzenich-Komplexes zum Rathausplatz hin. Der Komplex besteht zum einen aus dem gotischen Saalbau des Gürzenich mit seinen verschiedenen Anbauten aus der Nachkriegszeit sowie zum anderen aus der Kirchenruine St. Alban. Die Auseinandersetzung mit dieser heterogenen Baustruktur und dem historischen Umfeld des Rathausplatzes steht im Mittelpunkt des Entwurfs. — Die Baumasse des Museums wird auf zwei Bauvolumen aufgeteilt. Der erste Baukörper fügt sich in die zerklüftete bestehende Bebauung ein und bildet nach Norden einen klaren baukörperlichen Abschluss aus. Der zweite Baukörper ist dagegen ein idealtypischer Solitärbau, der frei vor die neu geschaffene Raumkante gestellt wird. Die Lage der Fuge zwischen beiden Baukörpern verweist auf die historische Straße »In der Höhle«. Die bauliche Ordnung von Alt St. Alban gibt die Gebäudestruktur des Neubaus vor: Maß und Ausrichtung der Planung werden aus dem Vierungsquadrat der Ruine abgeleitet. Als Fassadenmaterial wird der helle Tuffstein der großen romanischen Kirchenanlagen verwendet. — Das Nutzungskonzept des Gebäudes folgt direkt der baukörperlichen Konzeption: Der Hauptbau am Rathausplatz nimmt die gesamte Ausstellungsfläche auf, der Baukörper im Anschluss an die Bestandsbebauung dagegen sämtliche Nebenräume. Die Erschließung erfolgt in der Fuge zwischen den Gebäuden über eine doppelte Treppenanlage. — Im ersten und zweiten Obergeschoss werden die Räume der ständigen Sammlung durch hohes Seitenlicht erhellt, im dritten Obergeschoss sind Oberlichter vorgesehen. Um einen Blick auf die Stadt, den Dom und den Rhein zu ermöglichen, wird in den Obergeschossen die ansonsten weitgehend geschlossene Fassade an der Nordostecke durch ein Panoramafenster geöffnet.

The site for the new building of the Wallraf-Richartz Museum forms the conclusion of the historic Gürzenich Complex that leads to the square Rathausplatz. On the one side the complex consists of Gürzenich's Gothic hall-construction and its many postwar extensions, and on the other side the ruins of Saint Alban Church. The core of the design concept promotes a confrontation with this heterogeneous construction and the historic surroundings of Rathausplatz. — The museum's building mass is distributed over two construction volumes. The joining of the first building structure with the existing fissured development forms a well-defined, structural conclusion to the north. By comparison, the second building structure, an ideal and likewise typical solitary construction, is positioned outside the range of the newly-created spatial edge. The joining of both building structures orients itself toward the historic street »In der Höhle«. The constructional ordering of the Old Saint Alban Church dictates the structure of the new building: the plan's measurements and orientation are derived from the ruin's crossing-square. Used for the façade's surfacing is the bright tuff-stone commonly used for large Romanesque church complexes. — The building's concept of use is drawn directly from the concept of the building structures: the main construction on Rathausplatz contains all of the exhibition spaces, and the building structure at the conclusion of the overall development all of the subsidiary spaces. The development procedure take place in the joint between the buildings over a doubled arrangement of stairs. — The second and third floors, housing spaces for the permanent collection, are illuminated by raised lateral lighting. Overhead lighting is used on the fourth floor. To allow a view of the city, the cathedral, and the Rhine, the otherwise closed façade of the museum is opened at the north-east corner by a panorama window.

Theo-Burauen-Platz 1

Innenhofüberdachung »Spanischer Bau«

Architekt Oxen + Römer und Partner **Bauherr** Stadt Köln

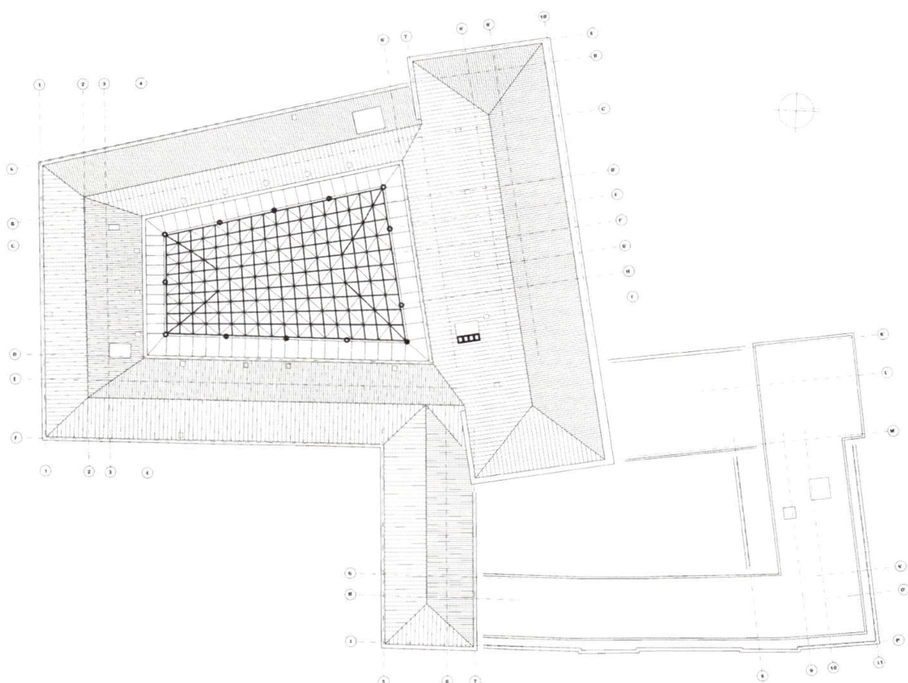

oben
Blick in den Innenhof
(Modellfoto)
links
Dachaufsicht

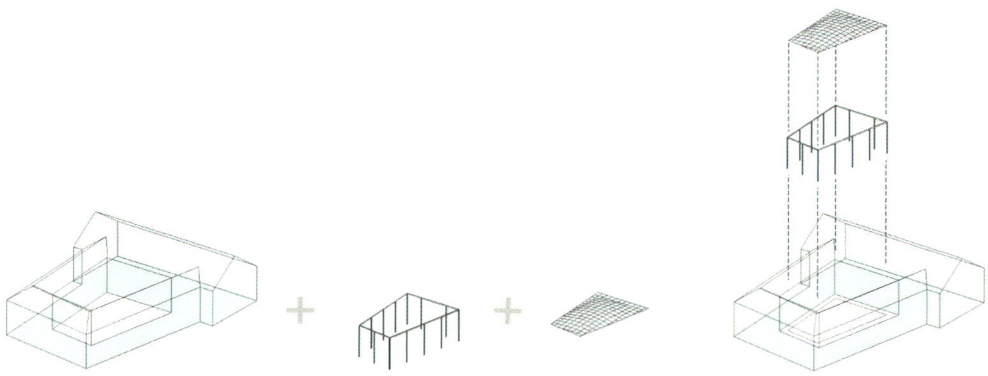

rechts oben
Konzept der Tragkonstruktion
rechts unten
Dachaufsicht (Modellfoto)
rechts unten, außen
Innenraum (Modellfoto)

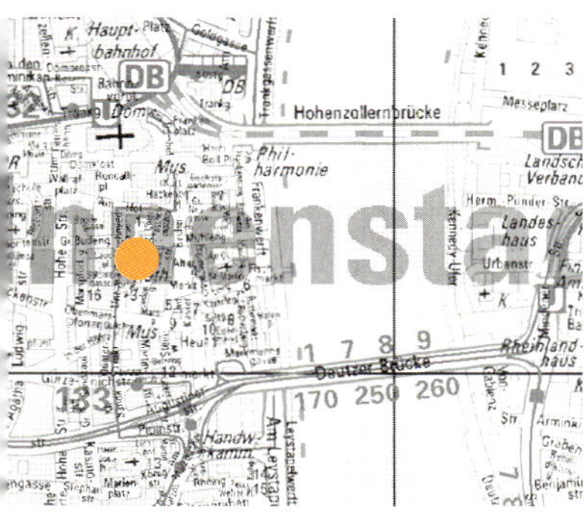

Fertigstellung
2003

Der »Spanische Bau« wurde in den Fünfzigerjahren des 20. Jahrhunderts errichtet und dient als Sitz der politischen Gremien der Stadt Köln. Das Gebäude schließt zwei Innenhöfe ein, wobei der eine Hof sich im Erdgeschoss zum Straßenraum hin öffnet, während der andere Hof Nutzungen wie das Foyer, die Cafeteria und im Obergeschoss den großen Ratssaal um sich gruppiert. Die Planungsaufgabe war der Entwurf eines Glasdaches, das den denkmalgeschützten Baukörper sensibel ergänzt und diesem zweiten Hof neue Nutzungen eröffnet. — Die trapezförmige Geometrie des Hofes, das historische Treppenhaus im Südflügel und das sensible statische Gefüge im Bestand bilden hierbei die Parameter für den vorgestellten Entwurf. Diesen Anforderungen entsprechend besteht die Lösung in einer auf Stützen stehenden, autarken und filigranen Konstruktion, die in den Hof eingestellt wird. Eine Randfuge löst das Dach von der Substanz und lässt der bestehenden Tuffsteinfassade genügend Luft, bevor die eigentliche kissenförmige Überdachung den Innenhof überspannt. Um eine größtmögliche Transparenz und Filigranität zu erzielen, wird für die Tragkonstruktion des Glasdaches ein mit Stahlseilen unterspanntes System gewählt, in das alle erforderlichen technischen Ausstattungen integriert sind. Das Tragwerk in Form eines dreidimensionalen Kissens unterstreicht den ambitionierten Versuch, moderne Konstruktionen im historischen Kontext zu realisieren.

The »Spanischer Bau« was erected in the 1950s and serves as the seat of the political body of the City of Cologne. The building contains two inner courtyards, but while one opens onto the street's space on the ground floor, the other has various functions grouped around it, such as the foyer, cafeteria, and grand assembly-hall on the first floor. The objective was to design a glass roof meant to sensitively enhance the form of this building protected by law as an historic monument, and to increase the functionality of its second courtyard. — The trapezoid-shaped geometry of the courtyard, the historic stairwell in the south wing, and the construction's full stock of the sensitive and static, form the parameter of the intended design. In keeping with these requirements, the solution led to placing in the courtyard a free-standing and filigree construction elevated on supports. A corner joining releases the roof from the building structure and allows the existing tuff-stone façade sufficient air, before the actual pillow-shaped roofing covers the inner courtyard. To achieve a maximum of delicacy and transparency, chosen for the supporting construction of the glass roof is an under-stressed system with steel cables, in which all of the required technical fittings are integrated. The supporting structure in the form of a three-dimensional pillow emphasizes the ambitious attempt to execute decisively modern constructions in an historical context.

Antoniterstraße/Schildergasse

Antoniter-Zentrum

Architekt Prof. Ulrich Coersmeier **Bauherr** Evangelische Kirchengemeinde

oben
Ansicht
links
Grundriss Erdgeschoss

rechts
Ansicht bei Nacht
rechts außen
Innenraum

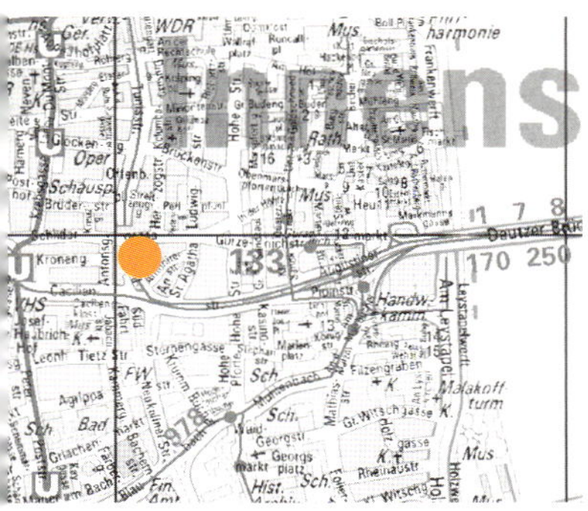

Grundstücksgröße
3.350 Quadratmeter
Bruttogeschossfläche
350 Quadratmeter
Fertigstellung
2000

Fotos: Tomas Riehle

Das Antoniter-Zentrum ist eine Oase der Ruhe, des Rückzugs und des Gesprächs inmitten der Turbulenz der innerstädtischen Fußgängerzone. Die Antoniterkirche, seit langem über die Grenzen Kölns für ihre offene City-Kirchenarbeit bekannt, wurde durch einen Neubau des Architekten Ulrich Coersmeier ergänzt. Der offene Hof als nutzbarer Vorbereich und die gläsernen Wände des Baus sorgen für den Abbau von Schwellenängsten. Hier werden unverbindliche Kommunikation im Café, konkreter Dialog an der Infostelle sowie diskrete Beratung in Besprechungs- und Gruppenräumen angeboten. — Der Ort liegt zwar hinter der Kirche, hat aber einen diagonalen Sichtbezug zur Schildergasse. Die Kirche umschließt mit dem Neubau einen gemeinsamen Hof und ist durch die raumhohe Glasfassade im Inneren ständig präsent. Das Dach verbindet als dominantes Architekturelement den Neubau mit den dahinter liegenden Gemeindebauten. Entlang der benachbarten Brandwand schließt ein verglaster Gang direkt an die Schildergasse an und erweitert zugleich die Ausstellungsflächen, denn der offene Raum des Gebäudes ist neben der Café- und Informationsnutzung auch für Kunstveranstaltungen und Feste geeignet. — Ein roter Holz-Kubus nimmt im unteren Bereich die Service-Flächen, im oberen Bereich Beratungsräume auf. Durch seine abschirmende Lage gewährt er dem dahinter liegenden Garten der Kindertagesstätte Ruhe und Intimität. — Das Gebäude wendet sich als Teil der Kirche zur Stadt hin, es vermittelt aber auch sichtbar zwischen City- und Gemeindearbeit. Der starke Bezug zur Antoniterkirche, die Offenheit und die Einfachheit der Architektursprache sowie die Vielfalt des Angebotes sollen Zeichen des besonderen kirchlichen Selbstverständnisses sein.

In the turbulent inner-city pedestrian precinct, the Antonite centre forms an oasis of peace, tranquillity and dialogue. The Antonite Church, which has long enjoyed a national reputation for open city/church work, has gained a new building designed by architect Ulrich Coersmeier. The open courtyard forms a usable atrium, and glass walls dispel threshold anxiety. Offers include open communication in the cafeteria, focused dialogue at the infopoint and confidential counselling in meeting and group rooms. — While the new building is located behind the church, a diagonal vista links it to Schildergasse street. The church and the new building embrace a shared courtyard; the storey-high glass curtain highlights the church as an integral part of the centre. The dominant roof links the new building with the community buildings behind it. A glassed-in passage along the neighbouring firewall lies adjacent to Schildergasse and extends the exhibition space, for the building's open interior is not only suitable for use as a cafeteria or information centre, but also for cultural and social events. — A red timber cube accommodates services on the lower level and counselling rooms on the upper level. Its position screens off the garden of the children's day-care centre located behind it and ensures peace and privacy. — Part of the church, the building is oriented toward the city, but also forms a visible link between city- and community work. The context of the Antonite Church, the open and simple architectural idiom and the wide range of services on offer stand for a special understanding of church and community.

Schildergasse/Antonsgasse

Peek & Cloppenburg Department Store

Architekt **Renzo Piano Building Workshop** Bauherr **Peek & Cloppenburg**

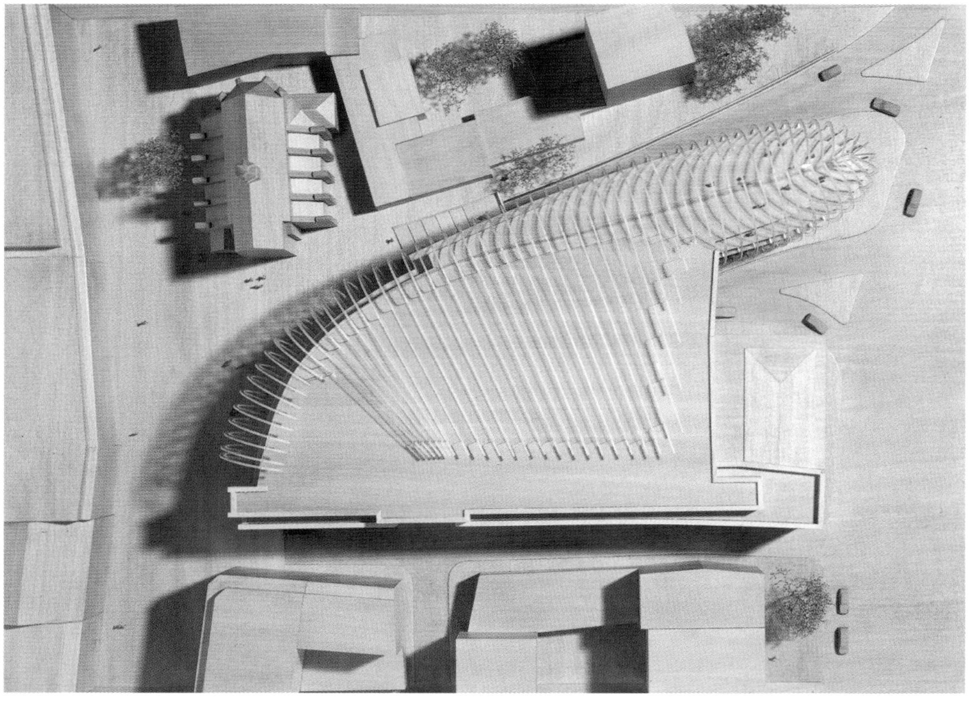

oben
Modellfoto mit Schnitt durch die Nord-Süd-Fahrt
links
Modellfoto aus der Vogelperspektive

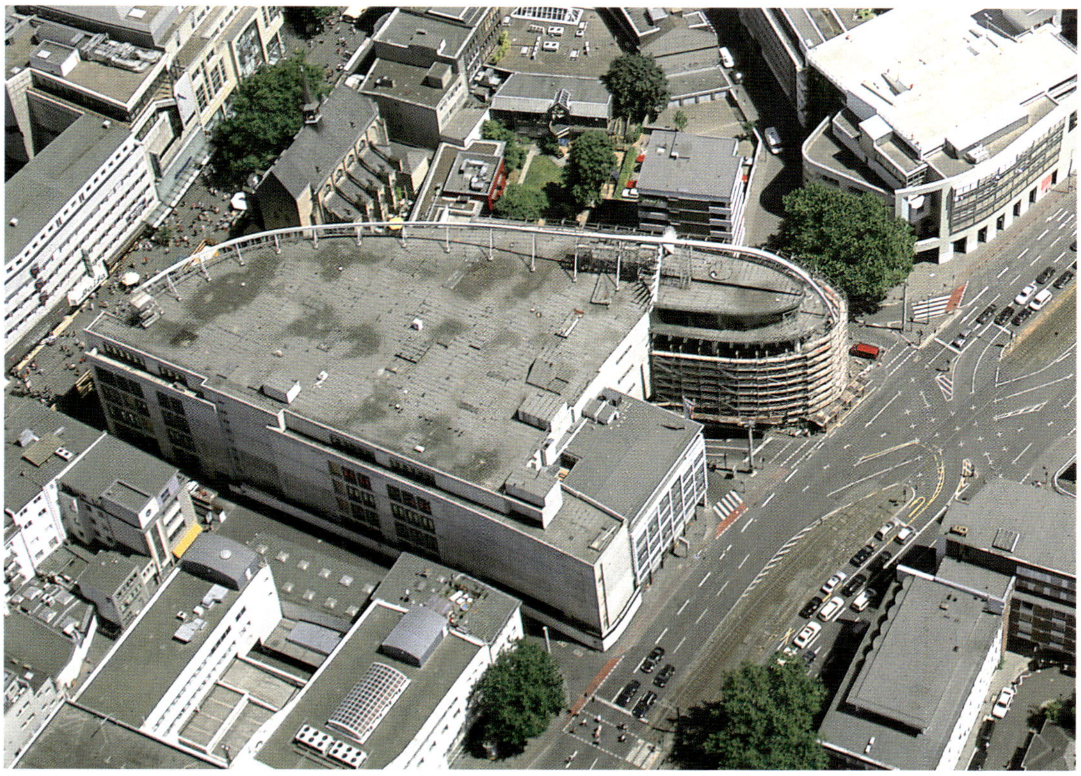

rechts
Luftbild (Juli 2003)

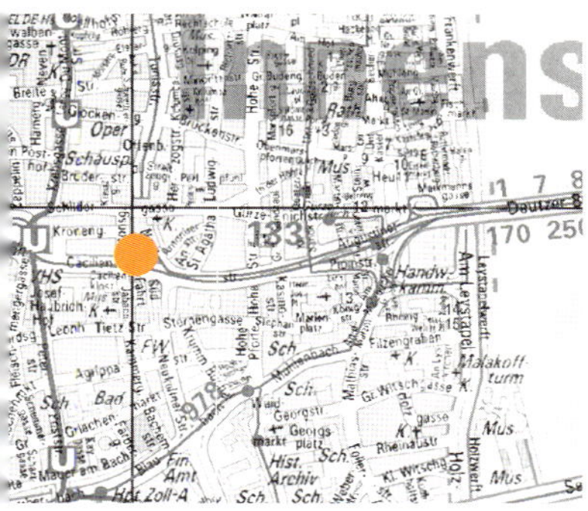

Bruttogeschossfläche
22.000 Quadratmeter
Fertigstellung
noch unbekannt

Modellfotos: Michel Denancé

Die deutsche Peek & Cloppenburg Gruppe plant nach dem Entwurf des Architekturbüros Renzo Piano Building Workshop einen neuen Department Store in der Nähe des Doms im Kölner Stadtzentrum. Nach den Vorstellungen des Bauherren soll das neue Kaufhaus ein modernes Gebäude sein, das aber mittels der verwendeten Materialien wie Holz und Glas auch einen Bezug zur Tradition herstellt. — Der Neubau (mit einer Bruttogeschossfläche von 22.000 Quadratmetern einschließlich 15.000 Quadratmetern an öffentlichem Raum) entsteht in einem sehr dicht bebauten, von kommerzieller Nutzung geprägten Viertel – unter dem Grundstück von Peek & Cloppenburg befindet sich die hier unterirdisch verlaufende Nord-Süd-Fahrt. — Das Kaufhaus wird aus zwei Gebäudeteilen bestehen – zum einen ein eher klassischer Kubus, zum anderen ein riesiger fünfgeschossiger, schiffsförmiger Baukörper. Die grundlegenden Elemente dieses Glaskörpers sind von der im 19. Jahrhundert sehr populären Baugattung der »Orangerien« inspiriert. So besteht die Konstruktion aus in einem Abstand von 2,5 Metern vertikal verlaufenden Holzbögen. Zwischen den Bögen befestigte Metallstreifen werden das Glas zusätzlich halten. Das Dach der Glaskonstruktion soll im Zentrum des Gebäudes niedriger verlaufen, um so eine Rivalität mit der benachbarten Antoniterkirche zu vermeiden. Die Krümmung des Baukörpers wird genug Raum lassen, um einen öffentlichen Platz vor der Kirche zu schaffen. — Mit seiner durchscheinenden Qualität, seiner Transparenz und Leichtigkeit wird der neue Peek & Cloppenburg Department Store zu den Gebäuden der unmittelbaren Umgebung kontrastieren und so auch der Gegend etwas mehr Lichte verleihen.

The German group Peek & Cloppenburg was looking to set up a new department store in the center of Cologne, near the city's cathedral. The store would be a modern building, with however a clear reference to tradition, through the use of wooden arches and glasses. — The store (covering a surface of 22,000 square meters, including 15,000 square meters of public space) will be located in a somewhat »rough« and congested urban area. Currently, the project site is occupied by a large underground highway, above which the building will be constructed. — The building will have two parts: one rather classical, cubic in form, and the other being a huge, five-storey glass nave. Inspired by the »orangeries«, greatly popular in te 19th century, this glass house will borrow its principal elements from these historic models. The main structure will consist of vertical wooden arches, spaced 2.5 meters apart. Between each arch, strips of metal will support the glass. The roof of the glass structure will be much lower at the the center of the building, to avoid rivaling the neighbouring Antonite Church. The curvature of the site will leave enough space in front of the church to create a public square. — The transparency and lightness of the overall structure, and its virtually diaphanous quality will contrast with the rest of the dictrict while hopefully rendering it less oppressive.

Komödienstraße/Mariengartenstraße/Burgmauer

RADIOCITY/Besucher- und Kommunikationszentrum WDR

Architekt Architekturbüro Böhm Bauherr Westdeutscher Rundfunk

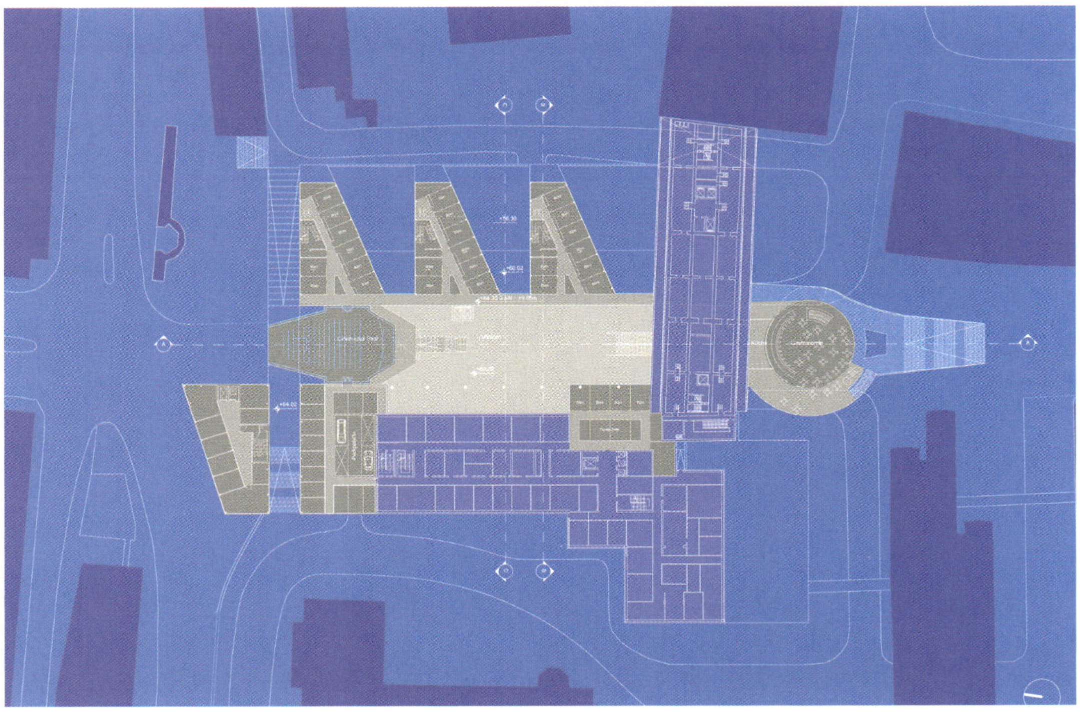

oben
Blick von Süden
links
Grundriss

rechts
Blick von Norden
rechts außen
Modell

Grundstücksfläche
etwa 2.000 Quadratmeter
Bruttogeschossfläche
19.000 Quadratmeter
Fertigstellung
noch unbekannt

Der Stadtraum an der Komödienstraße wird durch den Neubau gefasst. An der Mariengartenstraße bilden die Büroriegel drei Höfe, die das Gartengrün der Domherrensiedlung bis hier hinein ziehen. Die Kopfseiten der Riegel sind nach oben hin zurückgenommen und moderieren so zwischen WDR und Domherrengarten. Ein Solitär an der Straße »Burgmauer« führt diese über die Tunneleinfahrt fort und bildet im Bereich Amtsgericht und Zeughaus einen eigenen Stadtraum. Im Süden erstreckt sich ein länglicher Platz, der im Bereich Breite Straße mit einem Neubau geschlossen und im nördlichen Teil von dem Archivhaus und dem davor liegenden Empfangsgebäude gefasst wird. — Das Empfangsgebäude der RADIOCITY ist eine gläsern-transparente Kugel mit hohem Sendemast. Ihre Hauptebene ist über eine Freitreppe beziehungsweise über Rolltreppen und Aufzüge im Inneren erreichbar. Die Freitreppe dient zudem als Tribüne für Veranstaltungen, die auf dem Platz stattfinden. — Das Empfangsgebäude nimmt im oberen Bereich Gastronomieflächen auf. Weiter ins Innere schreitend, erreicht man unter dem Archivgebäude einen Bereich, in dem sich der WDR mit Monitoren und anderen Medien präsentiert. — Hinter dem Archivhaus liegt eine große Halle, die RADIOCITY-Hall mit den flexibel gestaltbaren Bereichen für Maus-Oleum, Maus-Show, Bimediales Hörfunkzentrum und Eventfläche. An ihrem nördlichen Ende schwebt das Cinemedia, das zeichenhaft für den kulturellen Aspekt der Medienanstalt steht. — Die RADIOCITY wird von einem Glasdach überspannt. Flankiert ist sie im Osten von drei Bürotrakten, die in den Zwischenräumen den Blick auf die Domtürme freigeben. Im Westen schließt das Filmhaus an die Halle an. Dieses Gebäude wird im Bereich Archivhaus ergänzt und nach Norden erweitert. Ihm soll jenseits der Straße an der Burgmauer ein Solitär vorgelagert werden, der einem selbstständigen Bereich des WDR zur Verfügung stehen kann. — Sowohl die Fassade der Eingangskuppel als auch die Konstruktion der Halle und der angrenzenden Bürotrakte sollen eine eher technisch orientierte Architektursprache sprechen. Die Glasebenen sollen von filigranen Tragwerken gehalten werden und so ein hohes Maß an Leichtigkeit ausstrahlen.

The urban space of Komödienstrasse is defined by this new building project. The strip of offices on Mariengartenstrasse create three courtyards which draw the garden greenery of the Domherrensiedlung to this point. In their ascent, the front sides of the strip recede and, in effect, moderate between the WDR broadcasting network and the Domherren Gardens. This is continued beyond the tunnel's entrance, on the street Castle Wall, by a solitary construction, which creates its own urban space near the district court and arsenal. Extending south is an elongated square concluded by a new building in the region of Breite Strasse, and defined in its northern section by the house of archives and reception buildings that face it. — The reception building of RADIOCITY is a transparent, glass globe decked with a towering transmission pole. Its main level is reached over an exposed staircase or with the escalator and elevator inside the building. The staircase also serves as a grandstand construction for events staged on the square. — In its upper region, the reception building houses refreshment areas. Further on in building's interior spaces, below the archives building one reaches the area where WDR showcases monitors and other media. — Behind the house of archives is the large RADIOCITY-Hall with easy to alter or design spaces used for the Maus-Oleum, Maus Show, the Bimediales Hörfunkzentrum and events. At the hall's north terminus is the elevated Cinemedia, typifying the cultural aspect of the media-oriented institution. — The RADIOCITY is covered by a glass roof and flanked to the east by three tracts of offices, between which the cathedral's towers are visible. The Filmhaus connects to the hall's west side, and will be expanded to the north in the area of the house of archives. Placed before this building, on the opposite side of the Castle Wall's street, will be a solitary construction at the disposal of an independent WDR department. — The façade of the globular entrance, as well as the hall's construction and abutting office tracts, should use a technically-oriented architectural language. The levels incorporating the use of glass should be held by filigree support carriers and thereby suggest great lightness.

Auf dem Berlich 26

Schmuckgalerie Trimetall

Architekt Mirjam Pell **Bauherr** Schmuckgalerie Trimetall

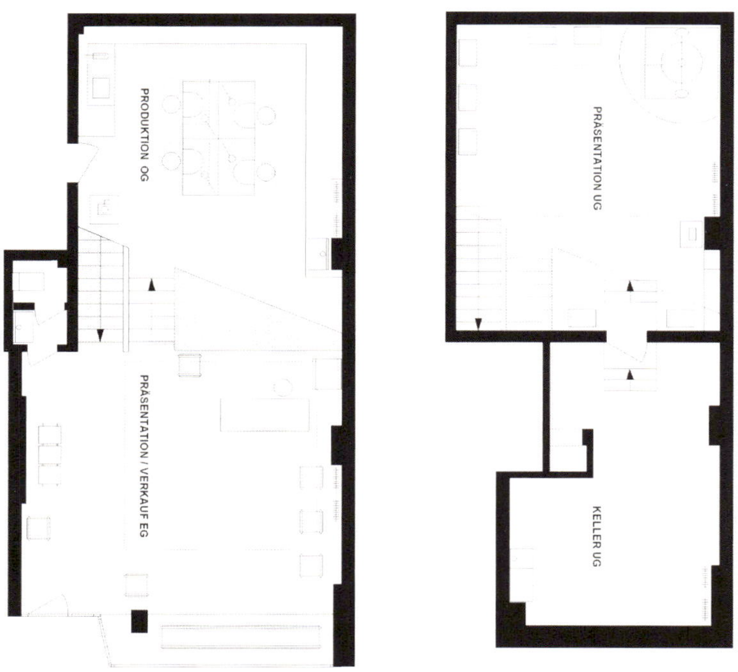

oben
Blick in den Arbeitsraum
links
Grundrisse Erdgeschoss und Untergeschoss

rechts
Verkaufsraum
mit Blick auf die Straße
rechts außen
Ausstellungsraum

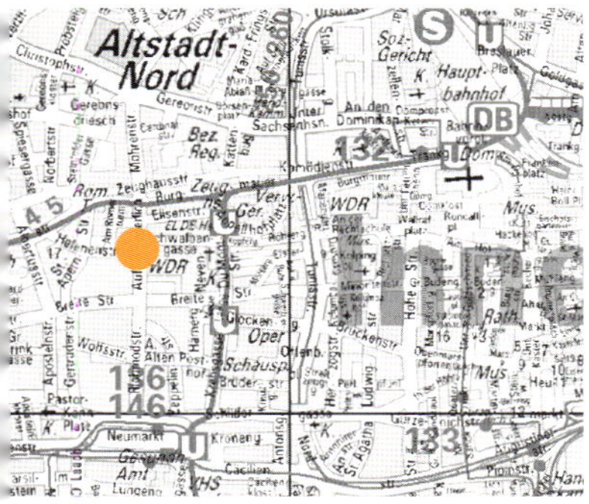

Nutzfläche
142 Quadratmeter
Fertigstellung
2001

Fotos: Constantin Meyer

Auf drei Ebenen verteilen sich die für das Konzept der Galerie wesentlichen Bereiche: Die Eingangsebene dient der Präsentation und dem Verkauf. Auf der oberen Ebene stellen die Betreiber der Galerie Schmuck und Kleinplastiken her. Sie überblicken gleichzeitig die Eingangs- und Straßenebene. Die untere Ebene ist ganz der Präsentation der Schmuckgegenstände gewidmet. — Die unterschiedlichen Niveaus und der schräge Anschnitt der oberen Ebene lassen den Raum frei fließen, gleichzeitig ist er sowohl räumlich als auch funktional deutlich gegliedert. Im Wesentlichen wurde die Raumstruktur beibehalten, jedoch durch ausgewählte Oberflächengestaltung und Lichtführung auf das Konzept der Galerie abgestimmt. — Das Licht wird in den beiden Präsentationsebenen durch ein frei schwebendes Deckensegel weich gestreut und zugleich durch den gezielten Einsatz von Strahlern punktuell auf die Ausstellungsobjekte gerichtet. Auf der Produktionsebene lenken satinierte Glasscheiben das bereits vorhandene und durch Kunstlicht verstärkte Tageslicht direkt und gleichmäßig auf die Arbeitsfläche. — Eine orange changierende Wand erstreckt sich als farbgebendes Rückgrat über die gesamte Länge des Raumes und verstärkt die optische Verknüpfung der Ebenen miteinander. Um den Ausstellungsstücken genügend Raum zu lassen sind die Oberflächen dezent gestaltet: helle Wände kombiniert mit einem fast schwarzen Holzboden. Die aus schweren Materialien wie Sichtbeton und Schwarzblech gefertigten Möbel und Vitrinen bilden mit ihrer klaren Linie eine Ergänzung zu den eleganten Schmuckstücken.

The gallery's main spaces are arranged on three levels: The entrance level is reserved for display and sale. On the upper level the gallery operators produce jewellery and small sculptures in a room that overlooks the entrance and street level. The lower level is the exclusive domain of the ornamental objects presented here. — The different planes and the slanting edge of the upper level give an impression of freely flowing spaces that are nevertheless clearly structured both spatially and functionally. On the whole the original spatial structure has been retained, though the treatment of some surfaces and the illumination were adjusted to the gallery's overall concept. — Free-floating awnings on both showroom levels create a soft, diffuse light while focused spotlights highlight the objects on display. On the production level, sand-blasted glass panes direct and distribute daylight reinforced by artificial light to the work surface. — A wall shimmering in orange colours forms the bright backbone of the entire space and enhances the visual unity of the different levels. Unobtrusive surfaces give the objects on display room to develop their full effect against light walls offset by a nearly black wooden floor. The clear shapes of furnishings and display cases made from heavy materials like exposed concrete and black sheet metal provide an ideal foil for the elegant ornamental objects.

Breite Straße/Neven-DuMont-Straße

DuMont-Carré

Architekt Prof. Ulrich Coersmeier

oben
Blick in die Mall
links
Grundriss Wohnen und Büro

rechts
Treppengasse
rechts außen
Angehobene Stadtebene

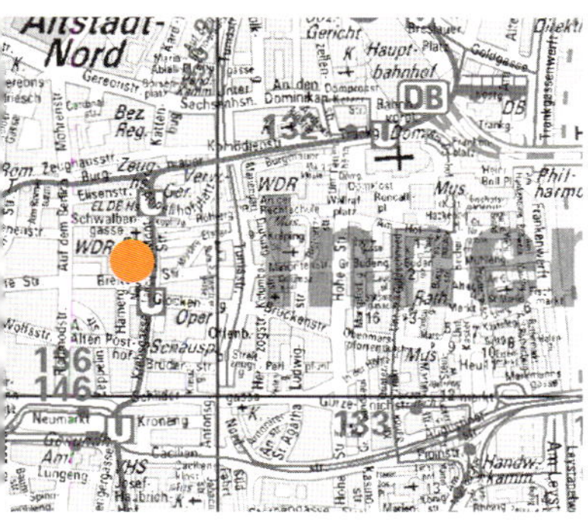

Grundstücksgröße
12.658 Quadratmeter
Bruttogeschossfläche
85.250 Quadratmeter
Tiefgaragenstellplätze
670
Fertigstellung
2001

Fotos: Palladium/Schuh

Die Integration von verschiedenen städtischen Funktionen wie Einkaufen, Dienstleistung, Arbeiten, Kultur und Wohnen ist der Beitrag des DuMont-Carrés zur Aufwertung der Innenstadt und zur Schaffung urbaner Vielfalt. Der Standort zwischen Breite Straße und Schwalbengasse bietet alles, vom städtischen Treiben bis hin zu Ruhezonen, und ist mit U-Bahn und Pkw gut zu erreichen. So sind auf dem Grundstück des ehemaligen Stadt-Anzeiger-Geländes neben den Wohn- und Büronutzungen in den oberen Geschossen auch Geschäftsflächen und eine Tiefgarage entstanden. — Eine großzügige Mall wird von der Breite Straße erschlossen und knüpft hier an die Achse Karstadt, Olivandenhof und Neumarkt an. Breite Passagen führen zur dreigeschossigen zentralen Halle, deren rechteckige Kontur mit dem Namen »DuMont-Carré« charakterisiert wird. Über drei große Oberlicht-»Gräben« wird die Halle mit reichlich Tageslicht versorgt. — Sein besonderes Konzept findet dieses Projekt in der angehobenen Stadtebene, zu der zwei Treppengassen von der Neven-DuMont-Straße und von der Schwalbengasse sowie mehrere Aufzugsanlagen führen. Eine Fußgängerstraße bildet das Rückgrat der oberen Anlage, sie weitet sich zu verschiedenen Höfen und einem zentralen Platz und erschließt die Wohnungen und Büros. Alles ist durchgängig begrünt; kleinere Spielplätze und Sitzecken ergänzen das Wohnumfeld. — Transparente Materialien, klares oder mattiertes Glas dominieren die Fassaden der unteren Geschäftsebenen, während in den Obergeschossen Terrakottaplatten-Ausfachungen die Büroansicht kennzeichnen. Die Gebäudeecken und das zentrale DuMont-Haus sind mit Tuffstein verkleidet und gliedern den Baukörper. In Anlehnung an die dahinter gelegenen Wohnstraßen werden die rückwärtigen Wohnbauten durch Ziegelmauerwerk und Putz charakterisiert.

DuMont Carré contributes to urban diversity by integrating different functions such as shops, services, work, culture and living in an ensemble that significantly enhances the status of the city centre. The site between Breite Strasse and Schwalbengasse offers everything from urban bustle to peaceful rest areas, and is conveniently located both for public and private transport users. Apart from dwellings and office space on the upper floors, the site formerly occupied by a newspaper office now also accommodates shops and an underground car park. — A spacious mall is accessible from Breite Strasse and links the axis of Karstadt, Olivandenhof and Neumarkt on one side with the refurbished Opernpassagen arcades on the other. Wide arcades lead to the central, three-storey hall to whose rectangular outline the name DuMont Carré refers. Three large skylights flood the hall with ample daylight. — Several lifts and, from Neven-DuMont Strasse and Schwalbengasse, two narrow staircases give access to the raised level that is the project's distinguishing feature. A pedestrian precinct forms the backbone of the upper reaches; it widens into various courtyards and a central square and gives access to the private dwellings and offices. There is abundant greenery, and small playgrounds and rest areas create a pleasant living atmosphere. — Transparent materials, clear or sand-blasted glass dominate the façades of the shops on the lower levels, while on the upper storeys terracotta infill panels mark out the office space. The corners of the building and DuMont Haus at its core are clad in tuff and structure the architecture. Corresponding to the residential buildings behind them, the residential sections are characterized by brickwork and plaster.

Friesenplatz 25

Innenstadt Nord

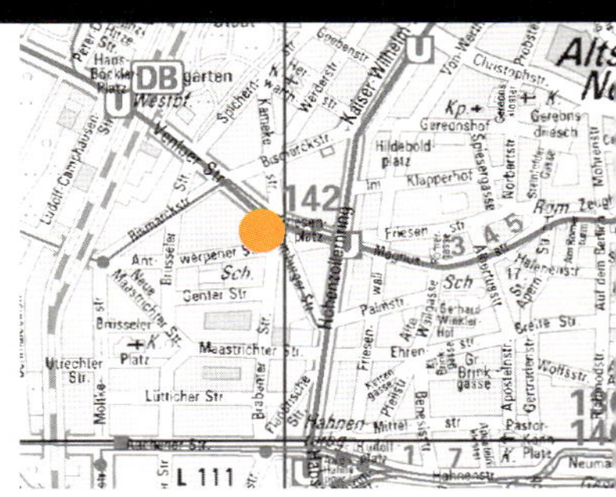

Pixelpark Haus Köln

Architekt Jankowski Architekten Stadtplaner DWB

Bauherr Josef Wolf, vertreten durch Pochert Consulting

Fertigstellung
2000

1998 wurde mit der Sanierung des damaligen Klingel-Gebäudes aus den Sechzigerjahren begonnen, die aufgrund der exponierten Lage des Hauses und seines desolaten bauphysikalischen Zustandes einen feinfühligen Umgang mit der Bausubstanz erforderte. — Die Sanierung des siebengeschossigen Baukörpers umfasste die vollständige Entkernung, den Verzicht auf die aufwändige Klimatechnik und die Erneuerung der alten Stahl-Fassade durch eine Glasfassade mit integrierten Lüftungsflügeln. — Das nun hochgedämmte, mit moderner Heiztechnik ausgestattete und mit Fernwärme versorgte Gebäude wird natürlich belüftet. Die hierfür benötigten Lüftungsflügel, die schmalen Türen ähneln, kontrastieren zur Festverglasung. Diese Umkehrung der üblichen Funktionen bewirkt auch im Innenraum ein ungewöhnliches Erscheinungsbild und Klima. Da die Trespa-Schwingelemente nach außen zu öffnen sind, ergeben sie im Zusammenspiel mit dem außen liegenden Sonnenschutz je nach Nutzung und Witterung ein sich ständig änderndes, belebtes Fassadenbild. Inzwischen hat sich hier mit Pixelpark ein modernes Dienstleistungsunternehmen der IT-Branche angesiedelt. — Die für das gesamte Grundstück formulierte Bauaufgabe beinhaltete neben der Sanierung und Umnutzung des Hauptgebäudes auch den Bau einer zweigeschossigen Tiefgarage und die Errichtung eines weiteren Gebäudes mit Büronutzung.

The year 1998 witnessed the start of the renovations on the former Klingel Building, erected in the 1960s. Both the exposed situation and the desolate constructional-physical condition required that the building material be handled with great care. — Renovating the seven-storey building structure included a thorough emptying out of its interior spaces, doing without an intricate ventilation system, and replacing the steel façade with a glazed façade that contained integrated ventilation wings. — The highly insulated building, equipped with modern heating technology and district heating, is naturally ventilated. The ventilation wings resemble narrow doorways, and they contrast the fixed glazing. Through the restoring of the building's standard functions, the interior spaces took on an unusual appearance and atmosphere. Since the Trespa oscillating elements open outwardly, depending on their use and the weather, and when used together with the exterior sun-deflecting surfaces, they produce a constantly changing and extremely lively façade imagery. In the meantime, Pixelpark facilities, a modern concern for industrial IT-sector services, has found a place for itself here. — Apart from the renovations and restructuring of the main building's use, the architectural objective formulated for the entire site required the building of a two-level subterranean garage, a second building with office spaces.

Große Brinkgasse 21–25

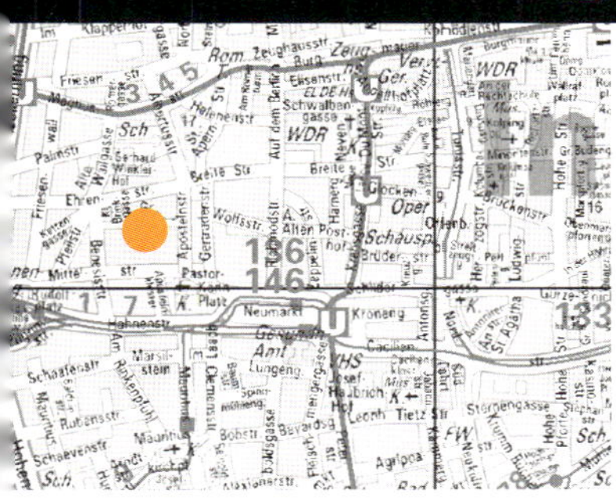

Innenstadt Nord

Einrichtungshaus »Form 2000«

Architekt Klaus Müller Bauherr Max Roth

Grundstücksfläche
615 Quadratmeter
Bruttogeschossfläche
1.717 Quadratmeter
Fertigstellung
2001

Der Standort des Einrichtungshauses »Form 2000« befindet sich in der Kölner Innenstadt, im belebten Geschäftsviertel zwischen Ehrenstraße und Mittelstraße. Bedingt durch die Neubebauung der Kleinen Brinkgasse Ende der Neunzigerjahre (ebenfalls nach der Planung des Kölner Architekten Klaus Müller) erfährt auch die Große Brinkgasse mit ihrer Anbindung an die Ehrenstraße eine tiefer greifende Veränderung. Das neue Gebäude schließt eine seit dem Ende des Zweiten Weltkriegs klaffende Baulücke. — Bisher hatte das Einrichtungshaus »Form 2000« seinen Haupteingang zur Mittelstraße orientiert, aufgrund der Erweiterung zur Großen Brinkgasse wird es jetzt als Passage und Verbindung von Mittelstraße und Ehrenstraße genutzt. — Im Neubau ist der nun klar in der Fassade ablesbare, zweigeschossige Einrichtungs-Laden untergebracht. In dem darüber liegenden Geschoss, als schmaler Streifen horizontal über der Ganzglasfassade des Ladens ablesbar, befindet sich der dazugehörige Bürobereich. — Darüber entwickeln sich in zwei Staffelgeschossen die Wohnungen, die jeweils mit Terrassen über die gesamte Gebäudebreite ausgestattet sind. — Die Klarheit und Ruhe der Fassadengestaltung wird durch die Verwendung von Materialien wie Glas und glattem weißen Putz konsequent weitergeführt.

The large furniture store »Form 2000« is located at the centre of Cologne in the lively commercial area between Ehrenstrasse and Mittelstrasse. The redevelopment of Kleine Brinkgasse in the late 1990s, also according to plans by Cologne-based architect Klaus Müller, entailed some deeper changes on Grosse Brinkgasse with its link to Ehrenstrasse. The new building closes a gap left over from World War II. — The furniture store »Form 2000« used to have its main entrance on Mittelstrasse, but in context with the extension toward Grosse Brinkgasse it will now provide an arcade-like link between Mittelstrasse and Ehrenstrasse. — The furniture store will move to two floors clearly outlined on the façade. The next floor, which from the outside appears as a narrow band above the store's glass façade, accommodates the store's office. — The two receding floors above are reserved for residential flats, each equipped with wide balconies extending along the entire building front. — The use of materials like glass and smooth white plaster corresponds to the clear and restrained façade structure.

Hohenzollernring/Flandrische Straße

Hotel- und Geschäftshaus
Architekt Prof. Petry + Partner **Bauherr** Gebrüder Bünzow

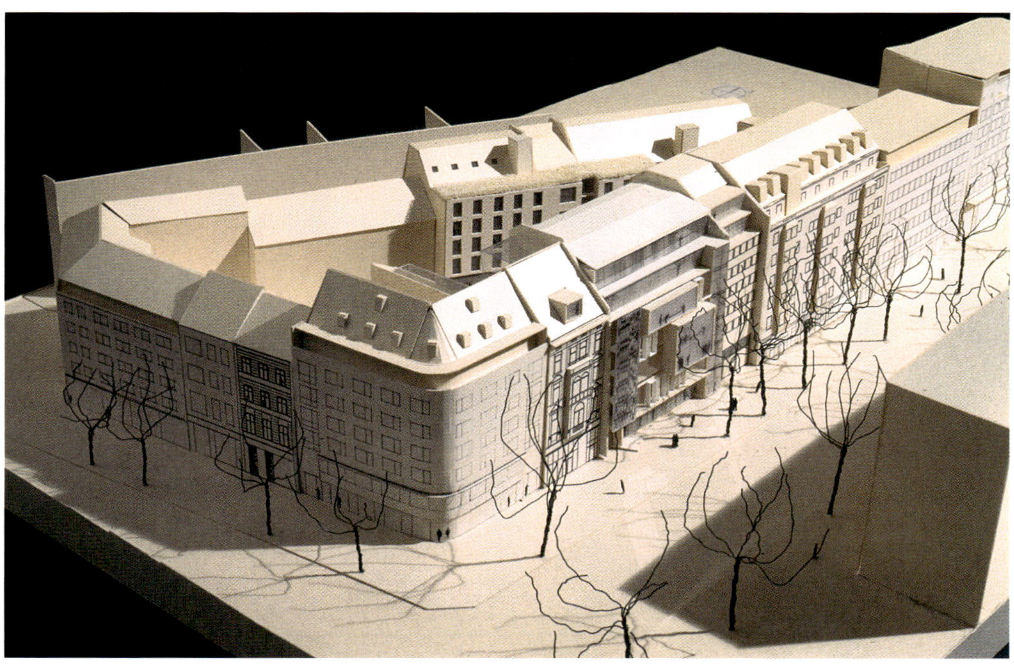

oben
Fassade am Ring
links
Modellfoto

rechts
Fassadendetail
rechts außen
Fassade bei Nacht mit Projektion

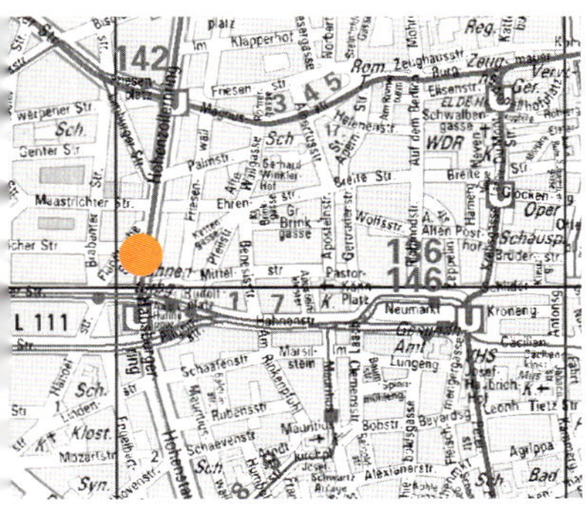

Freiraumplanung
Lill und Sparla
Bruttogeschossfläche
15.900 Quadratmeter
Bruttorauminhalt
54.600 Kubikmeter
Fertigstellung
2003

Mit dem Neubau am Hohenzollernring entsteht ein Gebäudeensemble, das Erlebnis-Gastronomie, Hotel und virtuelle Spielwelten unter einem Dach vereint. Während das bestehende Hotel »Flandrischer Hof« durch Um- und Neubau blockübergreifend und nach innen bis zur Flandrischen Straße hin erweitert wird, steht der Gebäudeteil am Ring für großstädtische Unterhaltung. Themenbezogene Bars, ein Internet-Café sowie Billard- und Dartclubs bieten ein Freizeitangebot, das gerade hier an der Hauptverkehrsader, der Einkaufs- und Flaniermeile der Stadt, bis spät in die Nacht hinein Anziehungspunkte schafft. — Sehen und gesehen werden, Selbstdarstellung und Präsentation sind die beherrschenden Themen der Umgebung. Eben dieses Moment nimmt die hoch transparente Glasfassade an der Ringfront auf, indem sie wechselseitige Bezüge zwischen Innen und Außen ermöglicht. Aus der Fassade unregelmäßig herausgeschobene Kuben inszenieren das »Sehen und Gesehenwerden«. Das Gebäude stellt sich so in seiner Lebendigkeit selbst dar und kann auf Fremdkörper wie Leuchtschriften oder Werbeapplikationen verzichten. — Als wesentliches vertikales und einziges »artifizielles« Element ist in die gläserne Front eine Medienwand integriert. Sie dient abends und nachts als Projektionsfläche für Videoarbeiten von Absolventen der Kölner Kunsthochschule für Medien sowie anderer Künstler und wird vierteljährlich neu bespielt. Damit erhält die Medienstadt Köln ein öffentliches Forum für visuelle Kunst an hoch frequentierter Stelle. — Durch die vollständig geöffnete Erdgeschossfassade und großzügige Galerien im Innenbereich wird der Straßenraum in die Tiefe und Höhe des Gebäude erweitert. So schafft der Neubau eine Bühne für reales und virtuelles Zusammenspiel von Großtadtraum und City-Publikum, Kunst und Vergnügen.

The new complex taking shape on Hohenzollernring will unite gastronomy, a hotel and virtual games worlds under a single roof. While conversion and new additions will extend the existing hotel Flandrischer Hof across the block boundary and up to Flandrische Strasse, the part of the ensemble facing the road stands for cosmopolitan entertainment. Theme bars, an Internet café as well as pool and dart halls provide leisure facilities that on this main traffic artery, a popular boulevard for shoppers and window-shoppers, will attract customers until late into the night. — Seeing and being seen, image and appearance are the themes dominating this area. It is this element that the highly transparent glass façade on the street front refers to when it establishes reciprocal links between interior and exterior. An irregular pattern of cubic elements projecting from the façade presents »peep-holes« that allow passers-by to look in on the building's dynamic inner life. The building presents itself in a vibrancy that does not need alien elements such as neon lettering or advertising. — The only trace of artifice is the vertical media screen integrated into the glass curtain wall. At night it screens video art produced by graduates of Cologne's Academy of Media Arts and other artists. The show, which changes every three months, underlines Cologne's status as a media capital by providing an open forum for visual arts in a much-frequented area. The façade around the entrance area can slide open, blurring the boundary between boulevard and building. — This up-to-date building represents a real and virtual interface of urban space and urban public, art, entertainment, and services.

Hohenzollernring/Friesenwall

Gerling-Ring-Karree

Architekt Foster and Partners **Bauherr** Bauherrengemeinschaft Gerling Ring GbR

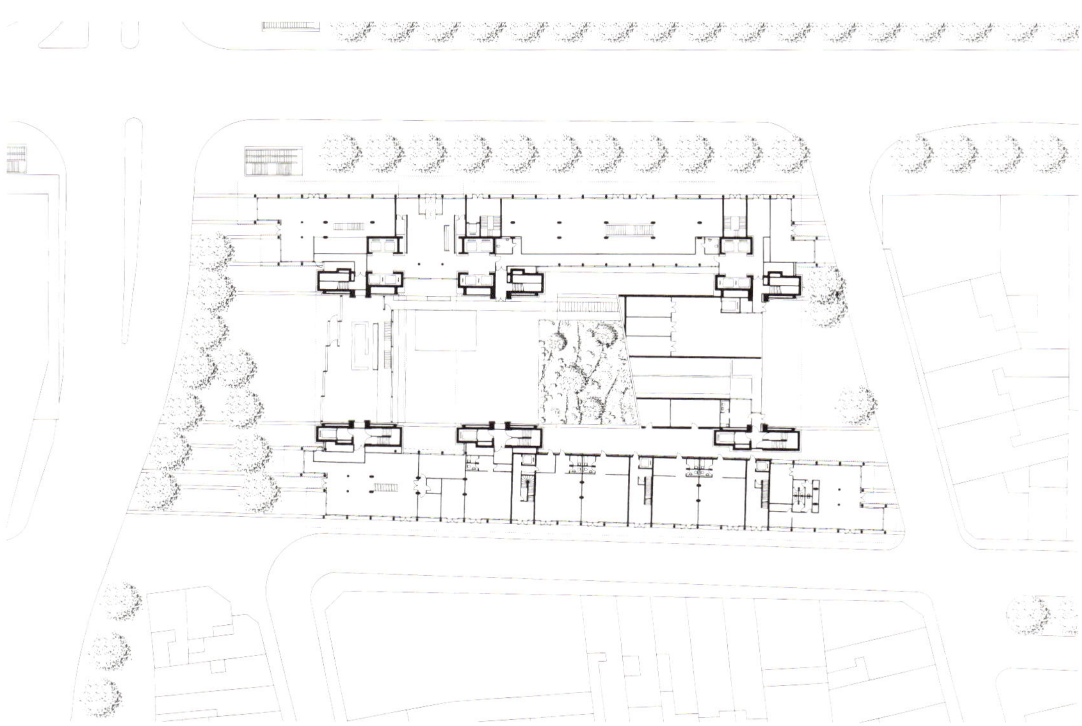

oben
Blick vom Friesenplatz
links
Grundriss Erdgeschoss

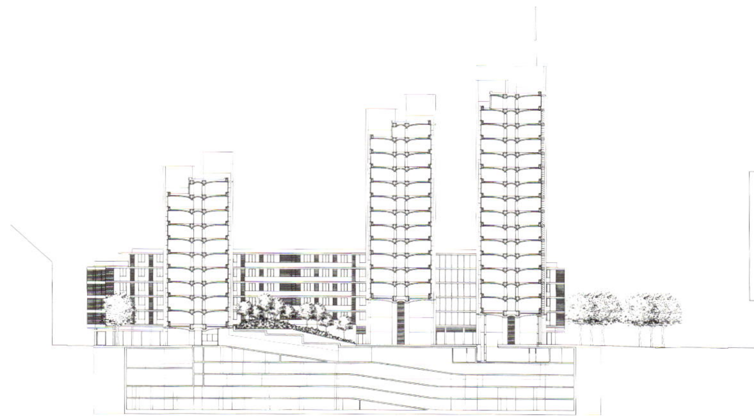

rechts
Ansicht bei Nacht
rechts außen
Schnitt

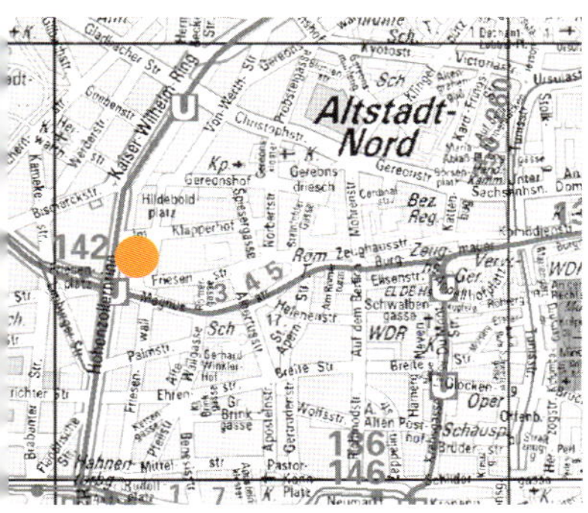

Grundstücksgröße
5.700 Quadratmeter
Fertigstellung
2001

Am Friesenplatz zwischen Hohenzollernring und Friesenwall entwickelte der Kölner Versicherungskonzern Gerling einen Gebäudekomplex mit urbaner Nutzungsmischung von Büros über Showrooms, Gastronomie, Läden und Wohnungen. Das vom britischen Architekten Lord Norman Foster geplante Gebäude ist ein entscheidender Baustein in der fortschreitenden Sanierung des Friesenviertels, das sich in den vergangenen Jahren zu einem belebten Quartier entwickelt hat. — Entlang des Hohenzollernrings schließt ein siebengeschossiger Büroriegel die Straßenfront. Ein ebenfalls straßenbegleitender Bau entlang des Friesenwalls beherbergt die 84 Wohnungen des Gerling-Ring-Karrees. Diese beiden Gebäudeteile nehmen den Maßstab und die Traufhöhe der benachbarten Bebauung auf und verankern den gesamten Komplex im städtebaulichen Kontext. Zwischen den Riegeln entwickeln sich drei in der Höhe gestaffelte Hochhäuser, die jedoch einen maßstäblichen Bezug zur Umgebung wahren. Die tragende Konstruktion, die Gebäudetiefe und die technische Infrastruktur des Gebäudes lassen nicht nur eine flexible Teilbarkeit der Büroflächen und deren Erschließung zu, sondern auch nachträglich eine Änderung der Nutzung. Die Planung ermöglicht bei Bedarf eine Umnutzung von Büroflächen in Wohnungen. — Mit ihrer geschwungenen Form sind die vorgefertigten Betondeckenelemente ein wichtiges Gestaltungselement neben der doppelten Glasfassade. Sie nehmen in ihrem tiefen Querschnitt im Gebäudeinneren die Installation für Küchen, Bäder oder Bürotechnik auf, stehen den natürlich belüfteten Innenräumen als Speichermasse zur Verfügung und lenken durch ihre Verjüngung zur Fassade hin das Tageslicht in die Tiefe des Raumes. Mit der Werksteinverkleidung der geschlossenen Erschließungselemente wird ein Bezug zum Material der benachbarten Gerling-Bauten aus den Dreißiger-, Fünfziger- und Sechzigerjahren hergestellt.

On Friesenplatz, the square between Hohenzollernring and Friesenwall, the Cologne insurance firm Gerling developed a building complex whose mixed urban functionality offers spaces for everything from offices, showrooms and gastronomical businesses to apartments. Planned by the British architect Lord Norman Forster, the building represents a decisive building block in the restructuring of the Friesenplatz district, which over the last years has become a densely populated quarter. — The front of the street along Hohenzollernring is contained by an seven-storey strip of office buildings, and on the street skirting Friesenwall another construction accommodates the 84 apartments of the Gerling Ring Karree. Both buildings reflect the standard and eaves height of the neighbouring development, and, in an urban design context, anchor the whole complex. Developed between the strips of construction are three high-rise buildings, stepped in their ascent, which maintain a clear dimensional relationship to their surroundings. The building depth, supporting construction, and technical infrastructure, allow for not only a flexible division of office spaces, but also for a later reassignment of their use. The planning makes its possible to use office spaces as apartment spaces when needed. — Together with the doubled glazed façades, the pre-cast ceiling elements of cement create an important design element. Appearing all throughout the building's interiors, they help define kitchen installations, baths, office technology areas, function as storage masses in naturally-ventilated interior spaces, and, while rejuvenating the facade, they lure daylight into the depths of the interior space. The hewn stone of the sealed building elements also creates a relationship to the materials used in the neighbouring Gerling buildings originating from the Thirties, Fifties, and Sixties.

Gereonswall 75

Bürogebäude

Architekt Schilling Architekten **Bauherr** Ulrike Schilling

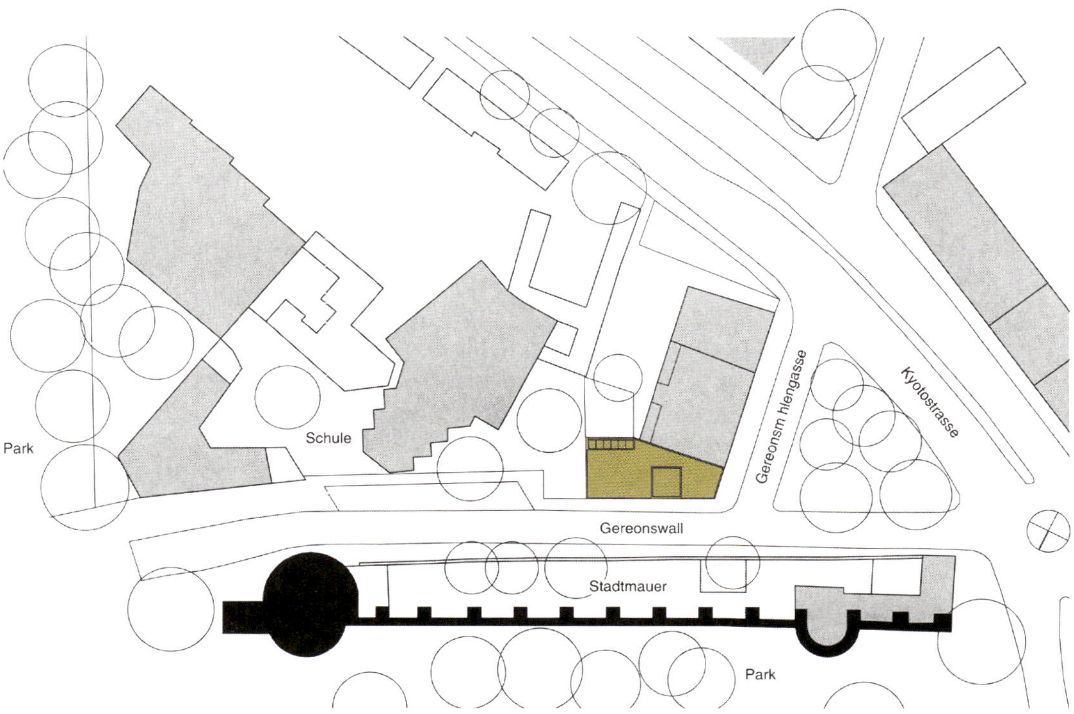

oben
Blick von Norden
links
Lageplan

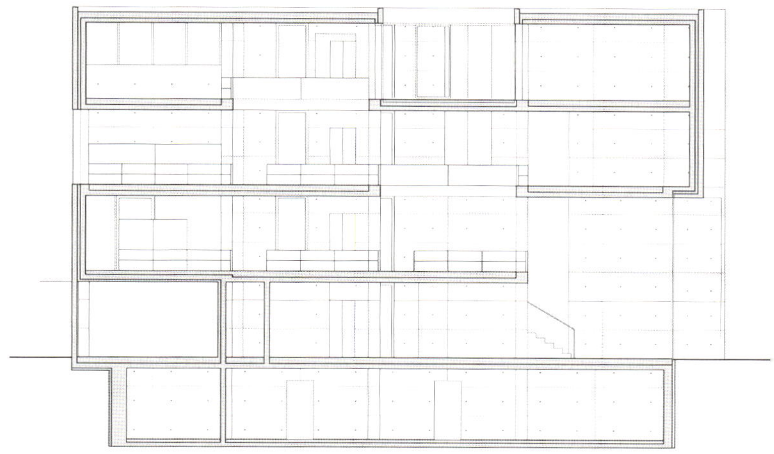

rechts oben
Innenraum
rechts unten
Innenraum
rechts außen
Längsschnitt

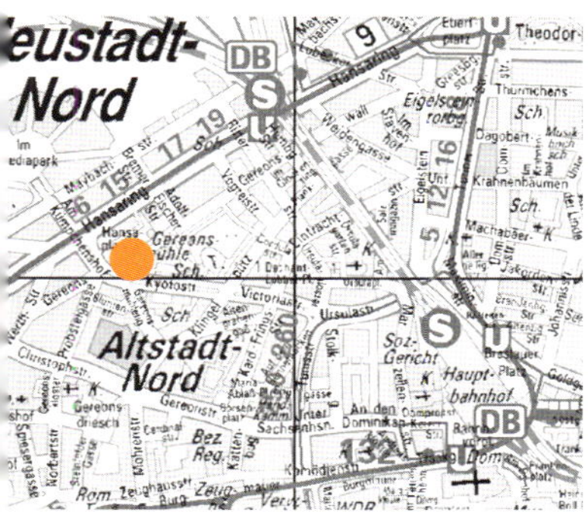

Nutzfläche
etwa 420 Quadratmeter
Fertigstellung
2002

Foto: Jens Willebrand

Am Gereonswall, mitten in der Kölner City, hat Schilling Architekten ein Bürohaus verwirklicht, das alle Anforderungen zeitgemäßer Arbeitskonzepte erfüllt. Auf einer ehemaligen Brachfläche zwischen der alten Stadtmauer und der Verkehrsschneise Nord-Süd-Fahrt, zwischen Park und Schule platziert, wurde mit dem Neubau der Standort aufgewertet und ein Beitrag zur Entwicklung urbaner Vielfalt und Belebung geleistet. Die großzügige Öffnung des Gebäudes ermöglicht eine enge Verknüpfung mit dem Umfeld, die Bürolandschaft ist Teil der Stadtlandschaft und beide profitieren voneinander. — Das Gebäude besteht aus einer vertikalen Modulstruktur: In einem einzigen viergeschossigen Raum stapeln sich offene Plattformen, alternierend mit zweigeschossigen Lufträumen. Diese sind diagonal gegeneinander versetzt, sodass in Längsrichtung eine abgetreppte Raumsequenz entsteht. Dieses offene Raumkontinuum ermöglicht vielfältige Möglichkeiten der Kommunikation, bietet gleichzeitig aber auch Rückzugsmöglichkeiten für konzentrierte Einzel- und Teamarbeit. Insgesamt können je nach Bedarf 20 Arbeitsplätze in unterschiedlichen Teamgrößen kombiniert werden. — Die abgetreppte Raumsequenz im Inneren zeichnet sich nach außen durch einen Wechsel von geschlossenen Sichtbetonflächen und sehr knapp profilierten Stahl-Glasfassaden ab. Um die zweigeschossigen Lufträume sind Regale aus dünnen Stahlplatten angeordnet, die gleichzeitig als Brüstungen dienen. Darüber hinaus sorgen sie an ihren Rückseiten mit hinterleuchteten Milchglasscheiben für eine gleichmäßige Raumbeleuchtung. Die durchgehenden massiven Eichendielen des Fußbodens vervollständigen den zurückhaltenden Einsatz von Materialien.

On Gereonswall street right at the heart of Cologne city centre, Schilling Architekten have realized an office building that fully meets the standards of up-to-date workspace concepts. Located on a formerly vacant lot between the old city wall and a major traffic artery, Nord-Süd-Fahrt, a public park and a school, the new building significantly enhances the status of the site and contributes to urban diversity and renewal. The generous openness of the building creates a close link with the surroundings; workspace and cityscape form a productive symbiosis. — The building is structured in vertical modules: In a single space spanning four floors, stacked open platforms alternate with two-storey air wells that are staggered diagonally to shape a stepped sequence. This open spatial continuum offers numerous possibilities of communication while at the same time providing the privacy individuals and groups need for focused work. In total, up to 20 workspaces can be combined for teamwork as need arises. — The exterior reflects the stepped interior space in an alternating structure of closed exposed concrete surfaces and narrow-profiled steel-and-glass curtains. Shelves of thin steel sheets surrounding the two-storey air wells also serve as balustrades. Illuminated panes of frosted glass at their rear provide the rooms with consistent light. Floors of solid oak boards stand for a restrained choice of materials.

Spichernstraße/Erftstraße

Altes Eichamt

Architekt Thomas Kostulski **Bauherr** Altes Eichamt GbR Müller & Kostulski

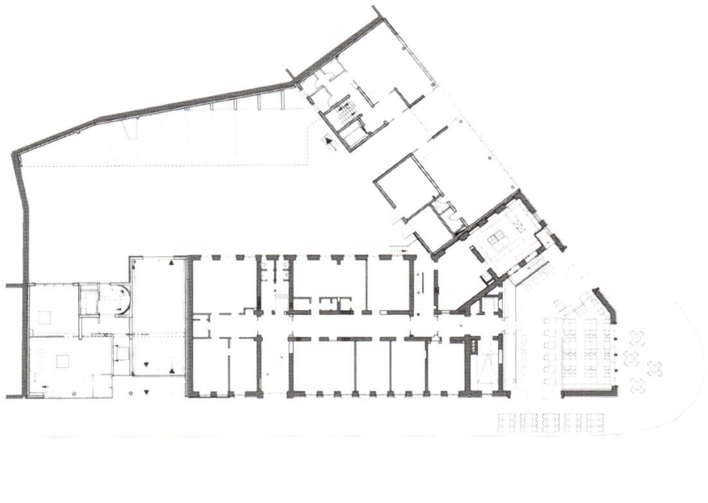

oben
Blick vom MediaPark
links
Grundriss Erdgeschoss

rechts oben
Innenraum
rechts oben, außen
Treppenhaus
rechts unten
Blick in den Innenhofbereich
rechts unten, außen
Blick zum KölnTurm

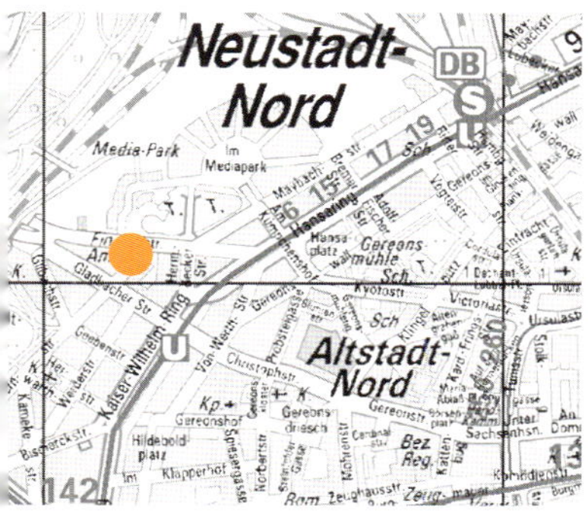

Grundstücksgröße
1.893 Quadratmeter
Bruttogeschossfläche
13.300 Quadratmeter
Tiefgarage
85 Stellplätze
Fertigstellung
2002

Fotos: Uwe Spoering

Mit dem Umbau des Alten Eichamtes, das etwa 100 Jahre zuvor errichtet wurde, entstand gegenüber dem MediaPark, Kölns größtem innerstädtischen Neubauprojekt des ausgehenden 20. Jahrhunderts, ein Beispiel für den modernen Umgang mit historischer Bausubstanz. — Das ursprünglich mit aufwändigen Dachlandschaften versehene und reich verzierte Ziegelgebäude wurde nach den starken Zerstörungen des Zweiten Weltkriegs in den Fünfzigerjahren sehr vereinfacht wieder aufgebaut. Mit dem Anspruch, Teil der Stadtansicht vom MediaPark aus zu sein, realisierte der Kölner Architekt Thomas Kostulski durch eine umfassende Sanierung des Gebäudes ein modernes Lofthaus. — Die vorhandene Eckbebauung wurde um zwei Geschosse und ein Staffelgeschoss aufgestockt, um die Höhe der benachbarten alten Schule und der Allianzverwaltung aufzunehmen. Mit der Ziegelfassade der Schule korrespondiert die neue Ziegelfassade des sanierten Eichamtes. — Helle terrakottafarbene Ziegel mit farblich passenden, orangefarbenen Fugen erzeugen eine für Backsteinbauten beinahe untypische Leichtigkeit. Die Fenster nehmen durch ihre Aufteilung Gestaltungselemente historischer Fabrikfenster auf, lassen aber vor allem mit ihren knapp profilierten Stahlzargen die Detailführung einer modernen Architektur erkennen. Dieser Eindruck wird durch die straßenseitigen Ganzglasfassaden neu hinzugefügter Gebäudeteile noch verstärkt. — Der Loftcharakter des Gebäudes und die Innengestaltung mit Natursteinböden, Massivparkett und holzvertäfelten Sanitärbereichen zieht vor allem Medienunternehmen an, die die beliebte Gastronomie im Erdgeschoss gern auch als Treffpunkt und Ort für informelle Gespräche nutzen.

With the reconstruction of the Old Bureau of Standards, erected circa 100 years before, the city of Cologne witnessed its most ambitious, inner-city new building project executed at the close of the 20th century, and likewise a fine example of a modern handling of historic structures. — Originally decked with intricate displays of roofing and highly ornamented all throughout, after World War II this greatly damaged building was reconstructed in a simpler style in the Fifties. To position it in the cityscape viewed from MediaPark, with extensive renovations on the building structure the Cologne architect Thomas Kostulski carried out the building of a modern loft-house. — The existing street-corner construction was increased by two floors and a stepped-floor in order to align its height with that of the neighbouring school and administration office of the Allianz company. The new brick façade of the renovated Bureau of Standards corresponds perfectly with the school's brick façade. — The light terracotta-colored bricks with appropriately chosen orange-hued seams create an almost atypical lightness for such brick-walled structures. The window division reflects design elements found in historic factory windows, but also makes visible, with precisely-profiled steel frames, the detail-work of modern architecture. This impression is strengthened by the high-gloss finish on the glazed façades of the newly-integrated building additions. — The building's loft-like character, interior design with natural stone floor and massive parquet, and its renovated sections of wooden paneling, are particularly well-suited to media concerns in the habit of holding ground floor luncheons or using such spaces for informal talks and meetings.

48

Venloer Straße 44

Innenstadt Nord

Büro- und Geschäftshaus

Architekt btw architekten **Bauherr** VTG des DGB mbH

In der Venloer Straße wurde eine Baulücke nach dem Entwurf des Kölner Architekturbüros btw architekten durch ein Büro- und Geschäftshaus mit Ladennutzung im Erdgeschoss geschlossen. Gleichzeitig entstand eine Durchfahrt zu einer Doppelparkanlage im Hof für unabhängiges Parken übereinander. — Die interne Gliederung des Hauses findet in Maßstab und Materialität der Fassade ihre Entsprechung: straßenseitig durch ein über alle Geschosse gehendes »Fenster« und eine Stahlkonstruktion mit Sonnenschutz als technischem Element, die durch eine »davor gehängte« Ziegelfassade eingefasst werden; hofseitig durch die Fortsetzung des erdgeschossigen »Sockels« mit Eternit-Verkleidung und horizontalen Fensterbändern in den Obergeschossen. — Die straßenseitigen, schallgeschützten Büroräume an der Südseite sind mit einer unterstützenden Lüftung ausgestattet, die gleichzeitig der Kühlung im Sommer und der Beheizung im Winter dient. Die Außenluft wird hofseitig angesaugt und durch erdverlegte Rohre unter den Fundamenten vortemperiert. — Alle Wand- und Deckenflächen sind geputzt beziehungsweise gestrichen, die Böden im Treppenhaus bestehen aus Betonwerkstein, in den Büroräumen aus Rotbucheparkett. Neben den »Materialfarben« wurden besondere Bereiche unterstützend mit Farbe betont.

An office- and commercial building with shops on the ground floor now fills the gap on Venloer Strasse. The design was drawn up by the Cologne-based practice of btw architekten. At the same time, an archway was built to give access to a double-decker car park in the yard that provides independent parking space on two levels. — The façade reflects the scales and materials of the interior structure: On the street front, a »window« spanning all floors and, as a technical feature, a steel construction supporting a solar shade are framed by a brick »curtain«. On the courtyard front, the asbestos cement cladding of the ground-floor base continues across the upper floors, which also have the same horizontal window bands. — The sound-proof offices facing the street on the southern front are equipped with additional ventilation that provides cooling in summer and heating in winter. The system conducts outside air from the courtyard side of the building through underground pipes to regulate the temperature. — All walls and ceilings are covered in plaster or paint; the floors in the staircase are of cement-bound material while the offices have red-beech parquet. Material colours determine the colour scheme, though some areas received additional highlighting.

Bruttogeschossfläche
1.050 Quadratmeter
Bruttorauminhalt
3.200 Kubikmeter
Nutzfläche
625 Quadratmeter
Fertigstellung
Mitte 2002

Foto: Lukas Roth

Dagobertstraße

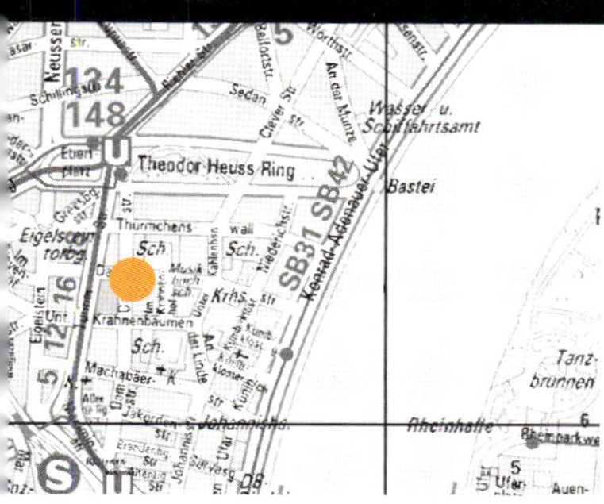

Wohn- und Geschäftshaus

Architekt Peter Kulka Bauherr Eheleute Flach

Innenstadt Nord

Fertigstellung
2004

Das Grundstück liegt in einer Blockrandbebauung in einem für Köln typischen heterogenen Viertel. Der Entwurf des Kölner Architekten Peter Kulka folgt nicht der flächigen Straßenrandbebauung, sondern wird zwischen geschlossener und offener Stadtstruktur vermitteln. Die Nord-West-Orientierung und die benachbarten Gebäude bilden eine schwierige Ausgangsbasis hinsichtlich der Belichtung des neu entstehenden Wohn- und Geschäftshauses. — Der Neubau ist als vielfach gegliederter Baukörper konzipiert, der das Licht einfangen und die Ecke akzentuieren soll. Farbflächen sollen die nach außen sichtbare innere Struktur hervorheben und die mit anthrazitfarbenem Klinker verkleideten Straßenfronten beleben. Über den Parkplätzen und Nebenräumen sind auf vier Geschossen Praxisräume sowie flexible Wohnungseinheiten mit jeweils zugeordneten Dachgärten vorgesehen. Der auskragende Wohnbereich der obersten Mieteinheit wird einen großartigen Blick zum Dom und über die Dächer von Köln bieten.

The site is situated in the block-perimeter development of a typically heterogeneous district of Cologne. Instead of following the development on the street's perimeter, the design of the Cologne architect Peter Kulka is conveyed between closed and opened urban structures. The north-west orientation and neighbouring building pose a difficult developmental basis with regard to the lighting for this new apartment house cum business location. — Conceived as a multiply-arranged building structure, the new building should capture light and also accent the corner. Its color surfaces are meant to bring into dominance the interior structure visible from outside, and to rejuvenate the structure's fronts, which face the street and receive a charcoal-gray clinker-brick surfacing. On the four floors above the parking area and subsidiary spaces are praxis rooms, as well as flexible apartment units with adjoining roof gardens. The projecting living area of the uppermost rental unit offers a stupendous view of the cathedral, and over the rooftops of Cologne.

Konrad-Adenauer-Ufer 69

Wohngebäude »Rheinsicht«

Architekt KSP Engel und Zimmermann Architekten **Bauherr** Objektgesellschaft Konrad-Adenauer-Ufer 67–69 mbH

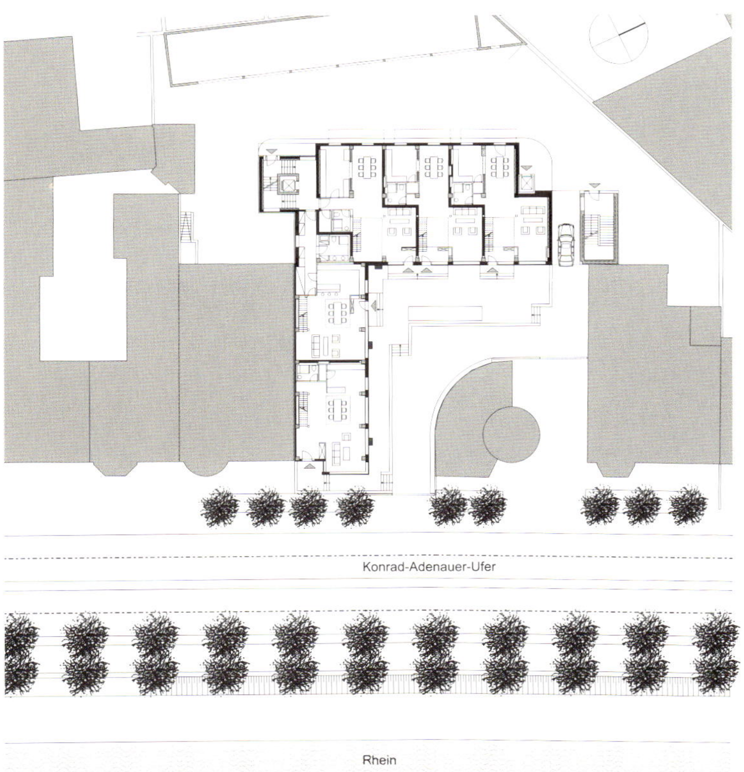

oben
Blick vom Rhein (Modellfoto)
links
Grundriss Erdgeschoss

rechts oben, außen
Rückansicht (Modellfoto)
rechts unten
Schnitt
rechts unten, außen
Bestand vor 2003

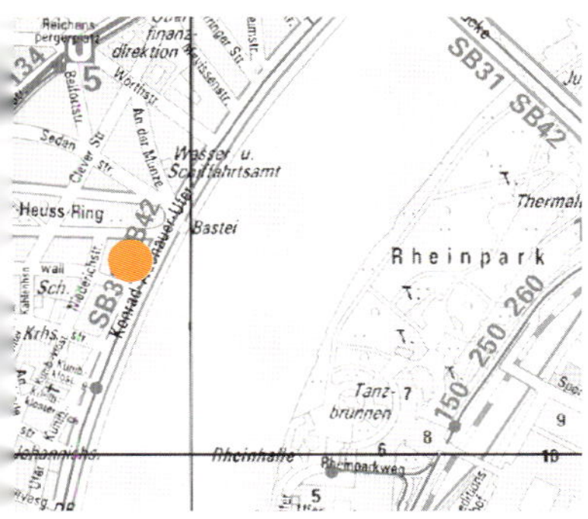

Bauherrenvertreter
Proximus Asset Management GmbH
Bruttogeschossfläche gesamt
4.000 Quadratmeter
Baubeginn
Mitte 2003
Fertigstellung
Anfang 2004

Fotos: Axel Schmidt

Die »Rheinsicht« liegt am Konrad-Adenauer-Ufer 69 im Bezirk Altstadt Nord, in fußläufiger Entfernung vom Hauptbahnhof. Aufgrund der prominenten Rheinlage und der direkten Nachbarschaft zur »Weckschnapp« kommt dem Gebäude im Kölner Stadtbild eine besondere Prägnanz zu. Das Konrad-Adenauer-Ufer wird auf dieser Höhe besonders durch Villen aus der Jahrhundertwende geprägt. — Das Gebäude, das früher von der Postbankversicherung als Bürohaus genutzt wurde, umfasst auf sechs Geschossen etwa 4.000 Quadratmeter Bruttogeschossfläche. Das fünfte und das sechste Geschoss werden in Fremdeigentum als Büro genutzt und sind somit nicht Bestandteil der Umbau- und Umnutzungsmaßnahme. — Das Erdgeschoss und das erste Obergeschoss werden zu fünf Stadthäusern zusammengefasst. Diese werden über eigene Zugänge über den vorderen Hof, der an die englische Idee eines »communal garden« angelehnt ist, erschlossen. Galerien und Loggien mit Rheinsicht unterstreichen die Großzügigkeit der zwischen 135 und 180 Quadratmeter großen Stadthäuser. — Im zweiten bis vierten Obergeschoss entstehen auf jeder Ebene vier Wohnungen zwischen 65 und 130 Quadratmetern. Auch hier wird besonders auf die Rheinsicht Wert gelegt. Große französische Fenster unterstreichen den offenen Charakter zum Fluss hin, während die Balkone zur ruhigen Westseite orientiert sein werden. — Der erste Eindruck des Hauses wird durch die Zweischichtigkeit der Rheinfassade geprägt. Während die vordere weiße Wand, einem Passepartout vergleichbar, die Vielfalt der Wohnungen einrahmt, wird die dahinter liegende rubinrote Wand durch die geschossweise alternierenden französischen Fenster strukturiert. Der rote Farbton steht in Analogie zur Farbe des Rotklinkers der »Weckschnapp« und der umgebenden gründerzeitlichen Villenbebauung.

The »Rheinsicht« (View of the Rhine) is located on Konrad-Adenauer-Ufer 69, in the Altstadt Nord district, within walking distance from Central Station. Because of its prominent location on the Rhine, and nearness to the »Weckschnapp«, this building has a unique status in Cologne's cityscape. At this point on the river, the Konrad-Adenauer-Ufer is characterized by turn-of-the-century villas. — On its six floors, the building formerly an office building of the Postbank Insurance has approximately 4000 square meters of floor space alone. The fifth and sixth floors are privately-owned office spaces, and therefore not subject to the reconstruction and usage restructuring procedures. — The ground floor and first floor will be combined to make five townhouse, with private entrances in the front courtyard, in the style of an English »communal garden«. The galleries and loggias with views of the Rhine emphasize the generous proportions of these 135 to 180 square-meter townhouses. — In the second to fourth floors, every level contains four apartments between 65 and 130 square meters. Here, too, great importance is attached to the view of the Rhine, with oversized French windows accenting an openness of character directed toward the river, and balconies facing the quiet west side. — One's first impression of the house is influenced by the double-layered façade facing the Rhine. While the front white wall, reminiscent of a passe-partout, seems to frame the variety of apartments, the ruby-red wall behind it is structured, floor by floor, by alternating French windows. The color red functions as an analogy for the red clinker-brick of the so-called »Weckschnapp«, and the surrounding reconstruction of the Gründerzeit-period villas.

Merlostraße 10–14

Wohnhaus

Architekt Schaller/Theodor Architekten BDA **Bauherr** BTV Wohnungsbaugesellschaft

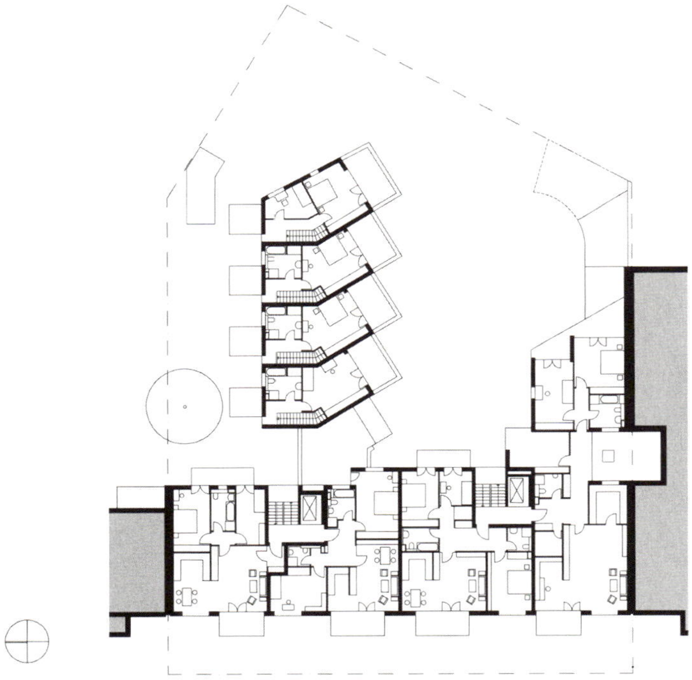

oben
Blick von der Merlostraße
links
Grundriss

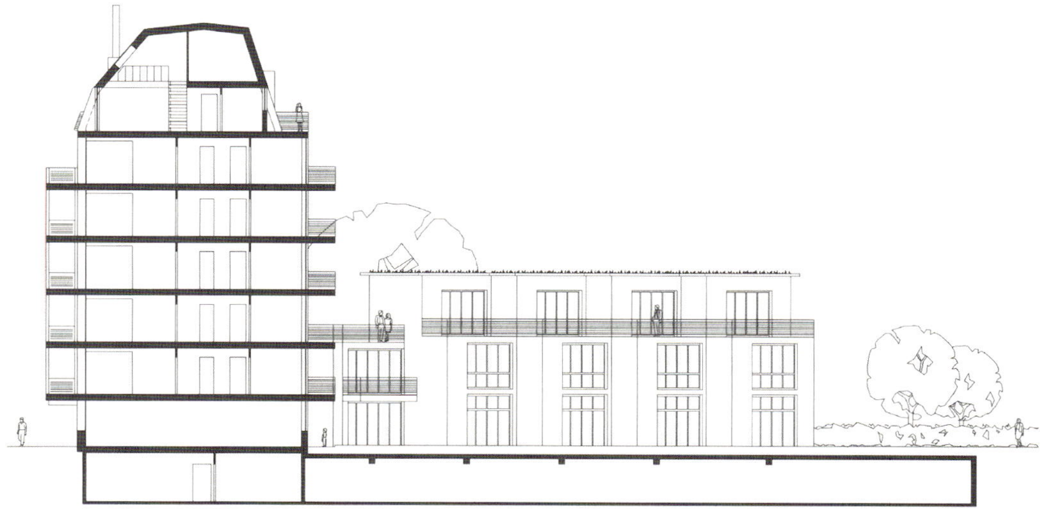

rechts oben
Schnitt
rechts unten
Ansicht von der Straße

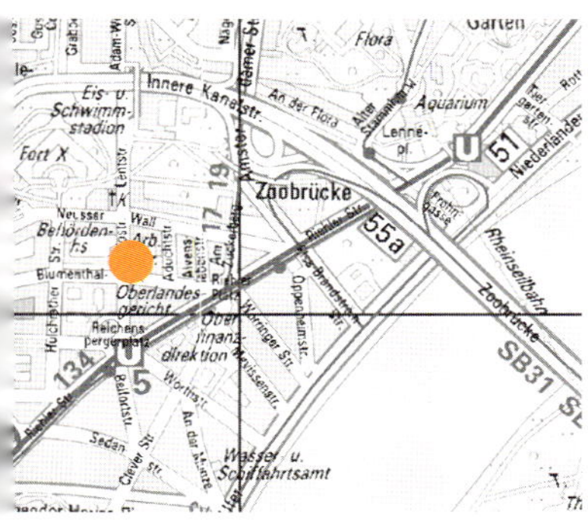

Generalunternehmer
Sahle Baubetreuungs-
gesellschaft mbH
Grundstücksgröße
1.940 Quadratmeter
Wohnfläche netto
3.690 Quadratmeter
Fertigstellung
voraussichtlich 2004

In unmittelbarer Nähe vom Amtsgericht am Reichenspergerplatz liegt das Grundstück in der nördlichen Kölner Neustadt. Diese gründerzeitliche Stadterweiterung wurde Ende des 19. Jahrhunderts nach der Planung vom damaligen Stadtbaumeister Joseph Stübben realisiert und ist bis heute geprägt von Wohnblöcken und teilweise noch gewerblich genutzten Innenhöfen. — Die neue Eigentumswohnanlage besteht aus vier Reihenhäusern im großzügigen Innenhofbereich und einem sechsgeschossigen Bau, der die Häuserfront entlang der Merlostraße mit insgesamt 32 Wohneinheiten und fünf Büro- und Praxiseinheiten schließt. Sie ersetzt ein Gebäude aus dem Jahre 1938, das zuletzt als Zollfahndungsamt genutzt wurde. Die Planungsaufgabe bestand darin, zwischen Jugendstilbauten in repräsentativer Lage eine adäquate Lösung zu erzielen, zumal die Himmelsrichtung eine Ausrichtung der Wohnungsfreiräume zur besonnten Straßenseite erforderlich machte. Die Balkone wurden deshalb gegen Einsicht von außen abgeschirmt, die Fassade aus Tuffstein und Basaltlava mit geschosshohen Fensterelementen betont ruhig gehalten. — Angeboten werden sehr unterschiedliche Wohnungsgrößen bis hin zu dreigeschossigen Hofreihenhäusern. Individuelle Wünsche der zukünftigen Bewohner wurden bei der Planung berücksichtigt, unter anderem auch eine speziell auf den Einzelfall ausgelegte Behindertenwohnung. Im Erdgeschoss und zum Teil im ersten Obergeschoss werden die Büro- und Praxisräume angeboten.

The site is located in the neighbourhood of the district court building on Reichenspergerplatz in Cologne's northern new town. This urban expansion was realized during the economic boom at the end of the 19th century according to plans by Joseph Stübben, then the city's head architect. — The dominant features still include residential blocks and interior courtyards, some of which even today accommodate the traditional small enterprises. The new complex of owner-occupied dwellings consists of four terraces in the spacious courtyard and a six-storey building that closes the front along Merlostrasse. It offers a total of 32 housing units as well as five units for offices and practices and replaces a building dating from 1938 that last housed the customs investigation authority. The challenge to find a solution suitable for an elegant neighbourhood in the art-deco style was augmented by the orientation of the site, which required the living spaces to look toward the street to catch the sun. The balconies were therefore constructed to guarantee a maximum of privacy, and the façade of tuff and basalt lava with its storey-high windows is quiet and restrained. — Dwellings of very different sizes were created, the largest being the three-storey terraces in the courtyard. Personal wishes of future inhabitants were taken into account at the planning stage; one dwelling was carefully tailored to the needs of the disabled owner. The ground floor and parts of the first floor offer space for offices and practices.

Amsterdamer Straße 1

Weinhaus/Weinmuseum Wittling

Architekt Schaller/Theodor Architekten **Bauherr** Joseph Wittling

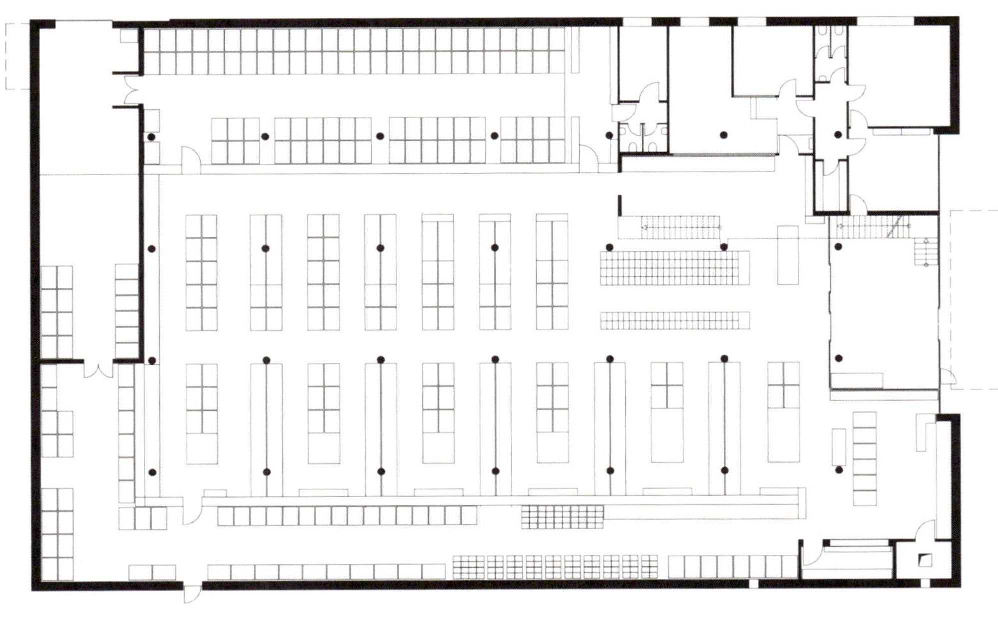

oben
Blick auf den Weinberg
(Animation)
links
Grundriss Erdgeschoss

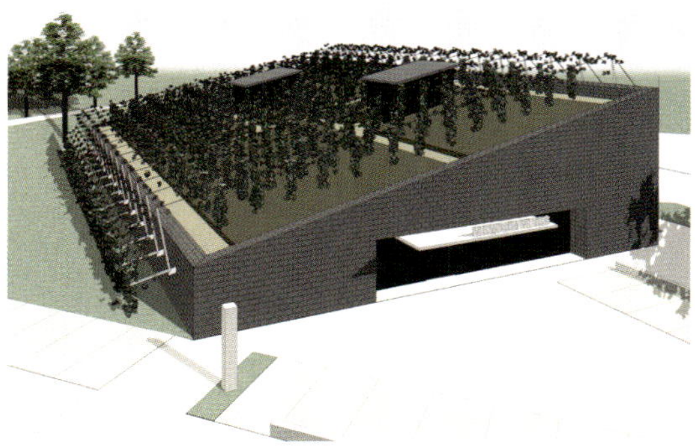

rechts oben
Innenraum
rechts unten
Animation
rechts außen
Fassadendetail

Freiraumgestaltung
Lill + Sparla
Grundstücksgröße
1.523 Quadratmeter
Grundfläche
2.033 Quadratmeter
Verkauf Erdgeschoss
1.505 Quadratmeter
Museum Obergeschoss
529 Quadratmeter
Fertigstellung
2002

Traditionell und aufgrund des Kundenstamms ist das Weinhaus Wittling, dessen bisheriger Firmensitz verlagert werden musste, auf einen Standort in verkehrsgünstiger Lage im angestammten Umfeld angewiesen. Bei der Grundstückssuche stießen die Architekten auf einen schlecht ausgelasteten Parkplatz am Rande des städtischen Grüngürtels. — Am bisherigen Standort war im kleinen Maßstab Weinanbau zu Demonstrationszwecken betrieben worden. Daraus entstand die Idee, am neuen Firmensitz in Verbindung mit der Vergrößerung des Betriebes ein Weinmuseum mit Weinberg zu gründen. — Das Gebäude wurde unmittelbar an die Haupterschließungsstraße gerückt. Aus der Lage entwickelten die Architekten das bauliche Konzept: Weinberg und Gebäude verschmolzen zu einer lapidaren Form. Der Hang des Weinbergs mit den Außenmaßen 50 mal 30 Meter steigt von drei Metern über Gelände im Grüngürtel bis zu zehn Metern an der Straße. Im Erdgeschoss befinden sich die Verkaufs-, Betriebs- und Lagerflächen der Weinhandlung. Die Ausstellungsräume und ein Vortragssaal liegen in einem Galeriegeschoss entlang der Straße. — Für das Umfeld ist das Projekt ein Gewinn. Der Weinberg schützt den Grünbereich vor den Emissionen der Straße, der Zugang aus dem Wohngebiet zum Grüngürtel wurde verbessert und die Allee, die bisher vor dem Parkplatz endete, wurde bis zur Riehlerstraße weitergeführt. — Im Sinn von Public Private Partnership haben alle gewonnen. Der mittelständische Betrieb konnte in seinem Umfeld gehalten und erweitert werden, und das Zusatzangebot »Weinmuseum« erhöht die Attraktivität des Standortes. Gleichzeitig konnten ohne Einsatz öffentlicher Mittel städtebauliche Missstände behoben werden.

Because of their tradition and regular clientele, the wine dealers Weinhaus Wittling, whose former place of business had to be relocated, depended on a location in an easier to reach situation in familiar surroundings. While searching for a site, the architects came across an underused parking lot on the edge of the city's green belt. — At the previous location, for demonstration purposes, wine-growing was practiced on a small scale, and in conjunction with enlarging the business at the new location, this led to the idea of founding a wine museum with vineyard. — The building was immediately shifted to the new location's high-access road. The architects developed their building concept from the existing situation: the melting together of vineyard and building into a succinct form. The vineyard's slope, with exterior dimensions of 50 by 30 meters, rises from circa three meters over the green belt's tract of land to as far as ten meters on the street. Located on the ground floor are the wine dealers' spaces for selling, business management, and storage. The exhibition rooms and a lecture hall are housed in a gallery floor parallel to the street. — The immediate surroundings profit from the project. The vineyard protects green areas from emissions from the street; access from the living quarter to green belt is improved, and the tree-lined path that ended at the parking lot could be extended as far as Riehlerstrasse. — As a »public-private partnership« everyone involved profited. In its new surroundings, the medium-sized company could remain in operation, expand, and the supplementary offer of »wine museum« increased the general activity in the area. At the same time, deplorable urban design conditions could be remedied without using public funds.

Mediapark

Im Mediapark 2

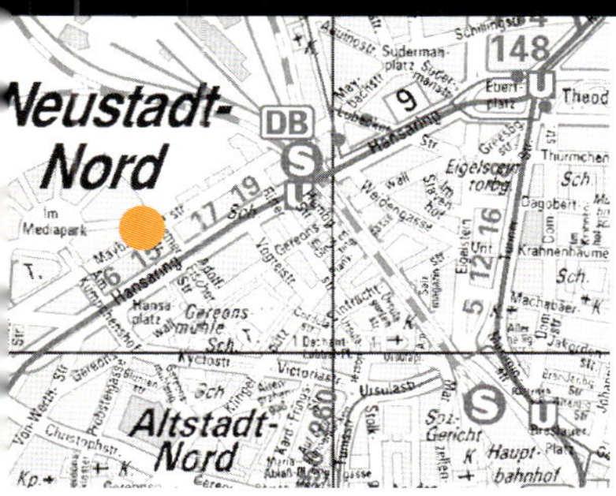

Musictower

Architekt Oxen + Römer und Partner Bauherr Musictower Immobilien Mediapark AG

Mediapark

Bruttogeschossfläche
etwa 6.000 Quadratmeter
Fertigstellung
2000

Im Anschluss an den Gebäudekomplex des Cinedoms wurde auf einem spitzwinkligen Dreiecksgrundstück an der Maybachstraße der so genannte Musictower errichtet. Nach mehrfachem Wechsel von Nutzungskonzept, Investor und Architekt entstand ein Bürogebäude für die Musikbranche und für Mediendienstleister. — Entsprechend der Idee des Entwurfs von 1988 für den gesamten MediaPark wurde ein turmartiges Gebäude geplant. Das städtebauliche Konzept sieht einen halbkreisförmigen Platz gegenüber der Einmündung der Bremer Straße vor, der beidseitig von runden Türmen flankiert werden sollte. Der achtgeschossige Musictower ist einerseits Fortsetzung und Abschluss des Cinedoms, andererseits lässt er die enorme Baumasse seines Nachbarn von der Maybachstraße aus kleinmaßstäblicher beginnen. Die Übergänge zwischen den beiden benachbarten Bauten sind fließend. Den massiven, fast komplett geschlossenen Fassadenflächen des Cinedoms ist eine mit Terrakottaplatten verkleidete Lochfassade angeschlossen, die zunächst aufgebrochen, dann bandartig gegliedert und schließlich im Turmbereich mit einer Glasfassade vollkommen aufgelöst wird. Die einzelnen Ebenen der Geschosse werden von vertikalen Tragelementen gehalten, die das Konstruktionskonzept in Form von endlos wirkenden Lichtstelen auch bei Nacht erkennbar machen.

The so-called Musictower was erected at the terminus of the Cinedom building complex, on an acute-angled triangular site on Maybachstrasse. Following numerous changes made on the plans for its use, investors and architects realized an office building for the music branch, and mediamakers, using a design submitted by the architects Oxen + Römer. — In keeping with the 1998 design concept for the entire MediaPark, a tower-like building was planned. The urban design concept allows for a semicircular area of land facing the junction of Bremer Strasse, flanked by two round towers. Seen on the one hand, the eight-storey MusicTower is the continuation and conclusion of the Cinedom. On the other hand, seen from Maybachstrasse, it allows the enormous structural mass of its neighbour to begin on a smaller scale. The transition from one neighbouring building to the other is seamless. The massive and almost totally closed façade surface of the Cinedom is connected to a core façade surfaced with terracotta panels, which, at first interrupted, continue in an arrangement of band-like segments and, in the area of the tower, vanish all together at the glass façade. The individual floor levels are secured by vertical supporting elements, which within the constructional concept seem to surpass the building's form by using what appear to be endlessly symbolic tubes of light that remain recognizable even at night.

Maybachstraße

MediaPark-Klinik

Architekt Oxen + Römer und Partner **Bauherr** MediaParkKlinik Besitz KG

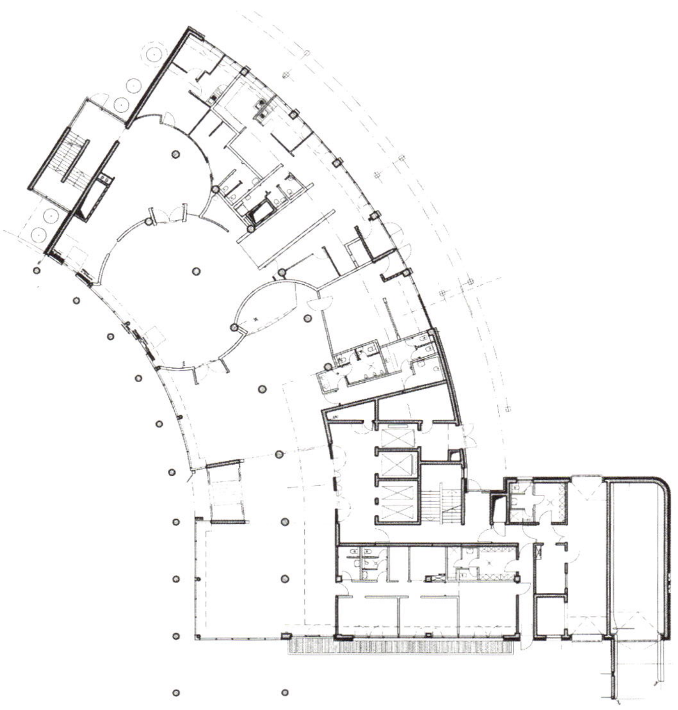

oben
Blick vom Platz
links
Grundriss Erdgeschoss

rechts oben
Ansicht vom Platz (Modellfoto)
rechts unten
Ansicht vom Park (Modellfoto)
rechts unten, außen
Ecke Maybachstraße (Modellfoto)

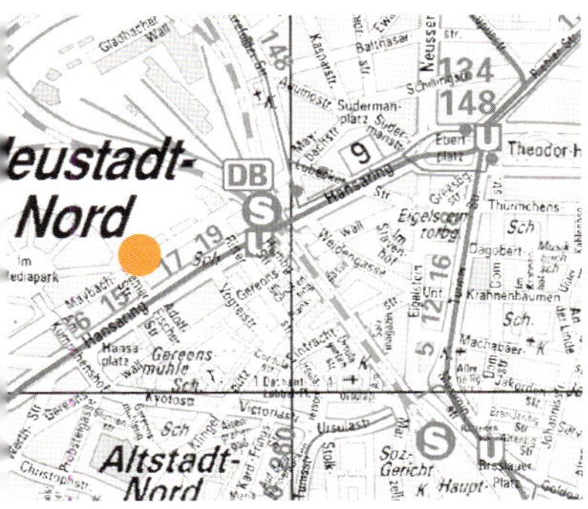

Bruttogeschossfläche
13.725 Quadratmeter
Fertigstellung
2002

Auf dem seit 1991 entwickelten Gelände des MediaParks entstand – neben dem Hauptplatz, der sich zwischen KölnTurm und Cinedom aufspannt – ein kleinerer Platz an der Maybachstraße gegenüber der Einmündung der Bremer Straße. — Das Klinikgebäude, geplant vom Architekturbüro Oxen + Römer und Partner, vervollständigt zum einen den Straßenraum der Maybachstraße, zum anderen bildet es die städtebauliche Kante des neuen Platzes und leitet durch seine konkave Form zu den Gebäuden des MediaParks über. — Sichtbetonstützen bilden im zweigeschossigen Sockelbereich des Gebäudes etwa zwei Meter tiefe umlaufende Arkaden. Diese tragen die bandartig gegliederte Terrakotta-Fassade der fünf Obergeschosse sowie das zur Platzseite mit Stahl-Glas-Pergolen versehene Staffelgeschoss. — Das neue Gebäude nimmt auf sieben Etagen und einem Staffelgeschoss die MediaPark-Klinik auf. Im Erdgeschoss finden sich außerdem Räume für ein Sanitätshaus, eine Apotheke, ein Bistro sowie für Lobby- und Foyerflächen der Klinik. — Die auf drei Ebenen verteilten Praxisräume für Fachärzte der Inneren Medizin, Orthopädie, diagnostischen Radiologie, der Gefäß- und Neurochirurgie sowie der Hand- und der Ästhetischen Chirurgie werden durch Flächen für Physiotherapie ergänzt. Die hier ansässige Ärzteschaft nutzt gemeinsam einen nach dem neuesten Stand der Technik ausgestatteten OP-Bereich mit sechs Operationssälen und Intensivüberwachung im Galeriegeschoss. Ein eigenes Konferenzzentrum ermöglicht Live-Übertragungen aus dem OP-Bereich und Konferenzschaltungen ins Ausland. — Im stationären Bereich verfügt die MediaPark-Klinik auf zwei Ebenen über 33 Patientenzimmer sowie über einen großzügigen, nicht einsehbaren Aufenthalts- und Außenbereich. Die Suiten sind komfortabel ausgestattet und weisen eine durchschnittliche Größe von 40 bis 50 Quadratmetern auf.

On the grounds of MediaPark, in existence since 1991 – beside the main square between Cologne Tower and Cinedom – a small square was developed on the Maybachstrasse at the junction to Bremer Strasse. — While, on the one side, the MediaPark Clinic construction, planned by the architectural office Oxen + Römer und Partner, completes the street space of Maybachstrasse, on the other it forms the edge of the new square, and its concave formation leads one's gaze toward the buildings of MediaPark. — In the two-storey base of the building, circa two-meter-deep circulating arcades are formed by supports of face concrete. These hold the terracotta façade (divided in band-like segments) of five upper floors, and the stepped roof covered in steel-glass-pergola beside the square. — The new building accommodates the MediaPark Clinic on its eight floors. On the ground floor are sanitation facilities, a pharmacy, bistro, and the clinic's lobby and foyer areas. — The three floors of praxis rooms for internists, orthopaedists, diagnostic radiologists, and vascular-neurosurgery, are supplemented by areas for physiotherapy. For their common use the clinic's medical staff receives the most technically advanced of OP-areas, with six operating rooms and intensive-monitoring facilities on the gallery floor. The clinic's own conference center permits live coverage from the OP-area, and broadcasting abroad. — On the two levels of the inpatient area, the MediaPark Clinic has at its disposal more than 33 rooms for housing patients as well as secluded private spaces for residencies and external use. The comfortably furnished suites are generally 40 to 50 square meters in size.

Im Mediapark 4

Mediapark Block 5

Architekt Architekturstudio Herman Hertzberger **Bauherr** MediaPark Block 5 AHZ GmbH & Co. KG

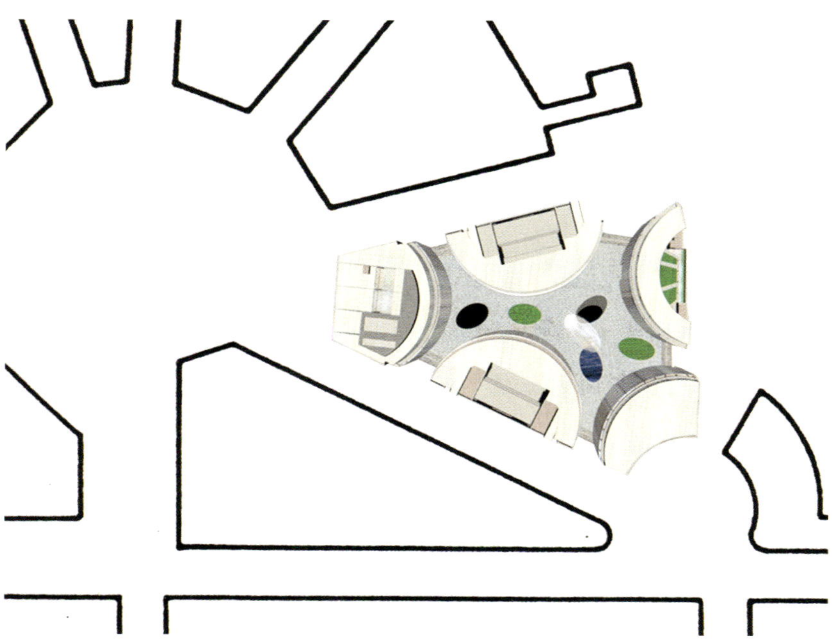

oben
Blick aus der Vogelperspektive
links
Lageplan

rechts
Treppe (Modell)
rechts oben, außen
Innenhof (Modell)
rechts unten, außen
Treppe (Modell)

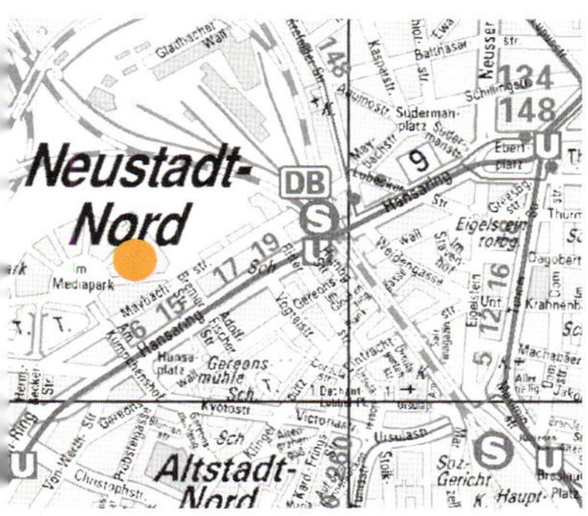

Grundstücksgröße
etwa 13.000 Quadratmeter
Bruttogeschossfläche
etwa 35.000 Quadratmeter
Fertigstellung
2003

Block 5 ist das zuletzt realisierte Gebäude der Bebauung im Mediapark. Mit seiner Fertigstellung ist die Entwicklung dieses innerstädtischen Quartiers seit 1991 weitgehend abgeschlossen. Bei dem Projekt ist das Prinzip des klassischen Stadtblocks mit seinen formellen Außenfronten und den privaten Innenbereichen buchstäblich von innen nach außen gekehrt: Die Innenseiten werden zu Außenseiten und umgekehrt. Der Bereich im Blockinneren wird öffentlich zugänglich und damit die Fassaden zum »Hof« zu Vorderfronten, die mit ihrer Vollverglasung eine formale Ordnung ausdrücken. Die Außenfassaden des Blocks stellen Schnitte durch die einzelnen Bauteile dar und geben Einblicke in die innere Struktur des Gebäudes. — Der Block besteht aus fünf einzelnen, im Grundriss kreissegmentförmigen Baukörpern, die in einem gemeinsamen Sockelgeschoss miteinander verbunden sind und sich um den öffentlich genutzten Innenbereich gruppieren. Die Kreissegmente bestehen aus einander ähnlichen Bürotrakten, in denen konventionelle Büroräume untergebracht werden können. Diese »Büroschalen« umfassen Innenbereiche, in denen je nach Bedarf ein Atrium, ein Innenhof oder weitere Büroräume eingerichtet werden können. In dem zum Park hin orientierten Segment sind zusätzlich Wohnungen mit Balkonen und Dachgärten vorgesehen. — Trotz mehrfachen Wechsels von Investoren, Nutzungskonzepten und den dadurch bedingten Umplanungen konnten der Kern und die tragende Idee des Wettbewerbsentwurfes über zehn Jahre hinweg beibehalten werden.

Block 5 is the last building erected as part of the MediaPark development. Since its completion in 1991, the developing of this inner-city quarter is largely concluded. The project literally reverses, from inside out, the principle of the classical city block with formal exteriors and private interior areas: interior sides become exterior sides, and the reverse. With the block's interior area made publicly accessible, the façades function as »court-yards« to façades, which express a formal ordering with their full glazing. The exterior façades of the block present the profiles of individual building components, and offer glimpses into the building's interior structure. — The block consists of five building structures developed from a ground plan based on segments of circles. These come together at a common ground floor base, grouped around the publicly-used interior area. The circle segments are made up of similarly-structured tracts of offices in which conventional offices spaces can be easily incorporated. These »office shells« surround interior areas, which allow, if needed, the building of an atrium, inner courtyard or additional office spaces. Also planned for the segment facing the park are apartments with balconies and roof gardens. — In spite of the numerous changes of investors and plans for the block's use, and the restructuring of the building plan as a result of them, over a ten-year period the core and underlying principles of the competition's design could still be maintained.

Im Mediapark 6

MediaPark Block 3

Architekt Mronz + Kottmair **Bauherr** Victoria Versicherungen AG

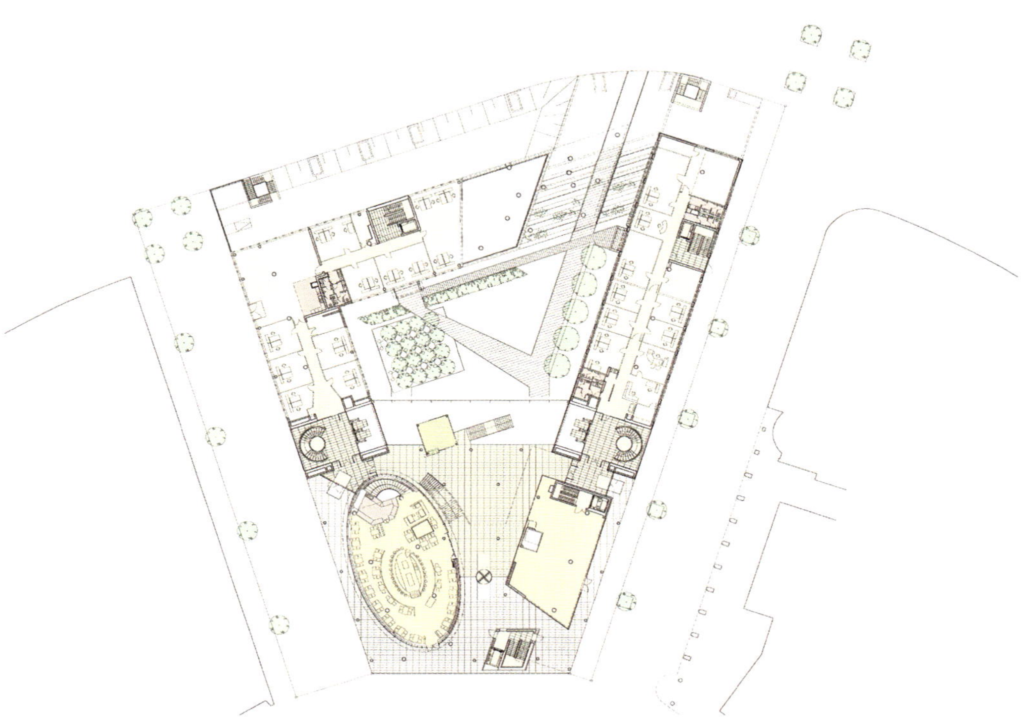

oben
Eingang
links
Grundriss Erdgeschoss

rechts
Rückansicht
rechts oben, außen
Blick in den Innenhof
rechts unten, außen
Modell

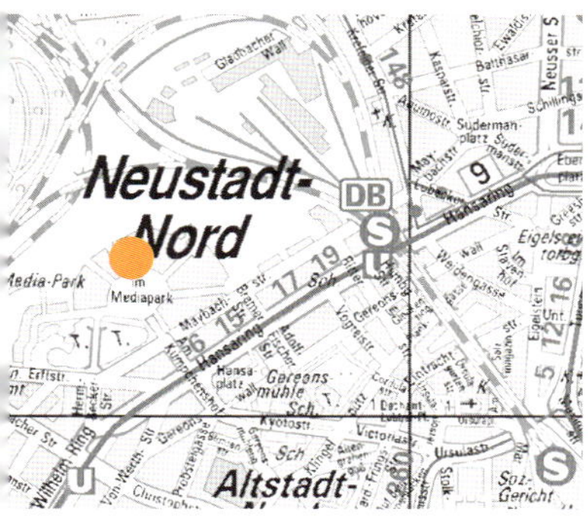

Grundstücksfläche
6.600 Quadratmeter
Gesamtgeschossfläche
38.150 Quadratmeter
Bruttorauminhalt
130.500 Kubikmeter
Fertigstellung
1999

Im Rahmen der Kölner Stadtentwicklung ist der MediaPark als hochwertiges städtebauliches Ensemble in exponierter Lage in der Innenstadt entstanden. Er gruppiert sich halbkreisförmig um einen Platz, wobei ein See, eine Fußgängerbrücke und der Cinedom die Komponente zu Block 1 bis 5 bilden. — Die Außenkonturen von Block 3 werden durch den trapezförmigen Grundstückszuschnitt bestimmt. — Das Büro- und Geschäftshaus gliedert sich im Erdgeschoss und im ersten Obergeschoss in zwei Bürozonen, die durch einen sich hervorschiebenden elliptischen Baukörper getrennt sind. — Durch die Anordnung der Büroflügel entsteht ein begrünter Innenhof, der sich zum angrenzenden Park hin öffnet. — Über eine zentrale Eingangshalle werden die beiden seitlichen Flügel erreicht, während die nördlichen Büroeinheiten über den Innenhof und separate Treppenhäuser erschlossen werden. — Die Einteilung der Büroebenen gestaltet sich flexibel. Sie erstrecken sich in Form von zweihüftigen Zellenbüros an transparenten Fluren und ermöglichen auch intern Variabilität. Die zweigeschossige Fläche der Läden besteht aus einem Verkaufsbereich im Erdgeschoss und einer Ausstellungs- beziehungsweise Lagerfläche im Untergeschoss. — Wohnungen werden als unterschiedliche Grundtypen in Maisonetteform und in verschiedenen Größen angeboten. — Hinter einer einheitlichen Doppelfassade nimmt die zum Platz hin orientierte Fassadengestaltung den großstädtischen Charakter des MediaParks auf. Die Gebäudeflügel unterscheiden sich formal in der Verwendung von unterschiedlichen Materialien wie Glas und Stein. Der Ostflügel ist als Lochfassade aus Naturstein mit Elementen aus Aluminium und Glas ausgebildet, während der Westflügel in Pfosten-Riegel-Konstruktion ausgeführt wird. Die Südfassade zum MediaPark erhält ebenfalls eine Pfosten-Riegel-Konstruktion als Doppelfassade vom zweiten bis zum sechsten Obergeschoss.

In conjunction with Cologne's city development plan, MediaPark was developed as a high-quality urban design ensemble within an exposed inner-city situation. It creates a semicircular grouping of structures around a square, with the components of Blocks 1 to 5 formed by a lake, pedestrian bridge, and the Cinedom building complex. — The outer contours of Block 3 are defined by the trapezoid-shaped segment of the site. — Office and management areas are annexed to the ground floor, and to two zones for office spaces on the first floor, divided by an elliptical construction that slides between them. — Through the arrangement of the office wings there emerges a greenery-decked inner courtyard that opens toward a bordering park. Both laterally-placed wings are reached through a central entrance hall, while access to the office units in the north occurs through the inner courtyard and separate staircases. — The dividing of office level spaces offers no difficulty here. In the form of a doubled row of cells, the offices stretch down transparent corridors, and can be easily varied. The two-stories of business surfaces consist of a sales area on the ground floor, and an exhibition or storage area in the basement. — Maisonette-style apartments of various types and sizes are also offered. — Behind a uniform double façade, directed toward the square, the façade's design assimilates the MediaPark's cosmopolitan character. The wings of the buildings distinguish themselves from one another through the use of varying materials such as glass and stone. The east wing is developed as a perforated façade of hewn stone with aluminum and glass elements, and the west as a stake and cross-member construction. From its third to seventh floor, the south façade facing MediaPark also receives a stake and cross-member construction as a double façade.

Im Mediapark 8

KölnTurm, MediaPark Block 1

Architekt Projektgemeinschaft Kohl & Kohl Architekten, Architectures Jean Nouvel, Georg Heckmann Bauherr Hypothekenbank in Essen AG

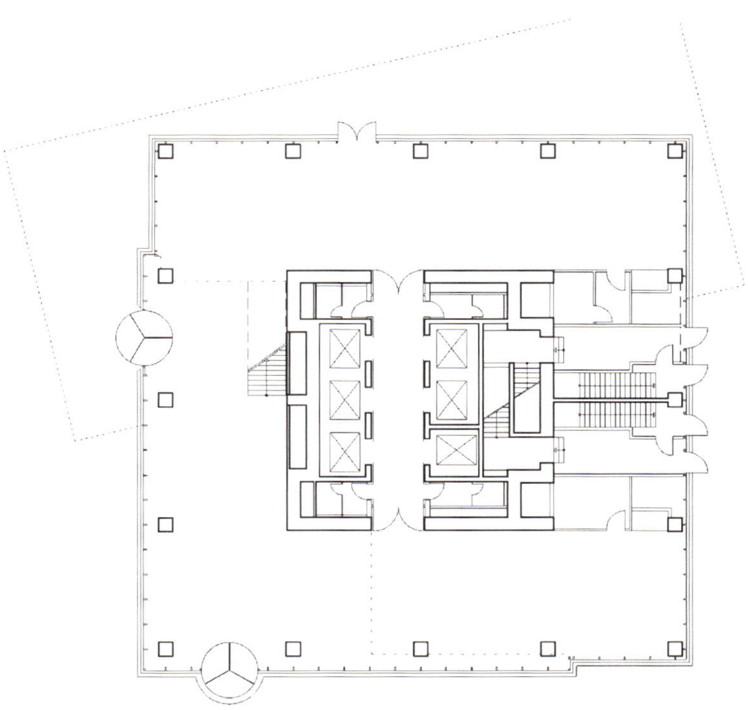

oben
Luftbild (Juli 2003)
links
Grundriss Erdgeschoss

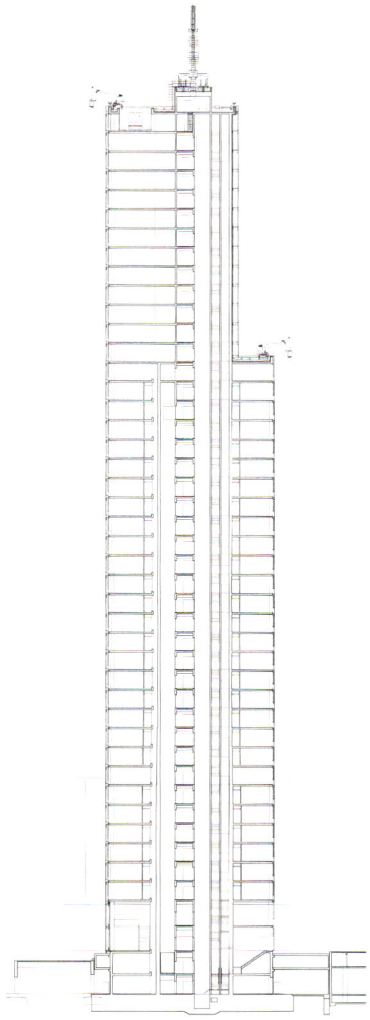

rechts
Blick von Süden
rechts außen
Schnitt

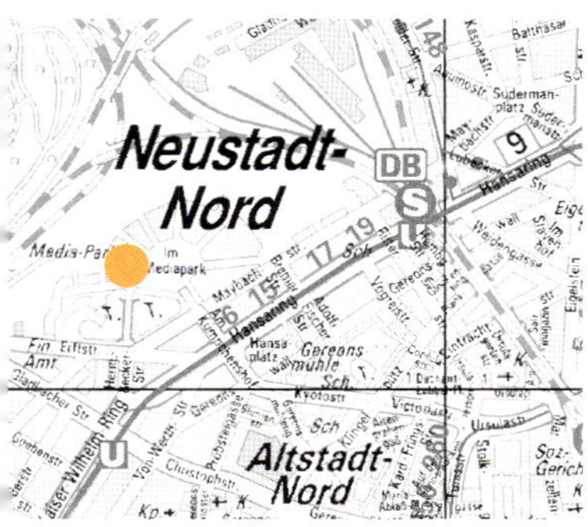

Fertigstellung
2001

Foto: Christian Kohl

Auf dem Gereonareal, einem ehemaligen Güterrangierbahnhof, wurde Ende der Achtzigerjahre eine Schwerpunktentwicklung zur Ansiedlung der Medienbranche eingeleitet. Mit der Konvertierung der Bahnbrache zum MediaPark entstand eine neue urbane Fläche mit enger Anbindung an die Innenstadt. Der MediaPark ist in acht Blöcke gegliedert, die sich muschelförmig um den zentralen Platz ordnen. Block 1 wird durch drei Gebäude mit sieben und acht Geschossen sowie dem 148 Meter hohen Turm gebildet. Der KölnTurm bildet in diesem Gefüge den städtebaulichen Mittelpunkt. — Die Ausrichtung des im Grundriss auf einem Quadrat von 28,75 mal 28,75 Meter aufgebauten Turms nimmt Bezüge aus dem unmittelbaren Straßenumfeld und den übergeordneten Sichtachsen auf. Die 43 oberirdischen Geschosse erreichen mit der Antennenanlage eine Höhe von 165,48 Metern. Der Baukörper gliedert sich in den Sockel, der als auskragendes Volumen zwischen zweitem und siebtem Obergeschoss über dem Eingang schwebt, den Hauptturm zwischen 8. und 29. Obergeschoss und die Turmspitze zwischen 30. und 42. Obergeschoss. — Der Turm bietet um den zentralen Kern Grundrisse, die für ein breites Spektrum an Bürogrundrissvarianten ausgelegt sind. In der Turmspitze sind technische Vorkehrungen für Wohnungen getroffen worden. Die Eingangshalle mit Bistro und Konferenzräumen im ersten Obergeschoss steht allen Mietern zur Verfügung. — Die Außenhaut des Turmes ist geprägt durch die mit Wolken- und Stadtmotiven bedruckten Scheiben der Ganzglasfassade. Das mehrfarbige Stadtmotiv reicht vom Sockelbereich bis zum zwölften Obergeschoss, die einfarbigen Wolkenmotive bis zur Turmspitze. Diese Druckmotive setzen sich in den Frontansichten des benachbarten Hotels und Bürohauses fort. Die Brüstungsbleche der Fensterbandfassade haben verschiedene Graustufen, die das Wolkenmotiv aufnehmen. Eine natürliche Be- und Entlüftung der Geschossflächen ermöglichen die zweischaligen Fassaden, bestehend aus einer Primärfassade mit leicht zu öffnenden Flügeln und einer vorgelagerten zweiten Glasebene als Sekundärfassade.

On the grounds of Gereon, the city's former freight depot, a site-specific development intended as a location for the media branch was instigated in the late 1980s. With the grounds' conversion from a railway-branch zone to the MediaPark, there emerged a new urban surface, which offered a direct connection to the inner city. The MediaPark is divided into eight blocks arranged about the central square in the form of a shell. Block 1 is formed by three buildings with seven and eight-stories, as well as a 148-meter-high tower. Within this structure, the Cologne Tower forms the urban design centerpiece. — The orientation of the tower, with a ground plan that develops from a square of a 28,75 X 28,75 meters, is directly related to the immediate surroundings of the street, and the subordinate visual axis. Including the building's network of antenna, the 43 upper floors reach a height of 165,48 meters. The building structure is divided into the base, levitating as a protruding volume between the second and seventh upper floors over the entrance; the main tower between the 8th and 29th upper floors, and the tower's peak, between the 30th and 42nd upper floors.— Surrounding the ground plan's nucleus, the tower offers a wide spectrum of office-space variations. Located in the tower's peak are the technical fittings for apartments. On the ground floor, the entrance hall, with bistro and conference rooms, is at the disposal of all renting parties. — The tower's exterior skin, boasting panes embossed with clouds and cityscape motifs, is a fully-glazed façade. The multicoloured city motifs reach from the area of the base to the twelfth upper floor, and the one-toned cloud motifs reach to the tower's peak. These printed images are continued in the frontal views of the neighbouring hotels and office buildings. The balustrade sheeting of the window-band façade contains varying gray tones, which repeat the cloud motifs. A natural ventilating and airing out of the premises is made possible through two-shelled façades that consist of the primary façade, with easily opened wings, and, suspended before it, a glass level.

Im Mediapark 8 a

IMMEDIA Verwaltungsgebäude

Architekt Thomas Kostulski Bauherr Kappa Grundstücksentwicklung GmbH & Co. KG

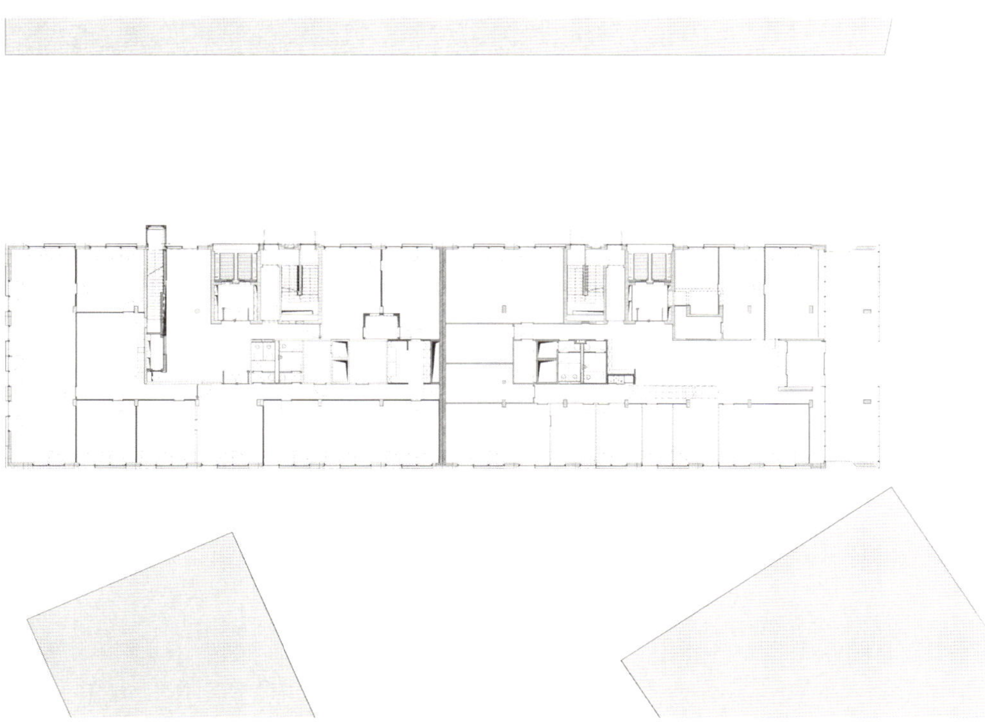

oben
Ansicht vom Platz
links
Grundriss Erdgeschoss

rechts
Blick in die Lobby
rechts außen
Blick zum Platz

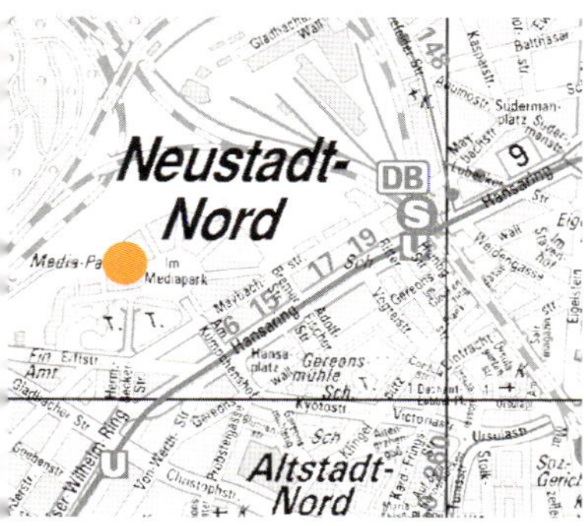

Grundstücksgröße
2.547 Quadratmeter
Bruttogeschossfläche
10.687 Quadratmeter
Fertigstellung
2000

Fotos: Uwe Spoering

Im Jahre 1991 wurde ein Realisierungswettbewerb für den Block 1 des MediaParks ausgeschrieben, aus dem der kanadische Architekt Eberhard H. Zeidler als erster Preisträger hervorging. Der Investor entschied sich aber für die Umsetzung des Beitrags von Jean Nouvel und erteilte den Planungsauftrag der Arbeitsgemeinschaft Nouvel, Cattani/Schilling & Kostulski. — Das städtebauliche Konzept des Gebäudeensembles, bestehend aus Turm, Hotel und Bürogebäude, löst die ursprünglich vorgegebene Blockrandbebauung in vier Baukuben auf, die als einzelne Gebäude auf der Baulinie des Blocks stehen. Zwischen den Baukörpern entsteht durch die dreieckige Grundstücksform eine spannungsreiche Konstellation mit schmalen hohen Zwischenräumen. Die einzelnen Gebäude wurden in der Folge von den verschiedenen Architekten bearbeitet; trotzdem bleibt das Gesamtensemble durch die Abstimmung der Fassadengestaltung als urbane Einheit erkennbar. Scharf umrissene, geometrisch klare Baukörper, flächige Fassadenausführung in Glas und grauen Metallpaneelen sowie Serigraphien auf den Platzfassaden fügen den Baublock zu einer Einheit zusammen. — Das Gebäude 8 a ist dreiseitig mit graumetallic pulverbeschichteten Metallpaneelen verkleidet. Im Bereich der Fensteröffnungen überspannt eine vorgesetzte Einfachverglasung die Einschnitte flächenbündig mit der Metallbekleidung. Auf diese Weise werden die Flächigkeit und die klare Geometrie des Gesamtbaukörpers unterstrichen. In den oberen Geschossen ist zudem auch bei großen Windgeschwindigkeiten natürliches Lüften möglich. Zur Platzseite hin öffnet sich der gesamte Baukörper durch eine bedruckte Ganzglasfassade, die im Erdgeschoss als zweigeschossiger Arkadenzugang ausgebildet ist.

The 1991 first-prize winner of the Development Competition for MediaPark's Block One was the Canadian architect Eberhard H. Zeidler. The investor, however, chose to develop the proposal submitted by Jean Nouvel, and made contact with the planning commission of the team Nouvel, Cattani/Schilling & Kostulski. — The urban design concept of the building ensemble is comprised of tower, hotel and office buildings. It divides the existing block-perimeter development into four buil-ding cubes, positioned as individual buildings along the block's line of construction. Because of the site's triangular form, a dramatic constellation of narrow and high-rising intermediate spaces emerge between the buildings. The individual buildings were developed, in turn, by different architects, and yet the ensemble remains a recognizable urban unity thanking the well-coordinated façade designs. Sharp contours, geometrically-defined building structures with façade finished in glass and gray-toned metal paneling, and the serigraphy on the façades of the square, fuse together to make a unity of the construction block. — The three-sided Building 8 a is surfaced with metallic-gray powder-coated metal paneling. In the area of the window openings, a protruding single-glazing covers the cuttings and aligns flush with the metal surfacing. This emphasizes both the surface quality and well-defined geometry of the overall construction. On the upper floors, even during spells of high wind-velocity, natural ventilation is possible. The entire building structure opens onto the square through an impressive full-scale glass façade, which develops a two-storey arcade entrance on the ground floor.

Innenstadt Süd

Bayenstraße 51

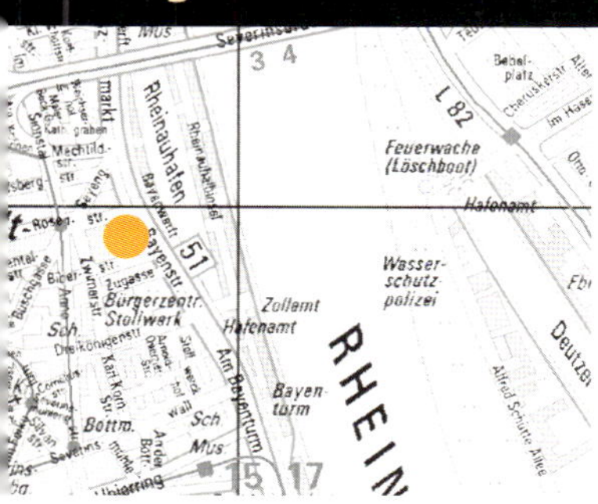

Innenstadt Süd

Novotel

Architekt Prof. Ulrich Coersmeier Bauherr BIL Leasing GmbH & Co. Zelos KG für Accor Hotellerie Deutschland GmbH

Grundstücksgröße
3.875 Quadratmeter
Bruttogeschossfläche
15.000 Quadratmeter
Fertigstellung
2001

Der Bau des Novotels ist Teil einer gesamten Blocksanierung zwischen Bayenstraße und Zwirnerstraße im Kölner Severinsviertel. Die sechsgeschossige Randbebauung der Rheinuferstraße greift die Idee der markanten »Stadtwand« auf, die das »Gesicht« der Stadt zum Rhein hin darstellt. Sie begrenzt das dahinter liegende, durchweg viergeschossige Viertel und schirmt es gegen die Rheinuferstraße ab. — Der zweigeschossige Konferenztrakt ragt vom Eingang aus in das Innere der Blockbebauung und teilt den Raum in drei Höfe beziehungsweise Gärten. Der größte ist Außenraum für Restaurant und Konferenzräume, während die beiden kleineren, ruhestiftenden Gärten zu den Nachbargebäuden orientiert sind. — Wegen eventueller Hochwassergefährdung ist das Erdgeschoss angehoben und gegenüber den zweigeschossigen Arkaden zurückgelagert. Restaurant und Bar sind beide am Eingang platziert und haben dadurch den Vorzug, oberhalb des Verkehrs zum Geschehen des Rheinauhafens orientiert zu sein. — Eine starke bauliche Zäsur bildet die sich über fünf Geschosse erstreckende Öffnung innerhalb der sonst ruhigen Architektur der »Stadtwand«. Hier sind der Eingang und die vertikale Erschließung angesiedelt. Großzügige Vorbereiche in jedem Geschoss geben mit ihrer raumhohen Verglasung den Blick zum Rhein frei.

The Novotel building is part of an encompassing redevelopment project on the block between Bayenstrasse and Zwirnerstrasse in Cologne's Severin district. Six-storey buildings along the riverside road take up the idea of a distinctive »city wall« that represents the face of the city toward the River Rhine. It marks the boundary of the district of four-storey houses behind it and screens it off from the riverside road. — The two-storey conference wing extends from the entrance into the block's interior and divides it into three courtyards or gardens. While the largest of these provides the restaurant and conference rooms with exterior space, the peaceful smaller gardens are oriented toward the neighbouring buildings. — Due to the possible danger of flooding, the ground floor has been raised and set back from the two-tiered arcading. The restaurant and bar are pleasantly located near the entrance, above the busy traffic and with a view on the Rheinauhafen docklands. — The five-storey opening in the restrained architecture of the city wall forms a distinctive breach and accommodates the entrance as well as giving access to all levels. Room-high glazing opens up a view on the River Rhine from the spacious lobbies on every floor. The façade of the main body housing the guest rooms is characterized by blue brick whose brilliant sheen results from an admixture of iron sludge.

Vondelstraße 29–31

Bürohaus »Drei-Hof-Haus«

Architekt hausmann + müller architekten **Bauherr** Dr. Rainer Welte

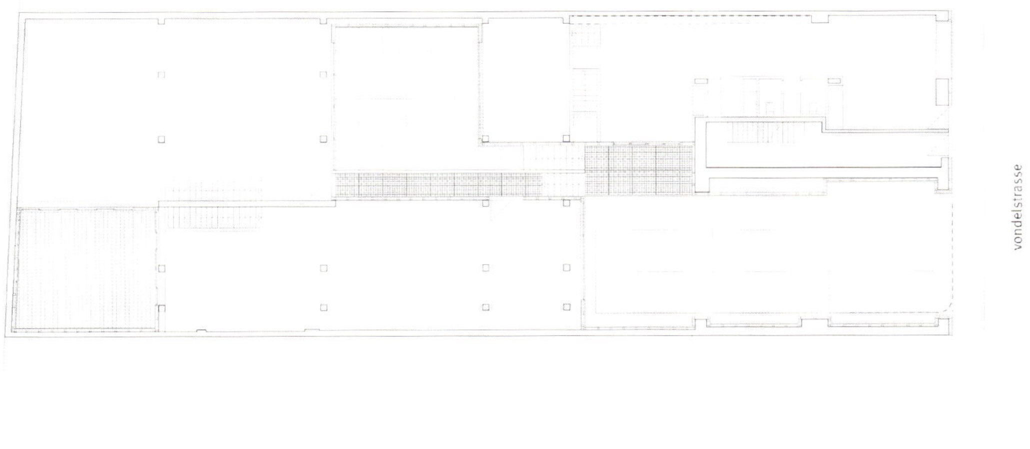

oben
Blick Hof 1 zu Hof 2
links
Schnitt
Grundriss Erdgeschoss

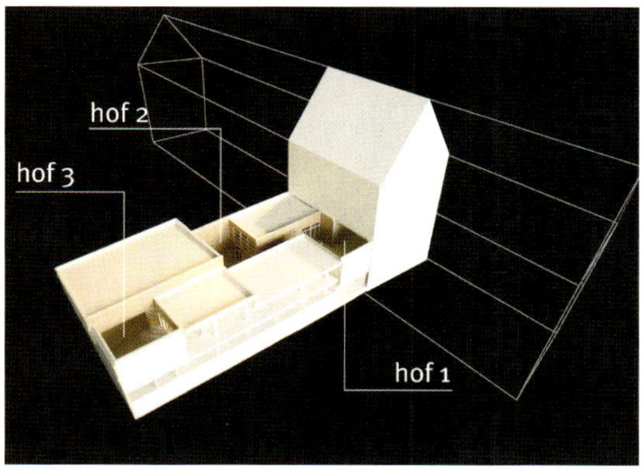

rechts oben
Konzept (Modell)
rechts unten
Innenansichten

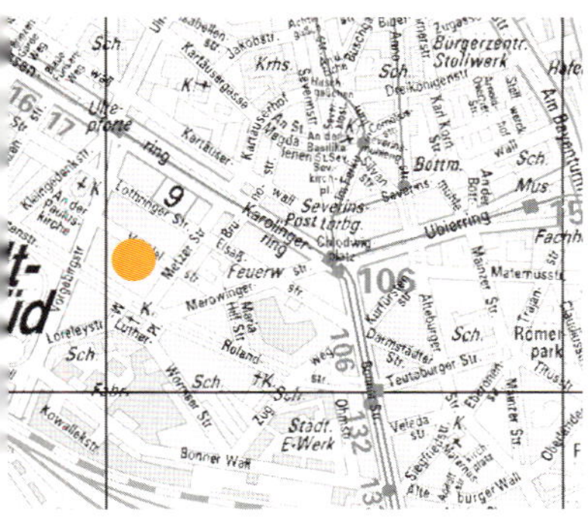

Nutzfläche
800 Quadratmeter
Fertigstellung
2001

Der Bestand, eine alte Lagerhalle im Hinterhof einer Blockbebauung in der Kölner Südstadt, wurde von hausmann + müller architekten zu Atelier- und Büroräumen umgebaut. Um den Kostenrahmen einzuhalten galt es, die bestehende Stahlbetonkonstruktion zu nutzen und durch gezielte Eingriffe die Belichtung und Belüftung der bis dahin dunklen Flächen zu gewährleisten. Vor allem sollten die ehemaligen Kellerflächen mit ihrer großzügigen Raumhöhe in die Gesamtkonzeption mit einbezogen werden. Erreicht wurde dies durch drei neue Innenhöfe. Diese gliedern die zusammenhängenden Flächen und gewährleisten eine gute Auslichtung der einzelnen Bereiche. Die Höfe sind unterschiedlich belegt und nutzbar und bilden die Kommunikationspunkte der Gesamtanlage: So verbinden sich die ersten beiden Höfe miteinander und bilden den Erschließungsraum. Der dritte Innenhof liegt im hinteren Bereich für sich abgeschlossen als interner Freiraum. — Entscheidendes konzeptionelles Element für die Gesamterscheinung ist die einheitliche Fassadenabwicklung. Die neuen raumbildenden Außenfassaden sind in Holzständerbauweise errichtet und mit waagerechten Rombusleisten in lasierter Fichte verkleidet. Die im Straßenraum beginnende Holzverkleidung zieht sich ins Blockinnere und umschließt sämtliche Bauteile. — Das Material irritiert und steht im Kontrast zur städtischen Umgebung, das Drei-Hof-Haus bekommt so seine eigene Sprache und Identifikation. Kühl kontrastiert auch der Bodenbelag, bestehend aus im Raster verlegten Gitterrosten, zur Gestaltung der Fassaden und betont ihre Wirkung zusätzlich. — Die neuen Loft- und Atelierflächen liegen über zwei Ebenen verteilt und lassen sich flexibel kombinieren und abtrennen. Insgesamt sind vier Einheiten möglich, die alle separat von außen erschlossen werden. Alle Einheiten haben unterschiedlich nutzbare Räume mit verschiedenen Zuschnitten und Raumhöhen und sind ebenfalls als Wohnungen nutzbar. Ziel war es, die innere Struktur mit ihren rauen Materialien in Beton und Stahl zu erhalten und dadurch ihre Besonderheit zu betonen.

Converted according to designs by hausmann + müller architekten, the old warehouse in the yard of a housing block in Cologne's Südstadt district now accommodates studios and offices. The challenge was to keep within the budget, so the architects used the existing reinforced concrete construction and improved the illumination and ventilation of previously dark spaces with targeted interventions. A major aim was to integrate the former basements with their generous room height into the overall concept. Three new courtyards presented an attractive solution. They structure the continuous space and guarantee good lighting conditions. The courtyards all bear individual features and can accommodate different uses. They are the building's communication centres: The first two are linked to form an access area, while the third is located in the back, where it forms an independent interior space. — A unified façade structure determines the overall impression with a post-and-beam construction clad in horizontal diamond-shaped slats of varnished spruce. The timber cladding extends from the outside to the interior and envelopes all parts of the building. The material introduces an alien element to the urban context, giving the building its own language and identity. — The flooring consists of a grid of area gratings that makes a cool contrast to the façade and enhances its effect. The new lofts and studios occupy two levels and allow flexible combination and division. A total of four separately accessible units is possible. — All units have rooms of different shapes and sizes to accommodate a variety of uses that includes use as private dwellings. The aim was to preserve the interior structure with its rough texture of concrete and steel and highlight its unique features.

Salierring 32

»Rotonda am Salierring«

Architekt Till Sattler **Bauherr** GbR Agne-Zimmer

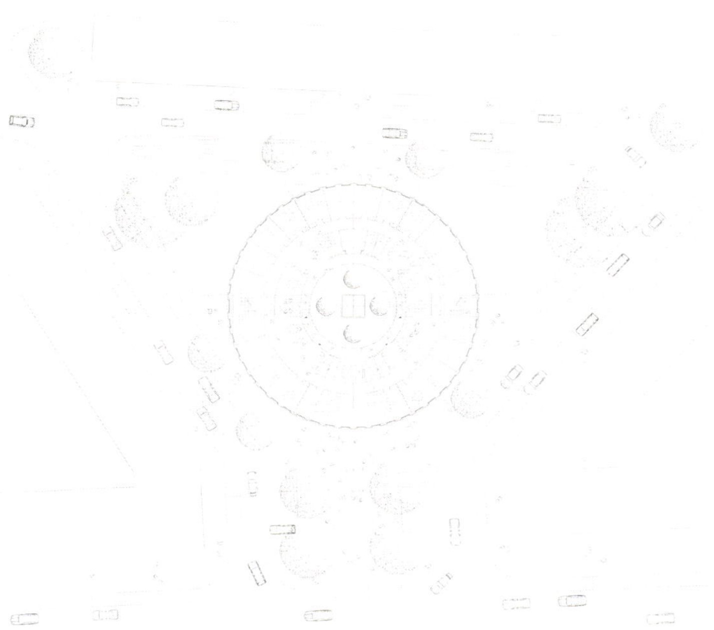

oben
Ansicht bei Nacht
links
Grundriss Erdgeschoss

rechts
Blick auf den Eingang
rechts außen
Ansicht bei Tag

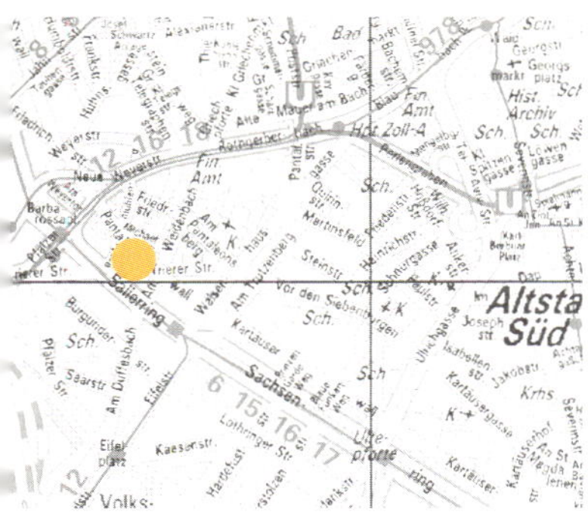

Nutzfläche oberirdisch
etwa 5.000 Quadratmeter
Bruttorauminhalt oberirdisch
etwa 19.500 Kubikmeter
Bruttorauminhalt unterirdisch
etwa 20.000 Kubikmeter
Stellplätze
etwa 135
Fertigstellung
1999

Foto: Carola Kohler

Der Standort am Salierring zeichnet sich durch seine Innenstadtnähe, die hervorragende ÖPNV-Anbindung und die Prominenz der Ringlage aus. Der Salierring als Teilstück des Kölner Innenstadtrings befindet sich an der Nahtstelle zwischen dem merkantilen Zentrum und der vom Wohnungsbau geprägten Südstadt mit ihrer Fülle von Restaurants und Kneipen. — Bis zum Zweiten Weltkrieg stand auf dem Grundstück die 1886 errichtete Baugewerbeschule. Nach dem Krieg wurde die Ruine gesprengt; es entstand ein Parkplatz für die Anwohner. Das Grundstück ist auf drei Seiten von Wohnungsbau umgeben. — Die »Rotonda am Salierring« ist als Solitärbau geplant und soll sich durch ihre Form als Rundbau funktional und formal von der üblichen Blockrandbebauung abheben. Die runde, kompakte Baumasse untermalt den Anspruch einer deutlichen Präsenz auf dem etwas zurückgesetzten, dreieckigen Grundstück. Im Jahr 2000 erhielt die »Rotonda« den Kölner Architekturpreis. — Der Verzicht auf eine vollständige Überbauung des Grundstücks ermöglichte die Erhaltung eines Anteils der vorhandenen Baumsubstanz sowie der Gestaltung von öffentlichen und privaten Freiflächen. Die runde Bauform verhindert zugleich die hierarchische Gliederung der Fassaden; die hochwertige Klinkerfassade kommt durchgehend zum Einsatz. — Die bereits vorhandenen Stellplätze wurden zusätzlich zu den baurechtlich geforderten Stellplätzen in einer sich als Spirale in den Untergrund drehenden »Quartiergarage« unterhalb des Gebäudes untergebracht. Der Zugang erfolgt durch einen kleinen, transparenten Pavillon auf dem Vorplatz. Die Erschließungsrampen der Garage wurden zugunsten der Erhaltung von Freiflächen in den öffentlichen Straßenraum (Pantaleonswall) verlegt. — Das Objekt ist als Bürogebäude mit einer möglichen Aufteilung von einer bis vier Mietparteien pro Geschoss konzipiert. Die privaten Freiflächen sind diesem Bereich angegliedert. Im Erdgeschoss des Hauses ist der Rotonda-Business-Club untergebracht, der aktuell von mehr als 700 Mitgliedern getragen wird. — Der Rundbau wird durch bewusst eingeschränkten Einsatz von Materialien (Klinker, Beton, Stahl/Aluminium, Glas) in seiner archaischen Grundhaltung bestärkt.

The location on Salierring is distinguished by its proximity to the inner city, by ideal connections for public and private transportation, and by the prominence of the ring's street network. As part of Cologne's inner city ring, Salierring is situated at the link between the city's commercial center and the Südstadt district, characterized by its residential housing and wealth of restaurants and bars. — Up until World War II this site was occupied by the Trade School for Building and Construction, erected 1886. After the war its ruins were detonated, and a parking lot was built for the residents. The site is flanked on three sides by housing. — The »Rotonda am Salierring« is conceived as a solitary construction. Functionally and aesthetically speaking, its circular structure should make it stand out from the conventional block-perimeter development. The building's round and compacted mass emphasizes its claim to create a clear presence on the somewhat neglected triangular site. In 2000, the »Rotonda« was awarded the Cologne Architectural Prize. — Doing without a total building over of the site made it possible to preserve a large number of the existing trees, and aided the designing of public and private open areas of space. At the same time, the building's round shape interrupts the usual hierarchy of façades and, in this way, continuously makes uses of the high-quality clinker-brick façade. — In addition to the parking spaces required by planning and building laws, the existing parking spaces were incorporated into a downward-spiraling subterranean »quarter garage« beneath the building. This is reached through the small, transparent pavilion in the forecourt. For the sake of preserving open areas of space, the access ramps of the garage were relocated to the street's public space (Pantaleonswall). — The object is conceived as an office building divided by one to four tenants per floor. The private open areas are annexed to this section. The ground floor also accommodates the »Rotonda Business Club«, which currently has more than 700 members. — The fundamentally archaic nature of the round construction is deliberately strengthened by a limited use of materials (clinker-brick, concrete, steel/aluminium, and glass).

Filzengraben 2 b/c

Neubau Kunsthochschule für Medien

Architekt WJD architekten **Bauherr** Bau- und Liegenschaftsbetrieb NRW

oben
Blick aus der Vogelperspektive (Modellfoto)
links
Lageplan (Luftbild)

rechts
Blick entlang des Filzgrabens
rechts außen
Luftbild (Juli 2003)

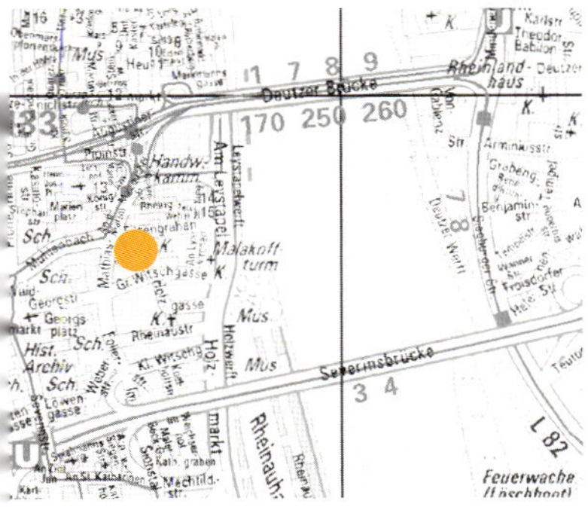

Bruttogeschossfläche
etwa 3.500 Quadratmeter
Baubeginn
2003

Mit dem Neubau am Filzengraben ist die Entscheidung abgesichert, die Kunsthochschule für Medien dauerhaft im Zentrum der Stadt zu verankern. Neben den in unmittelbarer Nähe liegenden Anmietungen am Peter-Welter-Platz und im Overstolzenhaus wird das neue Gebäude des Kölner Architekturbüros WJD architekten einen weiteren wichtigen Standort der Hochschule markieren. — Das Gebäudeensemble fügt sich unaufdringlich in die umgebende, kleinteilige Bebauungsstruktur der südlichen Altstadt ein und belässt die Trinitatiskirche als den hochbaulichen Schwerpunkt im Filzengraben. Seminargebäude, Studiogebäude und Cafeteria umschließen einen campusartigen Hof mit dem »Campanile« der Trinitatiskirche als Kulisse. Das Seminargebäude, ein traufständiger, viergeschossiger Bau mit Satteldach, schließt die straßenbegleitende Bebauung am Filzengraben, tritt allerdings soweit aus der bestehenden Bauflucht, dass sich über die offene Ecke eine großzügige Eingangssituation entwickelt. Die zum Innenhof orientierte Cafeteria mit Außenterrasse wird öffentlich zugänglich sein. Neben verschiedenen Seminar- und Atelierräumen, elektronischen Labors und einem Lehrstudio für Film und Fernsehen ist auch eine variabel nutzbare Aula vorgesehen.

The new building on Filzengraben confirms the long-term decision to establish the Academy of Media Arts in the city centre. In addition to premises rented in the immediate vicinity on Peter Welter square and in Overstolzenhaus, the new building by Cologne-based practice WJD architekten marks another important academy location. — The unobtrusive ensemble integrates well with the surrounding structure of smaller buildings in the southern part of the old town and does not challenge the outstanding position of Trinitatis Church on Filzengraben. Buildings with lecture rooms, studios and a cafeteria surround a courtyard campus with the Trinitatis Church campanile forming the background. The four-storey building for lecture rooms has a gable roof with eaves toward the street and closes the line of buildings along Filzengraben while projecting far enough to develop a generous entrance situation on the open corner. The cafeteria looking toward the interior courtyard will be open to the general public. Plans envisage various lecture rooms and studios, electronic media labs, a teaching studio for film and television as well as an auditorium with variable functions.

Cäcilienstraße

Kulturzentrum am Neumarkt

Architekten Schneider + Sendelbach Bauherr Stadt Köln

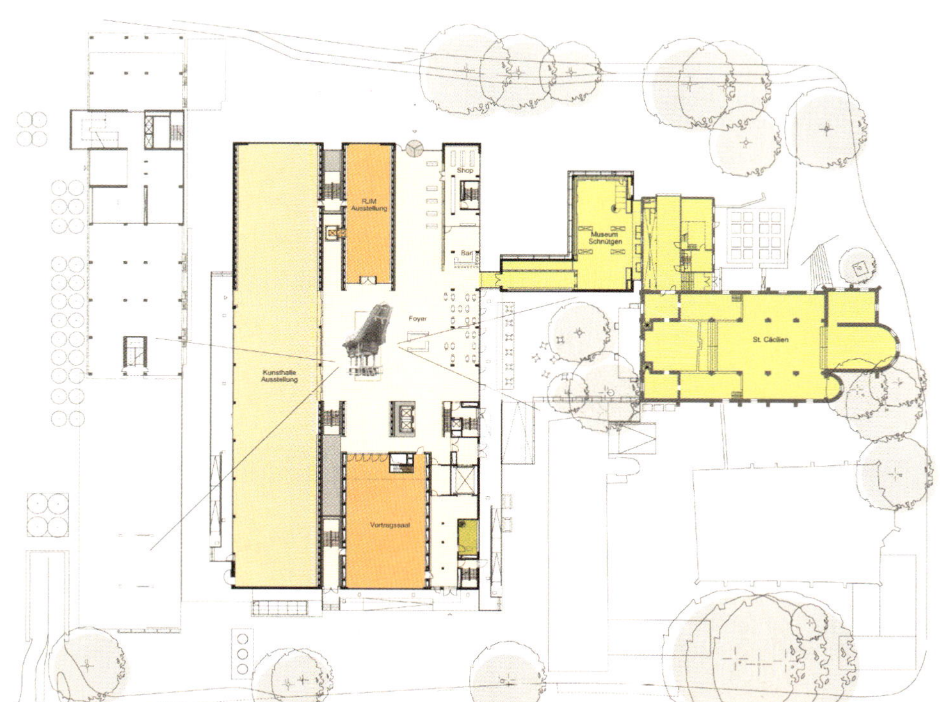

oben
Blick von Norden
links
Grundriss Erdgeschoss

rechts oben
Blick in die Eingangshalle
rechts unten
Blick zum Eingang

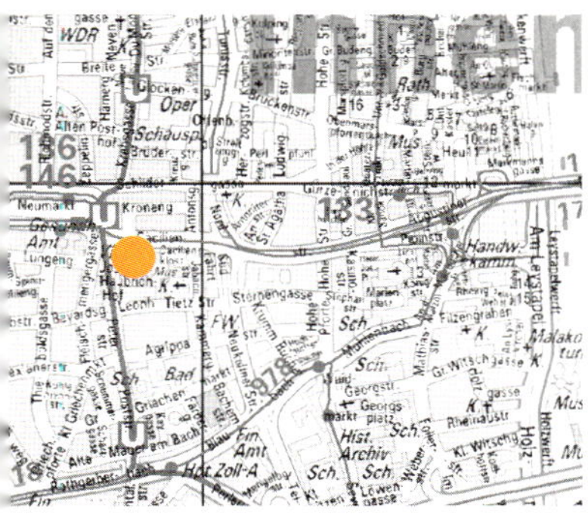

Bruttogeschossfläche
27.120 Quadratmeter
Fertigstellung
voraussichtlich 2005

Der in mehrere Gebäudeschichten gegliederte Baukörper des neuen Museumszentrums am Neumarkt vereint die unterschiedlichen Nutzungen und erzielt laut Aussage der Architekten den gewünschten Synergieeffekt zwischen dem Rautenstrauch-Jost-Museum, der Erweiterung des Schnütgenmuseums, der Kunsthalle, dem Museumsdienst sowie der Volkshochschule. — Längs in den Baukörper eingeschnittene Fugen definieren Zonen zwischen den massiven Gebäudeteilen, welche die unterschiedlichen Nutzungen des Museumszentrums aufnehmen. Eine breite Fuge bildet die transparente Halle, das multifunktionale Zentrum des Museums, und bietet auf zwei Ebenen Zugang zu allen angegliederten Institutionen. Ein zweiter, schmalerer Zwischenraum bildet eine weitere Zäsur im Gesamtkomplex. Durch diese Räume geführte Verbindungsstege stellen die Übergänge zwischen den einzelnen Gebäudeschichten her. — Die Anordnung von öffentlichen Nutzungen, wie Vortragssäle, Bibliothek, Volkshochschulforum und die Studiensammlung des Rautenstrauch-Jost-Museums, lassen im südlichen Bereich eine baukörperliche Verdichtung entstehen. Eine Niveauabsenkung im Norden betont den städtebaulichen Kontext mit der Cäcilienkirche und dem Anbau des Schnütgenmuseums von Karl Band aus den Fünfzigerjahren. Erschlossen wird das Gebäude über einen brückenartigen Zugang von der Cäcilienstraße. — Ausgehend vom Westportal St. Cäcilien spannt sich eine offene Zone im Foyerbereich des Neubaus auf. Zwischen Neubau und dem bestehenden Bau von Karl Band bildet die Erweiterung des Schnütgenmuseums einen eigenständigen Baukörper. — Die massiven Gebäudeschichten sind mit manuell gebrannten Ziegeln verkleidet und weisen wenige schaufensterartige Öffnungen auf. Durch zurückliegende, transparent konstruierte Glasfassaden sind die Fugen ausgebildet.

Divided in several building layers, the building structures of the New Museum Center on Neumarkt combine a wide variety of usage possibilities, and, according to the architects, they achieve the desired synergic effect between the Rautenstrauch Jost Museum, the Schnütgen Museum's expansion, Kunsthalle, and the Volkshochschule educational center. — Joints cut lengthwise through the building structures define the zones between massive building components, and also embrace the full scope of the museum center's use. A wide joint forms the transparent hall, the multifunctional center of the museum, and offers access to all of the institutions annexed to two floor levels. A second and smaller intermediate space creates another break in the entire complex. Introduced into these spaces, the connecting footbridges form crossings from one building layer to the next. — The formation of areas for public use as lecture halls, library, educational center forum, and for the collected study materials of the Rautenstrauch Jost Museum, creates a structural density in the southern sector. A reduction of standards in the north accents the urban design context with the Cäcilien Church, and with Karl Band's expansion of the Schnütgen Museum from the 1950s. The building is developed over a bridge-like entranceway from Cäcilienstrasse. — Stretching from the west portal of Saint Cäcilien Church is an open zone in the area of the new building's foyer. Between the new building and the existing Karl Band construction, the Schnütgen Museum's expansion creates an independent building structure. — The massive building layers are surfaced with manually-fired brick and offer relatively few openings of a display window nature. Joints are developed using recessed and transparently-constructed glazed façades.

Leonhard-Tietz-Straße/Peterstraße

Erweiterung Hauptverwaltung Kaufhof AG

Architekt KSP Engel und Zimmermann Architekten **Bauherr** Bilfinger + Berger Projektentwicklung

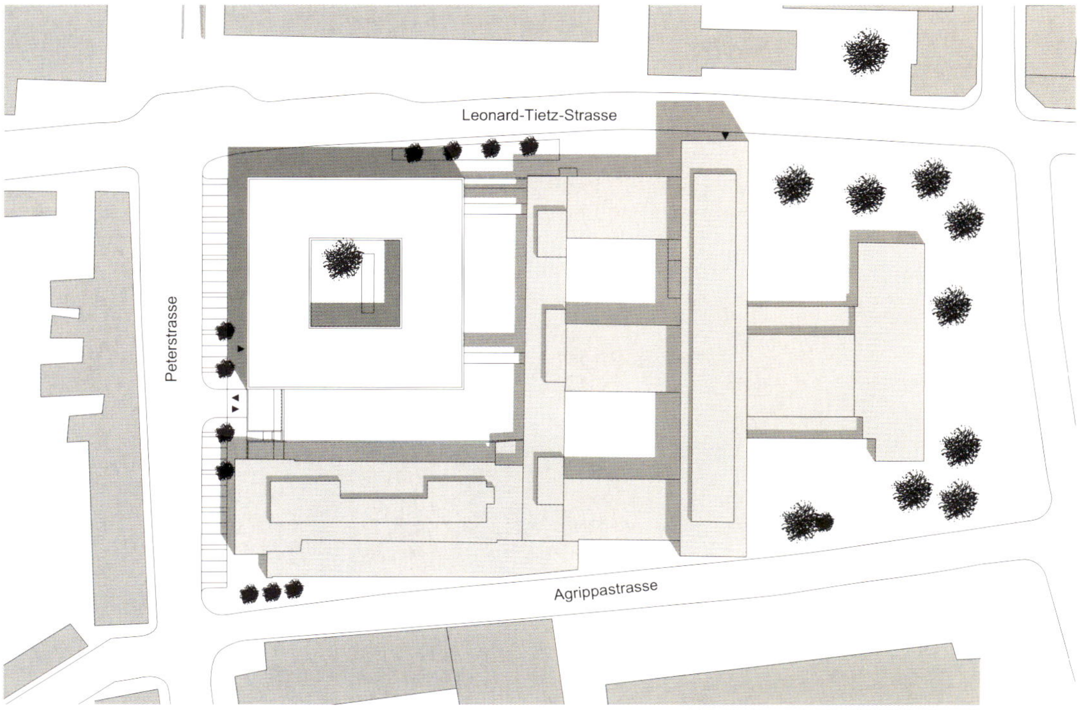

oben
Blick aus der Vogelperspektive (Modellfoto)
links
Lageplan

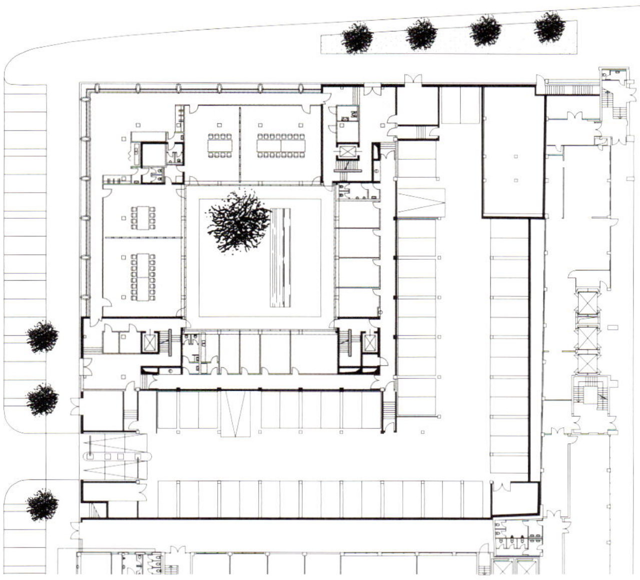

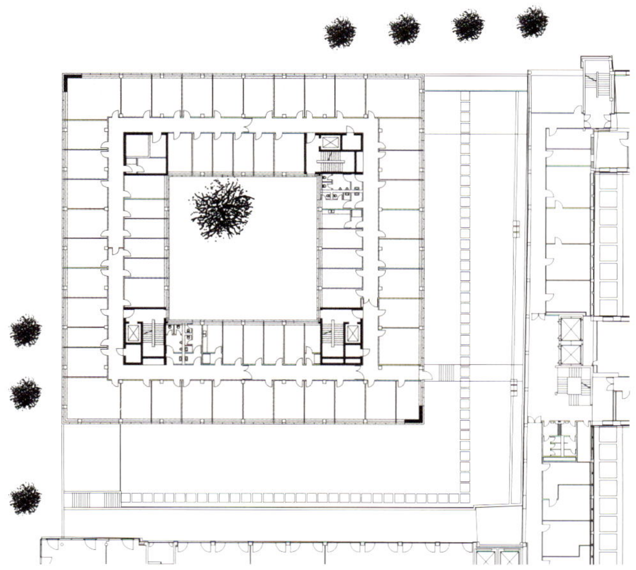

rechts
Grundriss Erdgeschoss
rechts außen
Grundriss Regelgeschoss

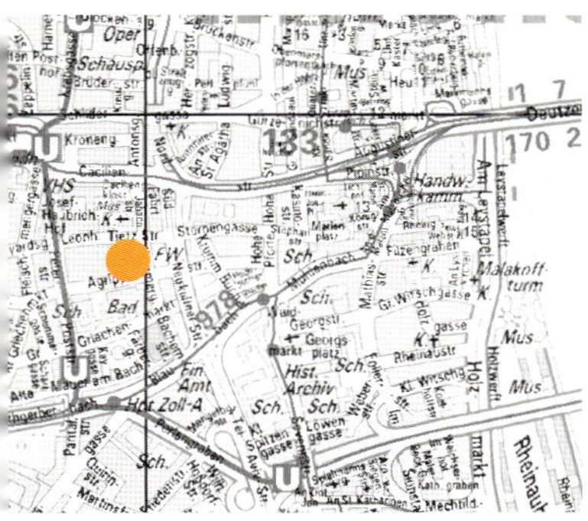

Grundstücksgröße
4.390 Quadratmeter
Bruttogeschossfläche
21.610 Quadratmeter
Fertigstellung
2003

Die Erweiterung der Hauptverwaltung der Kaufhof AG wurde als Solitär an der Ecke Leonhard-Tietz-Straße und Peterstraße geplant. In unmittelbarer Nähe zum Neumarkt gelegen, wird dieser Neubau das Quartier um das Ensemble St. Peter/St. Cäcilie mit dem Schnütgenmuseum neu arrondieren. Die Erschließung des Bürogebäudes erfolgt über zwei gleichwertige Eingänge an der Leonhard-Tietz-Straße sowie an der Peterstraße. — Das Gebäude besteht aus einem Sockel, der das Erdgeschoss bildet, und einem würfelartigen, sechsgeschossigen Kubus, der die Blockkante neu definiert. Im Erdgeschoss befindet sich ein repräsentativer Konferenzbereich für etwa 200 Personen, in den Obergeschossen sind um das intensiv begrünte Atrium zweibündige Büronutzungen angeordnet. Durch die Errichtung von notwendigen Fluren sind die etwa 1.600 Quadratmeter großen Geschossebenen ohne weitere Einschränkungen flexibel nutzbar. Die Erschließungskerne befinden sich an den Innenecken und verbinden die Büroetagen mit den Tiefgaragenebenen, die neben zahlreichen Lagerflächen Platz für etwa 215 Stellplätze bieten. Auf oberirdische Stellplätze wurde verzichtet, der Tiefgaragendeckel wird im ersten Obergeschoss extensiv begrünt. Durch zwei gläserne Verbindungsbrücken ist der Neubau mit den Bestandsgebäuden der Hauptverwaltung der Kaufhof AG verbunden. — Mit geschlossenen Naturwerksteinflächen bindet der Sockel an die Bestandsgebäude an. Zur exponierten Ecke Leonhard-Tietz-Straße und Peterstraße öffnet er sich mit transparenten Glasflächen. Der Kubus setzt sich über eine Glasfuge deutlich vom Sockel ab. Das mäandrierende Thema der Eckausbildung, verbunden mit Naturwerksteinbändern im Wechsel mit Fensterbändern, strukturiert die Fassade des Kubus. Neben dem aufwändig begrünten Atrium werden auch die im Straßenbereich liegenden privaten Außenflächen landschaftsgärtnerisch anspruchsvoll gestaltet.

The expansion of the central adminstration offices of Kaufhof AG was planned as a solitary construction for the corner of Leonard-Tietz-Strasse at Peterstrasse. Located in the immediate vicinity of Neumarkt, this new building would then realign the quarter surrounding Saint Peter and Saint Cäcilie churches with the Schnütgen Museum. The actual building procedures for the office building were carried out through two equally significant entrances on the Leonhard-Tietz-Strasse as well as Peterstrasse. — The building is comprised of a base that builds the ground floor, and a dice-like six-storey cube that redefines the block's edge. The representative conference area on the ground floor is large enough for approximately 200 people. On the upper floors the multipurpose offices are arranged about the dense greenery of an atrium. Through the building of needed corridors, yielding circa 1,600 square meters of space, the floor levels can be easily used for various purposes without further limitations. The core of the building procedure occurs in the structure's interior corners, and connects the office floors with subterranean garage levels offering a variety of storage spaces and circa 215 spaces for vehicles. There are no street-level parking facilities, and the ground floor roofing of the underground garage is covered with dense greenery. Two glazed bridges connect the new building to the main facilities of the central administration offices of Kaufhof AG. — The base connects to the main building with closed areas of hewn stone, and the exposed corner at Leonard-Tietz-Strasse and Peterstrasse is opened with transparent glazed areas. Positioned over a joining section of glass, the cube construction is clearly elevated from the base. The cube's façade is structured by the meandering theme of shaping the corner development, in combination with the bands of hewn stone that alternate with the band-like window arrangement. Apart from the atrium's intricately conceived greenery, on the street level as well are private exterior spaces that demonstrate a sophisticated sense of landscape-and-gardening design.

Foto: Axel Schmidt

Nord-Süd-Fahrt/Cäcilienstraße

Caecilium Coeln

Architekt KSP Engel und Zimmermann Architekten **Bauherr** Bilfinger + Berger Projektentwicklung

oben
Blick aus der Vogelperspektive (Modellfoto)
links
Lageplan

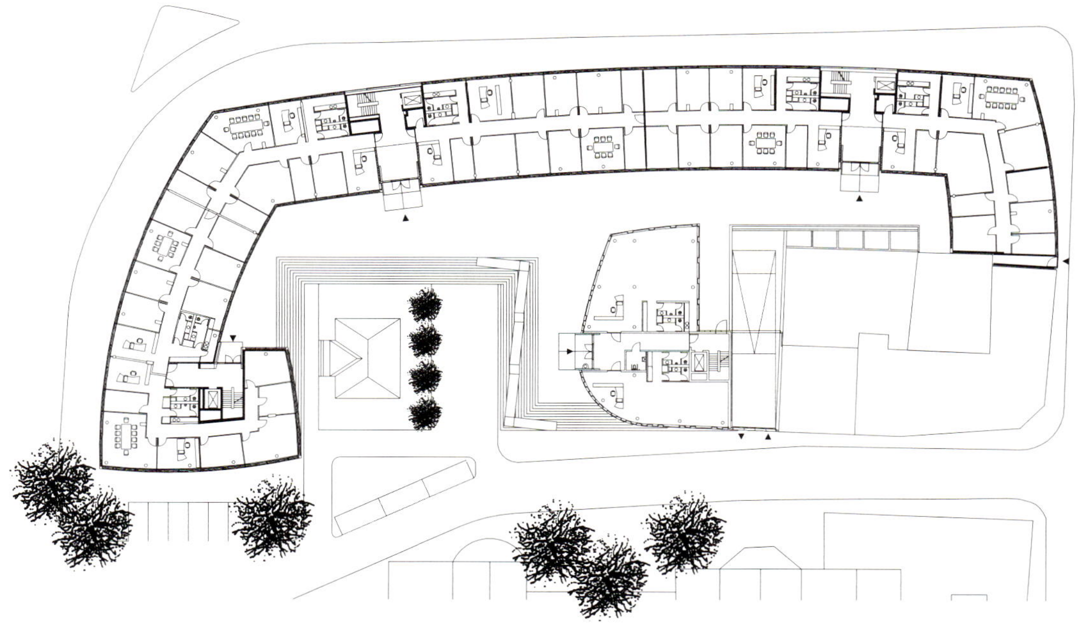

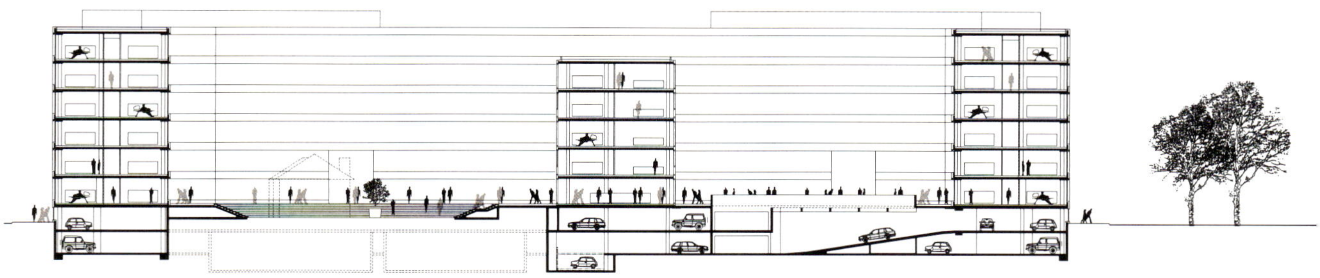

rechts oben
Grundriss Erdgeschoss
rechts unten
Schnitt

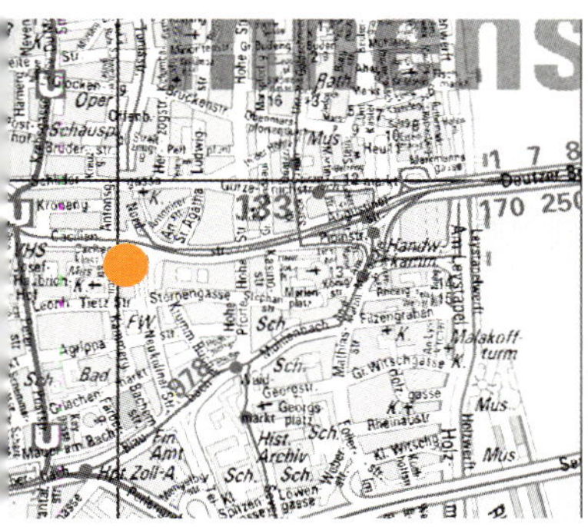

Grundstücksgröße
3.089 Quadratmeter
Bruttogeschossfläche
22.482 Quadratmeter
Fertigstellung
2005

Foto: Axel Schmidt

In zentraler Lage und in unmittelbarer Nähe zur Schildergasse befindet sich der Neubau des Bürohauses Caecilium Coeln an der Ecke Nord-Süd-Fahrt und Cäcilienstraße. Mit allseitig gerundeten Außenwänden setzt der Baukörper einen markanten Abschluss des Quartiers. Gemeinsam mit dem Ensemble der Kirchen St. Peter und St. Cäcilie bildet der Gebäudekomplex die Randbebauung eines neuen Platzes. Das Projekt entsteht im Auftrag der Bilfinger + Berger Projektentwicklung. — Bei dem Neubau handelt es sich um ein Ensemble zweier Baukörper, die durch abgestimmte Proportionen und verwandte Fassadenthemen miteinander harmonieren. Die Blockrandbebauung zu den stark befahrenen Straßen ist sechsgeschossig, der Solitär fünfgeschossig. Die Erschließung der Büroetagen erfolgt hofseitig über vier Eingänge. Hierdurch ergibt sich eine hohe Flexibilität in der Aufteilung der Nutzungseinheiten, die zwischen 200 und 400 Quadratmetern variieren und bei Bedarf gekoppelt werden können. Die zweigeschossige Tiefgarage wird über die Jabachstraße erschlossen und bietet etwa 200 Stellplätze. — An der Nord-Süd-Fahrt wird die etwa 100 Meter lange Fassade durch deutlich differenzierte Fassadenbilder der beiden Treppenhäuser gegliedert. Eine grünlich schimmernde Glashaut bildet den Gebäudeabschluss. Das Thema der alternierenden Fensterstrukturen mit integriertem Lärmschutz in Form eines einseitig offenen »Kastenfensters« wird beim Solitär im Innenhof mit brüstungshohen Metallpaneelen variiert. Eine großzügige Treppenanlage sowie das renovierte historische GEW-Haus gestalten die neue Platzanlage, die straßenübergreifend mit den Außenflächen des Schnütgenmuseums zu begreifen ist.

The newly constructed Caecilium Coeln Office Building, centrally located at the corners of Nord-Süd-Fahrt and Cäcilienstrasse, stands close to Schilderstrasse. With its exterior walls rounded on all sides, the building's mass creates a clearly defined conclusion to the quarter. Together with this church ensemble, the building complex forms the block-perimeter development of a new square. The project was commissioned by the offices of Bilfinger + Berger Project Development. — This new construction concerns an ensemble of two building structures that harmonize on the basis of their agreeing proportions and the applied themes of their façades. The block-perimeter development facing the traffic-laden streets is comprised of six floors, and the solitary construction of five floors. The building development is executed from the courtyard through four entrances, and creates numerous possibilities regarding the unitized division of use, having at one's disposal an area between 200 and 400 square meters able to be joined or varied as needed. The two-level underground garage is developed on Jabachstrasse, and offers parking facilities for approximately 200 vehicles. — At Nord-Süd-Fahrt, the circa 100-meter-long façade is then divided by the appearances of both clearly distinctive stairwells. The building is completed by a shimmering green-toned glass finish. With its balustrade-high metal paneling, the inner courtyard's solitary construction varies the theme of alternating window structures with integrated soundproofing in the form of one-sided open »cased windows«. A generously-dimensioned stair arrangement and the renovated, historic GEW House aesthetically shape this new square, which defines the street's space and visually corresponds with the outer surfaces of the Schnütgen Museum.

Kämmergasse

Agrippa-Forum Bürogebäude

Architekt Peter Kulka **Bauherr** ARGE MVP und Trillsbach, Dr. Münzer und Dr. Voges Projektentwicklungsgesellschaft

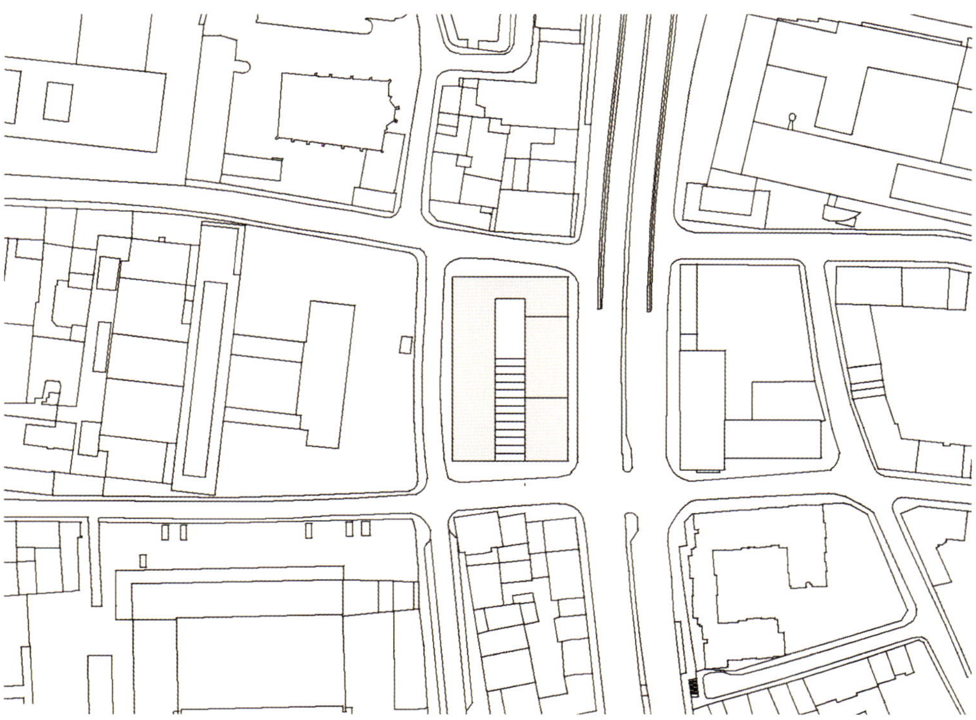

oben
Blick von Süden
links
Lageplan

rechts
Ansicht von der Nord-Süd-Fahrt
rechts außen
Schnitt

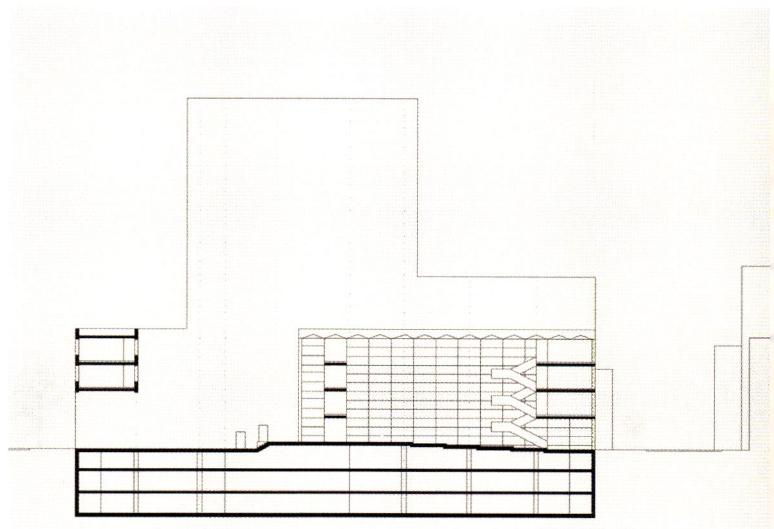

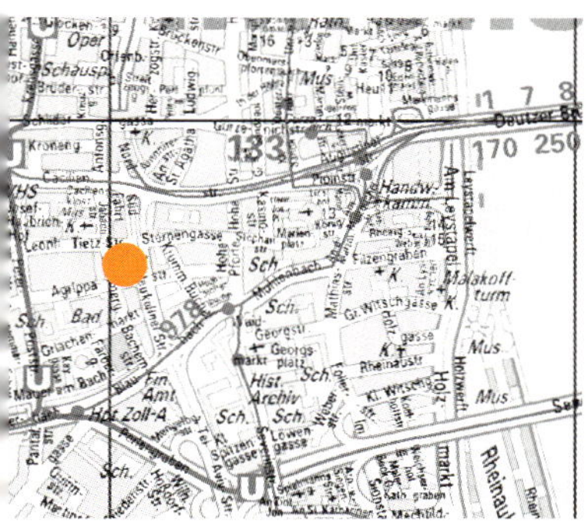

Fertigstellung
in Planung

Städtebauliches Ziel des Entwurfs von Peter Kulka ist es, im heterogenen Straßenraum der Nord-Süd-Fahrt – einer der Hauptverkehrsadern der Stadt Köln – einen neuen Akzent zu setzen. — Aus der Beziehung zu dem umliegenden, unterschiedlich bebauten Stadtraum erhält der Neubau seine individuell entwickelte Gestalt. So wird aus den verschiedenen Höhen ein Hochhaus wachsen, das wiederum mit dem gegenüberliegenden Hochhaus aus den Sechzigerjahren korrespondieren soll. Beide Gebäude werden die Einfahrt in die Kölner Innenstadt von Süden her markieren. — Die Haupterschließung des neuen Gebäudes soll über die Kämmergasse erfolgen, von dort wird man in ein wettergeschütztes Atrium mit offenen Aufzügen und Verbindungsstegen sowie zu den notwendigen Treppenkernen gelangen. Das Atrium mit Wasserbecken, Vegetationsflächen und Freisitzen ist sowohl als Orientierungs- und Treffpunkt als auch als Rekreationsbereich geplant. Um diesen Raum herum sind Restaurants und Cafés, Bistros und Läden vorgesehen. Das neue Gebäude wird variable Büroflächen bis hin zu kleinsten Einheiten bieten.

In an urban design context, the goal of Peter Kulka's design concept is to place new emphasis on the heterogeneous and open space of the street of one of Cologne's principal highways: the Nord-Süd-Fahrt. — The new building achieves its individually-developed design by drawing from its relationship to the surrounding and diversely built-over urban spaces. In this way, from the different heights, a high-rise building emerges, which corresponds with the high-rise building from the 1960s facing it. Both buildings mark the route used when entering Cologne's inner city from the south. — The main building procedures for this new building occur through Kammergasse, the street from which one enters a weatherproofed atrium with elevators, connecting footbridges, and the needed principal staircases. The atrium, complete with water basins, vegetation, and seating arrangements, is planned not only as a orientation-and-meeting point, but also as a recreation area. Encircling this space will be restaurants and cafés, as well as bistros and shops. The new building offers variable office spaces ranging down to the smallest of units.

Breslauer Platz – Marktstraße

Nord-Süd-Stadtbahn

Bauherr Stadt Köln/Kölner Verkehrsbetriebe AG

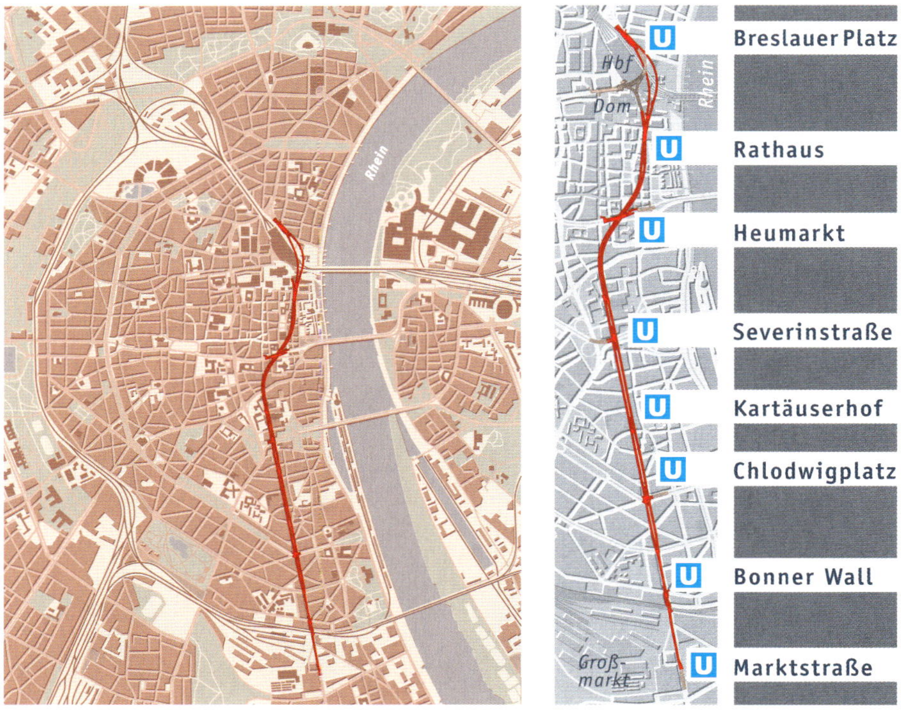

oben
Station Bonner Wall
(Architekten: Busmann + Haberer)
links
Streckenverlauf

rechts
Schildmaschine
rechts außen
Blick in den Tunnelrohbau

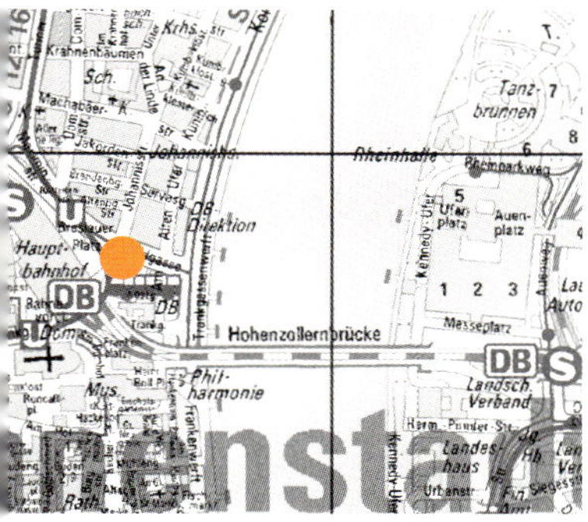

Fertigstellung
2010

Der gemeinsam von der Stadt Köln und den Kölner Verkehrsbetrieben projektierte Bau der Nord-Süd-Stadtbahn ergänzt das bestehende Stadtbahnnetz um eine wesentliche Verbindung. Die 1. Baustufe beginnt unterirdisch am Breslauer Platz/Hauptbahnhof und endet nach sechs Haltestellen mit der oberirdischen Station Marktstraße. Dort erfolgt in der 3. Baustufe die oberirdische Weiterführung bis zur Arnoldshöhe. Am U-Bahnhof Bonner Wall zweigt mit der 2. Baustufe die größtenteils unterirdische Verbindung zur bestehenden Rheinuferstrecke ab. — Die unterirdische Strecke ist etwa vier Kilometer lang, ihre sieben U-Bahnhöfe liegen im dicht bebauten Innenstadtbereich. Um die Beeinträchtigung der Anlieger und des Verkehrs so gering wie möglich zu halten, werden die Anzahl und Größe der offenen Baugruben minimiert und nahezu die gesamte Tunnelstrecke sowie vier Stationen in weitgehend unterirdischer Bauweise erstellt. — Auf die räumliche Gestaltung der Bahnhöfe wurde besonderer Wert gelegt. Mit der Planung der Stationen wurden ausschließlich Kölner Architekturbüros beauftragt, die in der Regel auch im unmittelbaren Umfeld der Standorte planerisch tätig waren oder sind. Für den ersten Haltepunkt am Breslauer Platz zeichnen die Architekten Büder + Menzel verantwortlich, die nach ihrem Wettbewerbserfolg (1992) auch mit der städtebaulichen Neuordnung des Platzes betraut sind. Die Haltestelle Rathaus plant Joachim Schürmann, der mit seinen Bauten aus den Siebzigerjahren das Quartier um Groß St. Martin entscheidend geprägt hat. Über die Stationen Heumarkt (Ulrich Coersmeier), Severinstraße (Kister Scheithauer Gross) und Kartäuserhof (Stefan Schmitz) führt die Strecke zum Chlodwigplatz. Schaller/Theodor Architekten sind hier nicht nur für den Entwurf des Bahnhofs, sondern auch für die Platzgestaltung verantwortlich. Die Architekten der Station Bonner Wall, Busmann + Haberer, planen gleichzeitig in unmittelbarer Nähe das Projekt »Bonntor«. Der erste Bauabschnitt der Nord-Süd-Stadtbahn endet an der oberirdischen, vom Büro Scharf + Kirsten entworfenen Haltestelle Marktstraße.

The construction of a north-south underground line planned jointly by the city of Cologne and Cologne's public transport provider KVB AG adds an important link to the existing network. The underground track begins at Breslauer Platz/Cologne main station and, passing six further underground stops, comes to the surface at Marktstrasse station, where it meets the existing network in Cologne's south. — The underground line covers a distance of approximately four kilometres. Its seven underground stations all service the densely built-up city centre. To prevent inconveniences for residents and disruption of traffic as far as possible, the number and size of open excavation sites will be kept to a minimum. Construction of almost the entire rail tunnel and four stations will take place below ground. — Special emphasis was placed on the spatial design of the stations. All architectural practices involved in planning the stations are based in Cologne, and most of them have worked in the immediate vicinity of the targeted locations. Architects Büder + Menzel are in charge of the first stop on Breslauer Platz square, and, having won the competition in 1992, will also work above ground to give the square a new urban structure. Designs for the city hall station (Rathaus) come from Joachim Schürmann, whose work in the 1970s characterizes the district around Gross St. Martin Church. Via stations at Heumarkt (Ulrich Coersmeier), Severinstrasse (Kister Scheithauer Gross) and Kartäuserhof (Stefan Schmitz), the line arrives at Chlodwigplatz. Schaller/Theodor Architekten not only develop designs for the station, but will also reshape the square. The architects of the station on Bonner Wall, Busmann + Haberer, are also working on the nearby Bonntor project. The first building phase of the north-south underground line ends above ground at Marktstrasse station, designed by Scharf + Kirsten.

Heumarkt

Innenstadt Süd

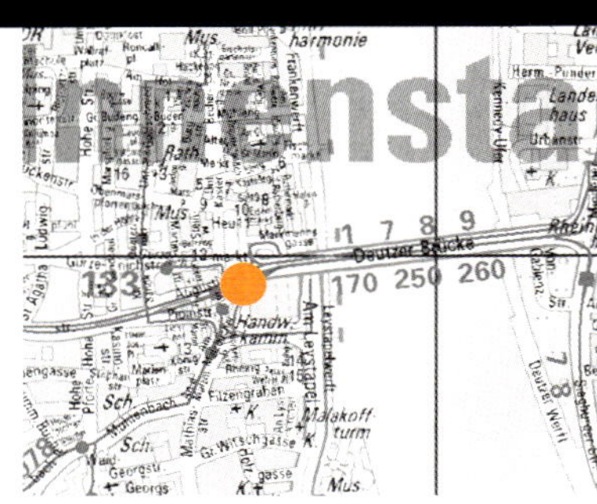

Nord-Süd-Stadtbahn, U-Bahn-Station Heumarkt

Architekt Prof. Ulrich Coersmeier Bauherr Stadt Köln/Kölner Verkehrsbetriebe AG

Fertigstellung
2010

Die besondere Situation in Köln am Ende der Hohestraße sowie die Kreuzung zwischen der im Bau befindlichen Nord-Süd- und der zukünftigen Ost-West-Strecke lassen ein extrem hohes Publikumsaufkommen erwarten. — Dem entspricht die Dimension des Raumes. Beide übereinander positionierten Bahnsteigtrassen verschmelzen zu einem räumlichen Gefüge, das sich an deren Enden nach oben, ins Freie entwickelt. Die zentrale tonnenförmige Halle wölbt sich darüber; wie eine »Naht« öffnet sie sich an ihrem Scheitel, lässt Tageslicht ins Innere und gibt in der Mitte des Straßenraums den Blick in den Bahnhof frei. Hier signalisiert Licht auch nachts die Station über ihre gesamte Länge. Der Lichtschlitz endet an zwei Vertikal-Stelen, die oben wie unten weithin sichtbar sind und idealerweise zugleich mit Hilfe optischer Signale über das Geschehen auf den Stationen informieren. — Das Auftauchen der Treppen und Aufzüge zeigt sich in eigenständigen Ausgängen, die von gestalterischen Gemeinsamkeiten geprägt werden. Im Inneren ist die spitzwinklige Kreuzung der U-Bahn-Strecken durchgängiges gestalterisches Motiv. Sicherheit schaffen die Offenheit und Lichtfülle der Station, insbesondere aber auch die Transparenz der Vertikaltransporte. So entwickelt sich der Nord-Süd-Raum hoch zum Hermann-Josef-Platz. Am Ende steht der Aufzugsturm mit Fluchttreppe wie eine filigrane Lichtskulptur im Raum.

The prominent situation at the end of Cologne's Hohestrasse and on the intersection of the north-south and east-west traffic links (under development) will bring an extremely high number of visitors. — The spatial dimensions take this into account. The tracks of the two underground lines are positioned on two levels above each other and form a spatial structure whose ends reach up toward ground-level and the exterior. The central, tunnel-shaped hall forms a vaulted ceiling whose crown opens like a seam to admit daylight and allow passers-by to look down into the train station. At night, the light penetrating to street level traces the station's length on the surface. The light slit ends at two vertical stelae that stand out both above and below ground. Equipped with visual display units, they give platform and travelling information. — The stairs and lift shafts reach ground-level by independent exits whose design follows a unified concept. The two underground lines meet at an acute angle picked up as a dominant motif that determines the penetration of spaces, but also the load-bearing, illumination and surface structures. The underground station's openness and abundant illumination is a guarantee for security, as is the transparency of vertical access links. The north-south space develops upward to Hermann-Josef-Platz. At its end the lift shaft with emergency staircase forms a delicate sculpture of light in space.

Severinstraße

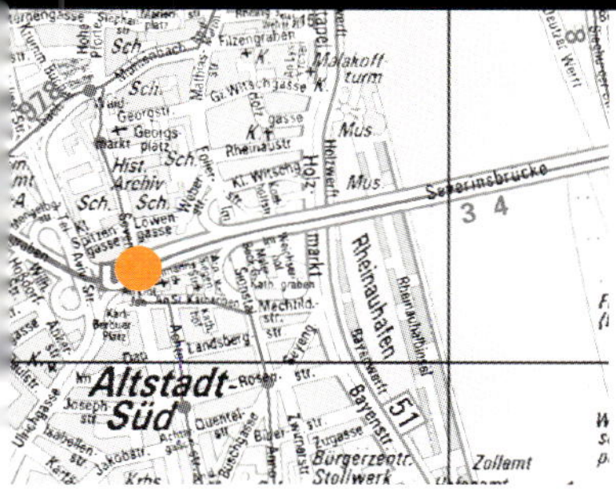

Nord-Süd-Stadtbahn, U-Bahn-Station Severinstraße

Architekt Kister Scheithauer Gross, Architekten und Stadtplaner

Bauherr Stadt Köln/Kölner Verkehrsbetriebe AG

Innenstadt Süd

Fertigstellung
2010

Die Struktur aus bläulich eingefärbten Fertigteilelementen ist mit dem polygonalen Rautengeflecht einer traditionellen Kassettendecke verwandt. Als Decken- und Wandgestaltung schafft die Kassettierung eine gestalterische Rhythmisierung und gleichzeitig die Integration technischer Systeme in die Decken- bzw. Wandfelder. Diese sind mit perforierten Edelstahllochblechen gefüllt, die – mit akustisch wirksamen Dämmmaterialien hinterlegt – die Raumatmosphäre verbessern. Im Übergangsbereich zwischen Beton und Edelstahl sind Leuchten integriert, die direkt und indirekt die Metalldecke anstrahlen. Die Farbabstimmung der bläulich-grauen Betonelemente, der gleichfarbig beschichteten Estrichböden und, kontrastierend hierzu, der Edelstahleinbauten und Deckenfelder werden zu einem intensiven und charaktervollen Raumeindruck führen. Dieser Eindruck wird durch die großen Raumvolumina der lang geführten Rolltreppen am Nordeingang wesentlich unterstützt. Alle weiteren Raumelemente verstärken die gestalterische Grundidee, wie die leicht angeschrägten Doppelstützen, die die gekrümmte Deckenschale in der Kontur betonen, die Gestaltung des Aufzuges und die Treppenkonstruktionen, die in einer Kombination aus tragender Betonbrüstung und Glas/Edelstahlgeländer auf der anderen Seite die Grundmaterialien aufnehmen.

The structure comprised of blue-tinted precast units appears related to the polygonal vaulting of traditional waffle-style ceilings. As a ceiling and wall design, the vaulting creates a dynamically aesthetic rhythm and, at the same time, integrates technical systems into segments of the ceiling or wall. These contain perforated, stainless steel sheets – backed with acoustically-sensitive soundproofing materials – that improve the spatial atmosphere. In the transitional zone between the cement and stainless steel, integrated lighting illuminates the metal ceiling both directly and indirectly. The colour harmony of bluish-green concrete elements, the stone floor coated the same colour, and the contrasting the stainless steel fittings and ceiling segments, culminate in a spatial impression full of intensity and character. This impression is substantially enhanced by the great spatial volume of the lengthy escalator at the north entrance. The remaining spatial elements heighten the basic design concept: the slightly tilted double-supports accenting the contours of the crooked shell-fixture on the ceiling, the elevator design, and staircase constructions that form supportive cement balustrades and glass/stainless steel banisters on the one hand, and explore the basic materials on the other.

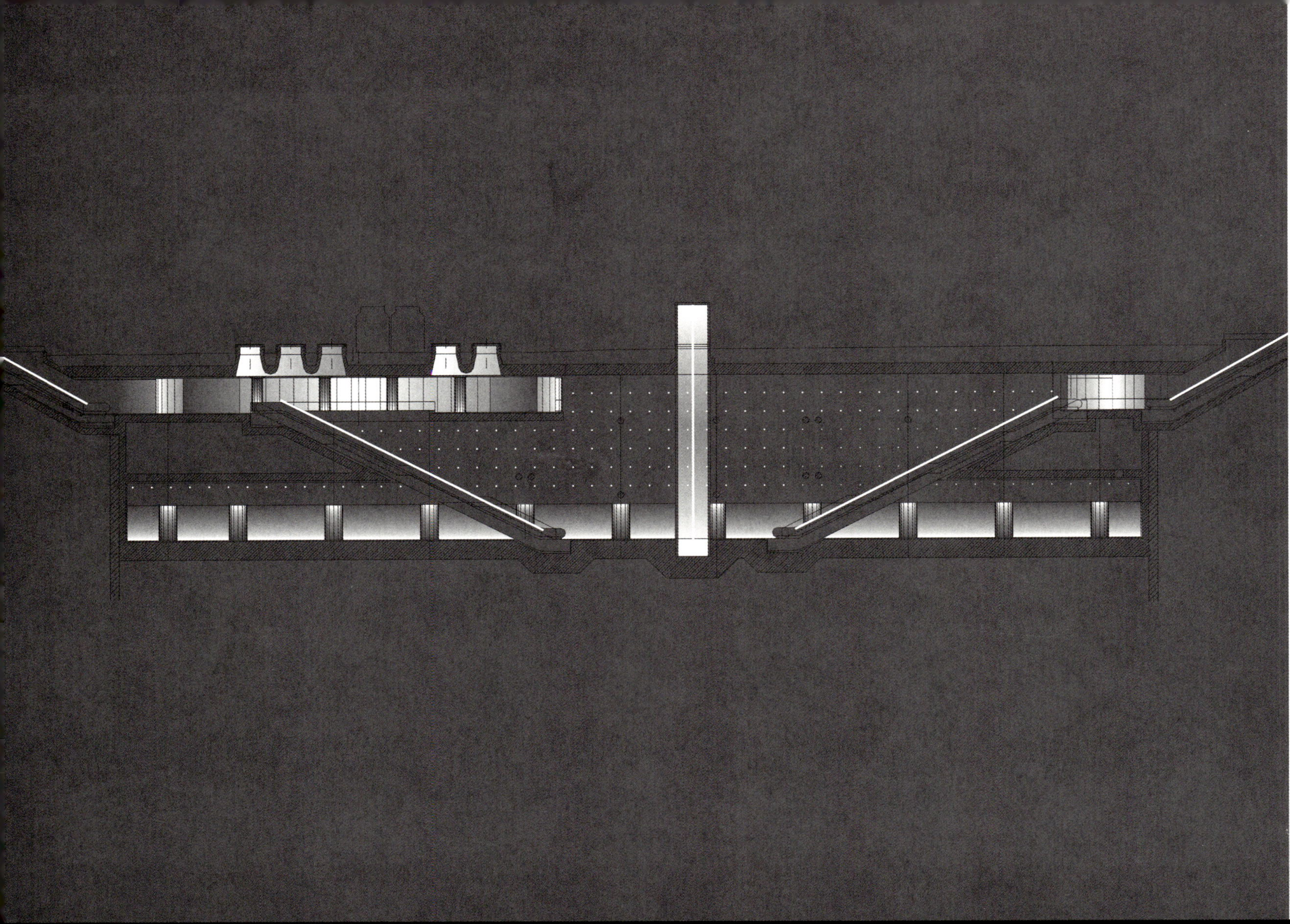

Chlodwigplatz

Innenstadt Süd

Nord-Süd-Stadtbahn, U-Bahn-Station Chlodwigplatz

Architekt Schaller/Theodor Architekten **Bauherr** Stadt Köln/Kölner Verkehrsbetriebe AG

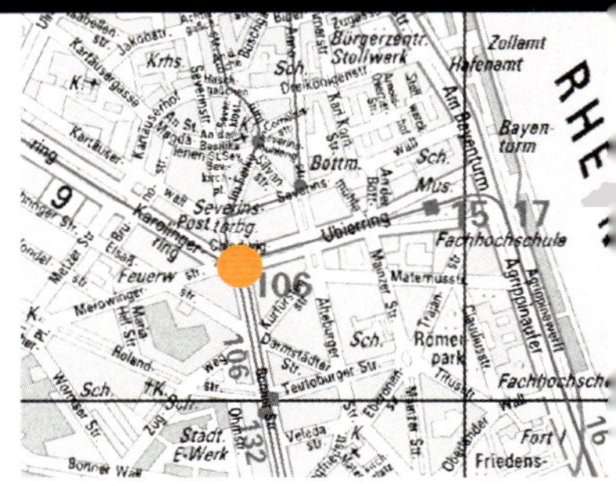

Der geplante U-Bahnhof wird die Doppelrolle des Chlodwigplatzes als Drehscheibe und urbaner Mittelpunkt des Stadtteils stärken. Die Erreichbarkeit wird verbessert und trotz des zu erwartenden Verkehrszuwachses die Platzfläche von übergeordnetem Verkehr entlastet. — Die zentrale unterirdische Verteilerebene hat den Grundriss einer Ellipse, die in abgewandelter Form die Geometrie des Platzes aufnimmt und sich in der Längsachse über fünf Oberlichter zum Stadtraum öffnet. Die Oberlichtreihe markiert gleichzeitig den Einschnitt des Treppenraums in der Verteilerebene. Die Treppen und Rolltreppen führen mit Sicht auf den frei stehenden gläsernen Aufzug zu der Bahnsteigebene hinunter. Darüber öffnet sich der Raum in einer Höhe von 15 Metern. Auf- und Abstieg werden für den Fahrgast so zu einem räumlichen Erlebnis. — Das Beleuchtungskonzept als integrierter Bestandteil der Gestaltung unterstützt den »Abstieg vom Tageslicht in die Tiefe« durch die Lichtführung.

Chlodwigplatz square is more than an important traffic node in the south part of Cologne's old town, it is the beating heart of the Severin district. For this reason, it has been the only large square in Cologne to escape regulation by traffic lights. Transport users still meet and interact on the same level here. — The spatial theme of the underground access level results from its function as a turntable in the future traffic hub and its relation to the above-ground square. An oval shape reflects the geometry of the square above. Five skylights arranged along the length of its ceiling open the access level to the urban space. The row of skylights also marks the irruption of the staircase into the access level. Stairs and escalators looking toward the free-standing glass lift shaft descend to the platform level. The space above this section opens to a height of nearly 15 meters, turning descent and ascent into impressive spatial experiences. The illumination concept is an integral part of the design.

Lichtplanung
Kress & Adams
Fertigstellung
2010

Bonner Wall

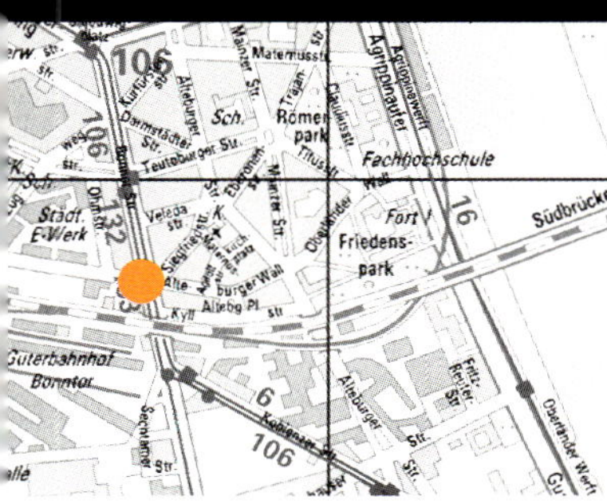

Nord-Süd-Stadtbahn, U-Bahn-Station Bonner Wall

Innenstadt Süd

Architekt Busmann + Haberer GmbH Bauherr Stadt Köln/Kölner Verkehrsbetriebe AG

Fertigstellung
2010

Die zweigleisige unterirdische Haltestelle dient der Erschließung des südlichen Teils der Kölner Neustadt. Der Zutritt erfolgt oberirdisch über Treppen, Rolltreppen und Aufzüge. Alle Treppenabgänge sind als städtebaulich signifikante Eingänge konzipiert. Auf ihren Innenseiten sind sie mit hinterleuchteten Glaswänden hell und freundlich ausgestattet, sodass ein sicherer Zugang jederzeit gewährleistet ist. Aus demselben Grund sind die Aufzüge als Glasaufzüge gestaltet und haben im Schachtkopf eine Lichtdecke sowie seitliche Leuchtschriften mit dem Stationsnamen erhalten. Während der Aufzug direkt auf die Bahnsteigebene führt, erreicht man über Treppen und Rolltreppen zunächst die Verteilerebene, die zusammen mit der tiefer liegenden Bahnsteigebene eine stützenfreie Bahnsteighalle bildet. Eine direkte Blickbeziehung zwischen Bahnsteig- und Verteilerebene dient nicht nur einer leichten Orientierung, sondern auch der sozialen Kontrolle für die Sicherheit der Fahrgäste. — Zentrales Element der Innenraumgestaltung sind die beiden Lichtbänder, die die Verteiler- und die Bahnsteigebene optisch miteinander verbinden und die verschiedensten Funktionen erfüllen: kunstvolle Inszenierung wechselnder Lichtfarben, Projektionen, wechselnde Wandgestaltung sowie Werbeflächen und Fahrgastinformationsflächen für die KVB.

The two-track underground station-stop of the North-South Suburban Railway is part of the proposed development plan for increased access to the southern sector of Cologne's Neustadt district. The stop is entered from the street level by way of stairs, escalators and elevators. All the staircases are conceived as urban design significant entranceways. On their interior surfaces, the staircases have bright and friendly back-lit glass walls that ensure safety even in darkness. For the same reason the elevators are designed as glass elevators with illuminated ceilings in their upper shafts, and have the names of station stops in laterally-placed illuminated lettering. While the elevator leads directly to the platform level, stairs and escalators lead to the boarding area. Together with the lower-placed platform level, this area forms a spacious and support-free platform lobby. The easily recognizable connection between the platform level and boarding area not only offers assistance when finding one's bearings, but ensures the organized public safety of passengers. — An essential design element of the interior space are both bands of lighting which optically link the boarding area and platform level, and serve other functions: they create artfully staged, alternating color patterns and projections that transform the stop to an art space.

Beethovenstraße 12–18

Innenhofbebauung

Architekt luczakArchitekten **Bauherr** Stefan Kralle/Dr. Klaus-Otto Jacobi

oben
Hofansicht
links
Grundriss Erdgeschoss

rechts
Küche
rechts außen
Hofansicht

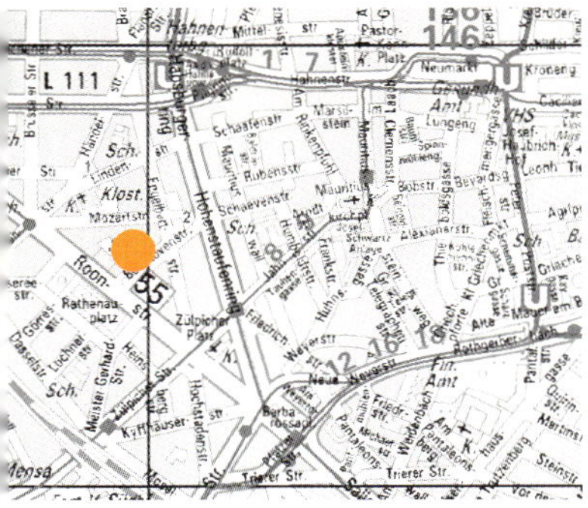

Grundstücksgröße
860 Quadratmeter
Bruttogeschossfläche
970 Quadratmeter
Fertigstellung
2002

Die Beethovenstraße liegt im südwestlichen Teil der Ende des 19. Jahrhunderts vom damaligen Stadtbaumeister Joseph Stübben realisierten Stadterweiterung. Die so genannte Kölner Neustadt entwickelt sich halbkreisförmig um die linksrheinisch gelegene Innenstadt und ist bis heute von gründerzeitlichen Wohnblöcken mit teilweise gewerblich genutzten Innenhöfen geprägt. Im Laufe der Zeit verkamen viele dieser Innenbereiche zu Garagenhöfen oder teilweise entkernten Zwischenzonen. In der Beethovenstraße, auf der Rückseite der Synagoge, legten zwei benachbarte Bauherren ihre Grundstücke zusammen, um einen solchen Innenhof einer neuen Nutzung zuzuführen. Der Entwurf des Kölner Büros luczakArchitekten entwickelt sich entlang der bestehenden Brandwände und schließt mit einem L-förmig angeordneten Baukörper einen lichten, halböffentlich genutzten Hof ein. — Die dreigeschossige Hoffassade ist gegliedert in ein fast vollständig verglastes Erdgeschoss, einen von weißen Putzflächen umrahmten, horizontal lagernden Kubus des ersten Obergeschosses und in ein zurückversetztes, mit Teakholz verkleidetes Dachgeschoss. Über einer Tiefgarage mit 25 Stellplätzen entstanden ein Aikido-Dojo mit 250 Quadratmetern Nutzfläche, zwei Maisonette-Wohnungen und drei Atelier- und Lofteinheiten. Der Halböffentlichkeit des Hofraumes steht ein differenziertes Angebot von vorgelagerten privaten Terrassen und Balkonen mit Sicht- und Sonnenschutzlamellen gegenüber. Lichthöfe zu den Brandwänden der Nachbarbebauung verwandeln dunkle Hinterhofecken trotz hoher Baudichte in Zonen von Licht und Ruhe. — Die Innenäume der Dojo-Halle und der Atelierhäuser werden von glattem Sichtbeton, schwarzem geschliffenen Estrichboden und hellem beziehungsweise dunklem Eichenholz geprägt. Eine Besonderheit der größten Lofteinheit ist ein frei im Raum stehender Küchenblock aus Beton.

The Beethovenstrasse is situated in the southwest sector of the urban expansion scheme completed at the end of the 19th century by the city's former general building director Joseph Stübben. The urban plan of Cologne's so-called Neustadt district is based on a semicircular arrangement of the inner-city streets on the Rhine's left side. Even today, with Gründerzeit-period housing blocks and inner courtyards sometimes used for commercial purposes, this scheme still characterizes the district. Over the course of time, many of these zones became run-down and existed as the yards of garages, or as desolate plots of land lodged between zones. In the Beethovenstrasse, behind the synagogue, two neighbouring building owners combined their sites in order to give such an inner courtyard a new function. The design concept of the Cologne architectural team luczakArchitekten, developed along the existing fireproof walls, forms an L-shaped ordering of building structures that define an airy courtyard for semi-public use. — The three-storey courtyard façade is divided into an almost entirely glazed ground floor; the horizontally-positioned cube of the upper floor framed by white plastered surfaces, and a stepped attic-story with teak covering. Above an underground garage with 25 parking spaces are two maisonette apartments, an Aikido-Dojo studio with 250 square meters of utility space, and three areas for studio and loft spaces. The semi-public aura of the courtyard's space offers an atmosphere more sophisticated than that of the terraces and balconies with light-and-sun-filtered protective blinds facing it. The glass-roofed courts of the neighbouring renovation project transform shadowy inner courtyards, spaces the result of building density, into zones for peace and light. — The interior spaces of the Dojo hall and the studio houses are characterized by smooth facing concrete, polished black-toned stone floors, and bright or dark-hued oak surfaces. A speciality of the largest loft area is a free-standing concrete-based kitchen unit located in the center of the room.

Fotos: Nicole Compère

Am Aachener Weiher

Park und Café »Am Aachener Weiher«

Architekt gernot schulz : architektur Bauherr Stadt Köln

oben
Blick von Süden
links
Lageplan

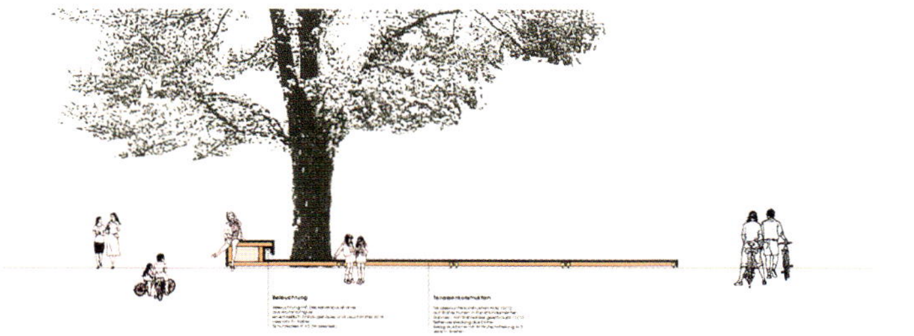

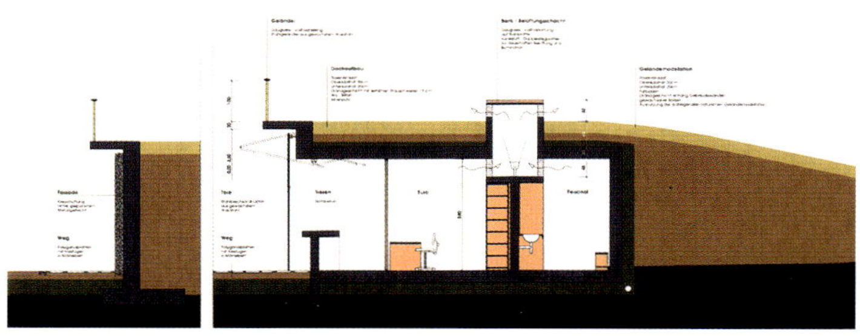

rechts oben
Detailschnitt Sitzbank
rechts oben, außen
Schnitt
rechts unten
Deta lschnitt Café
rechts unten, außen
Ansicht

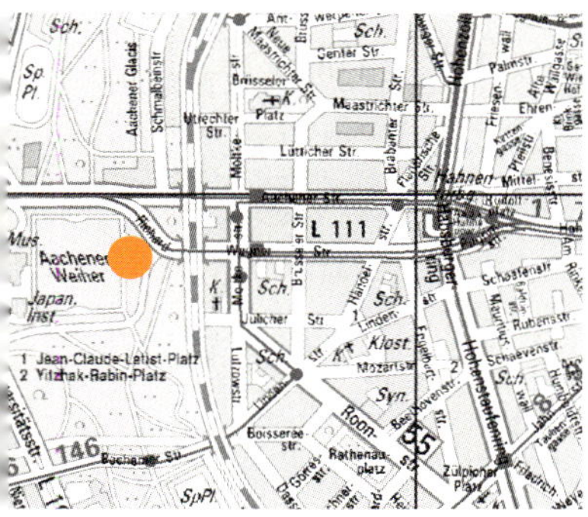

Freiraumplanung
Topotek 1
Wettbewerb
2002

Ausgehend von der Nutzungsvorgabe einer reinen Außengastronomie, deren Nutzungszeit sich maximal von Anfang Mai bis Ende September erstreckt, wird ein landschaftsarchitektonischer Entwurfsansatz verfolgt. Ziel ist dabei eine Architektur, welche sich auch innerhalb der sieben ungenutzten Monate als Teil der landschaftsarchitektonischen Elemente rund um den Aachener Weiher präsentiert. Nicht der geöffnete Zustand, sondern der geschlossene Zustand ist Ausgangspunkt aller Entwurfsentscheidungen. Der heute grüne und mit prachtvollen Bäumen bestandene Schutthügel vis-a-vis ist Pate für diesen Ansatz. — Eine Geländemodellation entlang der Richard-Wagner-Straße verbirgt in sich alle notwendigen Räume zum Betrieb der Außengastronomie. Ein exakter Schnitt in der Modellation erzeugt einen Höhenversprung und einen geschützten Ort für den zeitweise einzurichtenden Biergarten. Darüber hinaus wirkt dieser Versprung aber auch weit in den Grüngürtel hinein, indem der Autoverkehr auf der Richard-Wagner-Straße optisch und akustisch abgeschirmt wird. Einzelne Holzdecks schwimmen wie Inseln in der Parklandschaft und laden auch außerhalb der Sommerzeit zum Verweilen ein. Die Kiesfläche unter den Decks ist gleichzeitig Fassadenmaterial entlang des Geländeschnitts. Landschaft und Gebäude treffen sich somit nicht in harten Schnitten, sondern in fließenden Bewegungen. — Alle Räume des im Hügel verborgenen Bauwerks werden durch ein lineares, multifunktionales Dachelement zusammengefasst. Zunächst dient es der Be- und Entlüftung der Räume. Darüber hinaus ist es als Sitzbank ausgebildet und definiert einen Aussichtspunkt über den Aachener Weiher. Als leuchtende Linie auf der Hügelkrone soll es – gerade auch in der »trüben« Jahreszeit – als Fixpunkt innerhalb des Kölner Grüngürtels und als »Tor zum Park« dienen. — Der Gebäudekörper wird aus WU-Beton erstellt und innenseitig verputzt. Anschließend erfolgt die Geländemodellation. Die geschlossenen Teile der Fassade erhalten eine Kiesschüttung, gehalten von einem Metallgeflecht; Türen und Tore werden aus gewachstem Walzstahl gefertigt. Das Dach ist begehbar und erhält an vorderster Kante ein Metallgeländer mit einer zum Verweilen einladenden Holzreling.

Taking into account the usage limitations of a purely outdoor gastronomical enterprise, whose period of use stretches, at best, from early May to late September, a design based on landscape-architectural principles is used here. The objective is to devise an architecture able to present itself, even during the seven unused months, as part of the landscape-architectural elements surrounding Aachen Pond. As opposed to the state of being in use, the state of not being in use dictates the design proposal's decisions. The dumping grounds vis-à-vis the pond, today a green-covered hill with magnificent trees, is pâté for this approach. — The executed kneading of the earth along Richard-Wagner-Strasse conceals the spaces essential to managing an outdoor gastronomical business. During the kneading procedure, an exact excavational cut causes a serve jog in the grounds, and creates a protected area for the beer garden made functional on a temporary basis. This jog or elevation also has a deeper effect on the green belt, in that it blocks, optically and acoustically, the traffic on the Richard-Wagner-Strasse. Small deck stools placed about the park's landscape like islands inspire calm in the summer. The layer of pebbles below the deck stools are likewise the façade's surfacing along this segment of the grounds. Instead of meeting abruptly, landscape and building meet in flowing movements produced by the sharing of their materials. — All of the constructions concealed within the hill's spaces are contained under a linear, multifunctional roof element. This serves both the airing out and ventilation of the spaces. In addition, it functions as a bench, and dictates the view over Aachen Pond. As a glowing line on the crown of the hill – especially during the »darker« seasons – it should serves as a reference point within Cologne's green belt, and as the »Gateway to the Park«. — The building structure is made of WU-concrete, with plastered interior spaces. Afterwards the kneading procedure is executed. The sealed portions of the façade receive a pebble surfacing supported by a network of woven metal; doors and gateways are made from waxed rolled metal. The roof can be walked upon.

Rheinauhafen

Holzmarkt/Bayenstraße

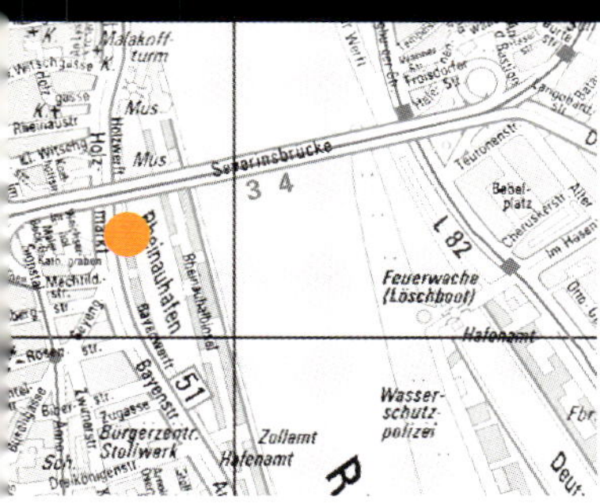

Rheinauhafen-Holzwerft

Architekt Kister Scheithauer Gross, Architekten und Stadtplaner
Bauherr Thomas Hansen

Bruttogeschossfläche
7.332 Quadratmeter
Fertigstellung
noch unbekannt

Die Bebauung besteht aus vier Loftgebäuden entlang des Hafenbeckens der ehemaligen Holzwerft. Sie teilt sich in eine nördliche Gruppe, bestehend aus zwei Gebäuden zwischen Severinsbrücke und »Rhenania-Künstlerhaus«, und in ein Gebäudepaar südlich des Künstlerhauses. — Die Zwischenräume werden durch wechselseitig schräge Einschnitte in einem spielerischen Rhythmus verbunden, der aufgrund der perspektivischen Wirkung die Baukörper in ihrer plastischen Wirkung wesentlich stärkt und den Eindruck einer aufgelösten Bebauung wirkungsvoll erzeugt. Das Aufschneiden der Bebauung mit schrägen Einschnitten schafft eine durchlässige und eigenständige architektonische Qualität, die zwischen Stadtkante und Inselbebauung vermittelt. So weisen die wie große Fensterlaibungen wirkenden Gebäudezwischenräume zum einen zur Stadt, zum anderen zum Rhein. — Die Integration der Hochwassermauer in die Gebäudestruktur mit der linearen Treppenschwelle, die sich aufgrund der Tiefgarage ausbildet, erhöht die bildhafte Wirkung der Durchblicke und gibt den Zwischenräumen eine eigene architektonische Qualität. — Als Nutzungen der Gebäude sind in den Erdgeschossen Shops denkbar, in den oberen Geschossen werden Büros und Wohnungen angeboten. — Durch die offene Grundrissgestaltung entstehen Büro-Lofts, die in Einheiten unterschiedlicher Größe flexibel unterteilbar sind.

The building development focuses on four loft buildings along the harbor basin of the former shipyard, dividing itself into a north group, consisting of two buildings located between the Severins Bridge and artists' residency Rhenania Künstlerhaus, and two buildings located to the south of the Künstlerhaus. — Through the use of mutually-diagonal incisions, the intermediate spaces combine in a playful rhythm. On the basis of the effect seen in perspective, this also strengthens the plasticity of the building structures, and effectively creates the impression of an excited development. The opening up of the development with diagonal incisions creates a permeable and yet independent architectural quality, conveying a dialogue between a city's edge and island development. As though spliced window segments, the large intermediate spaces between the buildings refer to the city on the one hand, and the Rhine on the other. — Integrating the flood wall into the building structure with the linear landing for the underground garage increases the visual impact of the view, and endows the intermediate spaces with an architectural quality of their own. — The ground floor will most likely be used for shops, with upper floors offering office and apartment spaces. — The ground plan's flexibility allows the office-loft spaces to be divided in varying sizes. On the upper floor are apartment-lofts offering views of the city's silhouette.

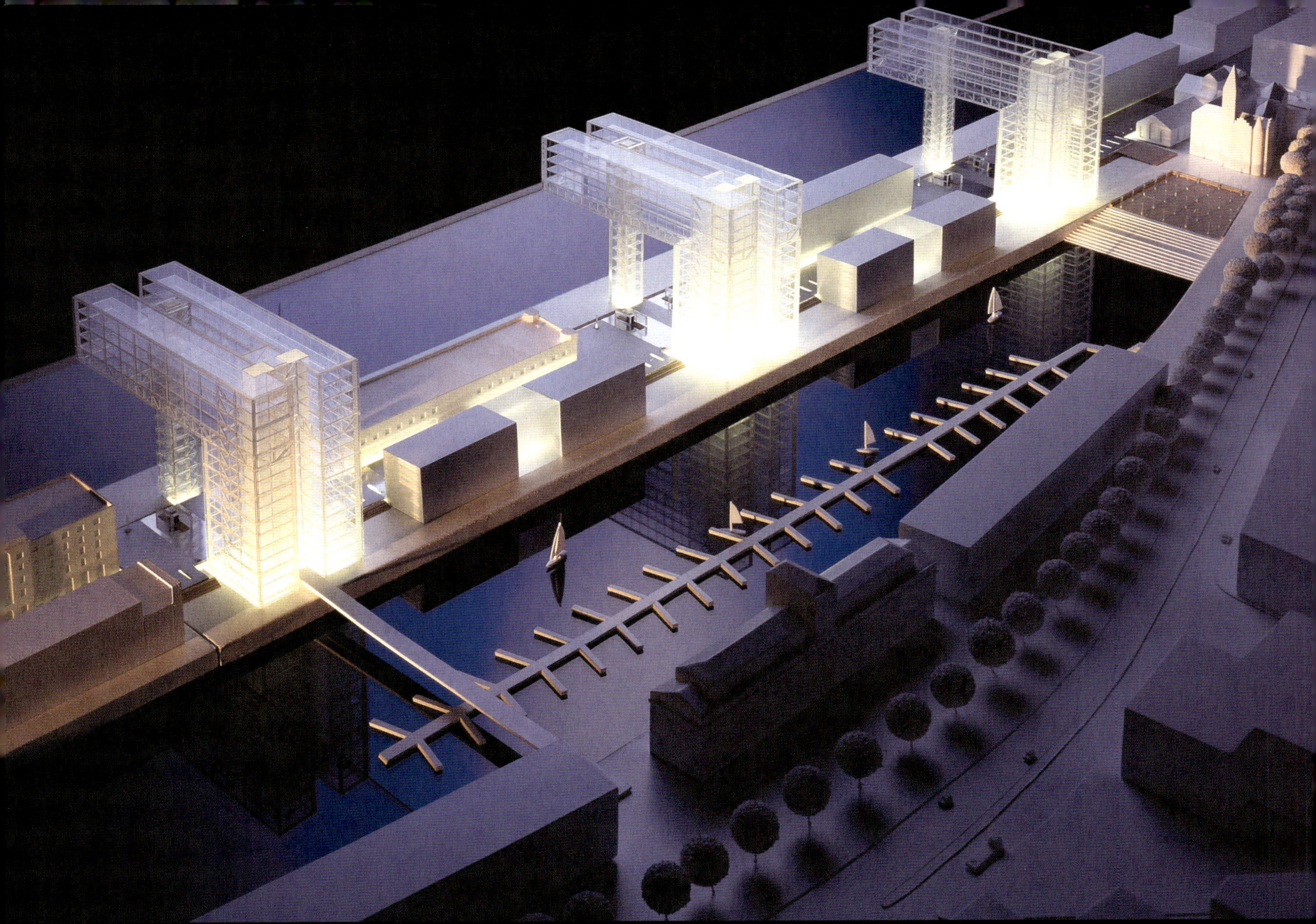

Holzmarkt/Bayenstraße

Rheinauhafen

Architekt BRT Architekten, Bothe Richter Teherani **Bauherr** Häfen & Güterverkehr Köln AG, vertreten durch modernes Köln

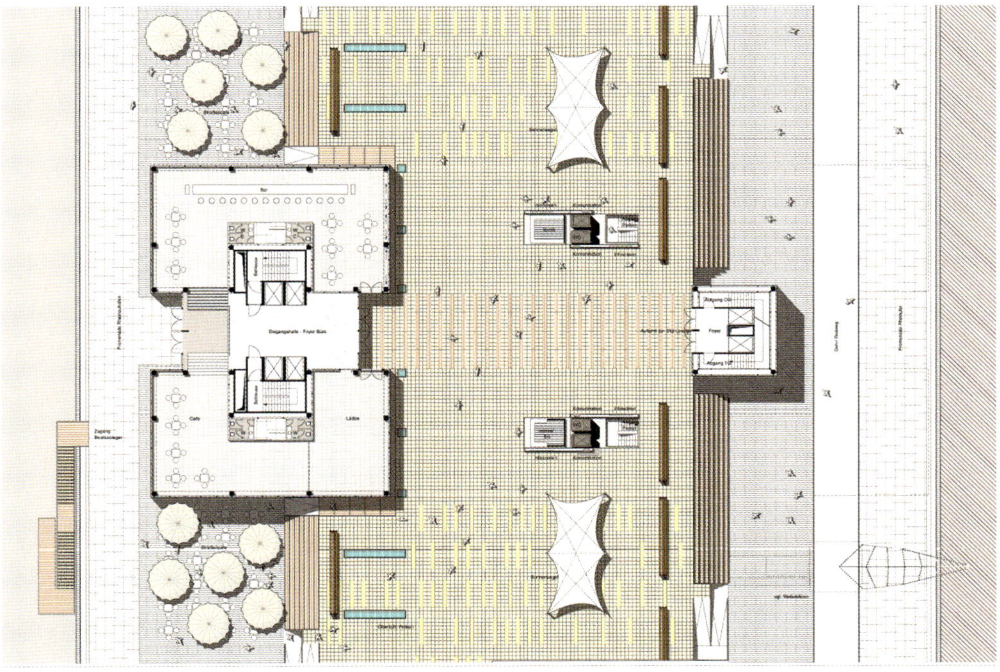

oben
Modellfoto
links
Grundriss Erdgeschoss

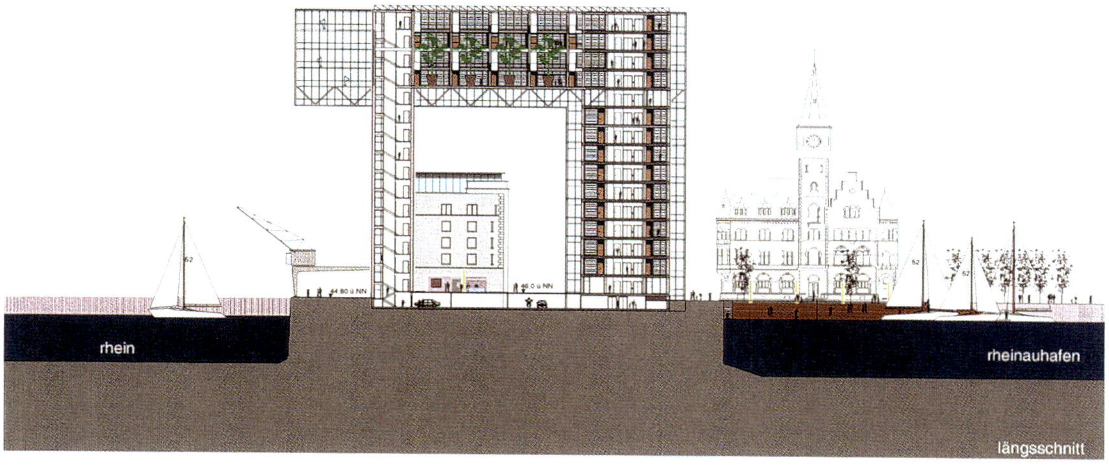

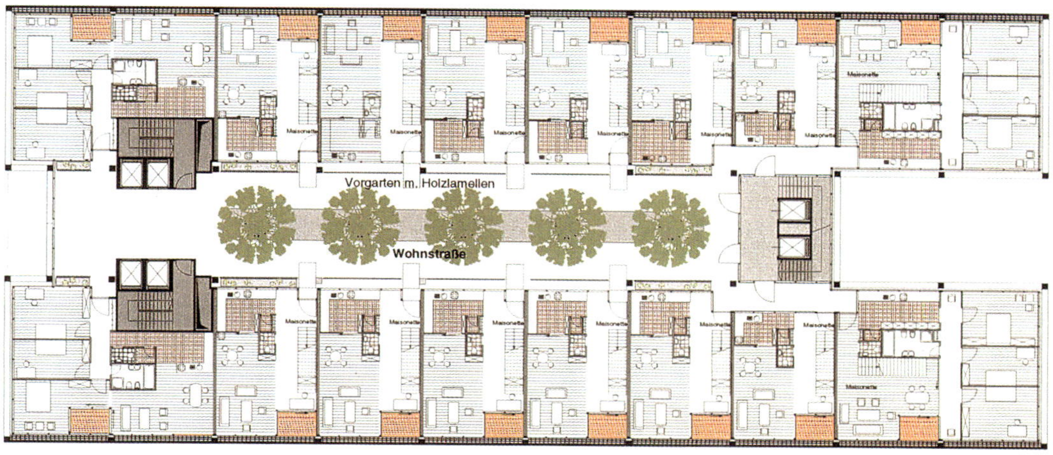

rechts oben
Schnitt
rechts unten
Grundriss Wohnen 11. Obergeschoss

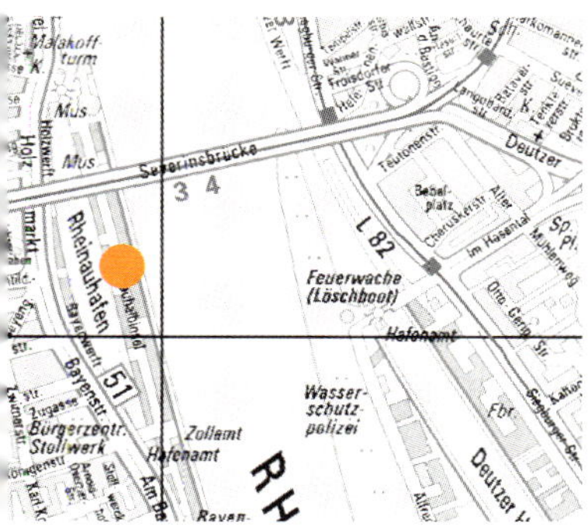

Bruttogeschossfläche pro Kranhaus
18.000 Quadratmeter
Fertigstellung
noch unbekannt

Foto: Christoph Gebler

Der Rheinauhafen existiert in seiner heutigen Form seit Ende des 19. Jahrhunderts. Kernstück des ehemaligen, 21 Hektar großen Handelshafens ist die 800 Meter lange und 75 Meter breite Halbinsel, die das Hafenbecken mit senkrechten Werftmauern umschließt. Im Laufe der zweiten Hälfte des 20. Jahrhunderts verlor der Hafen als Warenumschlagplatz an Bedeutung. Als die Hafennutzung eingestellt wurde, entschied die Stadt, das gesamte Areal in zentraler Lage zwischen Kölner Innenstadt und Rhein einer neuen Nutzung zuzuführen. Um unter Einbeziehung des denkmalgeschützten Bestandes ein neues städtebauliches Konzept zu entwickeln, wurde 1991 ein Wettbewerb ausgelobt, aus dem zwei erste Preise hervorgingen. Die Jury entschied sich für den Entwurf des Hamburger Architekturbüros Bothe Richter Teherani (BRT Architekten), dessen Hauptelement, eine Reihung von drei 15-geschossigen so genannten Kranhäusern, ein Zeichen in der Kölner Stadtsilhouette setzt. — BRT Architekten wurde beauftragt, den Entwurf der Kranhäuser bezüglich der Höhe und Proportion zu überarbeiten, verschiedene Nutzungskonzepte zu konkretisieren und die öffentlichen Räume im direkten Umfeld der Gebäude zu untersuchen. Man kam zu dem Ergebnis, dass die ursprüngliche Proportion beibehalten wird und die Nutzungen von Büro, Hotel und Wohnen gleichermaßen in der geplanten Gebäudestruktur umsetzbar ist. Das Konzept von BRT Architekten ist in dieser Form Grundlage des Bebauungsplans für den Rheinauhafen, dessen Verfahren inklusive Bürgeranhörung im August 2002 abgeschlossen wurde. Die umfangreiche Erschließung des Geländes wird Ende 2003 abgeschlossen sein. Am 6. Juni 2003 fand bereits der »Baggerbiss« zum Kap am Südkai statt.

The Rheinauhafen docks have existed in their current shape since the late 19th century. The main feature of the former trading port is a peninsula 800 metres long and 75 metres wide that encloses the harbour basin with vertical quay walls. In the course of the second half of the 20th century, the port lost its importance as a trans-shipment centre for traded goods. After it ceased to be in use, the city decided to adapt the extensive area, centrally located between Cologne's city centre and the River Rhine, to a new function. An architectural competition was tendered in 1991. The challenge was to develop a planning concept that would integrate the protected older structures. The proposal of the Hamburg-based practice Bothe Richter Teherani (BRT Architekten), whose main feature, a row of three 15-storey buildings that resemble quayside cranes, would set a new landmark in Cologne's cityscape. — BRT Architekten was asked to reconsider the cranes' height and proportions, to make more concrete suggestions on possible uses, and explore the public spaces around the buildings. The original proportions were found to be adequate; the planned structure allows realizing office spaces, a hotel, and/or private dwellings. This version of the concept by BRT Architekten is the basis of the building plan for the Rheinauhafen. The building plan was passed in August 2002 after a procedure that included a citizens' hearing.

Bayenstraße 2

Hafenamt im Rheinauhafen

Architekt Gatermann + Schossig **Bauherr** Häfen & Güterverkehr Köln AG

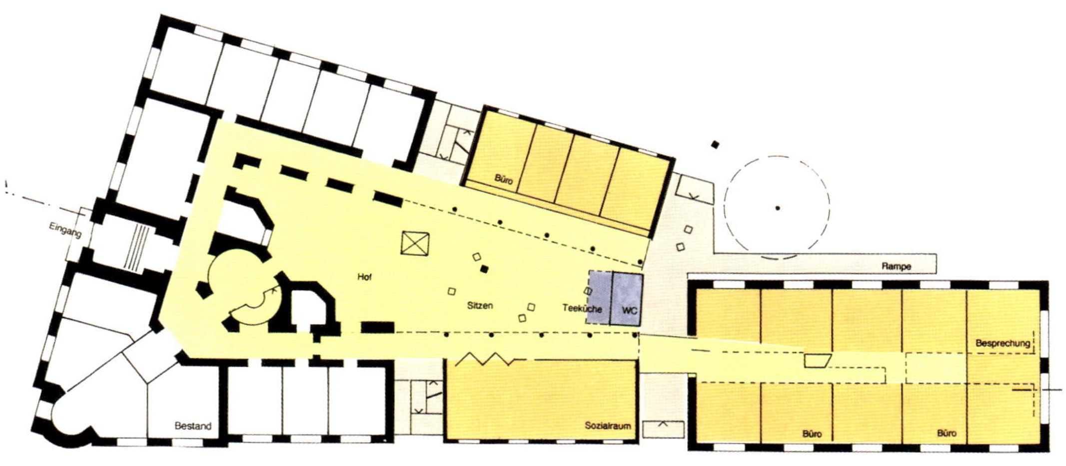

oben
Ansicht Bayenstraße
links
Grundriss

rechts
Glasüberdachter Innenhof

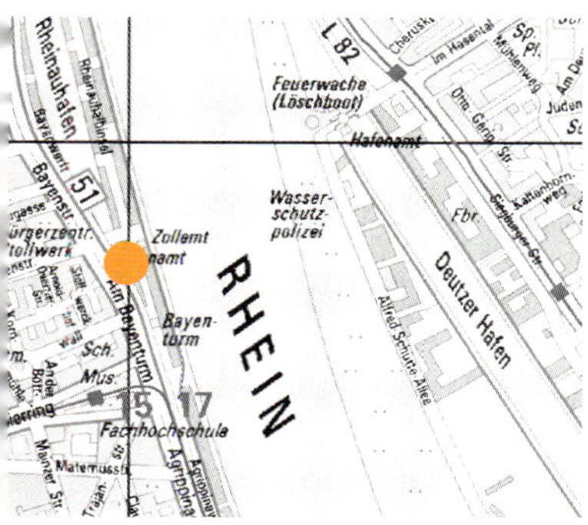

Fertigstellung
2003

Fotos: Jens Willebrand

Das Gelände des Rheinauhafens ist linksrheinisch in unmittelbarer Nähe zum Kölner Zentrum an der südlichen Alt- und Neustadt gelegen. Begrenzt wird das sich von Nord nach Süd über zwei Kilometer erstreckende Areal vom Rhein und der stark befahrenen Rheinuferstraße. Der 1848–55 angelegte Rheinauhafen, der schon nach Kriegsende weitestgehend seine eigentliche Funktion verlor, soll in Zukunft Wohnen, Gewerbe und Kultur aufnehmen. — Mit dem Hafenamt wurde nach dem Umbau des Bayenturms (1994) bereits ein weiteres, für den Rheinauhafen prägendes Gebäude von Gatermann + Schossig saniert und mit modernen Architekturelementen ergänzt. — Gatermann + Schossig erhielten 1998 den Auftrag, das denkmalgeschützte Ensemble aus Hafenamt und angrenzendem Lokschuppen um zusätzliche Büro- und Magazinflächen zu erweitern. Die dominante Stellung an der Kopfseite des Hafenbeckens sowie die markante Silhouette des neoromanischen Verwaltungsbaus mit überragendem Turm, Stufengiebeln und Ecktürmchen sollte durch den Umbau nicht beeinträchtigt werden. Unter dieser Vorgabe entschieden sich die Architekten für einen respektvollen Umgang mit dem Bestand. Als Fortsetzung seiner beiden rückwärtigen Gebäudeflügel wurden dem Hafenamt zwei neue Baukörper angegliedert, die sich in ihrer Gestaltung deutlich von der historischen Architektur unterscheiden. Zwischen Altbau und neuen Bauteilen entstand auf diese Weise ein glasüberdeckter Innenhof, der Aufzugsturm und Treppenanlagen für die Erschließung aufnimmt und durch den Kontrast der unterschiedlichen Materialien – rötlicher Ziegel der alten Brandwände sowie Beton, Stahl und Glas der Neubauten – sein Gepräge erhält. Dieser lichte, von der Erschließungsgalerie umgebene Innenraum kann auch für öffentliche Nutzungen zur Verfügung stehen. — Über einen Verbindungstrakt wird der als Magazin genutzte Lokschuppen mit den neuen Anbauten verbunden und in die heterogene Gebäudegruppe einbezogen.

The Rheinauhafen docklands are located on the left bank of the River Rhine, to the south of Cologne city centre on the edge of the old town and near the new town. The site extends across two kilometres in a north-south direction and is limited by the Rhine and the traffic artery along its bank. Laid out between 1848–55 and largely functionless by World War II, the Rheinauhafen docklands are now to accommodate dwellings, business and industry as well as cultural venues. — Bayenturm tower was renovated in 1994, and Gatermann + Schossig revitalized another landmark when they modernized the port authority building. — The port authority building and the adjacent engine shed are under preservation orders. In 1998, Gatermann + Schossig were put in charge of extending the ensemble by additional office and storage space without detracting from the dominant position at the head of the dock or the distinctive silhouette of the neo-Romanesque administrative building with its tall tower, stepped gable and turrets. The architects therefore treated the existing ensemble with all due respect, extending the port authority's two back wings by two new structures whose design distinguishes them quite clearly from the older architecture. The old and new wings embrace a glass-roofed courtyard that holds the lift tower and staircases. It is characterized by the contrast between different materials, the red brick of the old firewalls and the concrete, steel and glass of the new extensions. — A new link leads from the extension to the engine shed, which is used for storage, and integrates it into the heterogeneous group of buildings.

Agrippinaufer

»Siebengebirge« Umbau Getreidespeicher

Architekt Kister Scheithauer Gross, Architekten und Stadtplaner

Bauherr Pandion Projektentwicklung und Immobilienmanagement GmbH

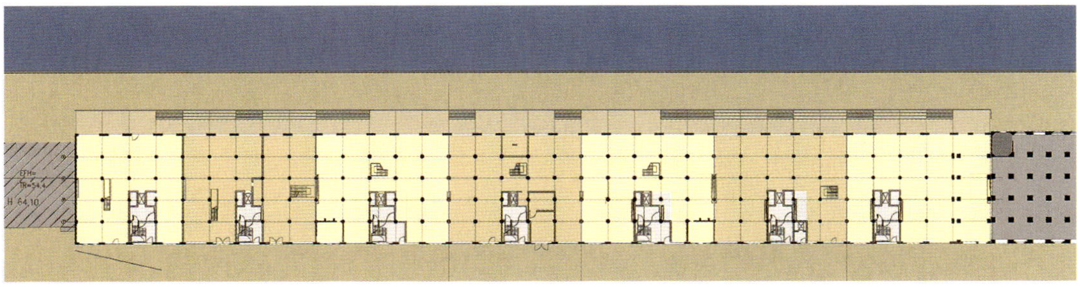

oben
Blick aus der Vogelperspektive (Juli 2003)
links
Ansicht und Grundriss

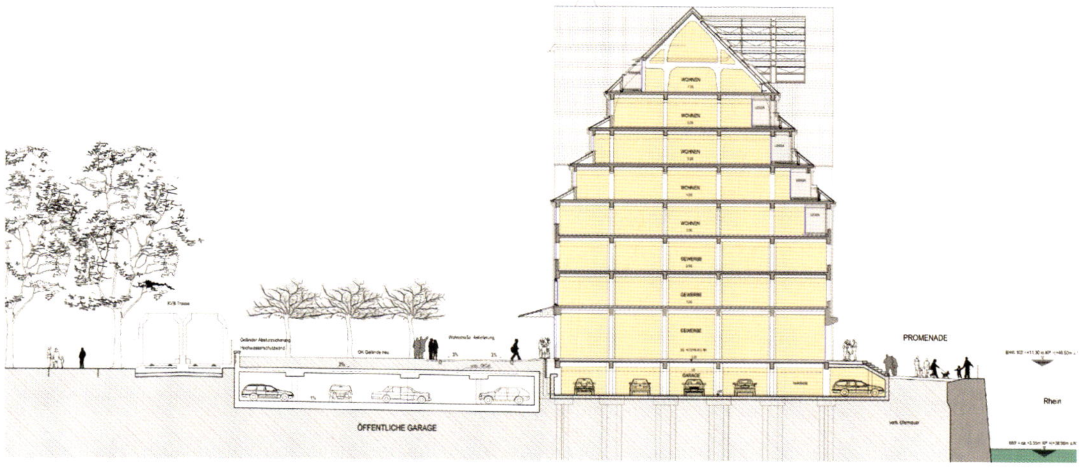

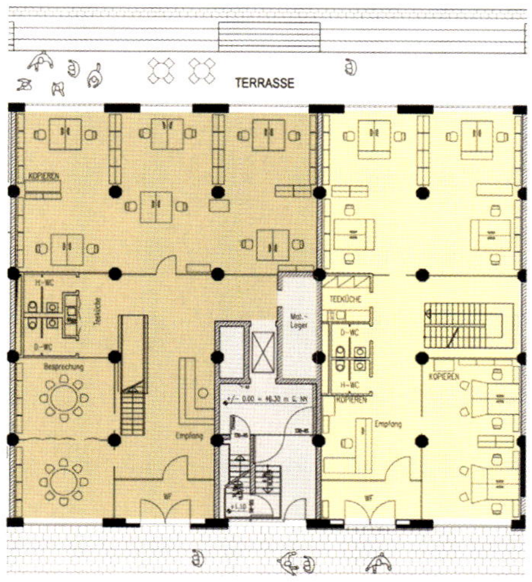

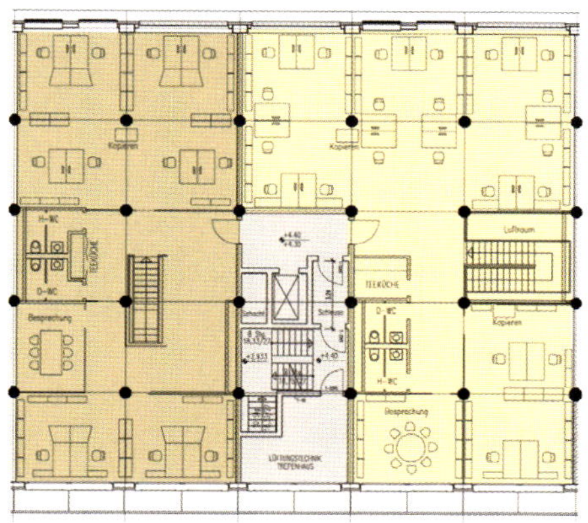

rechts oben
Querschnitt
rechts unten
Grundrisse Büro

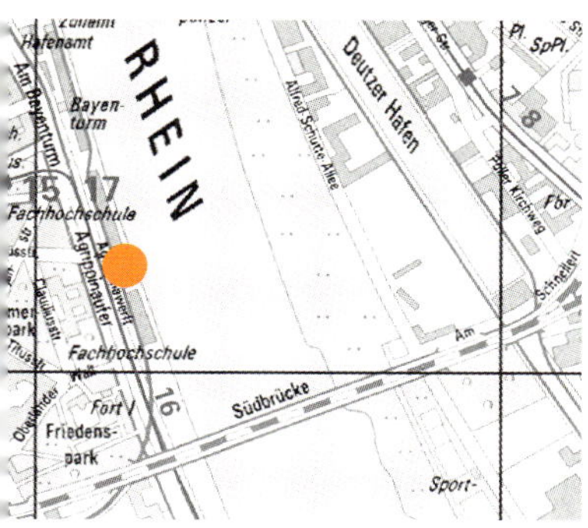

Grundstücksgröße
4.650 Quadratmeter
Bruttogeschossfläche
28. 282 Quadratmeter
geplante Fertigstellung
2006

Das architektonische Konzept zur Neugestaltung des »Siebengebirges« sieht zum großen Teil die Enstehung von Wohnraum mit gleichzeitiger gewerblicher Nutzung in den unteren Geschossen vor. Das Denkmal Siebengebirge verlangt ein Herangehen, das zum einen die zeichenhafte Silhouette des Gebäudes respektiert und zum anderen mit den Eingriffen eine Nachhaltigkeit der Nutzung garantiert. Dabei wurde auf gravierende Eingriffe in die Substanz verzichtet, um das Gebäude in seiner authentischen Wirkung nicht zu überformen. — Quer durch den Baukörper strecken sich die Wohnungsgrundrisse hindurch, da möglichst viele Wohnungen Rheinblick und Westsonne erhalten sollen. Die Wohnungen können nach konventionellem Standard aufgeteilt werden, sind aber ebenso durch spezielle Wohnformen – wie Loftwohnungen – nutzbar. — Im Erdgeschoss und im ersten Obergeschoss wird eine Vielzahl von Büros in Größen von 100 bis 4.000 Quadratmetern realisiert, die in einer späteren Nutzungsphase flexibel angepasst werden können. — Das Gebäude soll nach dem Umbau immer noch ein Speichergebäude darstellen. Eingriffe in die Befensterung sind unumgänglich, da für die neuen Nutzungen ein hoher Lichtanteil notwendig ist. Auch der sensationelle Ausblick auf den Rhein soll damit gewährleistet werden. — Die Lösung bietet ein architektonisches Element: Ladeluken, die sich rheinseitig und an jedem Giebel des Gebäudes befinden. Sie werden als verschiebbare Elemente aus Glas und Lamellen neu interpretiert. Diese bewegliche Haut aus vertikalen Tafeln auf Schienen und Rollen verdeckt eine zurückliegende gläserne Ebene, die großzügig die Wohnräume über diese neu geschaffenen Loggien zum Rhein öffnen.

The architectural concept for the redesigning of »Siebengebirge« (Seven Mountains) is largely concerned with the creation of living spaces with lower floors reserved for commercial use. Handling the Seven Mountains monument requires, on the one hand, respecting the building's symbolic silhouette and, on the other side, executing modifications that guarantee their permanent use. By doing without serious structural modifications, an over-designing of the building's original integrity could be avoided. — The ground plan for the apartments stretches throughout the entire building, and allows as many apartments as possible views of the Rhine's bank and west sun. The apartments can be divided using conventional standards, but they also exist in specially-formed versions allowing them to be used as loft apartments. — The ground floor and first floor contain numerous office spaces from 100 to 4,000 square meters, whose usage can be flexibly assigned at a later stage. — After the reconstruction is completed, the building's storehouse character should still be recognizable. For the building's new functionality, modifications on the windows are unavoidable, since an increased amount of light is essential, and sensational views like those of the Rhine have to be ensured. — The solution offers an architectural element: skylight hatches, found on the building's gables facing the Rhine. These will be reinterpreted as movable elements made of glass and blinds.

Agrippinaufer

Kap am Südkai

Architekt KSP Engel und Zimmermann Architekten Bauherr Objektgesellschaft KAP am Südkai mbH

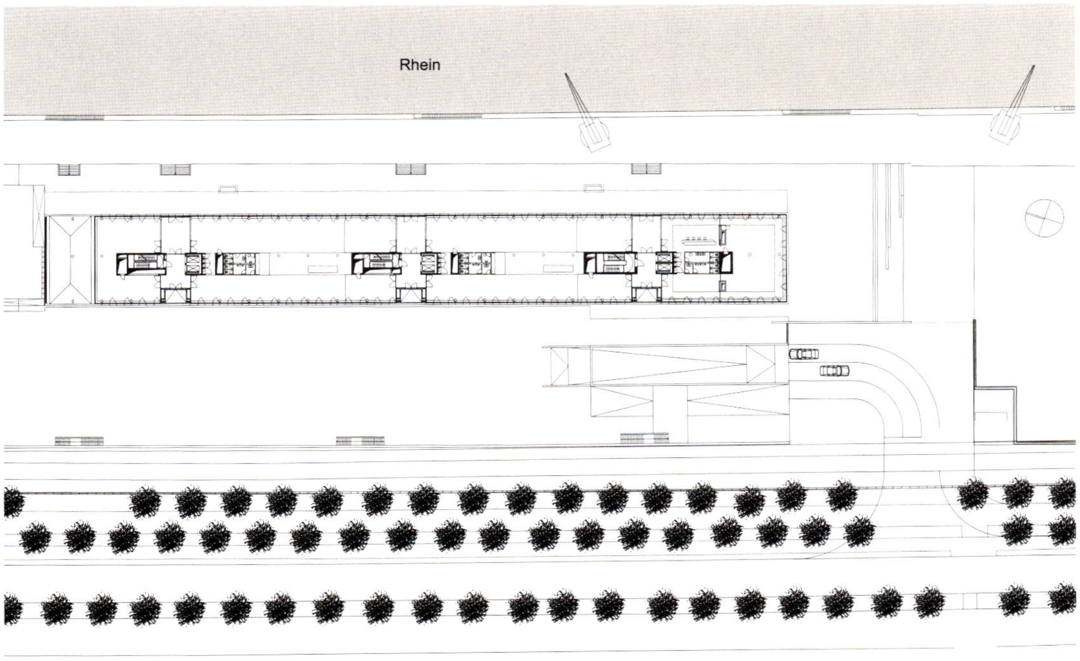

oben
Blick von der Südbrücke
links
Grundriss Erdgeschoss

rechts
Blick von Süden
(Modellfoto)
rechts außen
Blick vom Agrippinaufer
(Modellfoto)

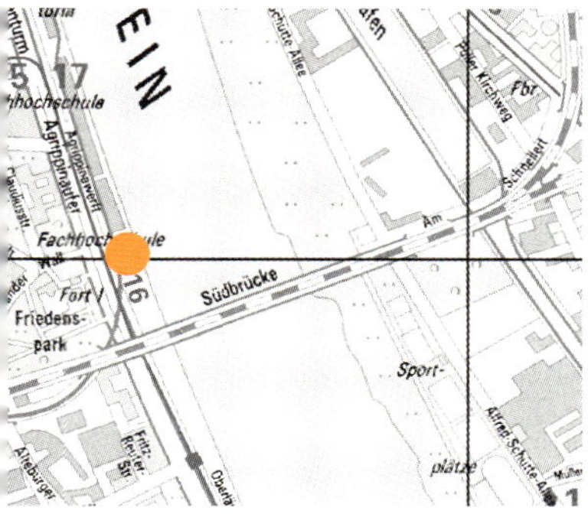

Bruttogeschossfläche
etwa 18.000 Quadratmeter
Baubeginn
Mitte 2003
Fertigstellung
Ende 2004

Fotos: Stefan Schilling

Mit dem »Kap am Südkai« entsteht der südliche Auftakt des Rheinauhafens als ein neuartiges Gebäudekonzept mit einer integrierten Nutzung von effizienten Büros und einer offenen Showroom-Landschaft im Erdgeschoss. Auf 130 Metern Länge werden etwa 18.000 Quadratmeter Bruttogeschossfläche gebaut. — Das gläserne »Kap am Südkai« gliedert sich in ein zehngeschossiges Hochhaus mit einem weithin sichtbaren, nach drei Seiten gläsern umfassten Dachgarten im Süden und einem hieran angrenzenden fünfgeschossigen Flachbau mit einem Staffelgeschoss. Das Gebäude mit einer Tiefe von 16,50 Metern und innen liegenden Kernen wird über drei Zugänge erschlossen. Die farblich abgesetzten Kerne treten beim Einblick in das Gebäude in Erscheinung und bilden auf der Dachfläche das Rückgrat des Baukörpers. — Die Erdgeschosszone erhält einen eigenständigen Nutzungsschwerpunkt, der nicht nur die dort arbeitenden Menschen, sondern auch deren Gäste und Besucher sowie ganz bewusst auch die interessierte Öffentlichkeit mit einbezieht. Hier ist eine vielfältige Nutzung in Form von Showrooms und Off-Spaces für Aussteller geplant. In den Obergeschossen reihen sich die Büros um die innen liegenden farbigen Kerne. Die Mittelzonen zwischen den Kernen können für Besprechungsräume, allgemeine kommunikative Zonen, Lager und Archiv etc. vielseitig genutzt werden. Dieses Angebot an kommunikationsoffenen Bürostrukturen spricht insbesondere wachstumsstarke Branchen an, die hier sowohl mit der Mikro-Erweiterung in die Innenzonen als auch in der Makro-Horizontalerweiterung ideale Wachstumsmöglichkeiten vorfinden. — Maximale Transparenz zum Rhein und zum landseitigen Friedenspark hin lässt das gläserne »Kap am Südkai« als lichtdurchflutetes Ensemble erscheinen. Die Kastenelemente mit einer Prallscheibe, die sich in jedem zweiten Ausbauraster vor den zu öffnenden Fenstern befinden, sind geschossweise versetzt und überschneiden sich in den Deckenbereichen. So entsteht auf der Fassade ein schachbrettartiges Muster, das die Tektonik des Gebäudes betont.

A new building concept with integrated uses of efficient office space and an open showroom structure on the ground floor is taking shape in the KAP on the south quay of the Rheinauhafen docklands. Approximately 18,000 square meters gross storey space are being created on a site of 130 meters length. — The glass KAP on the south quay consists of a ten-storey high-rise topped by a conspicuous roof garden with glass walls on three sides on the south part of the site, and an adjacent five-storey flat-roofed building with one receding storey. Three entrances give access to the building, which is 16.5 metres deep. Highlighted by colour, its interior cores shimmer through the façade and stand out in the roof as a sort of building backbone. — The ground floor area has an independent use addressing not only the people working there, but also their guests and visitors as well as the interested public. A complex morphology of uses including showrooms and off-spaces for exhibitors is planned here. On the upper floors, offices are arranged around the colourful interior cores. The intermediate zones between the cores can accommodate a variety of uses such as boardrooms, spaces of communication, storage space, archives, etc. The range of open and communication-oriented office structures is especially attractive to growing businesses that find excellent conditions for extension either into intermediate zones or out across further floor space. — Maximum transparency both toward the River Rhine and Friedenspark flood the glass KAP on the south quay with natural daylight. Box elements with deflector panes superimposed on every second of the operable windows overlap in the ceiling area and form a staggered pattern. The resulting chequer-board façade underlines the building's tectonics.

Deutz

Deutz-Mülheimer-Straße

Central-Park Deutz

Architekt von Gerkan Marg und Partner (gmp) Bauherr FTG/MDC Projekt FORIS GmbH & Co. KG

Bruttogeschossfläche
98.000 Quadratmeter
Planungsbeginn
2000
Fertigstellung
noch unbekannt

Modellfoto: Heiner Leiska

Das für die Neubebauung vorgesehene Areal ist zurzeit identitätslos. Deswegen ist es ein vorrangiges Ziel, eine charaktervolle Identität dieses Ortes zu gewinnen und damit eine attraktive Adresse zu schaffen. — Das einzige Bauwerk mit struktureller und architektonischer Qualität, das geeignet erscheint, dem Ort eine historische Identität zu verleihen, ist die alte Postumschlagshalle. Ihre Stahlkonstruktion soll zum großen Teil erhalten, mit Glasdächern versehen und, mit gemeinschaftlichen Nutzungen besetzt, zum Mittelpunkt des Büroquartiers werden. Dieses Gemeinschaftshaus liegt eingebettet in einem zentralen Park, dem alle Bauten zugeordnet und zugewandt sind. Der Name dieses Parks wird dem Ort semantische Bedeutung geben und die »Adresse« schaffen. Derzeit wird der Arbeitstitel »Central-Park Deutz« benutzt. — Der Central-Park Deutz gibt dem Büropark-Quartier seine eigene Mitte, dessen städtebauliche Qualität von einem intensiv begrünten und abwechslungsreich gestalteten Freiraum geprägt wird. Gegenüber den Bahnanlagen schirmt eine der Trasse folgende Baukörperwand das Quartier optisch und akustisch ab. An der Stirnseite des Parks erhebt sich aus der Gebäudewand ein scheibenförmiges Hochhaus, in das weit oben ein dreigeschossiger Wintergarten ausgespart ist, in dem ein Baum steht, der eine zeichenhafte Signalfunktion auch über den Rhein hinweg übernimmt.

The site planned for a new building development is currently rather characterless. For this reason one of the main goals is to create a strong identity for the location creating a place where people will want to move to. — The one building with the requisite structural and architectural qualities to provide the location with an historic identity is the old post hall. Its steel construction is to be largely retained and a glass roof is to be added. With communal spaces it is to become the centre of the office development. This central building is located in a park and all other buildings will be arranged around it and facing it. The name of this park will be of semiotic significance and will help put the development on the map. At the moment the working title »Central-Park Deutz« is being used. — The Central-Park Deutz is to provide the business park, whose urban development quality is to be marked by a green and imaginatively designed open space, with its own centre. Opposite the railway tracks a wall following the course of the development will shield the park optically and acoustically. At the head of the park a high-rise building emerges from the wall of the building, with a three-storey winter garden with a tree, which will act like a beacon when viewed from across the Rhine.

Ottoplatz

Städtebauliches Umfeld Bahnhof »Köln-Deutz/Messe«

Architekt Jaspert Steffens Watrin Drehsen **Bauherr** Deutsche Bahn AG Station & Service/Stadt Köln

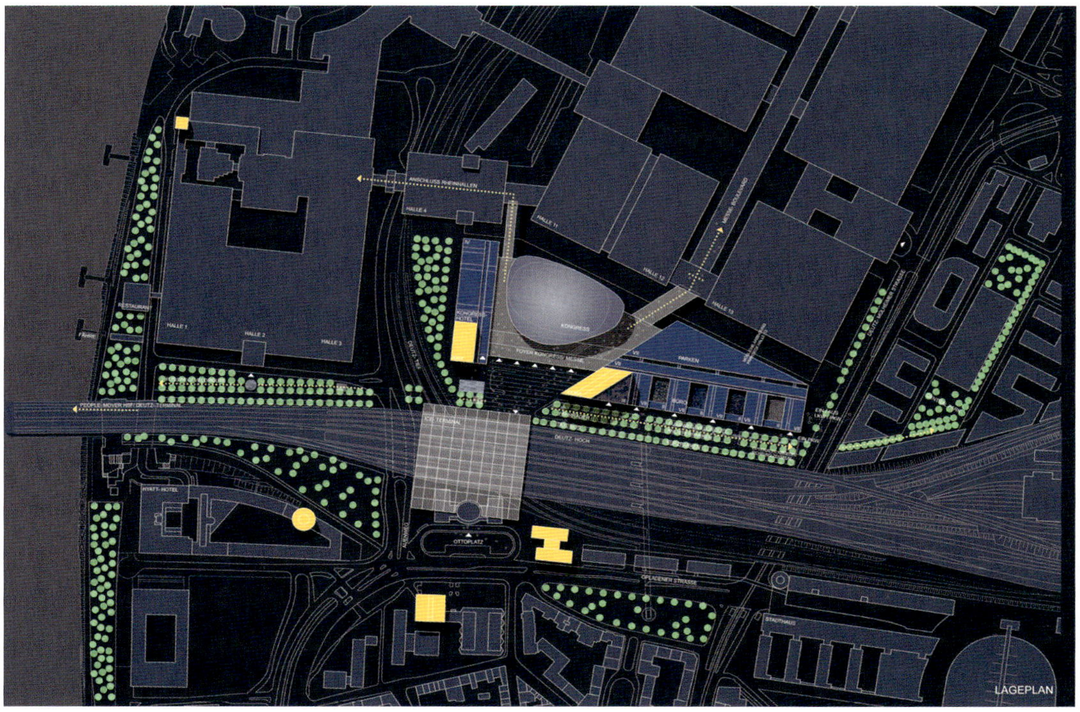

oben
Modell aus der Vogelperspektive
links
Lageplan

rechts
Blick nach Westen

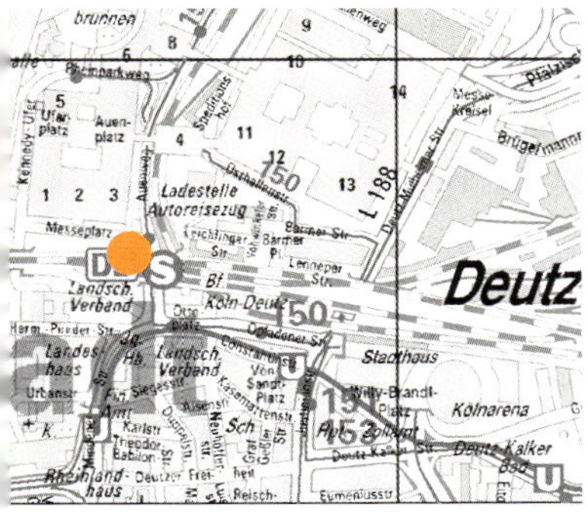

Wettbewerb
2000
Planungsbeginn
2002

Ein großes Potenzial für die Stadtentwicklung in Köln liegt im rechtsrheinischen Gebiet. Neben Mülheim und Kalk ist der Stadtteil Deutz, nur eine Rheinbreite von der Altstadt entfernt, ein Entwicklungsschwerpunkt für die Stadt Köln. — Der neue ICE-Bahnhof Köln-Deutz/Messe wird deshalb nicht nur einen wesentlichen Drehpunkt der europäischen Ost-/West- sowie Nord-/Süd-Bahnverbindungen, sondern auch den Mittelpunkt eines neuen Stadtviertels darstellen. Seit dem Wechsel zum Winterfahrplan 2002 schon als ICE-Haltepunkt genutzt, soll das Terminal mittelfristig zu einem zweiten Hauptbahnhof heranwachsen (siehe nächste Seite). — Auch städtebaulich ist der Bahnhof von großer Bedeutung. Er übernimmt hier die Funktion einer verbindenden Schaltstation zwischen Köln-Zentrum, Köln-Deutz, dem Stadthaus/Kölnarena und der Kölner Messe. Erwartet wird ein ausstrahlender Effekt auf die umgebenden Stadtteile sowie auf das gesamte rechtsrheinische Areal. Strukturpolitisch ist auch die Verknüpfung des Bahnhofs mit der Messe von großer Bedeutung, wobei der Messeplatz als verbindendes Element dient und die Anbindung an den Stadtteil Deutz durch eine Fußgängerunterführung verstärkt wird. — Der Messeplatz soll ein lebendiger Stadtraum und Auftakt ins neue Messefoyer mit dem identitätsstiftenden Neubau des Kongresszentrums werden. Um das quadratische Bahnhofsdach legt sich ein Hochhauskranz, bestehend aus dem neuen Kongresshotel, dem Messehochhaus, dem Bürohaus am Ottoplatz, dem vorhandenen LVR-Hochhaus (Landschaftsverband Rheinland) sowie dem in Bau befindlichen Hochhaus der RZVK (Ruhegehalts- und Zusatzversorgungskasse). Unter Berücksichtigung der wichtigen Blickbeziehungen auf die Kölner Altstadt mit dem Dom als Mittelpunkt markieren die Hochhäuser die Bedeutung dieses neuen Stadtquartiers auch aus der Ferne.

Cologne's greatest potential for urban development lies on the right bank of the River Rhine. Apart from Mülheim and Kalk, the district of Deutz, just across the bridge from the old town, is another focus for development in Cologne. — In addition to being a major hub of European train traffic, the new ICE train station Köln-Deutz/Messe will therefore form the heart of a new district. Built 90 years ago, the domed train station now faces demands related to providing an increasing number of passengers with a convenient and attractive location for boarding, leaving, and changing trains. Deutz train station has served the ICE line since winter 2002. In the medium term, it is to be extended into a second main station. — The train station also fulfils an important function in the urban context. It is the central node in the network linking the centre of Cologne, the district of Deutz, the Stadthaus/Kölnarena complex and the koelnmesse trade fair. Developments here are expected to have a decisive influence on the surrounding districts and the entire right bank. Linking the train station with the trade fair grounds is an important structural measure that establishes the trade fair square as a connecting element. A pedestrian underground walkway reinforces the link to the district of Deutz. — The square point building of the ICE train station defines a clear and concise architectural shape. It will integrate the old train station and gain added significance from an extensive roof. The square roof of the train station will be surrounded by a wreath of high-rises including the new conference hotel, an administrative building, the office building on Opladener Strasse, the existing LVR high-rise (seat of the Rhineland landscape association), and the high-rise of the RZVK pension insurer (under construction).

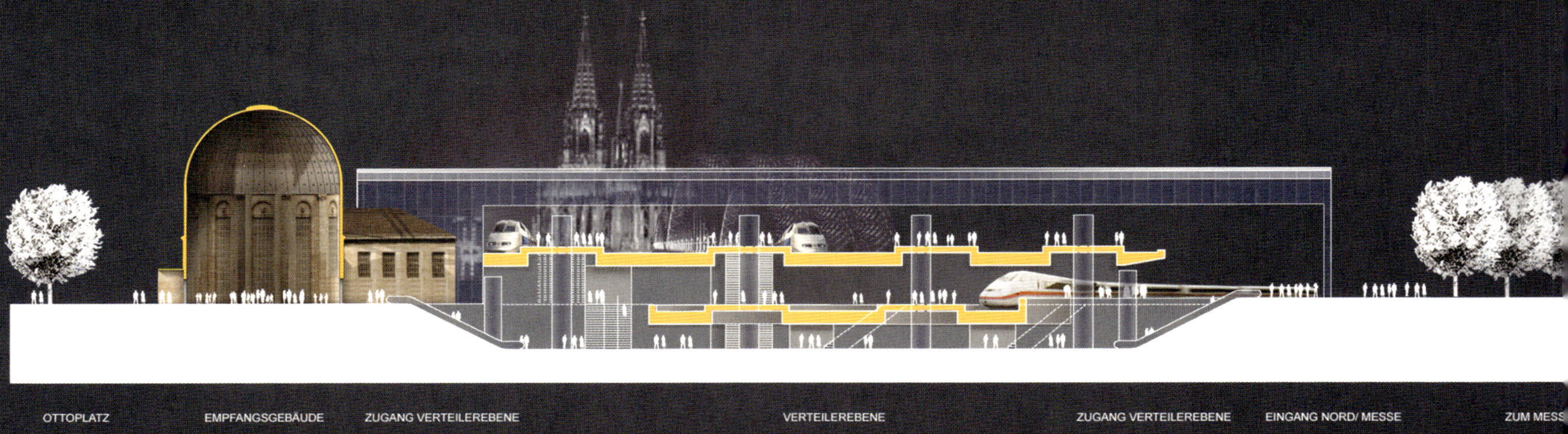

Ottoplatz

ICE-Bahnhof »Köln-Deutz/Messe«

Architekt Jaspert Steffens Watrin Drehsen **Bauherr** Deutsche Bahn AG Station & Service

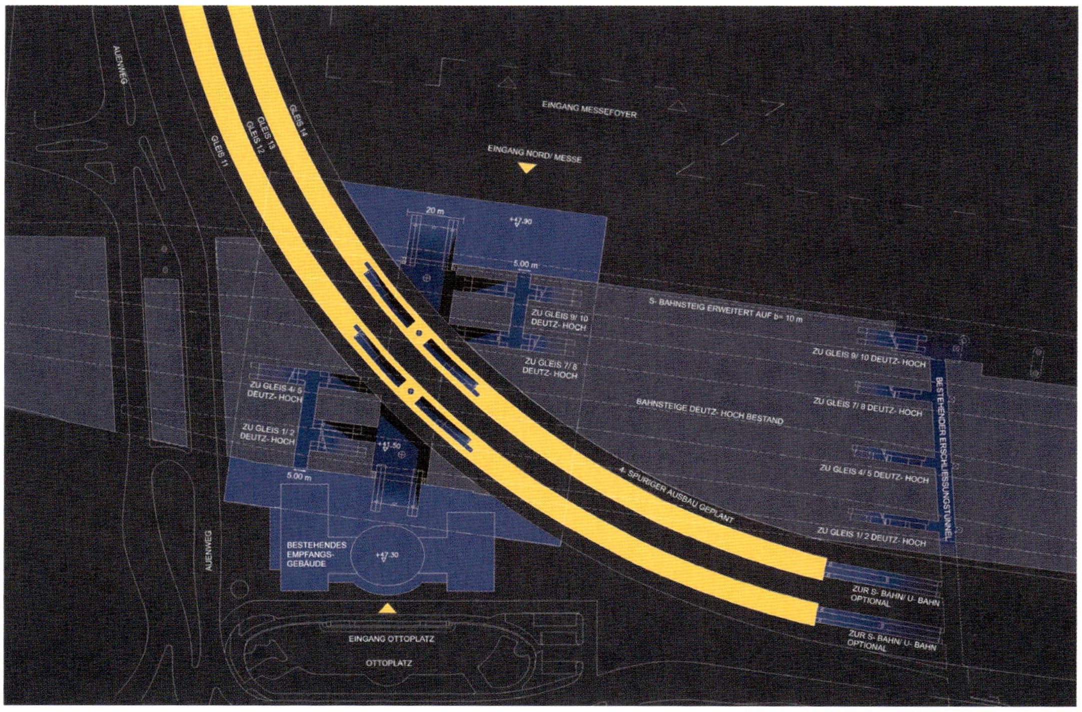

oben
Schnitt Bahnhofsgebäude
links
Grundriss

rechts oben
Perspektive Bahnsteigzugang
rechts unten
Ansicht Ottoplatz

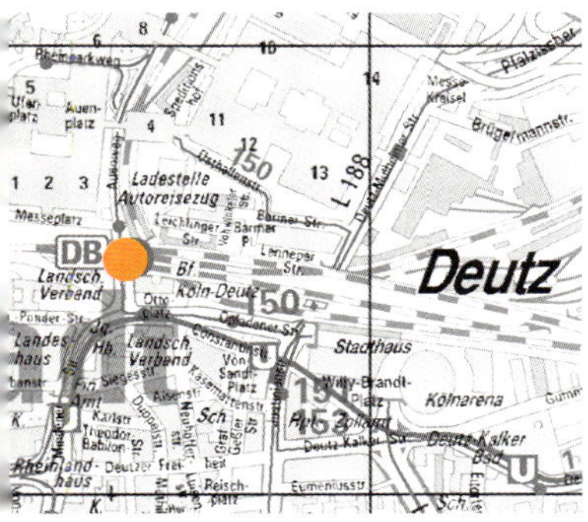

Wettbewerb
2000
Planungsbeginn
2002
Baukosten
etwa 163 Mio. Euro

Mit der Entscheidung, in Köln-Deutz ein neuen Bahnhof zu bauen, wird das Ziel verfolgt, einen wesentlichen Drehpunkt der europäischen Bahnverbindungen zu markieren. Der Verkehrsknotenpunkt Köln stellt die einzige Verbindung des deutschen Bahnfernverkehrs in Richtung Brüssel, Paris und Amsterdam dar und wird so zum wesentlichen Bestandteil der europäischen Ost-/West- sowie Nord-/Süd-Bahnverbindungen. — Der vor 90 Jahren konzipierte Turmbahnhof wird mehr denn je die Aufgabe eines schnellen und attraktiven Ein-, Aus- und Umsteigens erfüllen müssen. Gleichzeitig ist der neue Bahnhof für Köln und den Standort Deutz von großer Bedeutung. Er übernimmt hier die Funktion einer verbindenden Schaltstation zwischen Köln-Zentrum, Köln-Deutz, dem Stadthaus/Kölnarena und der Köln-Messe. Der neue Bahnhof wird als quadratischer Bau konzipiert. Er ist damit nicht nur ein Archetyp von räumlicher Eindeutigkeit und Prägnanz, sondern spiegelt auch nach außen die Grundidee des Turmbahnhofs wider. — Der alte Bahnhof wird in das neue Konzept integriert und erfährt über das weite Dach der zentralen Halle eine neue Dimension. Die Rotunde wird als Eingangsfoyer wiederbelebt. Die Seitenflügel beherbergen Servicezentrum und Gastronomie. Alle Nutzungen liegen in oder an der zentralen Halle und nutzen die hohe Fahrgastfrequenz. Beim Eintritt in den Bahnhof fällt die Orientierung leicht: der Durchblick vom Empfangsgebäude zum Messeplatz wird möglich. Die frühere räumliche Barriere der Gleise »Deutz-Tief« zwischen Deutz und dem Messeareal wird durch die luftige Verteilerebene unterhalb der beiden Gleisebenen aufgehoben. Alle Bahnsteige von »Deutz-Hoch« und »Deutz-Tief« sind direkt an die Verteilerebene und somit an Deutz und den Messeplatz angebunden. Die Verknüpfung aller Richtungen und Ebenen in einem Punkt ermöglicht kurze und übersichtliche Wege beim Ein-, Aus- und Umsteigen.

The decision to build a new train station in Cologne/Deutz pursues the goal to create a pivoting zone within European railway connections. The traffic interface of Cologne represents the only long-distance, German railway connection that's available in the direction of Brussels, Paris and Amsterdam, and which makes it an integral part of European east-west as well as north-south railways connections. — More than ever, the tower train station, first conceived over 90 years ago, will have satisfy the need for quick and attractive boarding and disembarking. At the same time, the new station is extremely important for Cologne and the location in Deutz. Here it takes on the function of the connecting transfer-station between Cologne's center-city district, Townhouse/Kölnarena, and the Cologne Fair Grounds. The new train station is conceived as a square construction. But, with that, this station is not only the archetype of spatial clarity and simplicity; it outwardly reflects the fundamental idea of the tower train station. — The old station is integrated into the new concept and, by way of the main hall's spacious roof, it experiences a new dimension. The rotunda is rejuvenated as the entranceway's foyer. The structure's lateral wings house a service center and gastronomical facilities. All of the utility zones lie either inside or beside the main hall and make use of the passenger density. On entering the station, finding one's bearing uncomplicated: a view from the reception building to the fair grounds is possible. The former spatial barrier of the tracks »Deutz-Tief« between Deutz and fair grounds area is divided by the airy, boarding area below both levels of tracks. All of the platforms from »Deutz-Hoch« and »Deutz-Tief« are directly connected to the boarding area, and likewise to Deutz and the fair grounds. This linking of all possible directions and levels to one point ensures passengers a short route, and increased ease while boarding, disembarking, and changing trains.

Ottoplatz/Hermann-Pünder-Straße

RZVK-Hochhaus

Architekt Gatermann + Schossig **Bauherr** Rheinische Zusatzversorgungskasse (RZVK)

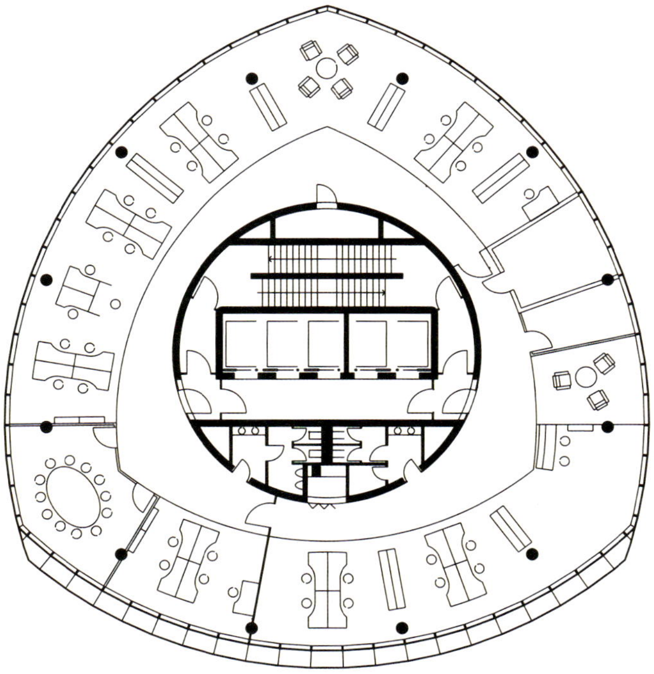

oben
Perspektive von Osten
links
Grundriss Regelgeschoss

rechts
Perspektive bei Nacht
rechts außen
Detail Dachabschluss

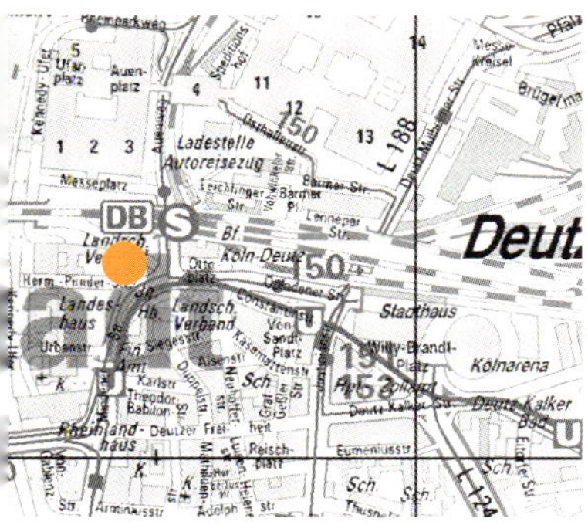

Bruttogeschossfläche
14.000 Quadratmeter
Bruttorauminhalt
56.000 Kubikmeter
Nutzfläche
30.000 Quadratmeter

Die Errichtung des RZVK-Hochhauses geht auf einen Wettbewerb im Jahre 1993 zurück. Gatermann + Schossig schlugen vor, das von der RZVK ausgelobte Projekt als Blockbebauung mit Hochhaus in drei Bauabschnitten durchzuführen. Dafür wurden sie mit dem ersten Preis ausgezeichnet. Seit dem Wettbewerbserfolg haben die Architekten und der Bauherr das Projekt weiterentwickelt. Nun soll an der Spitze des bis 1996 realisierten Verwaltungsgebäudes abschließend das RZVK-Hochhaus errichtet werden. — Dieses Hochhaus wird bereits als fester Bestandteil der städtebaulichen Entwicklung im rechtsrheinischen Köln gesehen. Es soll sich in das Ensemble aus alten und neuen Hochhäusern einfügen und den Ottoplatz stärker fassen, sich gleichzeitig durch seine Präsenz auszeichnen und dennoch für die wesentlichen Sichtverbindungen »in der zweiten Reihe« hinter den siebengeschossigen Verwaltungsgebäuden liegen. Dabei wird den Nutzern der oberen Stockwerke sowie den Besuchern der obersten Aussichtsplattform im 103 Meter hohen und rheinnah gelegenen Gebäude eine eindrucksvolle Sicht geboten. — Das Zusammenspiel aus Gebäudehöhe, Grundrissform und Gebäudehülle soll nach Angaben der Architekten »das 28-geschossige Hochhaus unverwechselbar machen«. Die Grundrissform aus drei konvex gebogenen Seiten ergibt in Verbindung mit dem runden Kern je unterschiedliche Raumtiefen, die wiederum eine größere Handlungsfreiheit bei der Bürogestaltung eröffnen: So können sowohl Kombibüros als auch Großraumbüros hinter der einschaligen Glashülle eingerichtet werden. Die Glashaut ist auf der Südseite als energetisch bedingte Doppelfassade ausgebildet. Zudem verfügt die Gebäudehülle über dezentrale Lüftungseinheiten, die eine individuelle Regelung ermöglichen und damit die Klimatisierungskosten langfristig optimieren. Das Hochhaus wird vom Blockinneren aus separat zugänglich sein, somit ist es von der Blockrandbebauung funktional unabhängig. — Eine endgültige Entscheidung über den Bau steht allerdings noch aus.

The building of the RZVK high-rise building can be followed back to a competition from the year 1993. Gatermann + Schossig proposed that the RZVK Project with monetary prize be carried through as a block-perimeter development with a high-rise building, and conceived in three building sectors. Their concept was awarded first prize. Since their 1993 success, the architects and their client conscientiously developed the project even further. Now the RZVK high-rise building is to be erected at the head of the administration office that was developed up until 1996. — This high-rise is already considered an indispensable part of Cologne's urban design initiative on the right side of the Rhine. It will insert itself within the ensemble of old and new high-rise building, lend greater definition to Ottoplatz, and, at the same time, while celebrating its presence, assume a »second-row position« behind the seven-storey administration buildings. In the process, by utilizing the upper floors of this 103-meter-high building positioned close to the Rhine, it offers users an exceptional view. — In combination, the building's height, form of the ground plan, and the building's shell, give the 28-storey high-rise building an unmistakable character. Together with its round nucleus, the three convex sides of the ground plan's form produce varying spatial depths, which, in turn, offer a greater freedom of action regarding the designing of office spaces: combi-offices as well as large-scale office spaces can be easily established behind the building's single-shell glass encasement. On the south side, the »glass skin« energetically develops into a double façade. In addition, the building's shell has access to decentralized ventilating units, all of which can be individually adjusted, therefore allowing a long-term optimizing of air-conditioning costs. — The high-rise is separating accessible from the block interior, so that it functions independent of the block-perimeter development. The collected building components offer 30,000 square meters of utility space for the trade sector in Cologne.

Willy-Brandt-Platz

KölnArena und Stadthaus

Architekt Architekturbüro Böhm Bauherr IF Köln Deutz Arena JEFond

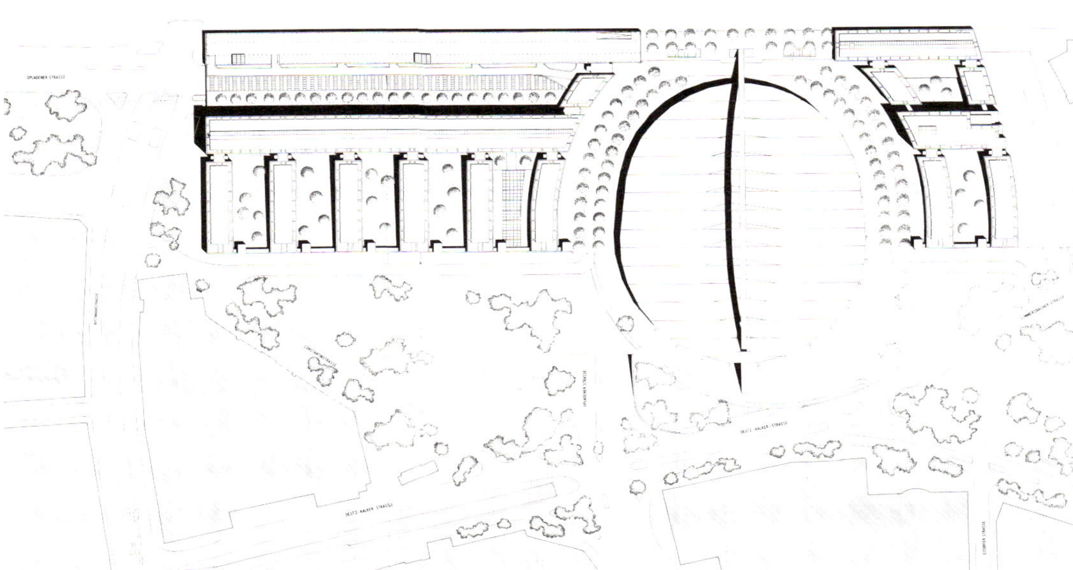

oben
Blick auf KölnArena
links
Lageplan

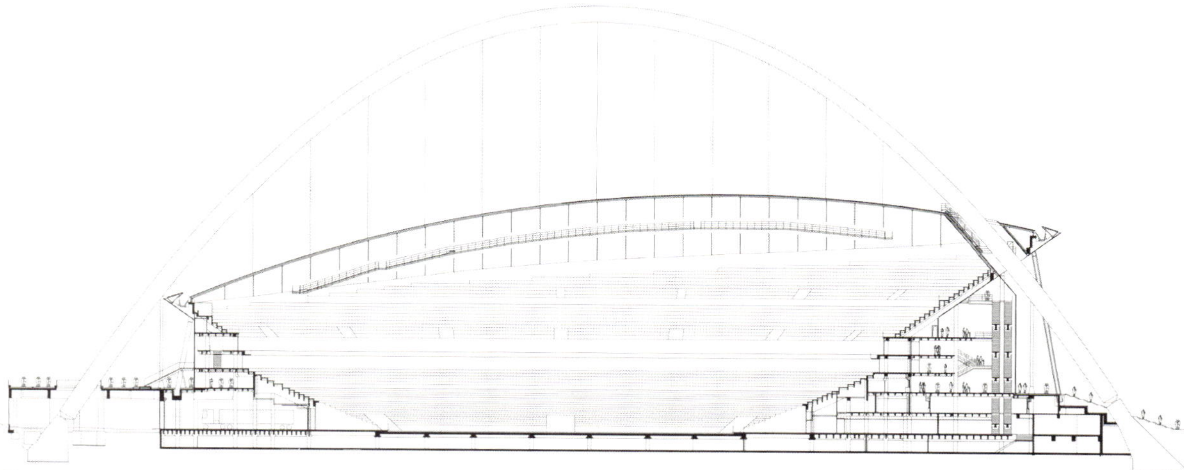

rechts oben
Schnitt KölnArena
rechts unten
Haupterschließung Stadthaus
rechts unten, außen
Blick auf die Baustelle

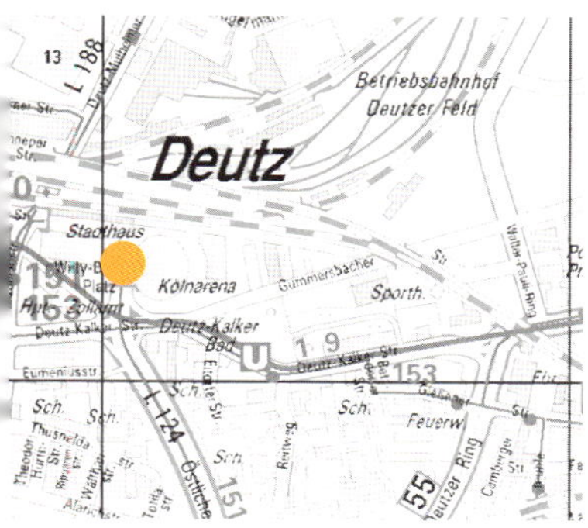

Fertigstellung
1999

Foto: Lukas Roth

In ihrer zentralen Lage inmitten der Stadt Köln bildet die KölnArena einen wichtigen städtebaulichen Höhepunkt innerhalb des urbanen Gefüges. Mit dem als ausladende Treppenanlage ausgebildeten Vorplatz, dem roten Tribünenkörper und dem Bogenfuß schiebt sie sich in die so genannte Ost-West-Achse hinein, die das Kölner Zentrum passiert, dort die großen Plätze verbindet und sodann über den Rhein führt, um an der Arena einen rechtsrheinischen Zielpunkt zu erhalten. — Das vollständig verglaste Foyer, ein Netzwerk aus Treppen, Brücken und Stützen und der darüber lagernde rote Tribünenkörper bilden die Fassade. Das Dach ist von dem 78 Meter hohen Bogen abgehängt, der die Arena von weitem ankündigt. — Deutschlands größte und modernste Veranstaltungshalle setzt mit einer Gesamtnutzfläche von 83.700 Quadratmetern, Großleinwänden für direkte Videoübertragungen, einer Bühne mit neuester Licht- und Tontechnik sowie einem Restaurant, Bistro, Cafés, Bars und Shops europaweit neue Maßstäbe für die Präsentation von Veranstaltungen. — Eingefasst ist die Arena durch das Stadthaus, das sich westlich und östlich anschließt. Hier ist ein großer Teil der städtischen Verwaltung (3.500 Mitarbeiter) untergebracht. Die großzügige Eingangshalle ermöglicht eine übersichtliche Orientierung innerhalb des Gebäudes. Sie wird darüber hinaus für Ausstellungen, Gastronomie, Information und Veranstaltungen genutzt. — Der größte Teil der Büros hat über die begrünten Höfe einen freien Blick in den südlich gelegenen Park, der Bestandteil eines Grünkonzeptes ist, das sich von den Rheinwiesen bis zum östlich angrenzenden Stadtteil Kalk erstreckt. Der Park dient als Erholungsfläche für die Bürger des Stadtteils und wird darüber hinaus sowohl von den Mitarbeitern des Stadthauses als auch von den Besuchern der Arena genutzt. — Die Arena ist hervorragend an das städtische Verkehrsnetz angeschlossen: Zwei Autobahnen werden mit ihren Zubringern direkt an die zentralen Parkhäuser herangeführt. Der Bahnhof Köln-Deutz, in Zukunft ICE-Bahnhof, liegt ebenso wie U-Bahn-, Straßenbahn- und Bushaltestellen in unmittelbarer Nähe.

Centrally located in the city of Cologne, the Cologne Arena creates an important urban design highlight within the urban structure. With the forecourt formed by a protruding arrangement of stairs, the grandstand's red structure, and the foot of the arch, it places itself in the so-called east-west axis that passes Cologne's center, connecting larger public spaces, and then leads over the Rhine, receiving at the arena a target on the Rhine's right side. — The façade is comprised of an entirely glazed foyer and a network of stairs, bridges and supports, above which is positioned the grandstand's red building structure. Suspended from a 78-meter-high arch the roof announces the arena from the distance. — With an overall utility space of 83,700 square meters, Germany's largest and most modern public hall for organized events, featuring huge projection screens for live video coverage, a stage equipped with the most advanced lighting and sound technology, as well as a restaurant, bistro, cafés, bars and shops, sets new European standards for the presentation of events. — The arena is bordered by the town hall, which connects to its west and east sides, and accommodates a large portion of the city administration (3,500 employees). The spacious entrance hall allows visitors to easily find their bearings in the building, and is also used for exhibitions, catered affairs, information services, and events. — The majority of the offices look out onto the court's greenery and have unobstructed views of the park situated to the south, part of a gardening concept that stretches east from the fields abutting the Rhine to the bordering district of Kalk. While serving as a place where citizens of the district spend their leisure time, the park is also used by town hall employees and the arena's visitors. — The arena is perfectly connected to the city's traffic network: two highways lead its shuttles directly to the main parking facilities. In the immediate vicinity are subway, streetcar and bus stations, as well as the railway station Köln-Deutz, a future station-stop of the rapid-transit ICE line.

Reischplatz 2 c

Wohn- und Geschäftshaus

Architekt Bauwens GmbH & Co. KG Bauherr TURRIS Immobilien GmbH & Co. KG

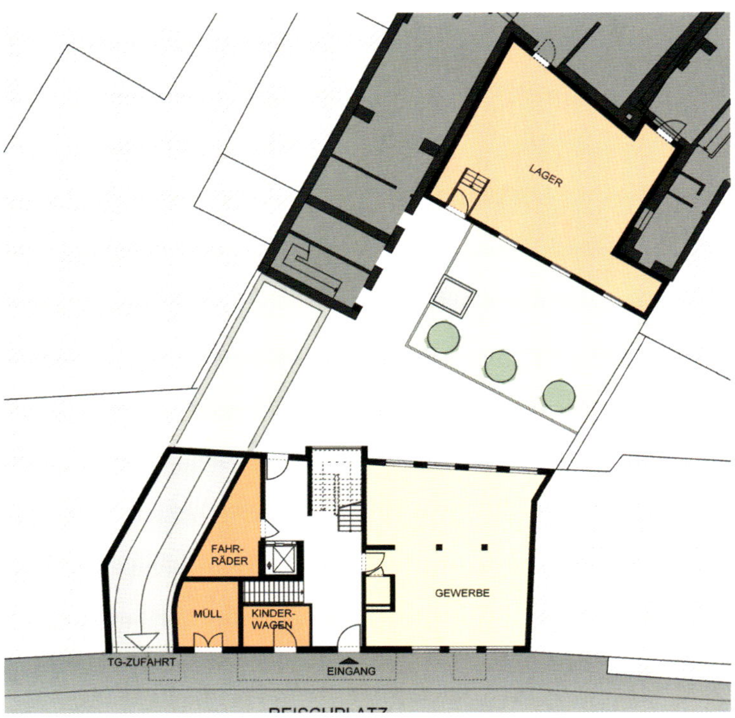

oben
Ansicht Reischplatz
links
Grundriss Erdgeschoss

rechts
Ansicht Reischplatz (Animation)

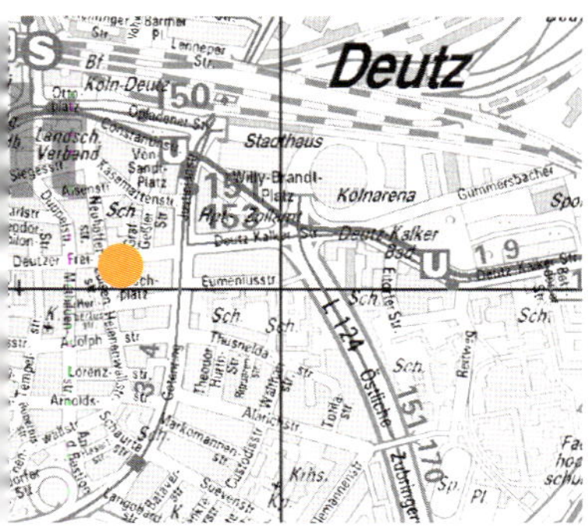

Bruttogeschossfläche
1.700 Quadratmeter
Fertigstellung
2004

Das Gebäude befindet sich im Zentrum des rechtsrheinischen, gegenüber der Kölner Innenstadt gelegenen Stadtteils Deutz. Nördlich an der Haupt-Einkaufsstraße Deutzer Freiheit begrenzen zwei fünfgeschossige Wohn- und Geschäftshäuser das Grundstück, südlich der ruhig gelegene Reischplatz. Entlang des Reischplatzes fassen ebenfalls zwei fünfgeschossige Wohn- und Geschäftshäuser die Baulücke ein. In der Tiefe bilden die Grundstücksgrenzen eine geschlossene Bauweise in unterschiedlicher Höhenentwicklung. — Die Projektaufgabe bestand darin, sowohl die Baulücke zu schließen als auch den Innenbereich des Grundstücks neu zu ordnen und zu bebauen. Dabei musste der Bestand in das Gesamtkonzept integriert werden. — In der etwa 23 Meter breiten Baulücke wird ein siebengeschossiger Baukörper mit 15 Wohnungen, einer Gesamtwohnfläche von etwa 1.100 Quadratmetern und einer 80 Quadratmeter großen Gewerbeeinheit errichtet. Das gesamte Grundstück ist mit einer Tiefgarage unterbaut. Die Fassade ist durch einen Erker gekennzeichnet, der in jeder Etage Loggia und Wohnraum im Wechselspiel unterbringt. Die Gebäudetiefe beträgt etwa elf Meter. Im Innenhofbereich wird auf rund 100 Quadratmetern ein eingeschossiges Lager errichtet, das sowohl durch das neue Wohnhaus vom Reischplatz als auch von der Deutzer Freiheit erschlossen wird. — Die restliche Fläche des Innenbereichs sowie das Dach des Lagers werden begrünt. — Trotz der komplizierten Grundstücksgeometrie ist es gelungen, einen variantenreichen Wohnungsmix mit Ein-, Drei- und Vierzimmerwohnungen in beliebter Innenstadtlage zu errichten.

Located in the urban center on the Rhine's right side, the building faces Cologne's inner city district of Deutz. North of the main shopping thoroughfare Deutzer Freiheit, the site is bordered by two five-story buildings for apartments and businesses, situated north of the quiet square Reischplatz. Along Reischplatz, two other five-storey buildings for apartments and businesses define the area of unused space. At the core, the borders of the site form a self-contained building principle at different levels of development. — The project's objective was not only to close the gap of unused space, but to also reorder and reconstruct the site's interior zone. In doing so, the overall concept had to integrate the given situation. — To be erected in the circa 23-meter-wide unused space is a seven-storey building structure with 15 apartments, an overall housing surface of circa 1,100 square meters, and 80 square meters of space for commercial use. Built underneath the entire site is a subterranean garage. The façade is characterized by an alcove which, on every floor, causes an interplay of loggias and living spaces. The building's depth is approximately eleven meters. The single-storey storage space of circa 100 square meters, erected in the area of the inner courtyard, is contained by the new apartment house as well as by Reischplatz and Deutzer Freiheit. — The remaining interior surfaces and roof of the storage space receive coverings of greenery. — In spite of the site's complicated geometry, it was possible to successfully build a versatile apartment-mix of one, three and four-room apartments in the inner city.

Siegburger Straße

Büro Campus Deutz

Architekt schultearchitekten **Bauherr** STRABAG Projektentwicklung GmbH

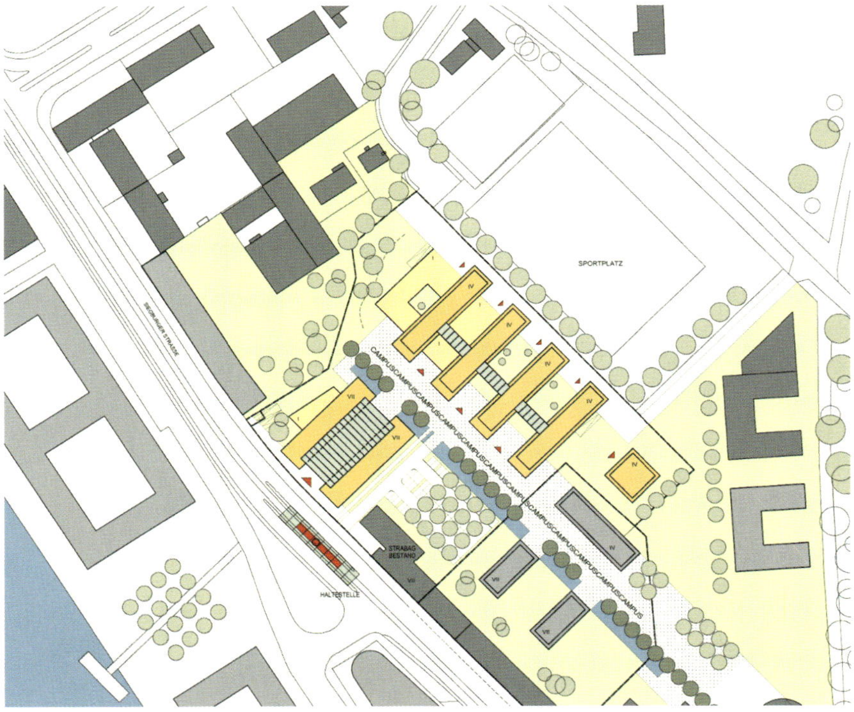

oben
Blick von der Siegburger Straße
links
Lageplan

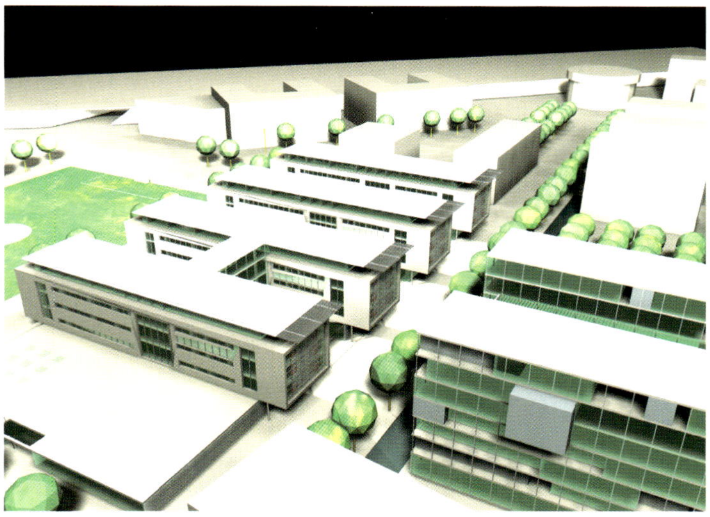

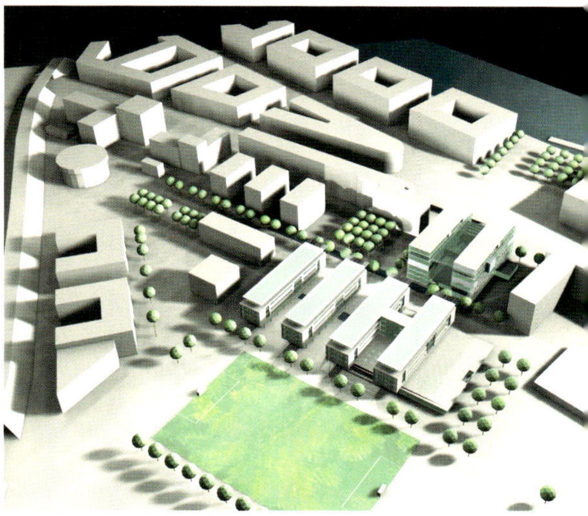

rechts
Visualisierungen

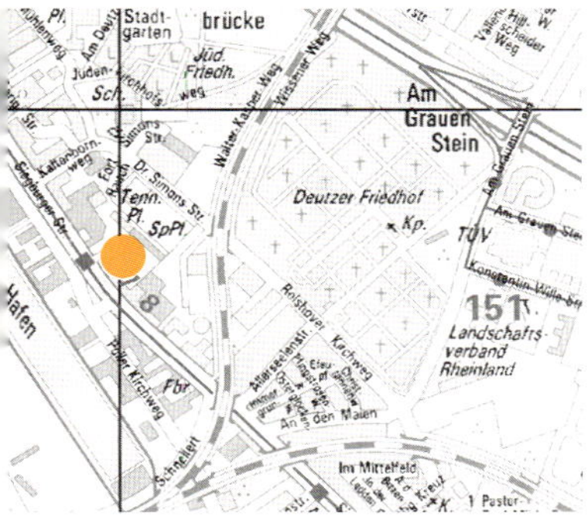

Der Büro Campus liegt im Stadtteil Köln-Deutz an der Siegburger Straße. Nördlich und südlich schließen sich mehrgeschossige Verwaltungsgebäude an. Die STRABAG AG nutzte das Planungsgebiet als Bauhof, der bis Ende 2003 ausgelagert wird. Nach der Auslagerung steht das Grundstück zur Entwicklung zur Verfügung. Auf dem Gelände befindet sich ein siebengeschossiges Verwaltungsgebäude der STRABAG AG – dieses Gebäude bleibt mit der derzeitigen Nutzung erhalten und wird in die Projektentwicklung integriert. — Grundlage der Neuplanung ist die Idee, einen Büropark als Campus mit hoher Freiraumqualität zu schaffen. Im Innenbereich vernetzt ein parallel zur Siegburger Straße liegender Boulevard alle Gebäude miteinander. Diese zentrale Achse wird stark begrünt und durch Wasserflächen zusätzlich aufgewertet, sodass ein großzügiger öffentlicher Raum mit hoher Aufenthaltsqualität entsteht. Dieser Raum kann bei der weiteren Entwicklung des Areals nach Süden verlängert werden. — Ein siebengeschossiger Solitär markiert die Eingangssituation zum Planungsgebiet. Er besteht aus zwei Büroriegeln, die durch einen verglasten Baukörper miteinander verbunden sind. Die Riegel liegen quer zur Siegburger Straße. Der hintere Bereich nimmt mit vier viergeschossigen Riegeln die Ausrichtung und Abstände der vorderen Bebauung auf. Gegebenenfalls werden die Riegel durch eine großflächige, eingeschossige Bebauung zusammengefasst beziehungsweise über Stege in den oberen Geschossen miteinander verbunden. Dieser Entwurf gestattet groß- und kleinflächige Nutzungskonzepte mit klassischen Büroflächen in den Obergeschossen. — Der ruhende Verkehr wird in einer Tiefgarage untergebracht. Nur ein kleiner Teil reservierter Parkplätze wird oberirdisch nachgewiesen. Durch eine kontrollierte Zufahrtsberechtigung wird der oberirdische Verkehr auf ein Minimum beschränkt.

1. Bauabschnitt
Bruttogeschossfläche
etwa 11.500 Quadratmeter
Fertigstellung
voraussichtlich Ende 2004

2. Bauabschnitt
Bruttogeschossfläche
etwa 15.000 Quadratmeter

The Büro Campus is on the Sieburger Strasse in the Deutz district of Cologne. To the north and south it joins multi-storey administrative buildings. STRABAG AG is using the planning area as a building yard which is to be cleared by the end of 2003, when the plot will be ready for development. There is a seven-storey administrative building on the site belonging to STRABAG AG, which will be kept and integrated into the project and continue in its current function. — The basis for the new planning is the idea to create a campus like business park with a high level of open space. Within the development a boulevard running parallel to Siegburger Strasse will link all the buildings together. This central axis will be heavily landscaped and enhanced through the addition of a number of areas of water, creating a spacious and relaxing open space. This space could be extended by the further development of the site to the south. — A seven storey, free-standing building forms the entrance to the area. It consists of two office buildings linked together by a connecting building of the same height. These buildings are at right-angles to the Siegburger Strasse. Behind this are four storey buildings aligned to the buildings in front. These buildings could possibly be combined with a spacious one-storey development or linked together by footbridges via the upper storeys. The design envisages large and small scale areas with classic office space in the upper storeys. — Vehicles can be parked in an underground car park. Only a small number of reserved parking spaces are planned for above ground. A controlled right of access will keep traffic levels to a minimum.

Rodenkirchen

Pferdmengesstraße

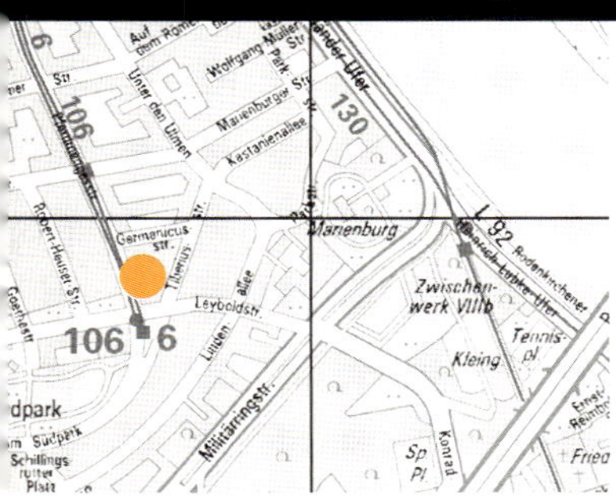

Haus T

Architekt Peter Kulka

Rodenkirchen

Fertigstellung
2002

Mit dem Haus T realisierte der Kölner Architekt Peter Kulka ein architektonisches Meisterstück im Stadtteil Marienburg, in dem die Typologie der frei stehenden Stadtvilla charakteristisch ist. Das kubische Haus antwortet mit seinen fließenden Raumfolgen auf die unterschiedlichen Funktionen und lehnt sich an die klare Formensprache der Moderne an. Die Integration in das großzügige Gartengrundstück erfolgt durch die Zusammenführung von Haupthaus, Wasserbecken beziehungsweise Schwimmbad und einem offenen, transparenten Gartenpavillon. Die Qualität in der räumlichen Komposition wird durch eine gelungene Wahl der Materialien unterstrichen. Die Außenfassaden wurden in Travertin-Natursteinplatten ausgeführt, die Bodenbeläge im Inneren in Muschelkalk und Holz-Parkett. Große Terrakotta-Kübel mit üppiger Bepflanzung verleihen dem Gebäude einen nahezu mediterranen Charakter.

With House T, Cologne architect Peter Kulka realized an architectural masterpiece in the Marienburg district, and created a structure characterized by the topology of a free-standing urban villa. The flowing quality of the spatial ordering in this cube-shaped house responds to a variety of functions, and the clarity of its aesthetic language creates unmistakable associations with modernity. Its integration into the generously-proportioned garden site occurs through the joining together of the main house, water basins or swimming pool with an airy garden pavilion, and the quality of the overall spatial composition is emphasized by the selected materials. The exterior façades are made of natural travertine-stone, and the interior floors of mussel lime, and wood parquet. Large terracotta containers overflowing with exotic vegetation lend the building an almost Mediterranean character.

Foto: Lukas Roth

Gustav-Heinemann-Ufer

Bürogebäude

Architekt sauerbruch hutton architekten/HPP Hentrich Petschnigg & Partner KG **Bauherr** DKV vertreten durch MEAG Real Estate Management GmbH/MGP Marqua Grundbesitz und Projektentwicklung

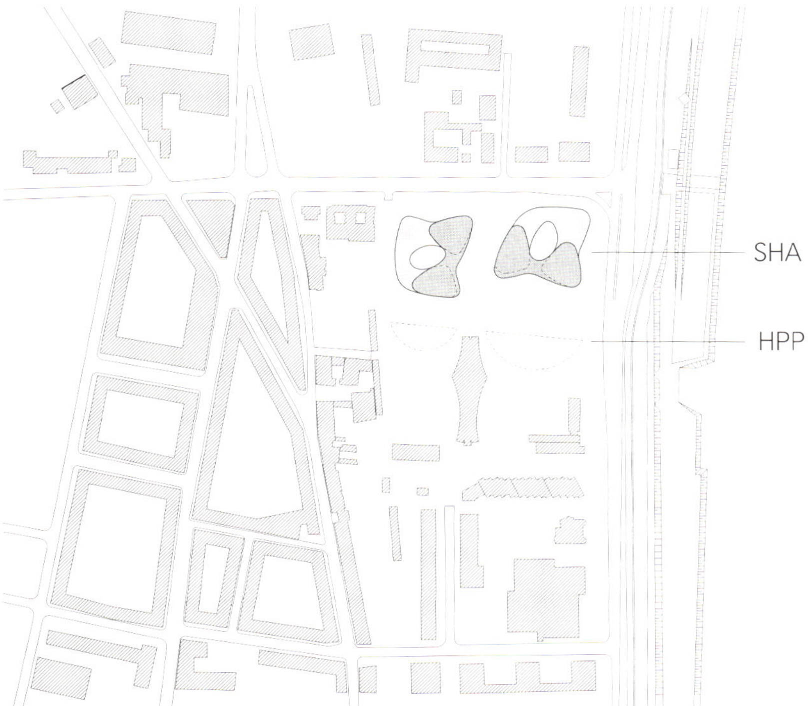

oben
Wettbewerbsmodell
(Foto: Lepkowski Studios)
links
Lageplan

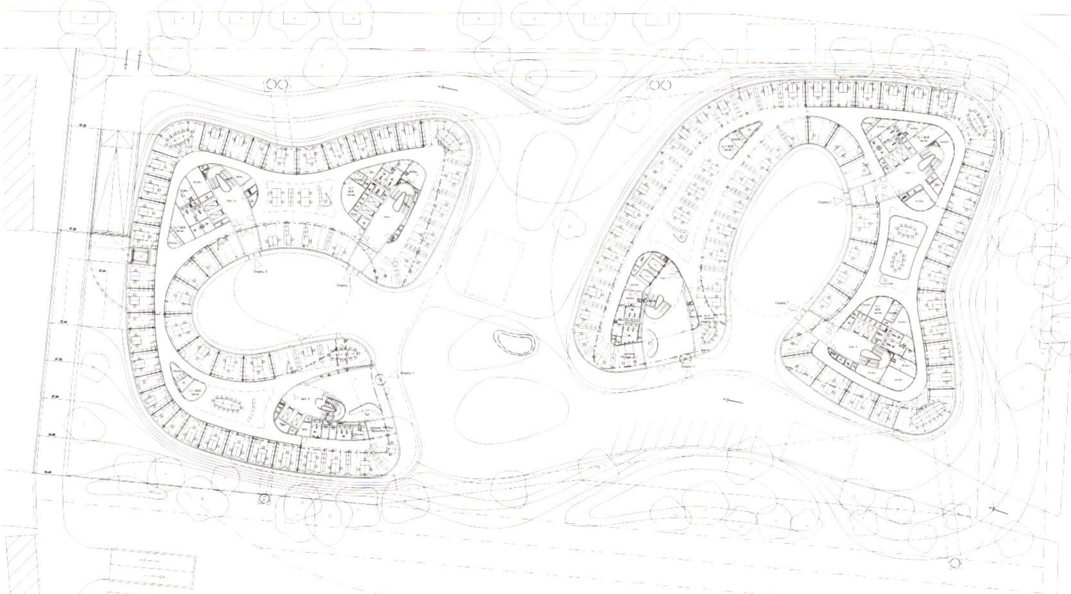

rechts oben
Blick vom Rhein
rechts unten
Grundriss Erdgeschoss

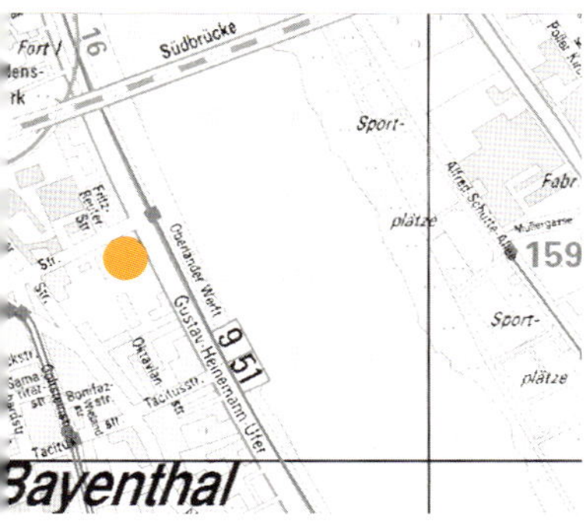

Grundstücksgröße
etwa 17.000 Quadratmeter
Bruttogeschossfläche
32.000 Quadratmeter
Fertigstellung
voraussichtlich 2006

Der Standort der geplanten Bürogebäude befindet sich in Rheinuferlage, südlich der Kölner Innenstadt auf der Höhe des Stadtteils Bayenthal. Sein Umfeld ist durch eine Reihe von gründerzeitlichen Villen geprägt, die im Laufe der Zeit zu Firmen-Repräsentanzen umgebaut oder durch solche ersetzt wurden. Ein bestehendes zwölfgeschossiges Hochhaus soll erhalten bleiben und in die Neuplanung einbezogen werden; der vorgelagerte, dreigeschossige Flachbau wird für zwei neue Bürogebäude Platz machen. — 1999 wurde von zwei Bauherren gemeinsam mit der Stadt Köln ein Wettbewerb für das gesamte Grundstück ausgelobt. Für den Teil des Grundstücks, den die DKV, vertreten durch die MEAG Real Estate Management GmbH, realisieren wird, setzte sich der Entwurf von sauerbruch hutton architekten durch. Ein weiterer Teil wird vom Architekturbüro HPP Hentrich Petschnigg & Partner geplant. — Das Hauptmotiv des Entwurfs von sauerbruch hutton architekten sind zwei frei geformte Solitäre im Park, die den modellierten Freiraum bis in ihre Innenhöfe fließen lassen. Die geschwungenen Wege im Außenraum setzen sich aufgrund der Form der Baukörper innerhalb der Gebäude fort. Jedes Haus besteht aus drei Kernen, um die sich Bänder von Einzel-Büros legen und deren Flure sich immer wieder zu größeren Mittelzonen aufweiten. In den Kernen befindet sich die gesamte technische Versorgung. Das Regelgeschoss kann in drei Mietbereiche unterteilt werden, von denen jeder durch eine Vorzone vor dem Aufzug beziehungsweise der Treppe zugänglich ist. — Das bestehende bronzefarbene Hochhaus, eine weithin sichtbare städtebauliche Dominante, wird durch eine Staffelung der beiden Bürogebäude in die Höhenentwicklung der sonst niedrigeren Umgebungsbebauung eingebunden. Die Fassaden der Neubauten sind, Bezug nehmend auf den Bestand, in einer Komposition von Gold- und Silbertönen und einer jeweils eigenen Farbpalette konzipiert.

The site of the planned office buildings is on the River Rhine south of Cologne city centre and level with the district of Bayenthal. The surroundings are characterized by elegant late-19th-century mansions that in the course of time were either replaced by company seats or converted accordingly. An existing twelve-storey high-rise is to be preserved and integrated into the new estate; the flat-roofed three-storey building in front of it will make room for two new office buildings. — In 1999, the two investors along with the city of Cologne tendered a design competition for the whole site. The commission for the part of the site to be developed by private health insurance company DKV, represented by MEAG Real Estate Management GmbH, went to sauerbruch hutton architekten. The architectural practice of HPP Hentrich Petschnigg & Partner is working out designs for a further section. — The main feature of the design by sauerbruch hutton architekten are two detached houses in the park. The free treatment of shape and space extends into their interior courtyards; the curving paths outside continue on the inside. Each house consists of three cores surrounded by swathes of cellular offices with corridors that intermittently expand into more spacious intermediate zones. The cores house the plant and boiler rooms with all mechanical services. Each standard floor can be divided into three individually leased sections, each of which is accessible from a lobby zone in front of the lift or staircase. — The height of the two office buildings is staggered to integrate the existing bronze-coloured high-rise, a highly visible urban landmark, into the context of surrounding lower buildings. The façades of the new buildings combine tones of gold and silver with their respective individual palettes in a colour scheme that refers to their tall neighbour.

Tacitusstraße

Tacitus-Carré

Architekt Prof. Ulrich Coersmeier/Jankowski Architekten Stadtplaner
Bauherr Bauen und Wohnen GmbH, eine Tochtergesellschaft der LEG Landesentwicklungsgesellschaft NRW GmbH

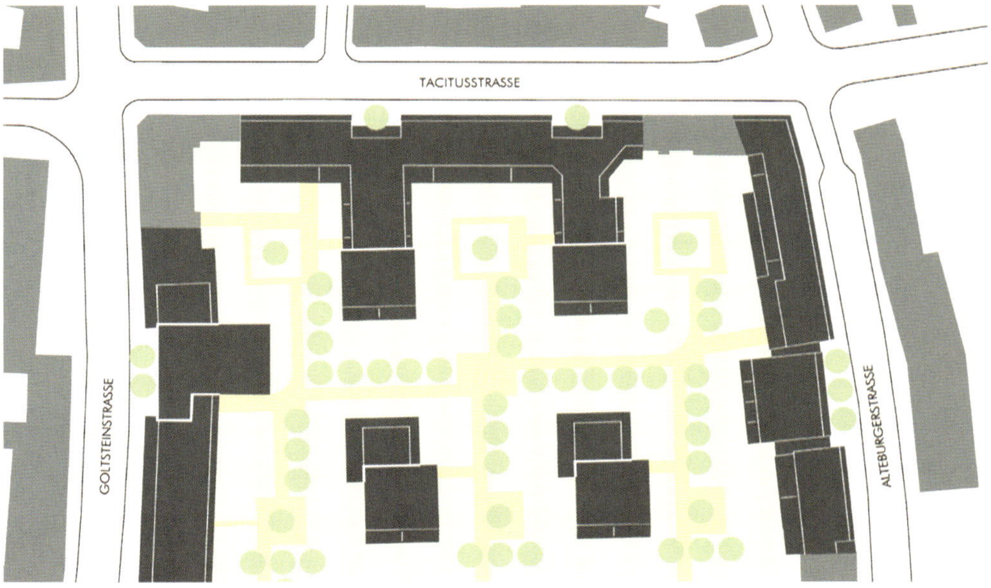

oben
Luftbild (Juli 2003)
links
Gesamtkonzept von Prof. Ulrich Coersmeier

rechts oben und unten
Ansichten Coersmeier
rechts oben, außen
Gebäudeentwurf Coersmeier
rechts unten, außen
Gebäudeentwurf Jankowski

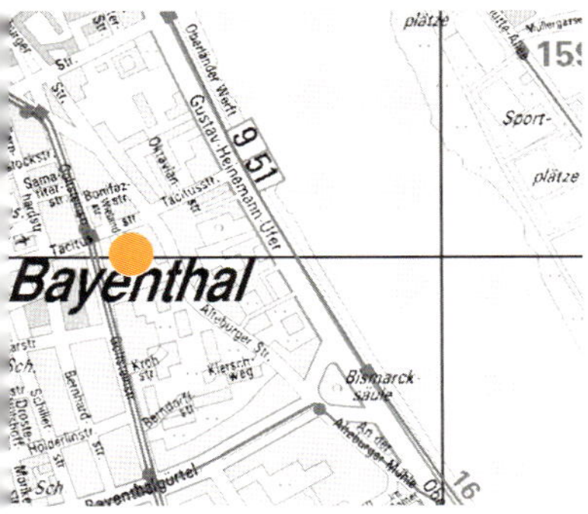

Grundstücksgröße
13.000 Quadratmeter
Bruttogeschossfläche
14.400 Quadratmeter
Fertigstellung
2004

Im Bereich zwischen gründerzeitlichen Blockstrukturen und den Hochhaus-Solitären des Wohnparks »Bayenthal« soll ein neues Wohnquartier entstehen. Entlang der Goltsteinstraße, der Tacitusstraße und der Alteburgerstraße ist eine fünfgeschossige Blockrandbebauung geplant, während zum Park hin und im Blockinneren sechsgeschossige Solitäre moderat zum Maßstab des angrenzenden, sehr viel höheren Bestandes im Allianz-Park vermitteln werden. Auch die Freiräume des Wohnparks und des Tacitus-Carrés werden großzügig miteinander verknüpft. — Der jetzigen Funktion als Nahversorgungsschwerpunkt für Bayenthal und Marienburg entsprechend, werden an der Goltsteinstraße Einzelhandelsflächen und Gastronomie angeboten. In den Obergeschossen entstehen Büroflächen. Die vorwiegende Nutzung in der Tacitusstraße und der Alteburgerstraße ist Wohnen. Auch die solitären Bauten im Inneren des Blocks sind reine Wohnbauten mit zahlreichen einfamilienhausähnlichen Maisonetten. — Zur Straße hin prägen massive, ziegelverkleidete Lochfassaden mit stehenden Fensterproportionen das Bild. Im Blockinneren erweitern hellere Putztöne den Raum und vermitteln im Zusammenspiel mit metallen-filigranen Fenster- und Terrassenkonstruktionen Leichtigkeit. Lediglich die Laden- und Bürofassaden in der Goltsteinstraße sind großflächig verglast und präsentieren sich transparent und variabel. — Das städtebauliche Konzept stammt von Prof. Ulrich Coersmeier, der auch für einige Gebäudeentwürfe verantwortlich zeichnet. Das Eckgebäude Tacitusstraße/Alteburger Straße wird von Jankowski Architekten umgebaut und erweitert.

A new living quarter is developed on the area of land between the Gründerzeit-period block structures and solitary high-rise building of the Bayenthal housing park. A five-storey block-perimeter development is planned along the streets Goldsteinstrasse, Tacitusstrasse and Alteburgstrasse, while oriented toward the park, in the block's interior spaces, a six-storey solitary construction moderately conveys the standard of the neighbouring, considerably taller Allianz-Park constructions. In addition, the open spaces of the housing park and Tacitus Carree will be generously connected. — In keeping with its present function as Bayenthal's and Marienburg's local commercial area, Goldsteinstrasse offers retail surfaces and gastronomical businesses as well as upper-floor office spaces. On Tacitiusstrasse and Alteburgstrasse, the spaces are reserved primarily for living, and even the block interior's solitary constructions are conceived as purely residential constructions, which contain numerous single-family-house-like maisonette apartments. — Facing the street, the quarter's overall image is characterized by massive brick-surfaced perforated façades with raised window proportions, while in the block's interior spaces, lighter plaster-like tones expand the space, and, in interplay with filigree, metallic window and terrace constructions, suggest great lightness. On Goldsteinstrasse, only the façades of shops and offices receive large-scale glazing, and these also present themselves as being unusually transparent and variable.

Goltsteinstraße 110

»Legal/Illegal« Baulückenbebauung

Architekt Manuel Herz **Bauherr** TURRIS Imobilien GmbH & Co.KG

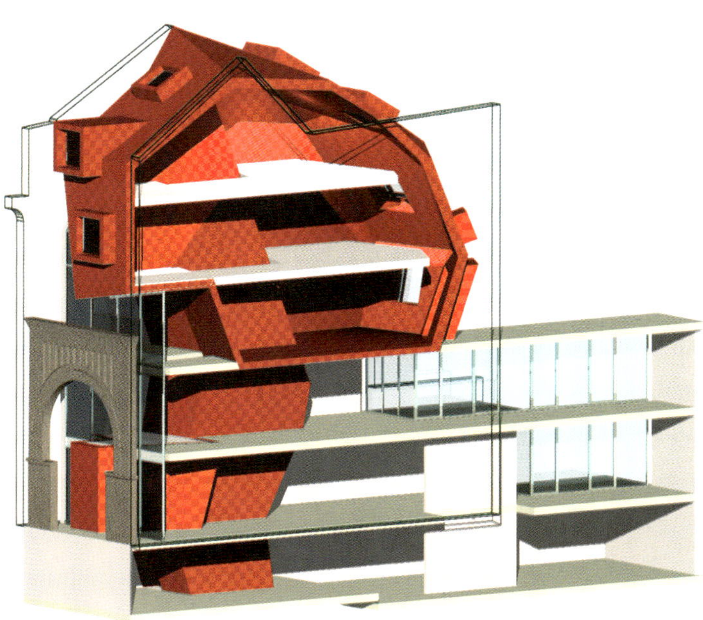

oben
Ansicht Straßenseite
links
Axonometrie

rechts oben
Straßenseite
rechts oben, außen
Innenraum 3. Obergeschoss
rechts unten
Innenraum 1. Obergeschoss
rechts unten, außen
Ansicht Hofseite

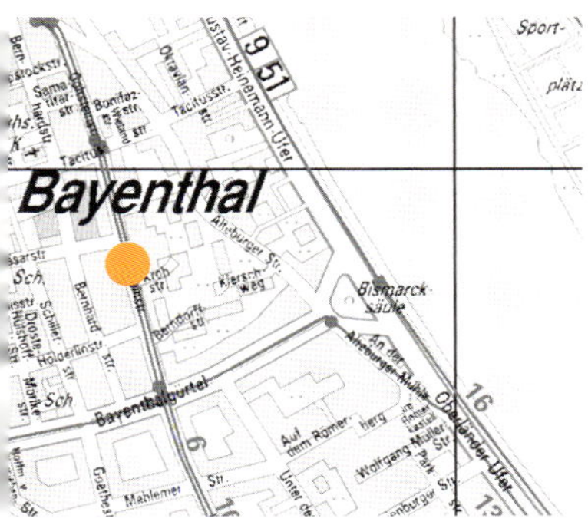

Fertigstellung
2003

Das Grundstück, das straßenseitig mit einem historischen Torbogen bebaut ist, liegt im Stadtteil Bayenthal, der bis zur Mitte des 20. Jahrhunderts industriell geprägt war und seitdem keine eigene Identität mehr hat bilden können. Noch aus den Siebzigerjahren stammt ein Bebauungsplan, der ein hohes Maß an Regulierung vorgibt. Der Entwurf reagiert auf diese Rahmenbedingungen und orientiert sich sowohl an der Heterogenität des städtebaulichen Umfeldes als auch an den behördlichen Gestaltungsvorgaben. Dem Architekten ist es gelungen, in der nur fünf Meter breiten und 25 Meter tiefen Baulücke einen Baukörper zu entwerfen, der vor dem Hintergrund bauordnungsrechtlicher Vorschriften und Abstandsregeln sowie Brand- und Denkmalschutz das Motto »Form follows Law« hinterfragt und architektonisch umsetzt. — Das Gebäude besteht aus zwei Bauteilen, deren Bezeichnung auf die baurechtlichen Parameter zurückzuführen ist. Bei dem »legalen« Bauteil handelt es sich um einen transparenten orthogonalen Körper, der aus Respekt vor der Geschichte einen Meter zurückversetzt ist und damit zugleich auf die vorgegebene Baulinie reagiert. Zudem hält er die erlaubte Flächenausnutzung des Grundstücks ein. Der frei geformte und verschlossenere rote Baukörper ordnet sich dagegen weder gestalterisch noch baurechtlich den Vorgaben unter und durchdringt den »legalen« Bauteil. Obwohl dieser »illegale« Baukörper die laut Bebauungsplan zulässige Baumasse überschreitet, Abstandsflächen als Baulast auf die benachbarten Grundstücke fallen und der Baukörper entgegen der Baulinie wieder ganz an die Straße heranrückt, konnte der Architekt seine Ideen umsetzen. Der Entwurf ist davon gekennzeichnet, die herkömmliche Unterscheidung zwischen Wand, Dach und Decke aufzuheben. — In der Kombination aus »Legalität/Illegalität« ergibt sich ein Gebäude mit hoher räumlicher Qualität und guten Lichtverhältnissen – trotz schmalen Grundstücks. Manuel Herz hat mit diesem Entwurf gezeigt, dass eine Kombination von Regelbruch bei Akzeptanz der Grenzen im urbanen Kontext Basis für eine architektonische Qualität sein kann.

The site on Goltsteinstrasse 110 is situated in the district of Bayenthal, between the southern part of Cologne city centre and the elegant suburban district of Marienburg. Until the mid-20th century Bayenthal was a predominantly industrial area, and despite its location close to the River Rhine, its heterogeneous morphology of uses and varying urban planning standards so far prevented it from developing an identity of its own. — An arch under preservation orders is the sole structure on the otherwise vacant lot. Adjoined by two three-storey buildings dating from the late 19th century, the site is approximately five meters wide and 25 meters deep. It gives a reasonably clear framework for the new building. Out of respect for the historical substance, this transparent rectangle is set back by one meter. Another, more transgressive structure is the second main element in the design by Cologne-based architect Manuel Herz. — The free, predominantly closed shape of the new residential building grows from the street level, through the arch, into its orthogonal counterpart and up into the top floors, from where its main mass looks back onto the street. There is not a single perpendicular wall, and surfaces that could be walls, roofs or ceilings escape the usual categories. The rectangular glass building, in contrast, complies with building plan's building lines, clearance, and floor space requirements. Seen together, the two structures reveal an overall architectural concept with unusual spatial qualities and excellent lighting conditions. According to the architect, the combination of transgression and acceptance of the limits resulting from the urban context defines the building's architectural value.

Höninger Weg 153

Wohn- und Gewerbebebauung »Bremssche Höfe«

Architekt planquadrat, Elfers Geskes Krämer **Bauherr** Wohnbau Bonn GmbH

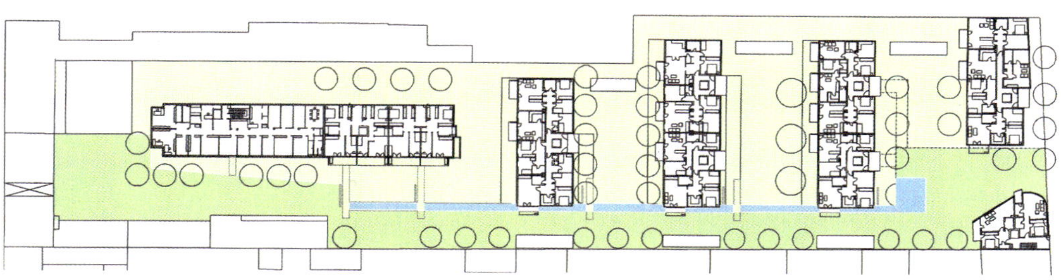

oben

Blick vom Höninger Weg

links

Grundriss Erdgeschoss

rechts
Außenansichten

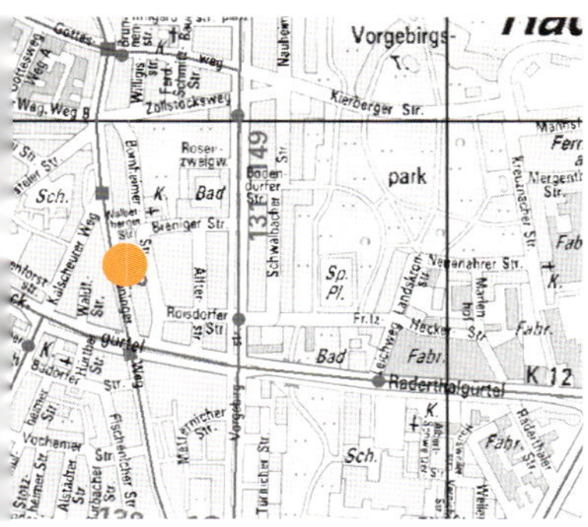

Projektentwicklung
ZETA Immobilien
Projektentwicklung GmbH
Bruttogeschossfläche
12.600 Quadratmeter
Wohneinheiten
116
Fertigstellung
2001

Fotos: Christoph Kraneburg

Das lang gestreckte Grundstück nimmt die Blockrandbebauung des Quartiers auf und verhält sich autark zu den Nachbargrundstücken. Die einzelnen Baukörper sind mit Grünflächen verzahnt und durch einen gemeinsamen Weg miteinander verbunden. Auf diese Weise entsteht eine introvertierte, ruhige Wohnatmosphäre mit differenzierten Grünbereichen und Freiflächen. Aus dem Nebeneinander von Wohnen und Gewerbe bezieht die Wohnanlage ihren besonderen Reiz. — Die kubischen Baukörper sind im Wechsel mit großen Freiflächen auf dem Grundstück angeordnet. Es entstehen spannungsvolle engere und weitere Räume im Verhältnis der Baukörper untereinander und zum Bestand. Der westliche Teil des Grundstücks wird durch einen Gewerbebau ergänzt, der mit dem gegenüberliegenden Altbau aus dunklem Ziegel eine räumliche Einheit bildet. Das oberste Geschoss des Gewerbebaus ist zurückgesetzt und umgreift den Baukörper nach West als Zeichen des Zugangs. Im Osten wird der Zugang durch einen leicht geschwungenen Solitär eingeleitet. Staffelgeschosse mit Dachterrassen, vorgehängte Balkone und schlichte Erker betonen das klare Baukörperkonzept. — Die Materialität der Gebäude wechselt zwischen ruhigen, glatten, weiß verputzten Fassaden und Materialien mit starker Eigentextur wie Holz und Klinker. Einzelne Farben werden als Akzente eingesetzt. So entsteht ein spannungsvolles Gegenüber von Alt und Neu. — Die Erschließung der autofreien Anlage erfolgt über einen baumbestandenen und durch einen Wasserlauf begleiteten Weg im Süden. Als Auftakt dient ein kleiner Platz mit Brunnen. — Über Stege erreicht man die einzelnen Häuser und die dazugehörigen begrünten Höfe. Die Gebäude sind im Wesentlichen als Drei- und Vierspänner erschlossen und über Treppenhäuser und Aufzüge direkt an den Keller und die gemeinsame Tiefgarage angebunden. — Auf eine sehr gute Belichtung der Wohnungen wurde großer Wert gelegt. Die meisten Wohnungen erhalten zweimal am Tag Sonnenlicht. Sie sind nach Osten, Süden und Westen ausgerichtet. Alle Treppenräume sind großzügig verglast.

The long site takes up the district's block perimeter structure while remaining independent of the neighbouring plots. A path links individual buildings interspersed with green spaces. The resulting ensemble is characterized by a reclusive, peaceful living atmosphere enhanced by differentiated green areas and open spaces. The juxtaposition of dwellings and small businesses gives the residential estate its unique flair. — The cubic buildings alternate with extensive open spaces to create interesting relations of proximity and distance between individual buildings and to the older architecture. New business premises on the western part of the site correspond to the opposing older building of dark brick. The receding top storey of the new building hugs the structure's western front to mark the entrance. A slightly curved free-standing building marks the eastern access area. Receding storeys with roof terraces, balconies attached to the front of the building and simple bay windows stand for a clear concept. — The choice of materials contrasts smooth façades of white rendering with strongly textured timber and clinker. Individual colours are used for highlighting. The result is an interesting contrast of old and new. — Access to the car-free residential estate is on the south by a tree-lined avenue following a watercourse. A small square with a fountain extends a friendly welcome. — Walkways lead to the different houses and their landscaped courtyards. The buildings are mostly developed in groups of three or four, with staircases and lifts giving direct access to the basements and the shared underground car park. — Great emphasis was placed on good lighting. Oriented toward the east, south, or west, most flats have two daily intervals of sunlight. Generous glazing distinguishes all staircases.

Neuer Weyerstraßer Weg

Bürogebäude MILK

Architekt ASTOC Architects & Planners **Bauherr** Michael Kleinen

oben
Blick auf den Eingang
links
Grundriss Obergeschoss

rechts
Innenraum Neubau
rechts außen
Innenraum Altbau

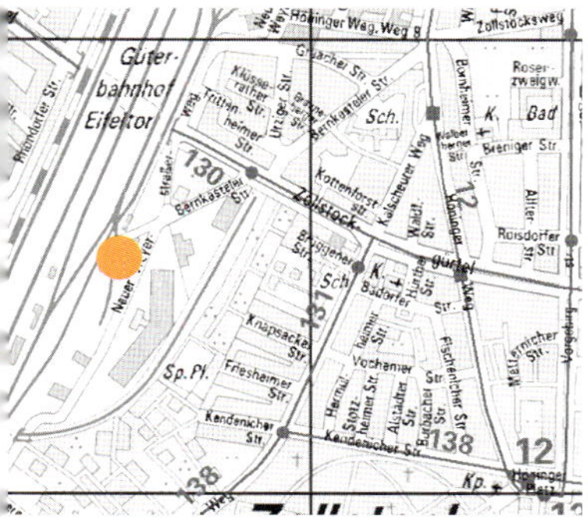

Grundstücksgröße
3.095 Quadratmeter
Bruttogeschossfläche
495 Quadratmeter
Fertigstellung
2000

Fotos: Hans-Georg Esch

Eine Kleingartenanlage, eine Spedition, eine Stahlfirma, ein Rangierbahnhof, ein ehemaliges Generatorenhaus der DB – Spuren eines typischen Bahngeländes. Anfang der Neunzigerjahre war hier der Sitz von ASTOC. Heute wird das Areal durch eine Werbeagentur, ein Fotostudio, einen IT-Consultant und eine Künstlervermittlungsagentur genutzt. — ASTOC haben in ihrem Entwurf den Gesetzmäßigkeiten des Ortes nachgespürt. Behutsames Weiterbauen und Interpretieren der vorhandenen Strukturen sind die Grundsätze. Umfassen und Schichten sind die gefundenen Kompositionselemente. Das Ergebnis der Intervention ist ein winkelförmiger Anbau im ersten Obergeschoss. Ein »Serviceband« liegt zwischen Alt und Neu und wird durch zwei Terrassen abgesetzt. — Auf den wenigen möglichen Lastpunkten der bestehenden Außenwände und auf den Stützen und Wandscheiben im Erdgeschoss ruht eine alles überspannende Stahlkonstruktion. Konstruktive Themen wie die freigelegte alte Stahlkonstruktion werden aufgegriffen und in die Gegenwart übersetzt. Nur die Materialien differenzieren Bestehendes und Hinzugefügtes: Parkett zu Estrich, Ziegel zu glattem Putz, Stahl- zu Holzfenstern. Die Weite des Raumes gliedern halbhohe Möbel und Ebenen, die teilweise halbgeschossig versetzt sind. So vereint der Raum die Qualitäten eines Großraumes mit denen von Zellenbüros. Mehrere Wege führen in und durch das Haus: Diese Durch- und Ausblicke erstaunen, unvermutet ist die Lichtfülle im Inneren. — Alte Ziegel, bestehender Putz, neuer Putz, ein tief liegendes, schmales Fensterband und schließlich wieder neuer Putz schichten sich zu den Gleisen hin übereinander. Die Aneignung des Ortes scheint gelungen, eine »Perle« schimmert im Brombeergestrüpp.

Allotment gardens, a haulier, a steel company, a marshalling yard, a former railway generator building – these are features typical of an old railway area. ASTOC had its headquarters here in the 1990s, and today the site accommodates an advertising agency, a photographic studio, an IT-consultant and an artists agency. — The design suggested by ASTOC traces the structures of the place. Cautious addition and interpretation of existing features are the guiding principles. Framing and layering are the predominant elements of composition. The result of this intervention is an angled annex on the first floor. Building services are housed in a connecting band that links the old with the new part of the building. It is framed by two terraces. — The few possible load-bearing points in the existing outside walls and the supports and wall slabs on the ground floor bear an over-arching steel construction. The architecture reveals and refers to features of the old building, such as the old steel skeleton, adapting them to contemporary ideas. Materials alone tell what is old and what has been added, parquet to composition floor, brick to even plaster surfaces, steel to wooden window frames. The generous space is structured by intermediate levels and furnishings reaching to half the room's height. The room thus unites the qualities of a large hall with those of cellular offices. Several entrances lead into and through the house, offering surprising views and vistas. The interior is unexpectedly bright and airy. Old bricks, existing plaster, new plaster, a deep, narrow window band and finally, more new plaster are layered toward the tracks. This re-interpretation of the site is a success, an architectural treasure hidden among rank brambles.

Zollstockgürtel

Verlags- und Bürozentrum Zollstock

Architekt Architekturbüro Paul Böhm **Projektentwicklung** Züblin Köln

oben
Modellfoto
links
Grundriss Erdgeschoss

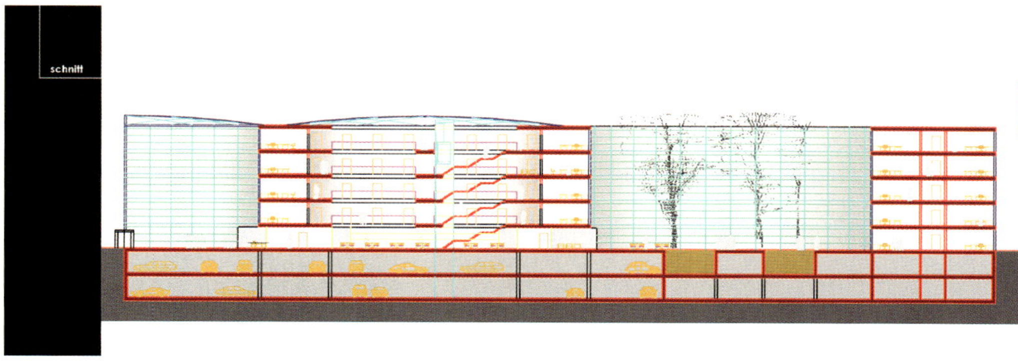

[5]

rechts oben
Schnitt
rechts unten
Ansicht

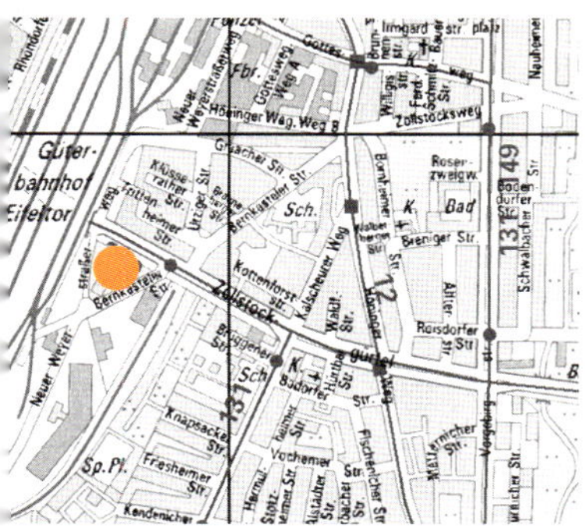

Grundstücksfläche
14.000 Quadratmeter
Bruttogeschossfläche oberirdisch
25.000 Quadratmeter
Bruttogeschossfläche unterirdisch
12.000 Quadratmeter
Fertigstellung
in Planung

Das dreieckige Grundstück befindet sich am südwestlichen Rand der Innenstadt Kölns am Zollstockgürtel. Hier wird das Kölner Architekturbüro Böhm durch ideale Ausnutzung der Form des Bebauungsareals eine klare, übersichtliche Bürostruktur entwickeln. Es soll ein kompaktes Gebäudevolumen mit insgesamt etwa 37.000 Quadratmetern Bruttogeschossfläche entstehen, das an der Nordseite und im Inneren Ausstanzungen erhält, um eine optimale Belichtung und Belüftung zu gewährleisten. Diese Aussparungen können sowohl als begrünte Höfe ausgebildet werden, als auch teilweise als glasüberdeckte Hallen, was sicher die Energiebilanz und damit auch die »zweite« Miete positiv beeinflussen wird. — Der Baukörper zeigt zu zwei Seiten eine homogene, geschlossene Fassade. Zum Zollstockgürtel hin wird die Fassade durch drei sich öffnende Höfe (Hallen) gegliedert. Das Innere des Gebäudes ist so organisiert, dass es entweder von einem Nutzer oder aber von verschiedenen Firmen, die ihre Räume über mehrere separate Eingänge erschließen, angemietet werden kann. Sowohl die Gebäudetiefe als auch das Fassaden- und Ausbauraster eignen sich für alle Typen von Bürostrukturierung. Konventionelle Zellenbüros sind ebenso vorstellbar wie Kombibüros, Großraumbüros oder auch Variationen aus diesen Systemen. Die Technik sowie die Garagen und Lagerflächen werden in zwei Untergeschossen untergebracht. — Die Fassade ist als Ganzglasdoppelfassade mit im Zwischenraum liegendem Sonnenschutz geplant. Das Dach wird intensiv begrünt und als Dachgarten für die Rekreation der Mitarbeiter ausgebildet.

The triangular site is located on Zollstockgürtel on the south-western margin of Cologne city centre. Cologne-based architects Böhm will make optimal use of the plot's shape to develop a clear office structure. The aim is to create a compact architectural body offering a gross floor space of approximately 37,000 square meters with perforations on the northern side and on the interior to guarantee ideal illumination and ventilation. These perforations can take the shape of courtyards planted with greenery or of glass-roofed patios and will help reduce energy costs. — On two sides the building shows homogenous, closed faces, but three open courtyards or patios structure the façade toward Zollstockgürtel. The interior design is flexible. While a single tenant can occupy the entire building, it is also possible to accommodate a number of different companies that access their rooms by separate entrances. Both the depth of the building and the façade- and interior structure are suitable for all types of office systems. Conventional cellular offices are just as possible as general or open-plan offices or variants combining any of these. Building services, car parks and storage space are located on two basement floors. — The façade is planned as a double glass curtain with a solar filter in the intermediate space. The roof will be planted with greenery to create a roof garden where employees can take a break.

Marienburger Straße 1/Oberländer Ufer

Rodenkirchen

Bürohaus

Architekt Klaus Müller **Bauherr** Metropol GmbH (WBG)

In Rheinuferlage, südlich der Kölner Innenstadt auf der Höhe des Villenviertels Marienburg, befindet sich der Standort des neuen Bürogebäudes. Der Neubau war erforderlich, da im Zuge der Verbreiterung der Rheinuferstraße ein Wohngebäude aus den Zwanzigerjahren abgerissen werden musste und ein Teil des Grundstücks zu Straßen- und Gehwegfläche umgenutzt wurde. — Durch die unmittelbare Nähe zur stark befahrenen Rheinuferstraße wurde die Nutzung des neuen Hauses als Bürogebäude obligatorisch. — Wegen der bisweilen dramatischen Hochwassersituation steht das eigentliche Bürogebäude auf einem markanten Sichtbetonsockel. Im Hochwasserfall wird die Garage geflutet. — Die Sichtbetonelemente sind leicht schräg stehend als Fertigelemente gegossen worden, die Ecke Marienburger Straße/Oberländer Ufer wurde trotz der damit verbundenen Komplikationen abgerundet. — Das Bürogebäude ist durch eine Ganzglasfassade definiert, der jeweils diagonal über Eck eine Naturstein-Lochfassade aus Pietra Sirena vorgestellt wurde. Ein zylindrisch eingestellter Körper mit Aluminiumfassade bildet den oberen Abschluss des Baus. Sowohl auf dem Sockel als auch im Staffelgeschossbereich ermöglichen Terrassen einen Panoramablick auf den Rhein.

The new office building is situated on the banks of the River Rhine south of Cologne city centre and level with the elegant district of Marienburg. A new building was necessary as in the process of widening the riverside road a residential building from the 1920s had to be demolished, and part of the plot went to the construction of the road and pavement. — The immediate proximity to the traffic-laden riverside road excluded using the new house as anything other than an office building. — Since the Rhine occasionally causes severe flooding, the office building proper rises from a conspicuous base of exposed concrete. The underground car-park can be flooded when the Rhine passes the high-water mark. — The slightly slanted exposed concrete elements were prefabricated and, despite the technical challenge this posed, installed to round off the corner on Marienburger Strasse/Oberländer Ufer. — The office building's defining feature is a glass façade fronted by diagonal perforated curtains of natural stone (Pietra Sirena). A cylindrical section with an aluminium façade forms the building's top. Terraces along the base and the receding floor give a panoramic view of the river.

Bruttogeschossfläche
1.160 Quadratmeter
Grundstücksfläche
526 Quadratmeter
Fertigstellung
2001

Marienburger Straße 6

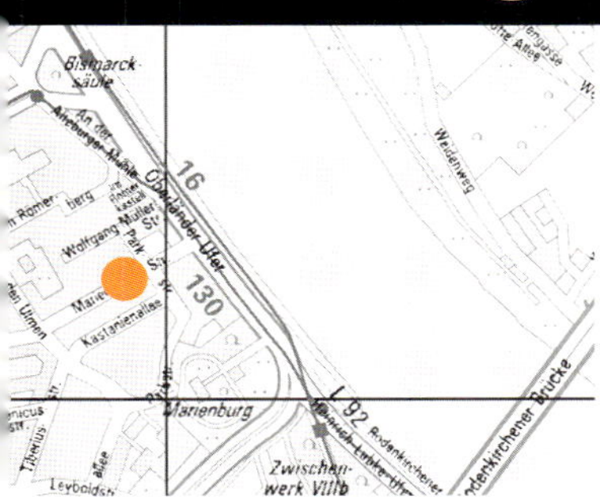

Wohnhaus

Rodenkirchen

Architekt Klaus Müller Bauherr Projekt-Form GmbH & Co. KG

Bruttogeschossfläche
1.195 Quadratmeter
Grundstücksfläche
2.333 Quadratmeter
Fertigstellung
2003

Das parkartige Grundstück im Kölner Villenvorort Marienburg beherbergte ursprünglich ein schlichtes Doppelhaus, das von der Bundeswehr als Unterkunft für höhere Beamte genutzt wurde. — Nach der Veräußerung durch die Bundesvermögensanstalt wurde dieses Gebäude abgerissen und so Platz für einen Neubau des Kölner Architekten Klaus Müller geschaffen. — Die Konzeption sieht ein zweigeschossiges Wohnhaus mit Staffelgeschoss vor, das sich zum Garten hin mit einer Ganzglasfassade öffnet. Hier sind auch die großzügigen, offenen Wohnbereiche der vier Wohnungen angesiedelt. — Hinter der eher introvertierten Straßenfassade mit horizontalen Fensterschlitzen und glatt weiß verputzten Flächen befindet sich eine entsprechende Zone mit Küchen, Bädern und Schlafräumen. — Den oberen Abschluss des Gebäudes bildet ein Penthouse, das zweiseitig komplett verglast wird, um in Verbindung mit den großzügigen Terrassen der Einzigartigkeit des Ortes Rechnung zu tragen. — Der in seiner Formensprache ruhig erscheinende Baukörper setzt in seiner Reduktion und Klarheit einen spannenden sowie zeitgemäßen Kontrast zu den flankierenden Villenbauten der Jahrhundertwende.

Originally, the park-like plot in Cologne's elegant suburb of Marienburg was the site of a plain semi-detached house that the German army used as accommodation for high-ranking officials. — The house was demolished after being sold by the German state, and a new building designed by Cologne-based architect Klaus Müller now is to rise in its stead. The design envisages a two-storey residential building with a receding top floor. A glass façade opens the spacious, open-plan living rooms of four flats toward the garden. — The comparatively muted street front features horizontal window slits and smooth rendering. The kitchens, bath- and bedrooms are located on this side. — The penthouse at the top of the building is fully glazed on both sides, and spacious terraces complete an architecture in harmony with this unique site. — The building relies on restrained shapes whose simplicity and clarity form a fascinating and up-to-date counterpart to the neighbouring mansions from the turn of the 19th century.

Friedrich-Ebert-Straße 2

Office Park

Architekt Prof. Ulrich Coersmeier **Bauherr** Grundstücksgesellschaft Friedrich-Ebert-Straße Köln-Rodenkirchen GbR

oben

Blick entlang der Bahnstraße

links

Grundriss Erdgeschoss

rechts
Ausschnitt Ansicht

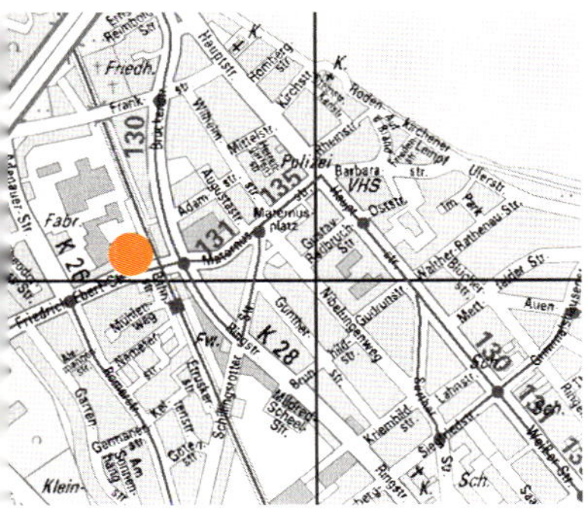

Grundstücksgröße
10.255 Quadratmeter
Bruttogeschossfläche Wohnen
1.000 Quadratmeter
Bruttogeschossfläche Büro/Gewerbe
17.000 Quadratmeter
Tiefgaragenstellplätze
231
Fertigstellung
voraussichtlich 2005

Die prägenden Merkmale des Standortes »Office Park« sind die Bahnlinie sowie die Nachbarschaft zum Bahnhofsplatz. Mit einem fünfgeschossigen vertikalen Baukörper markiert der Neubau die Ecke zum Bahnhofsplatz und bildet gleichzeitig eine platzartige Aufweitung als Empfangsgeste. Hier wird der dreigeschossige Duktus der bestehenden straßenbegleitenden Bebauung eindeutig abgeschlossen. Senkrecht zur Bahnstraße entwickelt sich eine Sequenz von drei Büroriegeln, die sich zur Straße hin mit großflächigen Glasfassaden öffnen. Das Ensemble orientiert sich zum Ortskern und wird von dort fußläufig erschlossen. Zufahrt und Anlieferung erfolgen weit entfernt von der Kreuzung, an der südwestlichen Grenze des Grundstücks. — Wandelbarkeit, Vielfalt und freie Aufteilbarkeit sind die wesentlichen Merkmale der inneren Struktur des Gebäudes. Diese Flexibilität zeigt sich auch in den möglichen Erschließungsvarianten. Die interne Teilbarkeit in Mieteinheiten verschiedener Größen bietet ein hohes Maß an Anpassungsfähigkeit. Denkbar sind eine Vielzahl von Einheiten mit Mindestgrößen von rund 300 bis zu 650 Quadratmetern, alle sind koppelbar für größere Nutzungen. Das Büroraster von 1,35 Metern sowie die gewählte Gebäudetiefe von 13,80 Metern Innenmaß erlauben zahlreiche unterschiedliche Büroorganisationen. An der Friedrich-Ebert-Straße sind auch ebenerdige Ladenflächen oder Flächen für Dienstleistung vorgesehen. Die Penthouse-Maisonetten im dritten und vierten Obergeschoss sind über einen separaten Zugang erschlossen. — Die Gestaltung des Gebäudes basiert auf einem Dialog zwischen den geometrischen Riegeln mit weitgehend geschlossener Fassadenhülle und den verbindenden Glasstrukturen. Freiflächen, Höfe und Hallendächer sind großzügig begrünt, ausgewählte Baumpflanzungen runden das Konzept ab.

The characteristic features of the Office Park location are the railway tracks and the proximity to the railway station. The vertical, five-storey structure of the new building marks the corner of the square in front of the railway station and at the same time extends the square in a welcoming gesture. It forms a clear conclusion to the existing three-storey buildings along the road. A sequence of three quadrangular office blocks stands at right angles to Bahnstrasse. Generous glass façades open toward the street. The ensemble looks toward the local centre, which is in walking distance. Access for vehicles and deliveries is on the southwest boundary of the site at a distance from the intersection. — Flexibility, variety and free spatial division are the main features of the building's interior. Flexibility is also in evidence in the wide range of possibilities for development. The interior space can be divided into leased units of different sizes and offers a high degree of adaptability. One possibility would be to establish numerous units with minimum sizes of 300-650 square metres, all of which, however, can be linked to meet demand for more space. The office grid of 1.35 meters and the building's interior depth of 13,80 meters can be adjusted to most office systems. Ground-floor spaces along Friedrich-Ebert-Strasse have been earmarked for shops or services. Penthouse maisonettes on the third and fourth floor are accessible by a separate entrance. — The architecture is characterized by the dialogue between geometric quadrangular shapes with predominantly closed curtain walls and the linking glass structures. Free spaces, courtyards and hall roofs are generously planted with greenery. Carefully selected timber plantations round off the overall impression.

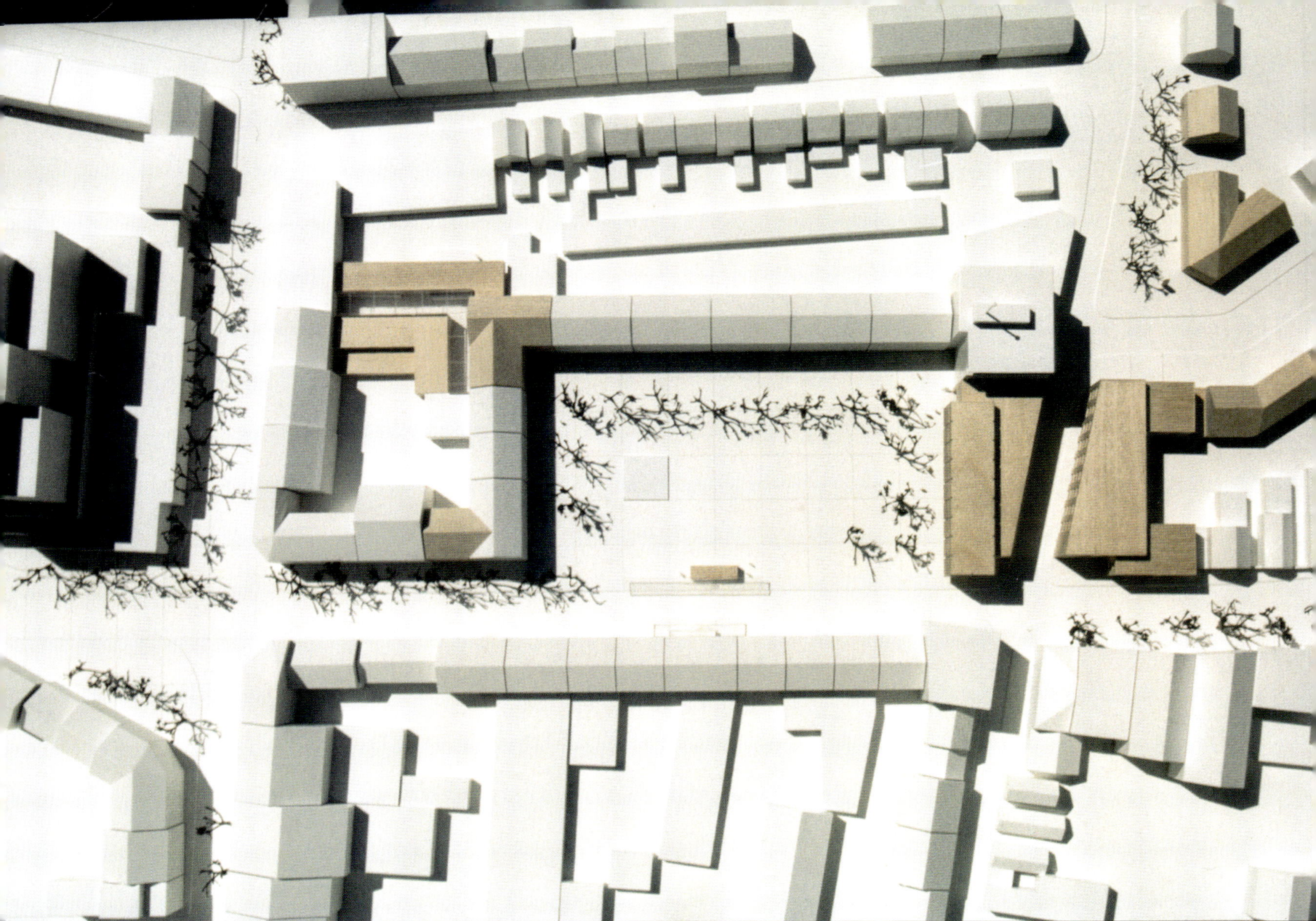

Maternusplatz

Wettbewerb Platzgestaltung

Architekt WJD architekten Bauherr Stadt Köln

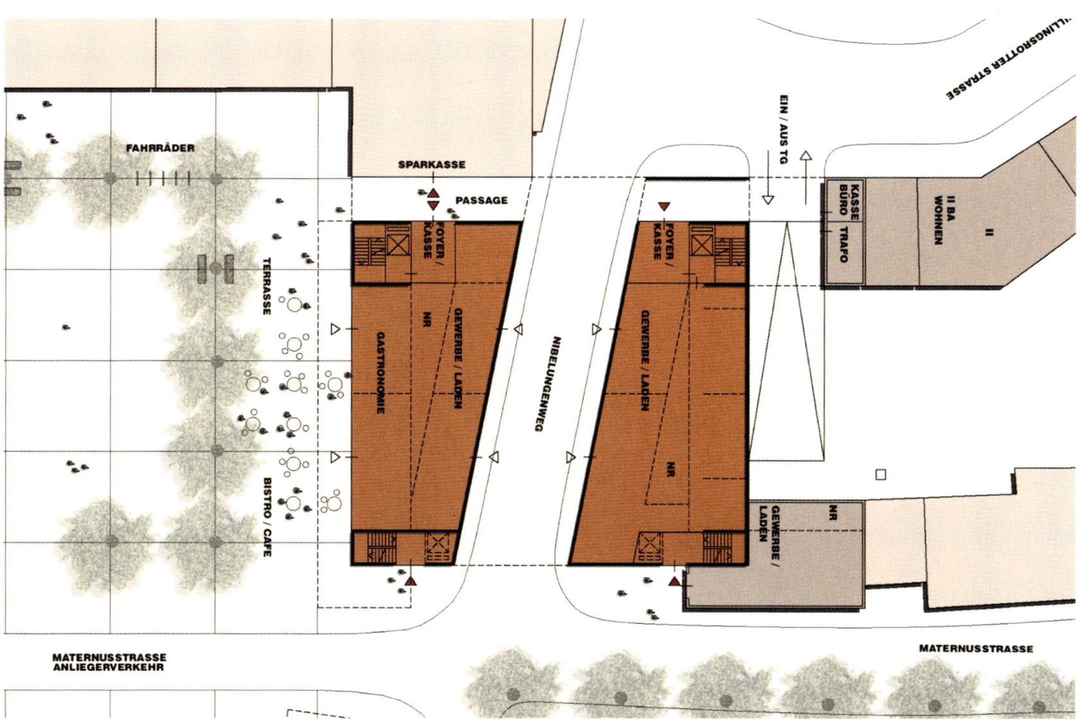

oben
Modellfoto
links
Grundriss Erdgeschoss

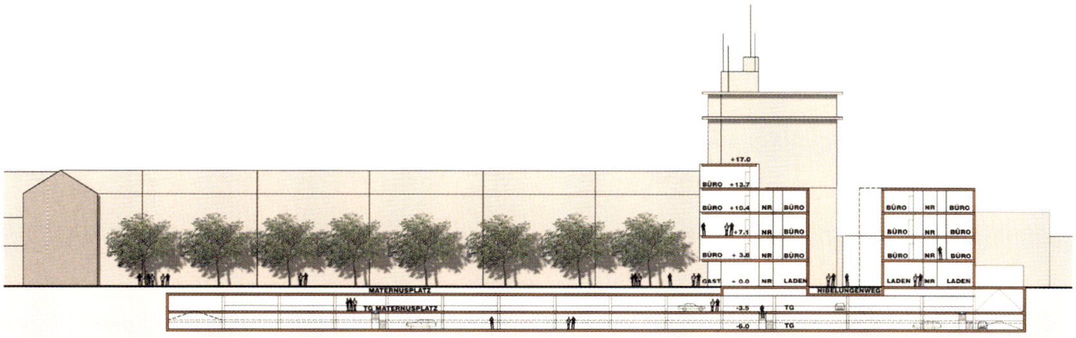

rechts oben
Schnitt
rechts unten
Blick über den Maternusplatz (Modellfoto)

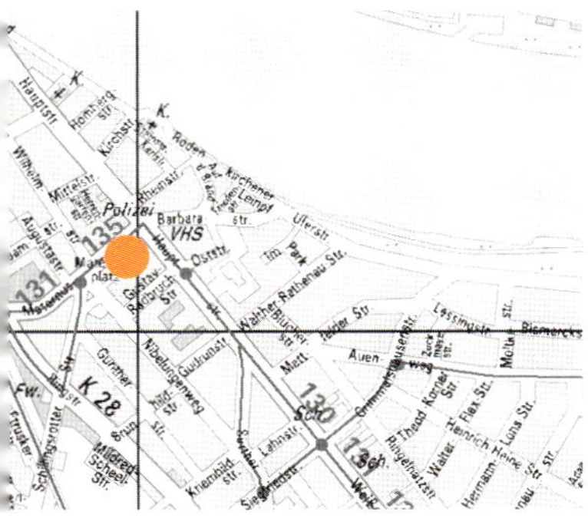

Bruttogeschossfläche gesamt
etwa 4.220 Quadratmeter
Bruttogeschossfläche Läden/Gastronomie
etwa 940 Quadratmeter
Bruttogeschossfläche Gewerbe/Büro
etwa 2.930 Quadratmeter
Bruttogeschossfläche Wohnen
etwa 350 Quadratmeter
Fertigstellung
in Planung

Der Maternusplatz soll unter Beibehaltung seiner Funktion als Marktplatz zu einem neuen, angemessen gestalteten Mittelpunkt im Bezirksteilzentrum in Rodenkirchen entwickelt werden. Das städtebauliche Ziel zur Attraktivierung des Platzes ist die Schließung des Platzraumes unter Beachtung vorhandener baulicher Proportionen und historischer Wegebeziehungen. Durch die geplante Bebauung und die Platzgestaltung soll der Maternusplatz zu einem neuen Ort der Identifikation für Rodenkirchen und Umgebung werden. — Der Entwurf sieht ein signifikant gestaffeltes Bauensemble vor, das unter Einbeziehung des bestehenden Hochhauses eine neue, vierte Platzwand schafft und dadurch dem Platz eine adäquate räumliche Proportion und Geschlossenheit verleiht. Zudem nimmt die Platzbebauung einen gläsernen Gebäudekörper auf, der im Kontext mit der bestehenden Eckbebauung ein Stadttor bildet und so ein identitätsbildendes Merkmal für den Platz formt. — Der südöstliche Gebäudeteil wird durch eine großzügige Passage, die durch das Platzgebäude verläuft, angebunden. — In dem viergeschossigen Baukörper und dem Glasriegel sind Gastronomie, Gewerbe und Büronutzungen vorgesehen, die an die vorhandene Wohnbebauung anschließenden dreigeschossigen Kuben sollen Wohnungen aufnehmen. — Unter dem geplanten Bauensemble und dem Maternusplatz ist eine Tiefgarage mit etwa 230 Stellplätzen geplant. Die Verlagerung des ruhenden Verkehrs in die Tiefgarage und die Anordnung der Tiefgaragenzufahrt an einer gut erreichbaren Stelle ohne eine Beeinträchtigung des Stadtbildes ermöglichen die Freihaltung des Platzes von Verkehr ohne einen Nutzungskonflikt. Es entstehen neue Verweilqualitäten durch hochwertige Platzbeläge, Sitzmöglichkeiten, Wasserspiele etc.

Maternusplatz square will retain its old-established function as a market place while taking on a new face as a local centre in the district of Rodenkirchen. Urban development here aims to increase the square's attractiveness by creating a closed ensemble that respects the existing proportions and takes historical road and traffic links into account. New buildings and an adequate treatment of the square are to transform Maternusplatz into a new, distinctive feature in the identity of Rodenkirchen and surroundings. — The design envisages a significant ensemble of staggered buildings that integrate the existing high-rise while closing the fourth side of the square to give it adequate spatial proportions and a well-defined shape. The new buildings also integrate a glass structure that in context with the existing corner building forms an arch or city gate as a new landmark for the square. — A spacious arcade provides access to the southeast part of the building. — The four-storey edifice and the glass quadrangle are earmarked for gastronomy, commercial venues and offices, while the three-storey cubes adjacent to the existing residential buildings are to house private dwellings. — An underground car-park is to extend underneath the new buildings and the square to provide space for approximately 230 cars. Shifting stationary traffic to an underground car park with easy access in a location where it does not adversely affect the cityscape allows keeping the square free of traffic without obstructing traffic flow. High-quality paving, attractive seats, fountains, etc., invite passers-by to linger.

Uferstraße 10

Mehrfamilienhaus

Architekt Schilling Architekten Bauherr Dr. G. Nacken

oben
Blick vom Rhein
links
Grundriss 2. Obergeschoss

rechts
Blick zum Rhein

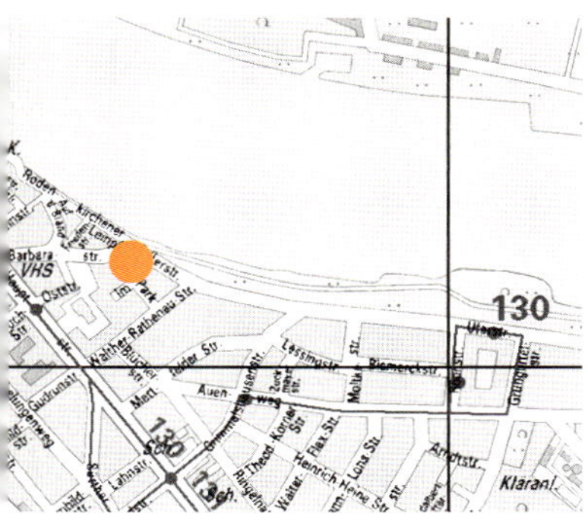

Nutzfläche
etwa 500 Quadratmeter
Fertigstellung
2002

Foto: Jens Willebrand

Das Mehrfamilienhaus wurde an der Rheinuferpromenade des Kölner Stadtteils Rodenkirchen erstellt und befindet sich in unmittelbarer Nachbarschaft des bekannten Ensembles von Wohnhäusern in der Uferstraße und Im Park, das von 1929 bis 1933 errichtet wurde und dem Neuen Bauen verpflichtet ist. Zu dieser Zeit wurde das Rodenkirchener Rheinufer als gute Wohnlage entdeckt und erschlossen. Die Architekten Hans Schumacher, Joseph Op gen Oorth und Theodor E. Merill bauten hier in der Tradition der wenige Jahre zuvor verwirklichten Stuttgarter Weißenhofsiedlung Wohnhäuser für den gehobenen Mittelstand. — Aufgrund der Lage am Rheinufer und der damit verbundenen Hochwassergefahr ist sowohl bei dem Neubau von Johannes Schilling als auch bei den bestehenden Gebäuden das Erdgeschoss teilweise aufgeständert oder mit Nebenräumen belegt. In den drei Obergeschossen sind vier Wohnungen mit unterschiedlichen Grundrissen untergebracht. Die Erschließung der Wohnungen erfolgt über eine breite, vom Rheinufer hinaufführende Freitreppe, sie liegt im Außenraum und bildet so eine Fuge im Gebäude, die das durchgehende Dachgeschoss wieder zusammenfasst. Mit seinen teilweise weit auskragenden Decken und Balkonen, den raumhoch verglasten Fensterfronten und den an Schiffsrelings erinnernden Geländern öffnet sich das Wohngebäude weit zur Uferpromenade und zum Wasser. Der Neubau fügt sich mit seiner sachlichen Architektursprache in die Umgebung ein, reagiert jedoch selbstbewusst als differenziert geformte und einheitlich wirkende Bauskulptur.

This multiple dwelling was erected on the riverside promenade of the Cologne district of Rodenkirchen. In its immediate vicinity are the well-known residential ensembles on Uferstrasse and Im Park constructed between 1929–1933 in the Neues Bauen style. It was in these years that the Rodenkirchen riverside was discovered and developed as a promising residential area, where architects Hans Schumacher, Joseph Op gen Oorth and Theodor E. Merill built homes for the upper middle-class modelled on the Weissenhof estate in Stuttgart, which was realized only a few years earlier. — Due to the riverside location and the resulting danger of flooding, the ground floors both of the new building by Johannes Schilling and of the existing buildings were raised on a secure base or are used for minor functions. The three upper floors house four flats with individual ground plans. Access is by a wide, open staircase rising from the riverside. As part of the outside space, it forms a joint in the building that is closed by the uninterrupted shape of the top floor. With a number of projecting ceilings and balconies, floor-high glazing and nautical railings, the building opens up to the riverside promenade and the water. Its sober architectural idiom adjusts well to the surroundings, to which its sensitive and unified shape forms a confident sculptural counterpart.

Ströer Allee 1

Firmenzentrale Ströer

Architekt Architekten Fischer+Fischer **Bauherr** Ströer Out-of-Home Media AG

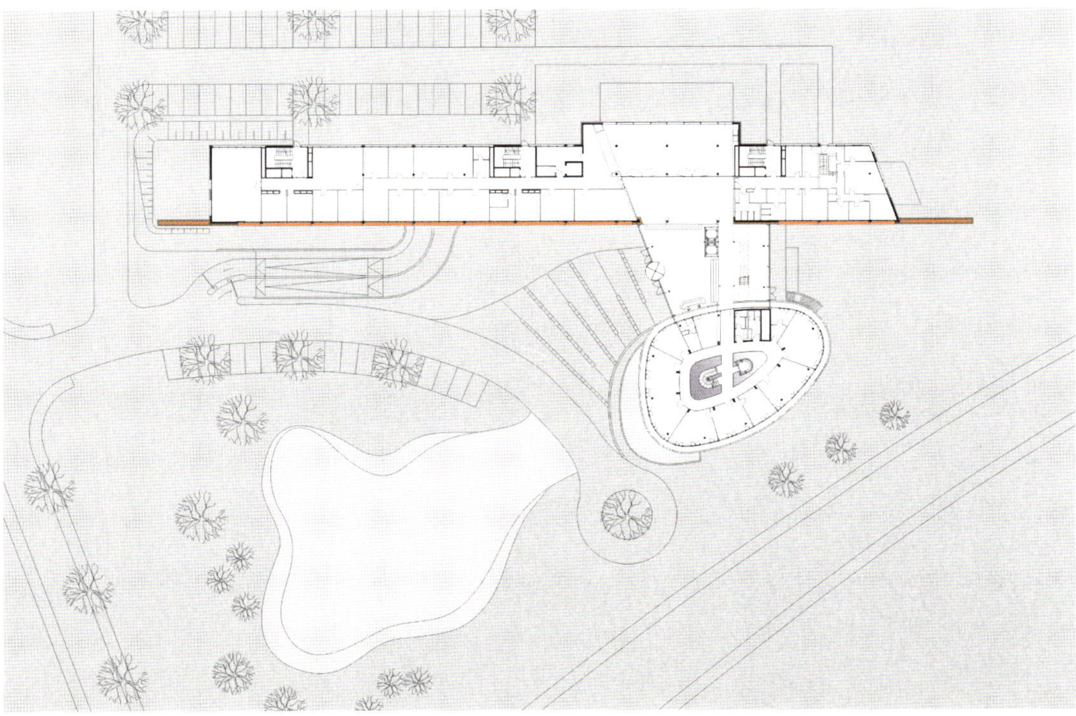

oben
Ansicht bei Nacht
links
Grundriss Erdgeschoss

rechts oben
Ansicht Kopfbau
rechts unten
Blick entlang der Wandscheibe
rechts außen
Nachtansicht Kopfbau

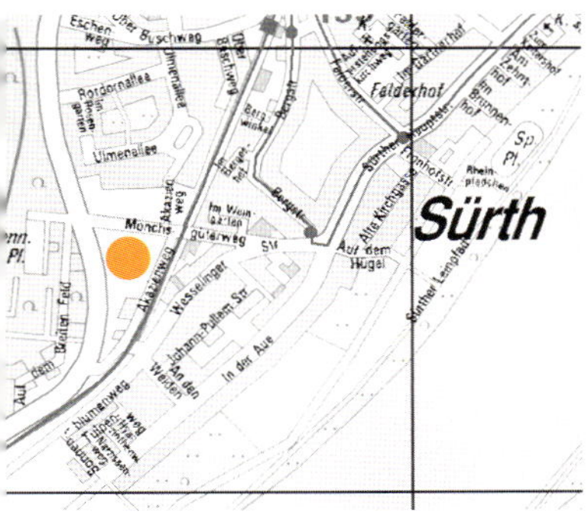

Grundstücksgröße
24.690 Quadratmeter
Bruttogeschossfläche
10.000 Quadratmeter
Fertigstellung
2002 (1. Bauabschnitt)

Eingefügt in die vorstädtisch bis industriell geprägte Landschaft und Infrastruktur, definiert die Konzernzentrale der Ströer Out-of-Home Media AG den Ort völlig neu. Das Gebäude liegt am Ortseingang von Sürth, dem südlichsten linksrheinischen Stadtteil Kölns. — Die Idee des Bauherren bestand darin, durch die Architektur ein starkes Symbol für die Geschäftstätigkeit des Unternehmens zu schaffen. Wie eine große Plakatwand erstreckt sich die rötliche Fassade der Ströer-Zentrale über das Grundstück und steht damit für das Kerngeschäft des Unternehmens, die europaweite Vermarktung von großflächigen Plakatwänden. — Drei prägnante Elemente sind es, die im Konzept der Kölner Architekten Fischer +Fischer dem Unternehmen ein markantes Erscheinungsbild verleihen. Die rote Wandscheibe mit dem dahinter liegenden Büroriegel bildet das Rückgrat, der hinter einer Lamellenschicht vollständig verglaste, im Grundriss elliptische Baukörper mit dem Sitz der Geschäftsführung den Kopf der Anlage. Die als »Marktplatz« angelegte Eingangshalle stellt die öffentlichkeitsorientierte Mitte des Ensembles dar. — Im Innenbereich wurde viel Glas als Baumaterial verwendet, um eine transparente, helle und offene Wirkung zu erzielen und so die Unternehmenskultur des Medienunternehmens möglichst optimal zu fördern und nach außen zu präsentieren. — In der Außenwirkung werden die Hauptelemente des Gebäudeensembles gezielt durch künstliche Lichteffekte in Szene gesetzt. In den Abendstunden ist die rote Wandscheibe durch gebäudebegleitende Strahler in rotes Licht getaucht. Blaues Licht hebt den sich nach oben aufweitenden elliptischen Kopfbau stark hervor.

Situated among a landscape and infrastructure with suburban to industrial features, the headquarters of the Ströer Out-of-Home Media AG completely redefines the location. The building lies on the outskirts of Sürth, the southernmost of the districts of Cologne on the left bank of the River Rhine. — The investor envisioned an architecture that would express the company's commercial activities. The reddish façade of the Ströer headquarters extending across the site resembles a vast hoarding, symbolizing the company's core activity in marketing large-format advertising spaces in Europe. — Cologne-based architects Fischer+Fischer have defined three distinctive elements to characterize the company profile. The plane red wall with the quadrangular office block behind it forms the backbone of a complex whose head is the management office in a building with an oval ground plan and a glass façade curtained off by a layer of slats. The entrance lobby is intended as a »market place« that stands for the ensemble's orientation toward the public. — On the interior, glass dominates among the building materials to create the transparent, bright and open impression that optimally supports the media company's corporate identity and represents it to the outside. — On the exterior, focused artificial illumination serves to highlight the ensemble's main features. In the evening hours, spotlights arranged along the red wall bathe it in red light. Blue light emphasizes the bulging shape of the management's »oval office«.

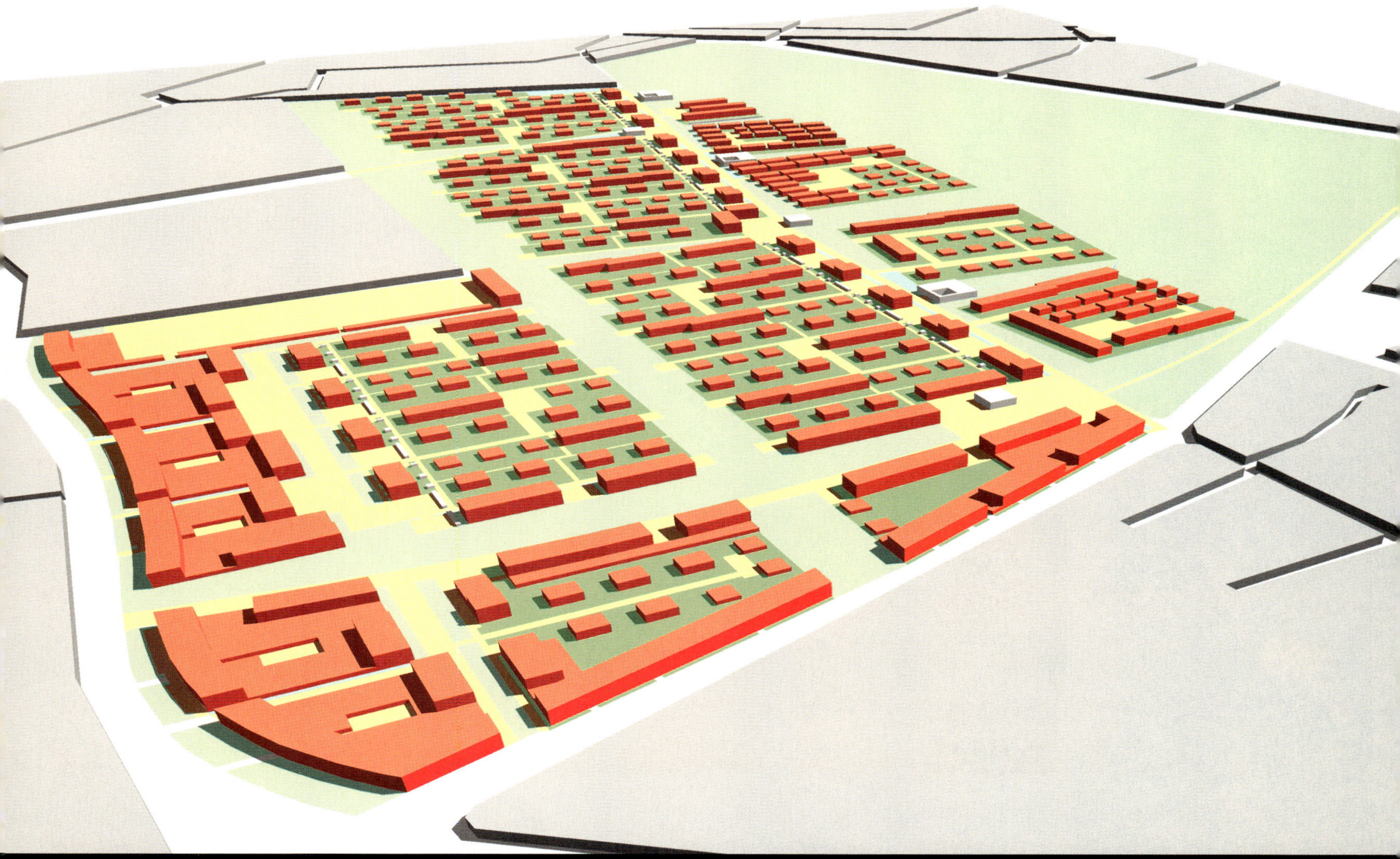

Sürther Straße/Am Feldrain

Sürther Feld

Architekt 3pass Architekten und Stadtplaner Bauherr Stadt Köln

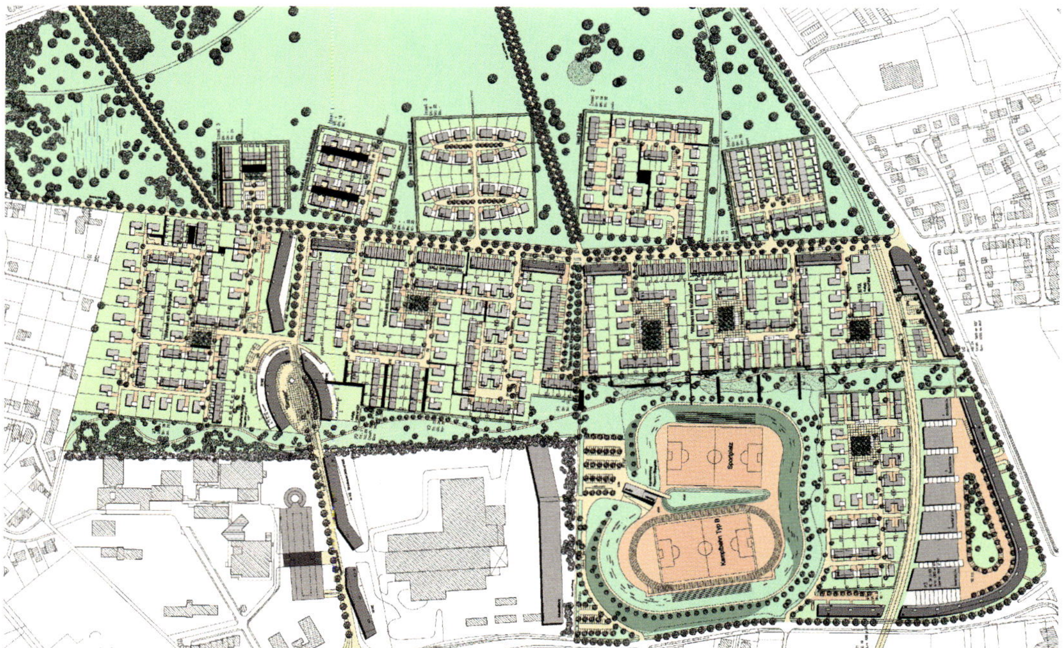

oben
Blick von Süden
links
Lageplan

rechts
Luftbild (Juli 2003)

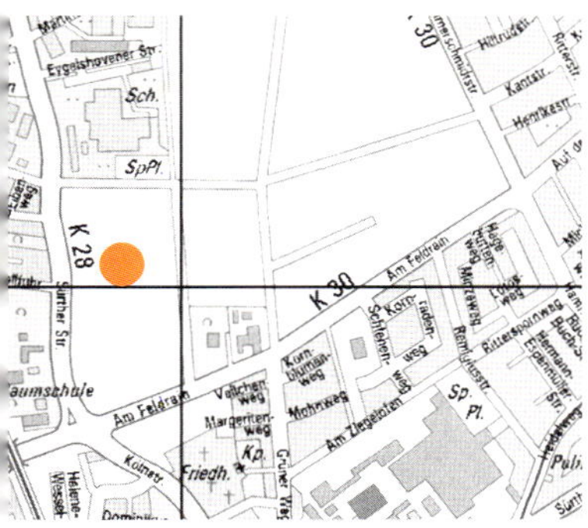

Grundstücksgröße
30 Hektar unbebaut
40 Hektar bebaut
70 Hektar gesamt
Bruttogeschossfläche
132.000 Quadratmeter (gesamt)
37.800 Quadratmeter (Einzelhandel/Gewerbe/Büro)
32.000 Quadratmeter (Geschosswohnungen)
62.200 Quadratmeter (Einfamilien-/Doppel-/Reihenhäuser)

Der neuen Siedlung im Sürther Feld in ihrer heterogenen Umgebung Eindeutigkeit zu verleihen war Ziel des Wettbewerbsentwurfes. Die der klaren Orientierung dienende, von Norden nach Süden verlaufende neue Erschließungsachse stellt als Verlängerung des »Grünen Weges« die direkte Anbindung an den Rhein her. Zugleich wirkt sie als paralleles Gegenstück zur Sürther Straße »rumpfbildend«. — Im Rahmen der Überarbeitung wird das Michaelshovenerwerk städtebaulich und funktionell mit der neuen Siedlung eindeutiger verknüpft. Aus diesem Grund sollte im Bereich Eygelshovenerstraße ein Nahversorgungszentrum angeordnet werden. Das ursprünglich im Süden liegende Zentrum sollte hierfür entfallen. — Der neue, »Eierplatz« genannte Platz liegt am westlichen Rand der Siedlung axial zur Eygelshovenerstraße. Er ist aus dem Siedlungskörper »herausgeschnitten« und öffnet sich nach Westen in Richtung Michaelshoven. Als Entree zur Siedlung bietet er nach dem Vorbild des »piazza amfiteatro« in Lucca ein schönes Raumerlebnis. Aus ihm heraus öffnet sich der Ausblick in die Weite des Landschaftsparks. Die Lage des Platzes erlaubt weiterhin die Durchgängigkeit des »grünen Bandes«, das von Nord nach Süd durch den Siedlungsrumpf als Rückgrat aus bewaldeten Grünflächen verläuft. — Die Raumkanten entlang wichtiger Straßen sowie zum Platz werden durch eine viergeschossige Bebauung gestärkt. Entlang der neuen Haupterschließungsachse wird die hohe Bebauung als Kette dreigeschossiger Stadthäuser fortgesetzt, die sich an den Kreuzungsbereichen zur Stadtbahntrasse, zum »Sporthof« und zum Eierplatz mit viergeschossigen Wohngebäuden für Geschosswohnungen abwechselt. — Die Fläche östlich des Siedlungsrumpfes bleibt als Landschaftspark erhalten und »schwappt« als Wiesenmeer an die Kaimauer der Siedlung. Inselartig lagern sich fünf Quadrate in die Landschaft vor. Sie können sich singulär in Abhängigkeit vom Bedarf entwickeln. — Die Wohngebiete sind so ausgebildet, dass Quartiere von übersichtlicher Größe entstehen, die sich räumlich um kleinere Quartiers- beziehungsweise Straßenplätze gruppieren.

Giving the new estate in the heterogeneous surroundings of Sürther Feld a clear identity was the aim of the design submitted in the architectural competition. The new north-south access road provides a clear orientation and extends Grüner Weg to link the new estate with the riverside. At the same time, this parallel to Sürther Strasse defines the shape of the area. — Restructuring measures will strengthen the urban and functional links between the factories in Michaelshoven and the new estate. Plans therefore envisage a shopping centre around Eygelshovenerstrasse to replace a centre located further south. — The new square, known as Eierplatz, takes a bite out of the estate as it opens up from Eygelshovenerstrasse toward the west and Michaelshoven. A sort of atrium to the estate, it is modelled on the piazza amfiteatro in Lucca. The vista onto the landscape park creates a pleasant spatial impression. The square does not interrupt the green belt that transforms the estate's north-south axis into a back-bone of wooded parkland. — Four-storey buildings reinforce the perimeters along important roads and the square. Along the new main access road, a string of three-storey houses continues the architecture of tall buildings marked by four-storey residential buildings on the intersections with the local train line as well as on Sporthof square and Eierplatz. The area east of the estate will be preserved as a landscape park whose green sea of meadows flows around the »quay« of buildings. Five square lots form offshore islands amid the greenery. They can be developed individually as demand arises. — The estate's subdivisions have a convenient format and are focused on small squares and piazzettas.

Hermann-Espenmüller-Straße

Mehrfamilienhäuser

Architekt Bodo Schmidt Bauherr Corpus Projektentwicklung Wohnen GmbH

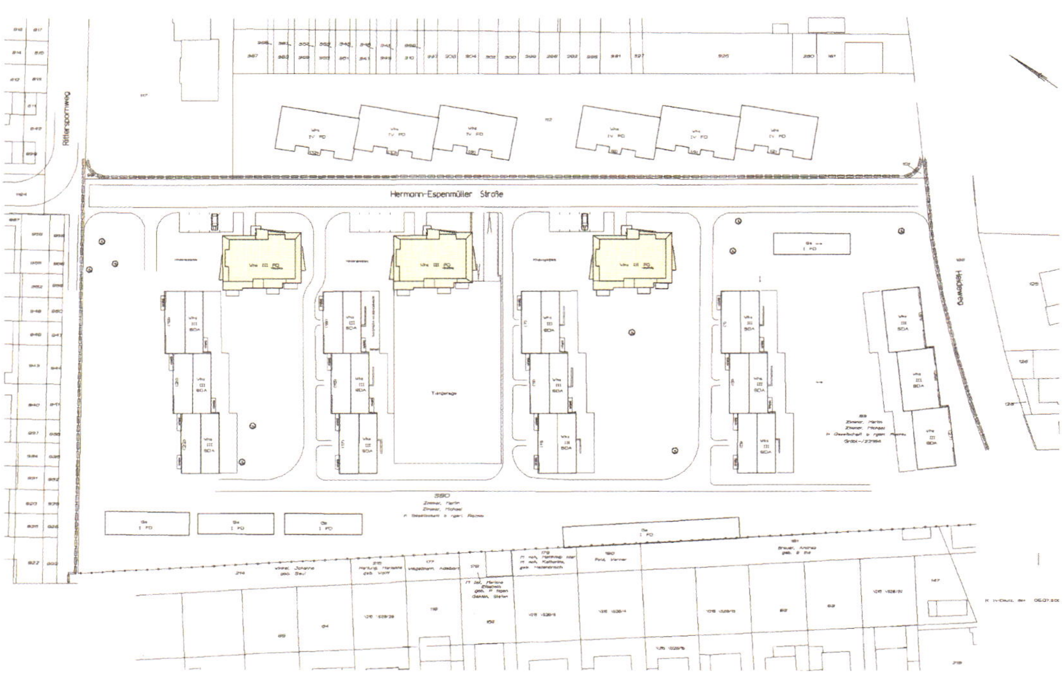

oben
Blick von der Hermann-Espenmüller-Straße
links
Lageplan

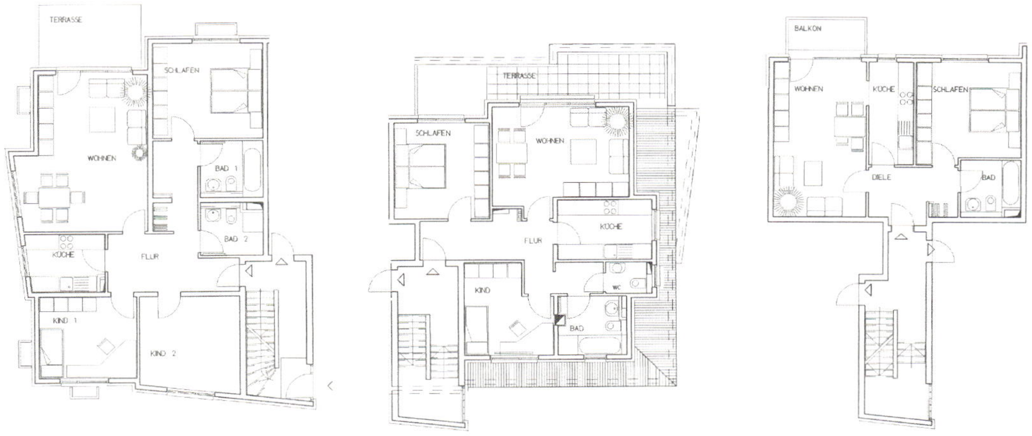

rechts
Wohnungsgrundrisse

Grundstücksgröße
3.935 Quadratmeter
Bruttogeschossfläche
2.834 Quadratmeter
Fertigstellung
2002

Simulation: www.wilkdesign.de

Aufgrund der ausgedehnten Grünflächen und der unmittelbaren Nähe zum Rhein gehört der Stadtteil Sürth im südlichen Stadtgebiet zu den begehrten Wohnlagen Kölns. Sowohl eine gute Anbindung mit öffentlichen Verkehrsmitteln an die Innenstadt und an das Zentrum des nahe gelegenen Stadtteils Rodenkirchen als auch die Geschäfte in der unmittelbaren Umgebung bieten eine gute infrastrukturelle Versorgung der Wohnbebauung in der Hermann-Espenmüller-Straße. — Hier erwarb die Corpus Projektentwicklung Wohnen GmbH die brachliegende Fläche eines Firmengeländes. Mitte 2001 konnte mit der Bauausführung von drei Mehrfamilienhäusern nach der Planung des Kölner Architekten Bodo Schmidt begonnen werden. Dabei wurde laut Aussage des Investors Wert darauf gelegt, die Neubauten in die gewachsene Bebauung der Nachbarschaft harmonisch einzufügen. — Die viergeschossigen Wohngebäude sind in einen dreigeschossigen verputzten Hauptbaukörper und in ein zurückversetztes, farblich abgesetztes Staffelgeschoss mit flach geneigtem, weit überstehenden Flugdach gegliedert. Die insgesamt 30 Wohneinheiten mit Flächen von etwa 59 bis 117 Quadratmetern bieten in Zwei- bis Vierzimmer-Eigentumswohnungen individuell zugeschnittenen Wohnraum. Alle Erdgeschosswohnungen erhalten den Zugang zu eigenen Gärten, an die Dachgeschosswohnungen schließen sich große Dachterrassen an und alle übrigen Wohnungen verfügen über einen Balkon. — Die Ausstattung der Wohnungen mit Parkettboden in Wohn- und Schlafräumen vermittelt ein angenehmes Wohngefühl. Gemeinschaftsräume, ausreichend Tiefgaragenstellplätze und die begrünten Außenanlagen runden das familienfreundliche Wohnumfeld ab.

Its extensive green areas and the close proximity to the River Rhine make the district of Sürth one of the most coveted residential areas south of Cologne city centre. Good public transport links both to the city centre and the centre of the nearby district of Rodenkirchen as well as shops in the immediate vicinity provide an excellent infrastructure for the residential estate on Hermann-Espenmüller-Strasse. — This is where Corpus Projektentwicklung Wohnen GmbH purchased a vacant commercial lot. By mid-2001 it was possible to begin realizing three multiple dwellings designed by Cologne-based architect Bodo Schmidt. According to the investor, one essential aim is to integrate the new buildings into the existing context as it developed over time, and to create a harmonious whole. — The new buildings have three main storeys behind a rendered façade. The fourth storey is set back from the main body and covered by a projecting, low lean-to roof. A total of 30 dwellings with floor space ranging from 59 to approximately 117 square meters offer individually designed living spaces in two- to four-room owner-occupied flats. All ground-floor dwellings have individual access to private gardens, the top-floor flats open onto large roof terraces, and all remaining flats have balconies. — The flats are fitted with parquet in the living rooms and carpet in the bedrooms to create a pleasant and comfortable atmosphere. Communal rooms, sufficient underground parking space and abundant greenery around the house enhance a family-friendly environment.

Lindenthal

Dürener Straße

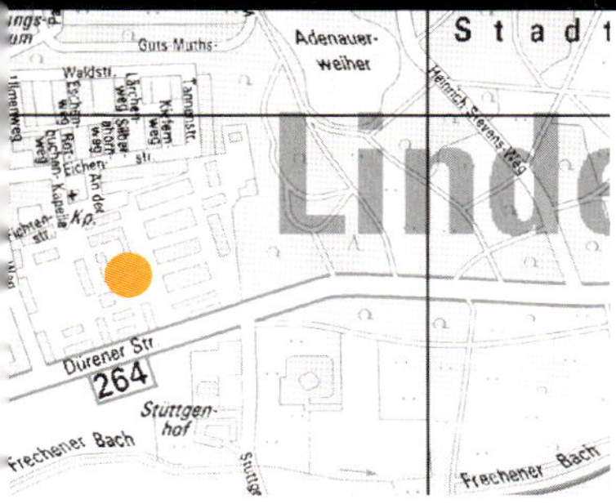

Lindenthal

Stadtwaldviertel Junkersdorf/Konversion Kaserne Haelen

Architekt Esser Planungsgesellschaft mbH/Hellriegel Architekten BDA

Bauherr Campus Grundstücksentwicklungsgesellschaft mbH

Grundstücksgröße
etwa 13,6 Hektar
Nettonutzfläche
etwa 50.000 Quadratmeter
Bruttogeschossfläche (Büros)
etwa 12.000 Quadratmeter
Fertigstellung
Ende 2004

An der Dürener Straße befindet sich die ehemalige Kasernenanlage »Haelen«. 1936 als »Etzel-Kaserne« erbaut, wurde der Standort nach dem Ende des Zweiten Weltkriegs von den belgischen Streitkräften genutzt. Nach deren Abzug im Jahre 1989 soll der zum Teil denkmalgeschützte ehemalige Militärstandort nun einer neuen Nutzung zugeführt werden. — Die zentrale Lage der Kasernenanlage eröffnet die Möglichkeit, einen bislang isolierten Bereich wieder in den Stadtteil Junkersdorf zu integrieren und durch ein neues, attraktives Quartier aufzuwerten. Mit dem Stadtwaldviertel entsteht ein für Köln einmaliges Projekt in exzellenter Lage mit städtebaulichem Qualitätsanspruch. Die Wiedernutzung des Kasernengeländes und die Umnutzung der bestehenden Gebäude stellen darüber hinaus einen wichtigen Beitrag zu einer flächen- und ressourcenschonenden Siedlungsentwicklung dar. — Nach der Konzeption der Kölner Architekten Peter Esser und Bernd Hellriegel werden hier rund 110 Einfamilienhäuser, frei stehend oder als Doppel- und Reihenhäuser beziehungsweise Stadthäuser entstehen. Insgesamt werden etwa 50.000 Quadratmeter Wohnfläche (etwa 390 Wohneinheiten), Praxen oder Büros zur Verfügung stehen. Darunter sind auch 90 barrierefreie Mietwohnungen mit Serviceangeboten für Jung und Alt.

The former barracks complex »Haelen«, built in 1936 and at that time called Etzel Barracks, is located on Dürener Strasse in the Cologne district of Junkersdorf. After World War II, the Belgian army used the location until their departure in 1989. The former army complex, parts of which are under preservation orders, is now to be adapted to new uses. — The central location of the barracks facilitates the integration of this once sealed-off area into the district of Junkersdorf, which thus gains a new and attractive part. In the Stadtwald district, Cologne gains a unique and unrivalled project in an outstanding location that meets the highest urban planning standards. The adaptive reuse of the barracks site and its buildings moreover represent an important contribution to an urban development geared toward preserving land and resources. — Plans drawn up by Cologne-based architects Peter Esser and Bernd Hellriegel envisage approximately 110 single-family dwellings either in detached houses, terraced or semi-detached houses or town houses. A total of approximately 50,000 square meters net floor space will accommodate approximately 390 dwellings as well as practices and offices. Also included are 90 barrier-free rented flats with services for young and old.

148 Johannes-Theodor-Baargeld-Weg

Lindenthal

Stadtwaldviertel Junkersdorf/Wohnbebauung

Architekt Hellriegel Architekten BDA **Bauherr** HMJ Grundbesitz GmbH & Co. KG

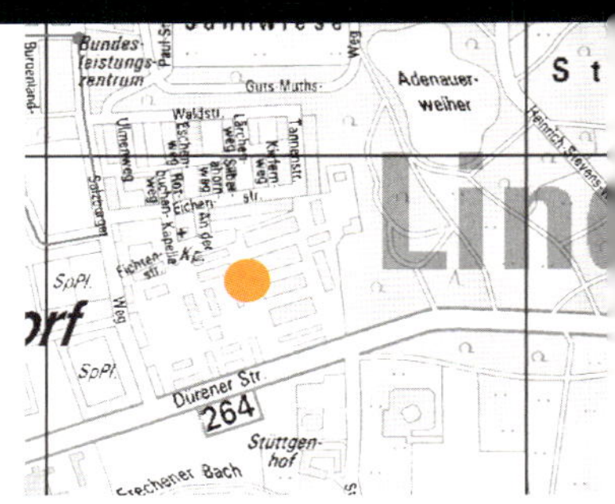

Die städtebauliche Konzeption des Projektes basiert auf einer Reihenhausanlage, die eine Verbindung zur nördlich gelegenen Wasserfläche herstellt. Damit geht der Entwurf auf die vorhandene topografische Situation des Hangverlaufs ein. Mit einer Grundfläche von knapp 5,50 mal 13 Metern bieten die einzelnen Wohneinheiten knapp 200 Quadratmeter Nutzfläche auf vier Geschossen. Die Eingangsbereiche zwischen den vorgelagerten Garagen sind mit einem Glasdach überdeckt und gehen im Inneren in ein Galeriegeschoss mit Küche und Essbereich über. Der Wohnbereich im tiefer liegenden Gartengeschoss ist durch einen Luftraum mit Küche und Essbereich im Erdgeschoss verbunden. Zur Südseite sind plastisch eingeschnittene Loggien über drei Geschosse angelegt. Auf der Dach- und der Gartenterrasse verfügt jedes Haus über Außenschränke, die im Garten gleichzeitig als Trennung zum Nachbarn dienen. Durch die Gebäudeorientierung kann die Solarenergie passiv genutzt werden. Während die Südseite mit hochwertiger großflächiger Verglasung und außen liegendem Sonnenschutz ausgeführt wurde, wartet die nördliche Lochfassade mit kleinen Öffnungen auf. Die Gebäude entsprechen unter anderem damit dem Niedrigenergiestandard.

The project's urban design concept is based on a complex of row houses creating a connection to a body of water to the north. The design encompasses the existing topographical situation while giving specially attention to line of a slope. Including a surface of greenery almost 5,50 X 13 meters, on four floors, the individual apartment units offer a total of circa 200 square meters of utility space. The entrance area between garages positioned at the front is decked with a glass roof, and, in the interior spaces, this develops into a gallery floor with kitchen and dining area. On the garden floor, the deeper-set living area connects to the ground-floor kitchen and dining areas through an open area of space. On the south side, sharply-inserted loggias cover three floors. On the roof and garden terraces, each house has access to exterior storage spaces, which, in the garden area, also serve as partitions that separate the neighbours' properties. The building's structure allows for a passive use of solar energy. While the south side is finished with high-quality large-scale glazing, as well as exteriorly-positioned sun protection units, in the perforated façades on the north side of the buildings, a series of small openings are in operation. Among their other qualities, the buildings are conceived to use a minimum of energy.

Fertigstellung
Ende 2002

Foto: Lukas Roth

Else-Lang-Straße 1

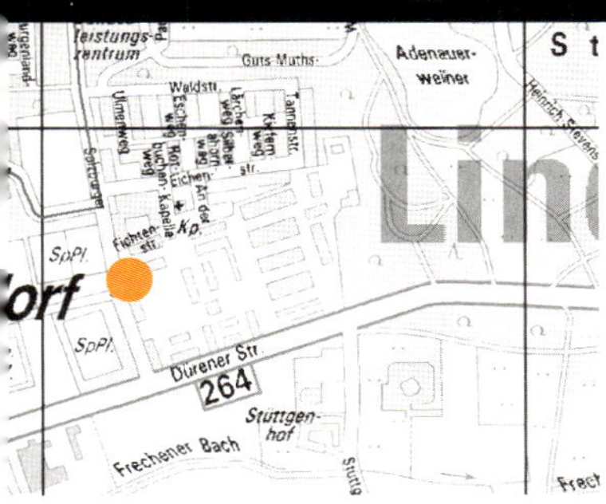

Stadtwaldviertel Junkersdorf/Bürohaus

Lindenthal

Architekt Esser Planungsgesellschaft mbH Bauherr Carola Marotzke und Holger Paulsen

Fertigstellung
2003

Als eines von vier fünfgeschossigen Punkthäusern mit definierter Abmessung – zur Fassung des ehemaligen Exerzierplatzes im Rahmen der Konversion eines Kasernengeländes in unmittelbarer Stadtwaldnähe – wurde dieses Gebäude im Bebauungsplan wegen seiner Nähe zum angrenzenden Salzburger Weg nicht nur als Wohngebäude, sondern auch für eine Büronutzung vorgesehen. Der Bauherr wünschte unter klaren Kostenvorgaben eine Bürohausarchitektur, die langfristig auch für flexible Folgenutzungen offen ist. — Ein Stahlbetonskelett mit massivem Erschließungskern bildet die Grundlage. Der Baukörper auf 16 mal 20 Metern Grundfläche öffnet sich scharfkantig an allen Gebäudeecken und erlaubt dem Betrachter je nach Standort eine Vielzahl von unterschiedlichen Durchblicken. Auskragende Sichtbetonplatten, als »Kühlrippen« mit Sonnenschutzfunktion, unterstreichen im Vergleich zu den mit Balkongeländern versehenen und als Wohnhäuser genutzten Pendants den Bürohauscharakter. Durch die statische Auslegung und eingelassene Edelstahlhülsen wird die Möglichkeit erhalten, filigrane Geländer für eine Folgenutzung Wohnen zu montieren. — Der monitorartige, rot gefasste Erker über dem Eingang ist Symbol für die Nutzung und Hinweis auf den Zugang. Hier arbeiten derzeit Planerbüros, Rechtsanwälte und Finanzdienstleister.

This building is one of four detached houses subject to strict regulations as to number of full storeys and measurements. They are intended to frame a former parade ground in the context of the conversion of a barracks close to Stadtwald park. Due to its proximity to the adjacent road, Salzburger Weg, the development plan earmarks this building for both private dwellings and offices. The investor set a clear budget for an office building that would adapt flexibly to subsequent uses. — A skeleton of reinforced concrete around an extensive access core is the starting point. The structure, rising from a ground plan of 16 by 20 meters, opens sharply at all corners of the building to give a multitude of different perspectives and vistas. Projecting slabs of exposed concrete functioning as »cooling ribs«, or solar filters, emphasize the building's businesslike character in contrast to the homelike counterparts with their balustraded balconies. The statics and embedded stainless-steel shells keep open the option of installing delicate banisters for a possible future use as private dwellings. — A red-framed bay window resembling a computer screen both marks the entrance and points to the building's function. Current tenants include planning offices, solicitors and financial service providers.

Foto: Stephan Wieland

Lindenallee

Wohngebiet

Architekt Prof. Petry + Partner/Architekturbüro Winzen

Bauherr Corpus Projektentwicklung Wohnen GmbH

oben

Luftbild der Gesamtanlage

links

Grundrisse der Mehrfamilienhäuser

rechts oben
Ansicht Doppelhaus
rechts unten
Ansicht Doppelhaus
rechts außen
Mehrfamilienhaus

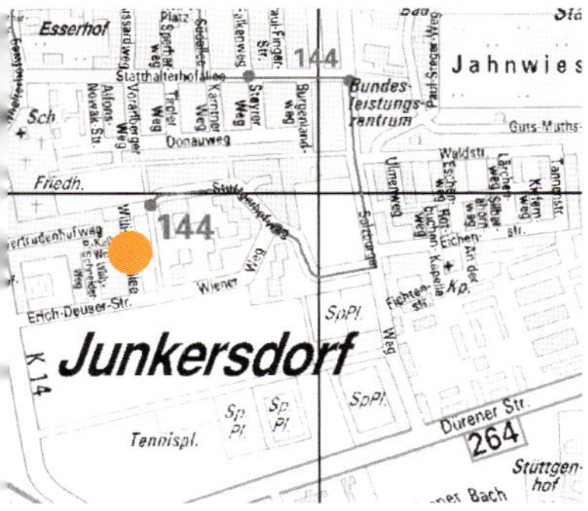

Grundstücksgröße
24.721 Quadratmeter
Fertigstellung
2003

Simulationen: www.wilkdesign.de

Im Süden des Stadtteiles Junkersdorf entsteht auf einer ehemals landwirtschaftlich genutzten Fläche seit 1999 ein neues Wohngebiet. Junkersdorf liegt westlich der Kölner Innenstadt, sich unmittelbar an den sich von Westen bis Süden erstreckenden Grüngürtel anschließend. Der Bezirk bietet mit seiner ruhigen Lage und seiner guten infrastrukturellen Anbindung ein attraktives Wohnumfeld speziell für junge Familien. Die Corpus Projektentwicklung Wohnen GmbH schafft mit ihrem Projekt in der Lindenallee ein überschaubares Wohnviertel, das sich in die durchgrünte und aufgelockerte Bebauung von Junkersdorf einfügt. — Es entstanden zunächst eine Reihe von sechs Mehrfamilienhäusern im Anschluss an eine sechs- bis neungeschossige Wohnbebauung aus den Siebzigerjahren. Das Kölner Architekturbüro Prof. Petry + Partner plante hier insgesamt 96 Wohneinheiten in Gebäuden mit einem nahezu quadratischen Grundriss, der drei bis vier Wohnungen pro Etage aufnimmt. Die Baukörper sind in drei Zonen gegliedert: ein dunkler abgesetztes Erdgeschoss, drei Obergeschosse mit einer weiß verputzten Fassade sowie ein zurückversetztes Staffelgeschoss mit weit auskragendem Pultdach. Ebenfalls im ersten Bauabschnitt wurden 25 Reihen- beziehungsweise Doppelhäuser errichtet. — Zurzeit werden 18 Reihenhäuser in Dreiergruppen sowie 16 Doppelhaushälften in drei Bauabschnitten vom Architekturbüro Winzen gebaut. Die Reihenhäuser verfügen über eine Wohnfläche von 148 bis 151 Quadratmetern. Bei den Doppelhaushälften beträgt die Wohnfläche 146 Quadratmeter. Dabei sind die Gärten der Einfamilienhäuser alle nach Süden ausgerichtet. Zu jedem Haus gehören zwei Stellplätze. — Bei der Gestaltung der öffentlichen Erschließungsflächen und der Außenanlagen wurde laut Aussage des Investors viel Wert darauf gelegt, dass sich die Merkmale von Junkersdorf als einem großzügigen, ruhigen und durchgrünten Wohngebiet fortsetzen.

Construction on the new residential estate taking shape on formerly agricultural lands in the southern part of the district of Junkersdorf began in 1999. Junkersdorf is situated west of Cologne's centre and adjoins the green belt extending south from the city's western perimeter. Tranquility and excellent infrastructural links attract young families to the district. In its project on Lindenallee, Corpus Projektentwicklung Wohnen GmbH is creating a well-defined residential estate that integrates well with Junkersdorf's green and open structure. — The first step was the construction of six terraced multiple dwellings extending the line of six- to nine-storey houses built in the 1970s. The Cologne-based architectural practice Prof. Petry + Partner was in charge of planning a total of 96 dwellings in buildings with a nearly-square ground plan that accommodates three to four flats on each floor. The exterior shows a tripartite structure with the ground floor faced in a dark colour, three upper floors with white rendering, and a receding storey with a generously projecting lean-to roof. Twenty-five terraced and semi-detached houses were also constructed during this first building phase. — Current operations are organized in three phases. The architectural practice Winzen designed 18 terraces grouped in threes as well as 16 semi-detached houses. The terraces have a floor area of 148–151 square meters, the semi-detached houses are slightly smaller with 146 square metres. Single-family dwellings have gardens that look south. Each house is equipped with parking space for two vehicles. — In designing the external access areas and grounds, the investor says, the emphasis was on following the model set by Junkersdorf, and creating a generous, peaceful and green environment.

Olympiaweg/Heinrich-Billstein-Weg

RheinEnergie Stadion

Architekt von Gerkan Marg und Partner (gmp) **Bauherr** Kölner Sportstätten GmbH

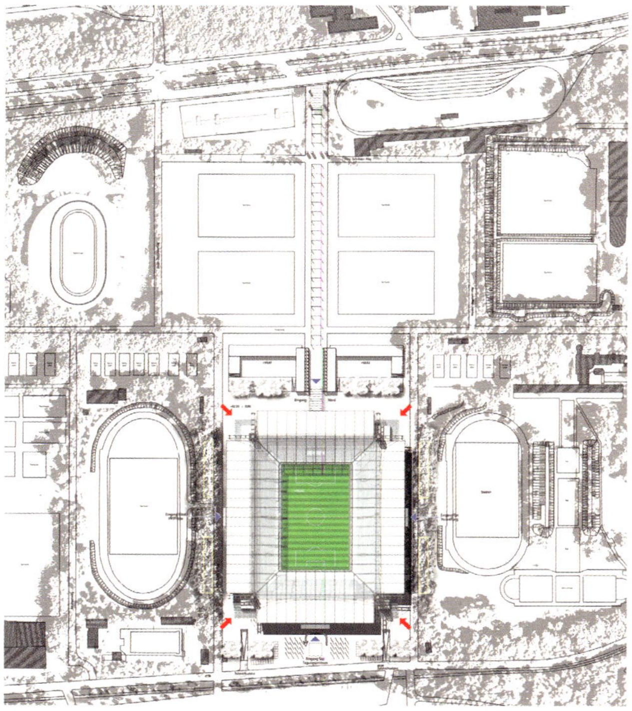

oben
Blick aus der Vogelperspektive (Modellfoto: Heiner Leiska)
links
Lageplan

rechts oben
Blick auf den Eingang
rechts unten
Blick aus einer Loge
rechts außen
Blick in den Innenraum

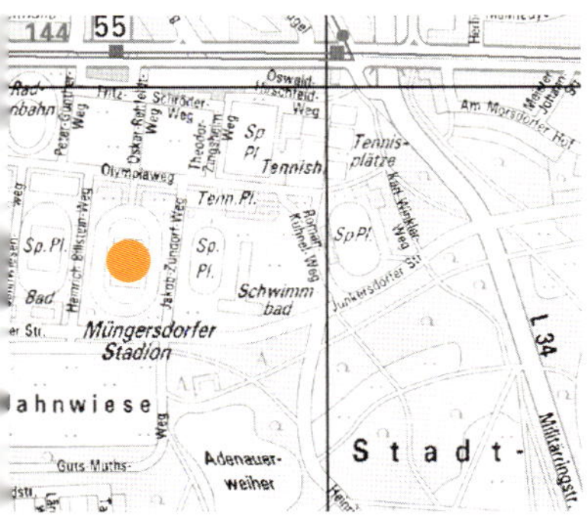

Nettonutzfläche
etwa 17.000 Quadratmeter
Sitzplätze
46.200
Fertigstellung
2004

Visualisierung: Archimation

Das RheinEnergie Stadion befindet sich im Sportpark Köln inmitten des äußeren Grüngürtels der Stadt in unmittelbarer Nachbarschaft zum Stadtwald sowie zu wichtigen Freizeit- und Sporteinrichtungen. — Das Gros der Zuschauer erreicht das Stadion aus Richtung Norden: Der Besucher wird durch ein Spalier von Leuchtstelen axial auf den Stadionneubau zugeführt. Ein Glasdach überdeckt den Zugang zum Verteilerring unterhalb der Tribünen. Durch die ebenerdigen Eingänge an den vier Ecken verteilen sich die Zuschauer über den umlaufenden unteren Umgang auf der Erdgeschossebene. — Die Tribünen oberhalb der Logenebene sind als eigenständige Ränge zwischen den vier Lichttürmen angebracht. Insgesamt haben sie ein Fassungsvermögen von 45.000 Sitzplätzen. Die Haupttribüne ist VIP- und Pressebereich. In der Südtribüne befinden sich ein Kongress- und Tagungszentrum mit VIP-Gastronomie und eigener Vorfahrt. Der Spielerbereich auf Ebene -1 unterhalb der Haupttribüne wird über die Garage im Untergeschoss für die Mannschaftsbusse erschlossen. — Die Eindeutigkeit und die klare Linie in der rechtwinkligen Geometrie des Stadionneubaus wird in Grund- und Aufriss durchgehalten und durch die Materialwahl und Konstruktionsweise betont: Leuchtende, 60 Meter hohe Stahltürme tragen ein leichtes Tribünendach mit einem äußeren Metall- und einem inneren Glasdach. Unter der schwebenden Hängekonstruktion sind die Fertigteiltribünen angeordnet, die von einem offenen Betongerüst getragen werden. Sämtliche Fassaden sind Pfosten-Riegel-Konstruktionen mit Ausnahme der Ebene unterhalb der Logen, die als dienendes Geschoss mit einer überwiegend geschlossenen Metallfassade versehen ist. — Um stützenfreie Tribünen ohne jede Sichtbehinderung für die Zuschauer zu erhalten, sind die Einzeldächer entlang ihrer Mittellinie aufgehängt. Das Aufhängesystem funktioniert wie eine klassische Hängebrücke: Zwei parallele Hängeseile tragen die vertikalen Dachlasten zu den Masten am Dachende. Diese werden nach außen abgespannt. Durch auskreuzende Zugstangen wird die gesamte Dachfläche als eine zusammenhängende Scheibe ausgebildet.

Müngersdorf stadium is part of Cologne's sports park, which is located in the city's outer green belt, in immediate proximity to Stadtwald park as well as important leisure- and sports facilities. — Most spectators approach the stadium from a northerly direction. The way is lined by illuminated stelae. A glass canopy shelters the entrance to the access level underneath the stands. Ground-floor entrances on four corners guide the spectators to the lower gallery loop on the ground floor. — The stands above the boxes form separate circles between the four floodlight towers. Total seating capacity is 45,000. The VIP and press boxes are located on the main stand. The southern stand is linked to a conference centre with VIP restaurant and independent access. Access to the player area on level -1 beneath the main stand is by the car park on the basement level where the team buses park. — Both ground plan and elevation consistently follow a straightforward and clear geometry oriented on right angles and highlighted by the choice of materials and the construction method: Illuminated 60-meter steel towers bear a light-weight stand roof consisting of a metal outside roof and a glass inside roof. An open concrete structure supports the prefabricated stands situated beneath the floating suspension roof. All façades are structural glass curtains, the only exception being the service level beneath the boxes, which is equipped with a largely closed metal façade. — To keep the stands free of pillars that would inevitably obstruct the view onto the pitch, the individual roofs are suspended by their central axis. The suspension system follows the classic suspension bridge method. Two parallel suspension cables transmit the vertical roof load to the masts at the end of each roof. These masts lean outward and allow the roof surface to from one continuous sheet.

Scheidtweilerstraße/Melatengürtel

DKVplus Bürogebäude

Architekt ARGE Jan Störmer Architekten (Planung) und Harms und Partner (Bauleitung) **Bauherr** DKV Versicherung

oben
Blick in das Casino
links
Lageplan

rechts oben
Ansichten
rechts unten
Blick auf den Eingang

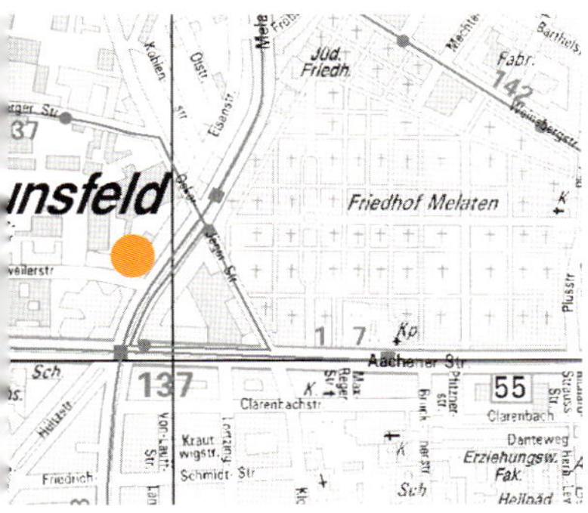

Bruttogeschossfläche
59.900 Quadratmeter
Planungsbeginn
Anfang 2000
Baubeginn
Ende 2002
Fertigstellung
Ende 2004

Der von der Architektenarbeitsgemeinschaft Jan Störmer Architekten/Hamburg und Harms und Partner/Köln konzipierte Erweiterungsbau der DKV-Hauptverwaltung – DKV plus – wird an der Scheidtweiler Straße in unmittelbarer Nähe der Hauptverwaltung entstehen. Dabei soll der Erweiterungsbau nicht nur höchsten funktionalen Gesichtspunkten gerecht werden, sondern auch das Selbstbewusstsein des Unternehmens widerspiegeln sowie architektonisch reizvolle Akzente im Stadtbild setzen. — Der Entwurf zeigt die längliche Grundstücksgeometrie mit drei Gebäudeelementen: zwei große Gebäuderiegel in Nord-Süd-Richtung und ein im Norden platzierter Turm. Die Höhenentwicklung der Riegel (fünf bis sieben Etagen) ist von Nord nach Süd gegenläufig und wird durch kontinuierlich abfallende beziehungsweise ansteigende Attikabauteile betont. Der Turm (14 Etagen) setzt einen markanten Akzent auf der Nordseite und schafft einen Zusammenhang mit den Hochhäusern in der näheren Umgebung. — Durch quer angeordnete Verbindungselemente (zwei bis drei Etagen) sind der West- und Ostriegel miteinander verbunden. Dadurch entstehen zwei großzügige, individuell gestaltete Innenhöfe – Kommunikationsplätze, die Raum schaffen für eine offene, dialogorientierte Unternehmenskultur. — Die Bürofläche lässt sich flexibel für unterschiedliche Büroraumformen nutzen, von Einzel- über Kombi- bis hin zu Gruppenbüros. Insgesamt wird Platz für 1.600 bis 1.800 Mitarbeiter geboten, die Räume werden teilweise durch die DKV selbst genutzt, teilweise aber auch fremdvermietet. Ein Mitarbeiterkasino ist für 1.200 Tischgäste täglich ausgelegt. — Die Fassaden der einzelnen Gebäudeteile sind unterschiedlich gestaltet und entfalten durch individuelle Gestaltung ihren eigenen Reiz. Der Turm und der Ostriegel erhalten eine Glas-Doppelfassade, der Westriegel eine Kastenfensterlösung sowie Natursteinverkleidung und die Querriegel eine Pfosten-Riegel-Fassade. Der mehrschalige Fassadenaufbau bietet Vorteile bei der Schalldämpfung von außen und setzt auch unter ökologischen Gesichtspunkten Maßstäbe. So kann in dem Gebäudekomplex weitgehend auf eine Klimatisierung verzichtet werden.

The extension of private health insurer DKV's administrative headquarters, DKV plus, was designed by the architect association formed by Jan Störmer Architekten/Hamburg and Harms und Partner/Cologne and will take shape on Scheidtweiler Strasse in immediate vicinity to the current headquarters. The aim is to create an extension that not only meets the highest functional standards but also reflects the company's corporate identity and sets an attractive architectural landmark in the cityscape. — The design's three buildings underline the attenuated shape of the site: Two large quadrangles are oriented on a north-south axis; a tower marks the northern end of the site. The height of the quadrangles (between five and seven storeys) ascends in converse lines from north to south and is highlighted by steadily descending (or ascending) attic elements. The tower (14 storeys) sets a landmark at the northern end and represents a link to the high-rise buildings in the surrounding area. — Transverse linking elements (two to three storeys) connect the west and east quadrangles to form two spacious, individually designed courtyards as places of communication that provide the open space essential to a communicative corporate culture. — The office floor space adapts to different formats ranging from cellular to combination and group offices. There is room for a total of 1,600 to 1,800 workspaces. While some rooms are reserved for DKV staff, others are let to outside tenants. A staff restaurant can cater for 1,200 guests per day. — Individually designed façades give the different parts of the building attractive identities of their own. The tower and the eastern quadrangle are faced by a double glass curtain, the western quadrangle features double-glazed casement windows. The transverse links have a structural glass curtain. The multi-layer building envelope offers advantages in sound insulation toward the outside and also sets ecological standards in that it largely obviates the need for air-conditioning in the complex.

Scheidtweilerstraße 38

Westforum/Zentrale der KVB

Architekt Walter von Lom Planungs GmbH **Bauherr** Kölner Verkehrsbetriebe AG

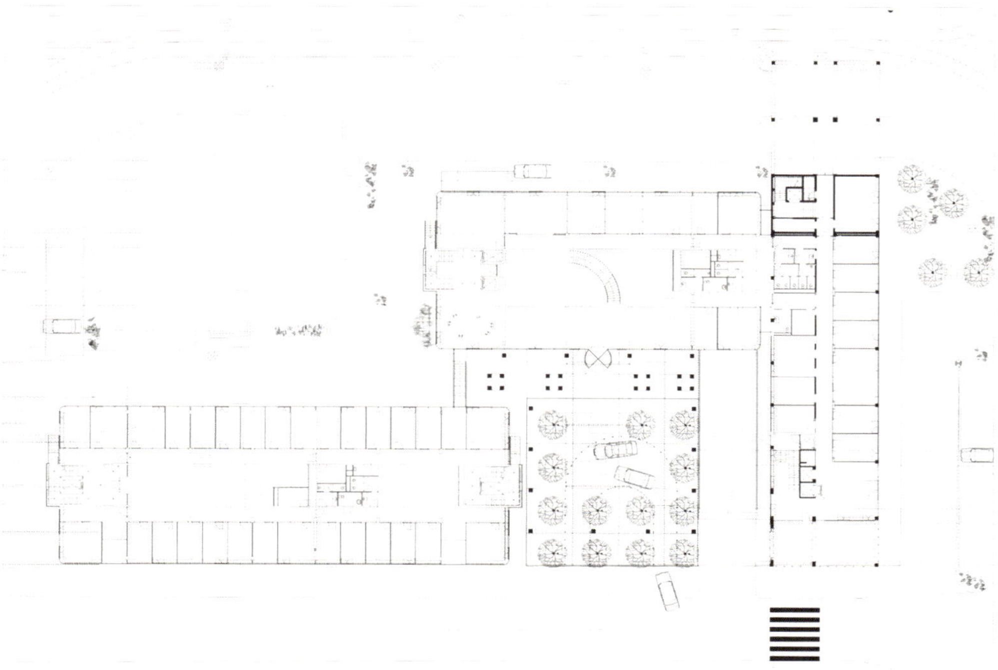

oben

Axonometrie des Gebäudeensembles

links

Grundriss Erdgeschoss

rechts oben
Gebäude 3
rechts unten
Gebäude 1
rechts außen
Gebäude 2

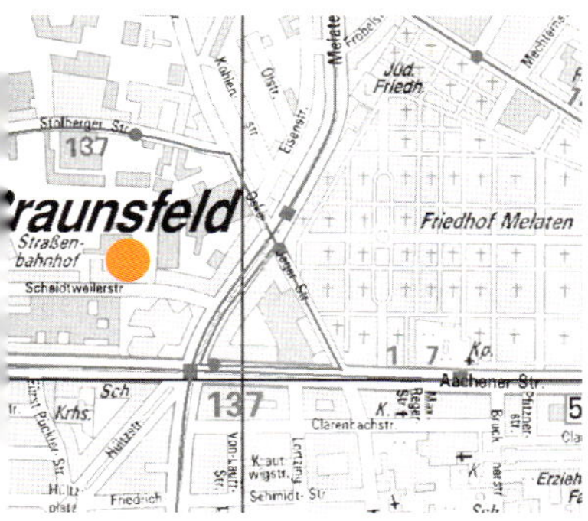

Gesamtnutzfläche
14.690 Quadratmeter
Fertigstellung
Gebäude 2 und 3: 2004
Gebäude 1: 2005

Seit vielen Jahrzehnten wird von der Scheidtweilerstraße aus das Verkehrsgeschehen des öffentlichen Nahverkehrs für Köln und das nahe Umfeld gelenkt. An diesem Standort wird die Zentrale des Verkehrsunternehmens 2004 in ein neues Gebäudeensemble einziehen, welches zwei neu errichtete Bürogebäude und ein kernsaniertes Bauteil mit moderner Glasfassade umfasst. In der Endausbaustufe ergibt sich ein Gesamtgebäudekomplex, in dem der alte Gebäudeteil integrierter Bestandteil bleibt und mit einem hellen und offenen äußeren Erscheinungsbild das Unternehmen zukunftsweisend repräsentiert. — Die neuen Gebäude sind sieben- beziehungsweise fünfgeschossig und über drei Etagen mit einer Brücke verbunden. Zwischen Neu- und Altbau erschließt sich von der Scheidtweilerstraße aus ein neuer Eingangsbereich, der den Kunden im Schutz eines Glasvordaches und durch eine Drehtür in ein großzügig gestaltetes Foyer führt. Dieser Raum erstreckt sich vom Erdgeschoss mit Empfangsbereich und transparent abgetrennten Büroräumen über eine geschwungene Innentreppe aus Glas- und Stahlelementen in die Emporenebene mit verglastem Besprechungsraum und weiteren gestalteten Arbeitsräumen. Aufzüge und Treppenhäuser führen, die Orientierung durch ein modernes Leitsystem unterstützend, in jede Ebene. — Im Inneren ergeben sich großflächige Arbeitsbereiche, in denen Kombibüros, Gruppenbüros und auch Einzelbüros in Ein- bis Dreibundanlagen als Organisationsformen möglich werden. Die Raumaufteilung in den verschiedenen Gebäuden wird so gestaltet, dass eine Kombination von diskreten Arbeitsplätzen in kleineren, abgeschlossenen Büros mit offenen Gruppenbüros entsteht. — Insgesamt bietet der Gebäudekomplex Büroflächen für 540 Arbeitsplätze. Zwanzig Prozent der Nutzfläche steht für die Fremdvermietung zur Verfügung. Hierfür ist das Gebäude 3 vorgesehen, welches unmittelbar an die Scheidtweilerstraße grenzt und durch zwei Eingänge direkten Zugang zu den Empfangsräumen bietet. — Für Konferenzen stehen in dem Komplex ein Konferenzraum für bis zu 40 Personen und acht allgemein nutzbare Besprechungsräume für jeweils bis zu 16 Personen zur Verfügung.

For several decades now, the main steering node of public transport in Cologne and to its immediate environs has been located on Scheidtweilerstrasse. In the year 2004, the headquarters of the transport company will move to a new complex consisting of two new office buildings at Nos. 2 and 3 and the modernized old building at No.1, which also features a new glass façade. The resulting ensemble integrates the older section while presenting a bright and open exterior that conveys an attractive and future-oriented corporate image. — The new buildings have seven to five storeys and are linked by bridges on three floors. A new entrance area on Scheidtweilerstrasse connects the old and the new buildings. A transparent revolving door sheltered underneath a glass canopy admits customers to a spacious lobby, which extends from the reception area and glassed-in office rooms on the ground floor to the gallery level with its glassed-in boardroom and transparent offices. An interior staircase of glass and steel elements curves through the lobby's bright and open space. Lifts and staircases equipped with a modern guidance system provide access to the different levels. — On the interior, spacious office areas offer possibilities of establishing a wide variety of organisational structures, ranging from combination offices to group- and individual offices in linked groups of one to three. Space in the various buildings is divided to create a combination of discreet workspaces in small, cellular offices with general offices. — In total, the complex provides space for 540 workplaces. A third of the usable floor space can be leased to outside users. Building No. 3 is earmarked for this purpose. It is located immediately on Scheidtweilerstrasse, and two entrances allow direct access to the reception area. — The complex provides a conference room for up to 40 participants and eight meeting rooms for up to 16 persons.

Aachener Straße/Oskar-Jäger-Straße

MelatenDreieck: Bezirksrathaus Lindenthal/Bürohaus Aachener Straße

Architekt Prof. Petry + Partner **Bauherr** HOCHTIEF Projektentwicklung GmbH

oben
Ansicht bei Nacht
links
Blick entlang der Aachener Straße

rechts
Empfang Bezirksrathaus
rechts außen
Eingang Bürohaus

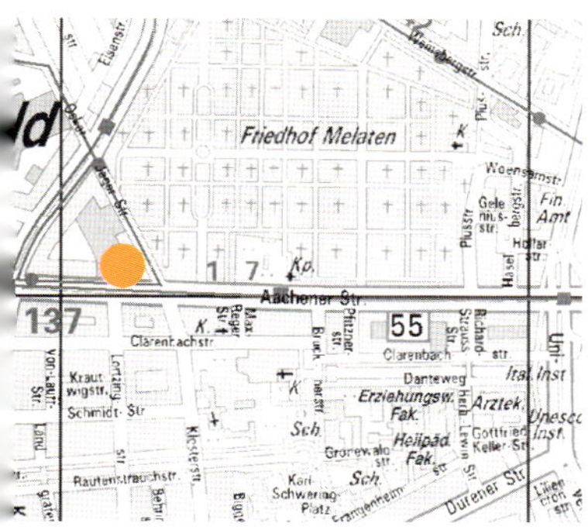

Grundstücksgröße gesamt
7.000 Quadratmeter
Bruttogeschossfläche Rathaus
15.000 Quadratmeter
Bruttogeschossfläche Bürogebäude
6.300 Quadratmeter
Fertigstellung
2003

Das Areal des MelatenDreiecks schließt westlich an die große innerstädtische Grünfläche des Melatenfriedhofs an und wird von drei Straßenzügen eingefasst. Südlich begrenzt die Aachener Straße, die Hauptausfallstraße Richtung Westen, das neue Quartier, im Nordwesten der Melatengürtel und im Nordosten die Oskar-Jäger-Straße. Mit diesen Verkehrsadern ist das MelatenDreieck sowohl an die Kölner Innenstadt als auch überregional sehr gut angebunden. Köln Lindenthal ist auf der einen Seite ein ruhiger, zum nahe gelegenen Stadtwald orientierter und doch innenstadtnaher Wohnbezirk. An der Aachener Straße und am Gürtel konzentrieren sich auf der anderen Seite Büro- und Geschäftshäuser sowie Verwaltungsgebäude. Das neue Bezirksrathaus Lindenthal und das anschließende Bürogebäude fügen sich in diese Umgebung ein. — Das Rathaus wurde in einem Public-private-partnership-Modell von der HOCHTIEF Projektentwicklung GmbH zusammen mit dem Investor, der DKV, für die Stadt Köln als Mieter verwirklicht. — Hier ist ein achtgeschossiges Gebäude im spitzwinkligen Eckbereich von Aachener- und Oskar-Jäger-Straße entstanden, das sich im Verlauf der beiden Straßenzüge abtreppt und der Höhe der bestehenden Bebauung annähert. Der Baukörper gliedert sich in eine zweigeschossige, weitgehend verglaste Sockelzone, einen fünfgeschossigen Mittelbereich mit Lochfassade und ein zurückversetztes Dachgeschoss. Das weit auskragende Flugdach schließt das Gebäude ab und betont die Ecksituation. Diese wird nachts mit einer indirekten Beleuchtung des Dachrandes noch überhöht. — Der senkrechte Schriftzug »Lindenthal« auf dem Aufzugsturm des Bezirksrathauses und die offene Gestaltung der Eingangsbereiche laden Bürger und Beschäftigte ein, die Gebäude zu betreten.

The triangular site known as MelatenDreieck lies immediately to the west of the extensive inner-city park constituted by Melaten cemetery. It is framed by three roads. Aachener Strasse, the main westbound road, marks the southern boundary, while Melatengürtel extends along the north-western, Oskar-Jäger-Strasse along the north-eastern perimeter. These traffic arteries link MelatenDreieck both to Cologne city centre and to destinations in other regions of Germany. On one side lies the district of Lindenthal, a tranquil residential area oriented toward nearby Stadtwald park and located at a convenient distance from the city centre. On the other side, Aachener Strasse and Gürtel are characterized by a concentration of office- and commercial buildings as well as authorities and administrations. Lindenthal's new district hall and the adjoining office building form an integral part of this structure. — The district hall was realized in public-private partnership by HOCHTIEF Projektentwicklung GmbH and the architectural practice Prof. Petry + Partner in collaboration with the investor, the private health insurer DKV, for the tenant, the city of Cologne. — The result is an eight-storey building on the acute corner of Aachener- and Oskar-Jäger-Strasse. Its height descends in gradual steps to that of the surrounding houses. The building consists of a largely glazed base that spans two floors, a five-storey intermediate section with a perforated façade, and a receding attic storey. A projecting flying roof concludes the building and emphasizes its corner situation, which at night is also highlighted by the indirect illumination of the eaves. —The vertical lettering »Lindenthal« on the lift tower of the district hall and the open treatment of the entrance areas welcomes citizens and staff to this inviting building.

Oskar-Jäger-Straße 1–7

MelatenDreieck: Bürogebäude

Architekt Prof. Petry + Partner **Bauherr** HOCHTIEF Projektentwicklung GmbH

oben
Blick vom Melatenfriedhof
links
Grundriss Erdgeschoss

rechts
Blick aus der Empfangshalle

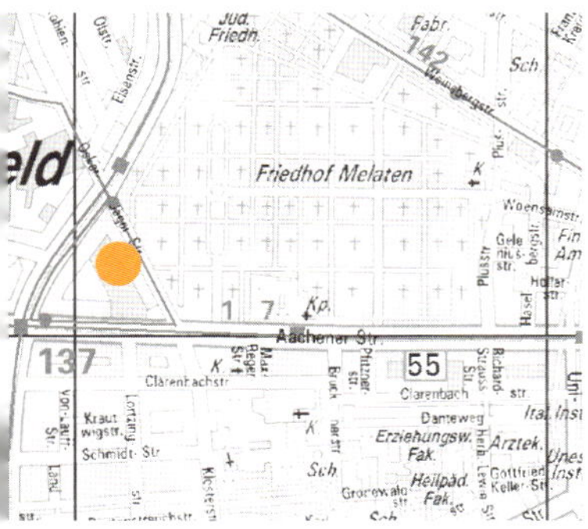

Bruttogeschossfläche
16.000 Quadratmeter
Grundstücksgröße
6.800 Quadratmeter
Fertigstellung
voraussichtlich 2005

Im direkten Anschluss an das Bezirksrathaus Lindenthal realisiert die HOCHTIEF Projektentwicklung GmbH mit dem Kölner Architekturbüro Prof. Petry + Partner das Bürohaus Oskar-Jäger-Straße 1–7 und schließt damit die zum Melatenfriedhof orientierte Seite des Melaten-Dreiecks. Das MelatenDreieck wird von den drei Straßenzügen Aachener Straße, Melatengürtel und Oskar-Jäger-Straße gebildet und ist über diese Verkehrsadern sowohl überregional als auch an die Kölner Innenstadt angebunden. — Das neue Bürogebäude führt den dichten, städtischen Charakter des Blocks im Verlauf der Oskar-Jäger-Straße weiter und vermittelt zwischen den unterschiedlichen Höhen der Nachbargebäude. Auf der einen Seite schließt die Bebauung unmittelbar an den hier sechsgeschossigen Baukörper des Rathauses an und staffelt sich auf der anderen Seite zur viergeschossigen Zeile entlang des Melatengürtels hin ab. Hier hält der Neubau Abstand zur bestehenden Bebauung und lässt eine grüne Fuge im sonst geschlossenen Blockrand entstehen. Zwei Bürotrakte entwickeln sich in die Tiefe des Blocks und umschließen gemeinsam mit der straßenbegleitenden Zeile einen sich öffnenden, U-förmigen Innenhof. — Die zurückhaltend gestaltete, bandförmig gegliederte Straßenfassade ist durch drei senkrechte, sich über die gesamte Höhe des Gebäudes entwickelnde Elemente zoniert. Mit einer Reihung von großformatigen Tafeln, die im Verhältnis zur Hauptebene der Fassade hervortreten oder zurückspringen, werden die vier Eingänge zu den frei aufteilbaren Büroflächen markiert. Auch farblich kontrastieren die in einem warmen Farbton geplanten Tafelelemente zu dem kühlen Grau der Fensterbrüstungen. Mit dieser Fassadengestaltung gelingt es zum einen, die Länge des Gebäudes zu gliedern, zum anderen wird auf diese Weise eine eindeutige Adressenbildung erreicht.

Directly adjacent to the district hall of Lindenthal, HOCHTIEF Projektentwicklung GmbH in collaboration with Cologne-based architects Prof. Petry + Partner is realizing the office building on Oskar-Jäger-Strasse 1–7. It will close the side of the triangular MelatenDreieck site toward Melaten cemetery. The triangle is framed by three roads: Aachener Strasse, Melatengürtel, and Oskar-Jäger-Strasse. These traffic arteries provide links to Cologne city centre as well as destinations in other parts of Germany. — The new office block is consistent with the dense, urban character of the architecture along Oskar-Jäger-Strasse and reconciles the different heights of the neighbouring houses. Where the office block meets the district hall, it is as tall as its neighbour, but descends in gradual steps to the height of the four-storey buildings along Melatengürtel. On this side, the new block keeps a slight distance to the existing building. A breach filled with greenery emerges in the otherwise closed line of buildings. Two office wings extend into the block's depth and along with the street-side wing embrace an open, U-shaped courtyard. — The restrained band of the street façade is structured by vertical elements distributed across the entire height of the building. A series of large-format boards recede or project from the façade to mark the four entrances to the office floors, which allow a free division of space. The warm colours of the boards will also contrast with the cool grey of the window ledges. This façade design on the one hand structures the long band of the building while on the other giving it an unmistakable identity.

Joseph-Stelzmann-Straße

Neubau Universitätsklinik Kinderheilkunde

Architekten Lepel & Lepel Bauherr Klinikum der Universität zu Köln

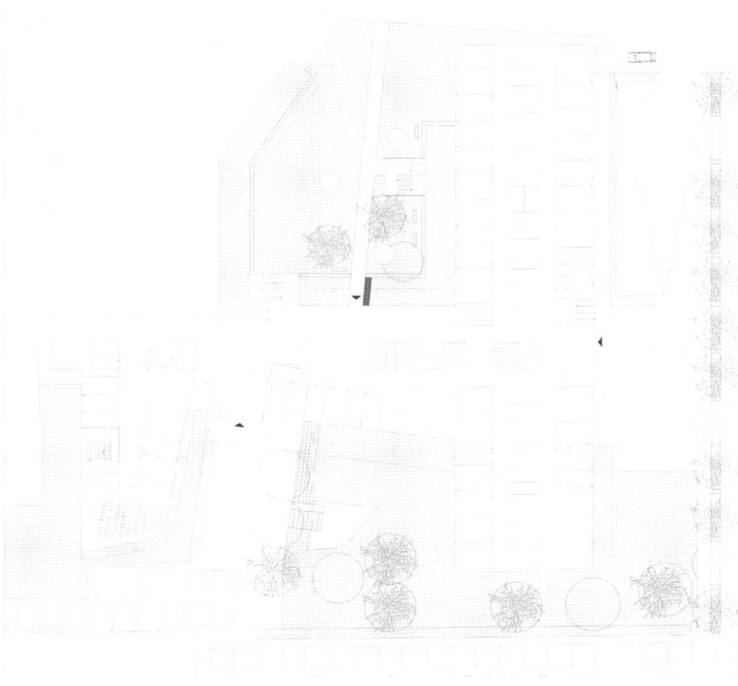

oben
Blick zum Eingang
links
Lageplan

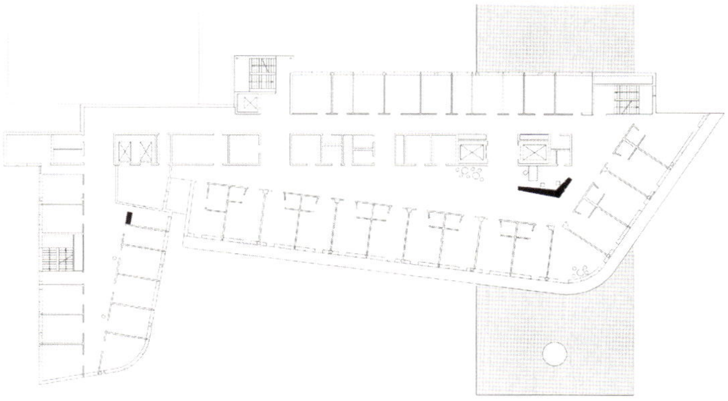

rechts oben
Blick auf den Kopfbau
rechts unten
Fassade der Pflegestation
rechts außen
Grundriss 2. Obergeschoss

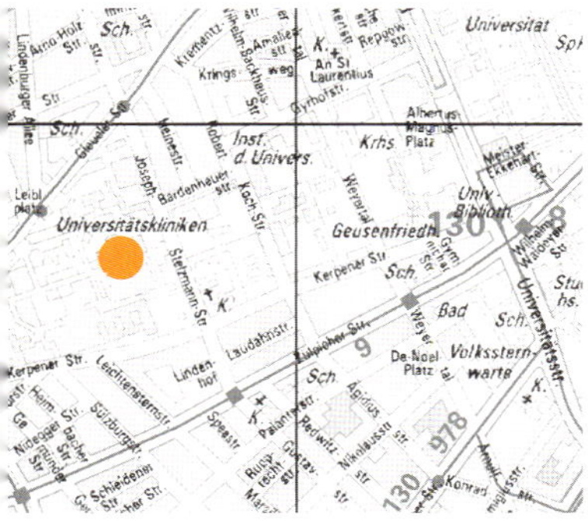

Grundstücksfläche
6.200 Quadratmeter
Bruttogeschossfläche
12.420 Quadratmeter
Hauptnutzfläche
5.100 Quadratmeter
Baubeginn
2004

Krankenhäuser sind komplexe Systeme, Kinderkliniken in erster Linie Lebensräume, in denen Kinder sich wohl, ja heimisch fühlen sollen. — Das Architekturbüro Lepel & Lepel hat daher ein räumliches Konzept entwickelt, das Geborgenheit und Offenheit, Rückzug, Spiel und Bewegung sowie das Miteinander der Familie ermöglicht, zugleich aber auch Funktionalität und Sicherheit, medizinische Behandlung und Pflege gewährleistet. — Aus diesen Gründen ist die Klinik in drei Teile gegliedert: die Poliklinik mit Untersuchungsbereichen, Labors, Empfang und Notaufnahme im zweigeschossigen, lang gestreckten »Fuß«, die Pflegestationen im dreigeschossigen, aufgeständerten »Flügel« sowie das sozialpädiatrische Zentrum mit Ärztezimmern, Behandlungsräumen und Ambulanz im viergeschossigen »Kopf« des Gebäudes. — Über ein »Gelenk« sind die Neubauten mit der bestehenden Kinderonkologie verbunden. Die unterschiedliche Gestaltung der Baukörper und die offene Erschließung gewährleisten eine gute Orientierung. Großzügige Verglasungen, vielfältige Ein- und Ausblicke sowie enge räumliche und visuelle Anbindungen von Grünanlagen und Spielplätzen schaffen eine freundliche Atmosphäre. — Herzstück sind die Stationen. Über die Ausrichtung nach Süden und Südosten erhalten die Patientenzimmer ein hohes Maß an Tageslicht. Aufgeweitete Flurzonen bieten Bewegungsflächen sowie Treffpunkte von Patienten und Besuchern. Der zentrale Stationstresen verschafft dem Pflegepersonal kurze Wege und Übersicht. Ansprechpartner sind hier schnell zu finden. Unterschiedliche Farben und verschiedenartige Türen erleichtern den Kindern die Identifikation. Die Betten sind mit Ablagemöglichkeiten für Privates ausgestattet, fest installierte Bereiche bieten Sitz- und Schlafgelegenheiten für Eltern. Die technische Ausrüstung ist soweit wie möglich in Einbauten »versteckt«.

Hospitals are complex systems, paediatric hospitals are living environments where children should feel comfortable and even at home. The architectural practice Lepel & Lepel has therefore developed a spatial concept that integrates security and openness, privacy, play and movement and enables families to be together while guaranteeing top standards of operation and safety, medical treatment and care. — The hospital is divided into three sections. The polyclinic with its focus on medical examination and diagnosis, its laboratories, reception desk and casualty department occupies the long, two-storey »foot« of the complex. The wards are housed in the three-storey raised »wing« while the socio-paediatric centre with the doctor's rooms, treatment rooms and outpatient department are located in the four-storey »head« of the complex. — A »joint« links the new buildings with the existing centre for paediatric oncology. The buildings stand out as different shapes in an open environment to guarantee easy orientation. Generous glass surfaces, varied outside and inside views as well as close spatial and visual links to green areas and playgrounds create a friendly atmosphere. — The wards are the heart of the complex. They look south and south-east to flood the rooms with natural light. Widening halls offer enough space for children to move naturally, and provide meeting places for patients and visitors. The centrally located desk keeps the distances staff have to cover short and manageable. Visitors will have no problems in finding the staff member they are looking for. Different colours and varied doors help children feel at home in »their« hospital. Beds are equipped with tables for private belongings; seating and beds for parents are also provided. Technical equipment is concealed in fitted furnishings wherever possible.

Robert-Koch-Straße

Laborgebäude

Architekt ARGE Heinrich + Wörner/stegepartner **Bauherr** Klinikum der Universität zu Köln

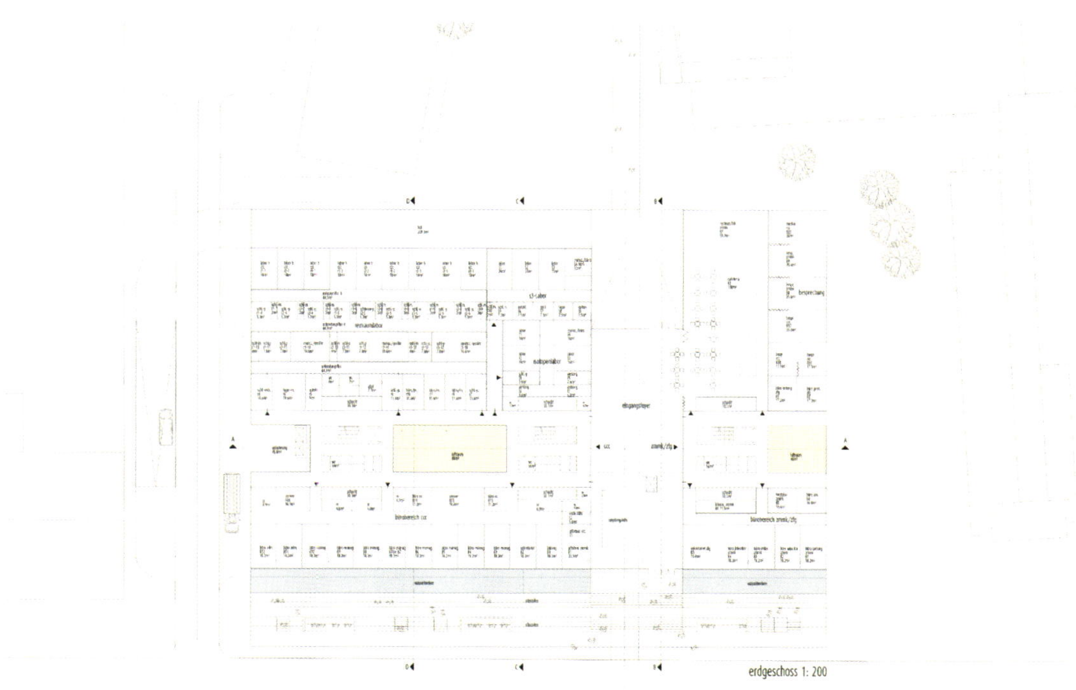

oben
Straßenansicht
links
Grundriss Erdgeschoss

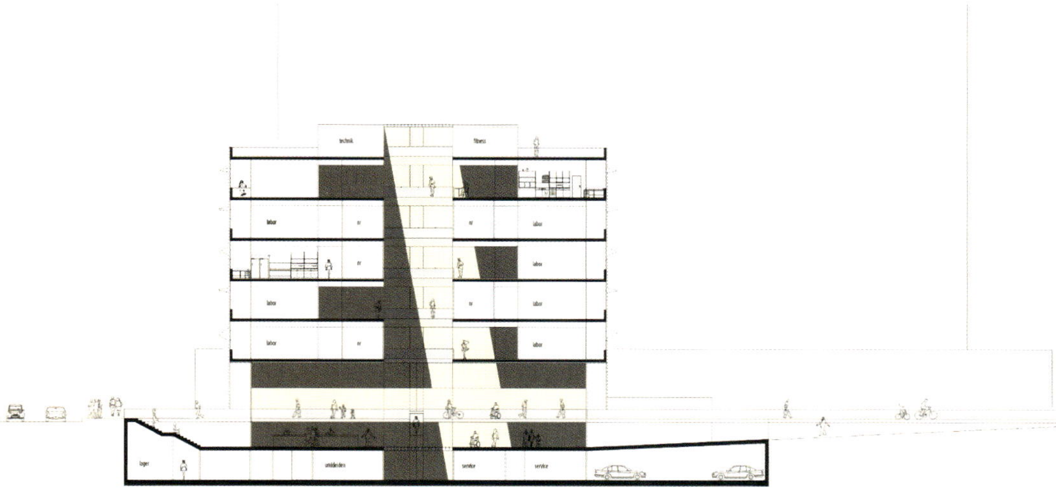

rechts oben
Querschnitt
rechts unten
Modellfoto

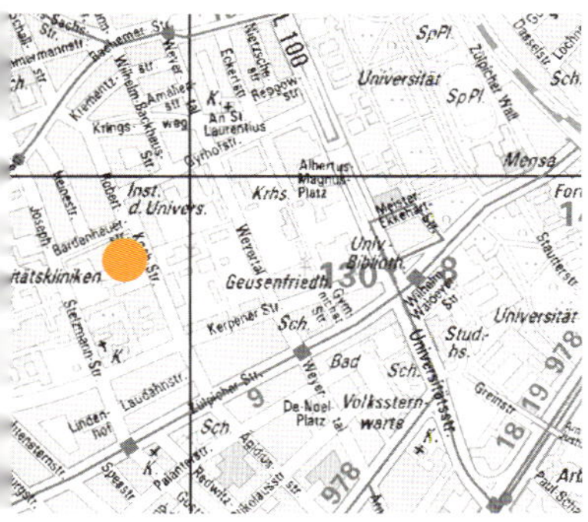

Bruttogeschossfläche
21.000 Quadratmeter
Wettbewerb
2003
Baubeginn
2004

Für ein neues Laborgebäude des Klinikums der Universität zu Köln wurde Anfang 2003 ein Wettbewerb ausgelobt, aus dem die ARGE der Architekten Heinrich + Wörner und stegepartner als erste Preisträger hervorging. — Das Gebäude beinhaltet das Zentrum für Molekularmedizin (ZMMK) und das Zentrum für Genomforschung (ZFG), beides universitäre Einrichtungen, sowie das Cell Center Cologne (CCC) als privatwirtschaftliches Institut. — Auf einem recht kleinen Grundstück mussten mehr als 11.000 Quadratmeter Hauptnutzfläche untergebracht werden. Mitten über das Grundstück verläuft der so genannte Studentenweg, die wichtigste Fuß- und Radwegeverbindung zwischen dem Klinikum und dem Campus der Universität. Der Studentenweg stellt ein städtebaulich äußerst wichtiges Element dar, das es überzeugend zu integrieren galt. — Zwingend gefordert vom Auslober war ausschließlich ein Haupteingang für alle drei Institutionen. Der Studentenweg durfte die Eingangsebene nicht zerschneiden, was zwangsläufig zwei Eingänge zur Folge gehabt hätte. — Konzept ist demzufolge ein typologisch einfacher Solitär am Kreuzungspunkt von Straße und Studentenweg, der einerseits die funktionale Anforderung des Studentenwegs durch geschicktes Führen durch das Gebäude hindurch innerhalb eines zweigeschossigen Foyers löst, und andererseits nach außen den gewollten Austausch von privater und universitärer Forschung architektonisch dokumentiert. — Die Idee des solitären Monoliths wird konsequent durch große Homogenität und eine technisch septische Ästhetik in den Fassaden umgesetzt. — Entstehen wird ein sehr kompakter Baukörper, mit höchster interner Funktionalität und Flexibilität. Typologisch wird das Gebäude ein Vierbund, ein Baukörper zusammengesetzt aus zwei Gebäuderiegeln, mit einem komplexen Luftraum über insgesamt neun Geschosse mit Galerien zur Kommunikation und zum Austausch dazwischen. Dieser Raum soll die Synergien zwischen den verschiedensten Laborgruppen fördern.

For the new laboratory facilities of the University of Cologne's Clinic, a competition with monetary prize was made public in 2003. The first-prize winner was the partnership of the architects Heinrich + Wörner and stegepartner. — The building contains the Center for Molecular Medical Studies (ZMMK) and Center for Genetic Research (ZFG), both university facilities like the Cell Center Cologne (CCC), which is managed as privately-run institute. — An unusually small site had to accommodate more than 11,000 square meters of utility space. Overhead, passing directly through the space, was the student lane: the immediate area's most important, pedestrian zone and bicycle path connection, between the clinic and university campus. From an urban design standpoint, the student lane represents an extremely important element, and it had to be convincingly integrated.— It was expressly required by the competition's sponsors that a main entranceway should service all three institutions, and that the student lane not be allowed to sever the entrance level, which would invariably result in two entranceways. — In keeping with the given stipulations, the concept proposed a topographically simple, solitary construction at the crossing point of the street and student lane. On the one hand, this skillfully relegated the functional requirements of the student lane straight through the building, within a two-storey foyer; on the other hand, this architecturally documented the desired exchange of private and university-owned research spaces. Through its homogeneity, and the septic and technical aesthetic of its façade, the idea of a solitary monolith could be effectively carried out. Intended for the site is a greatly-compacted building structure with a high degree of internal functionality and flexibility. Seen topographically, the building will be a four-volume construction, a building structure created from two building strips, and using a complex area of free space above its altogether nine-storeys with galleries, which communicates and exchanges in between. This space is meant to encourage the synergetic potential between the most diverse laboratory groups.

Berrenrather Straße/Universitätsstraße

Schiller- und Elisabeth-von-Thüringen-Gymnasium

Architekt Architekturbüro Felder **Bauherr** Stadt Köln

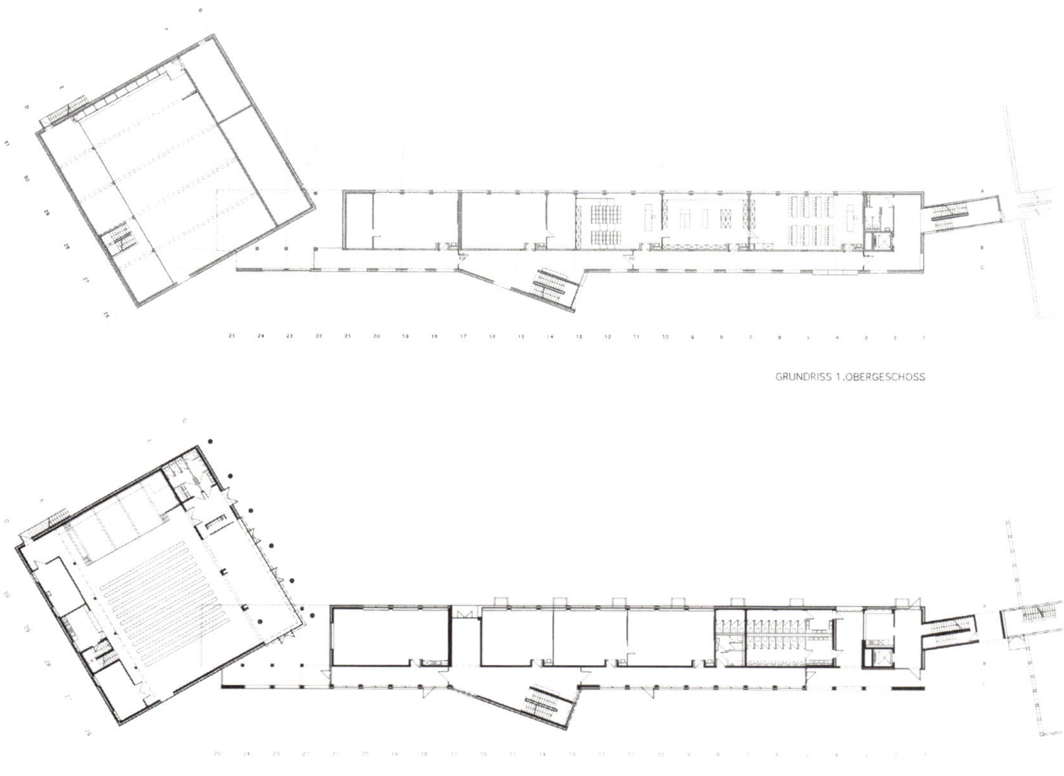

oben
Blick entlang der Universitätsstraße
links
Grundriss Obergeschoss und Erdgeschoss

rechts oben
Überlagerung der Baukörper
rechts unten
Blick entlang des Klassentraktes
rechts oben, außen
Blick aus einem Glaserker
rechts unten, außen
Innenraum Pädagogisches Zentrum

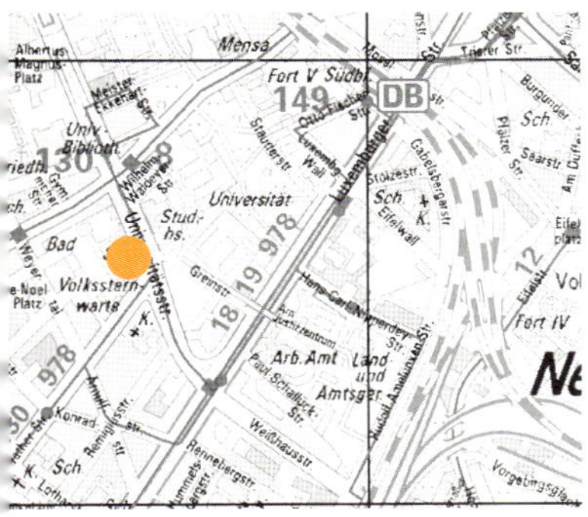

Grundstücksgröße
10.000 Quadratmeter
Bruttogeschossfläche
7.500 Quadratmeter
Fertigstellung
2002

Fotos: Christian Richters

Der Erweiterungsbau für das Schiller- und Elisabeth-von-Thüringen-Gymnasium im Stadtteil Sülz (Bezirk Köln-Lindenthal) stellt nicht nur zusätzlich benötigten Unterrichtsraum zur Verfügung, sondern schließt auch eine städtebauliche Lücke. Der lang gestreckte Neubau des Klassentraktes ergänzt die fehlende straßenbegleitende Bebauung an der Universitätsstraße. An der Ecke Berrenrather Straße findet der Erweiterungsbau mit dem dreigeschossigen, weitgehend geschlossenen Baukörper des Pädagogischen Zentrums seinen Abschluss. Die Flure des viergeschossigen Klassentraktes sind zur stark befahrenen Universitätsstraße hinter einer Lochfassade angeordnet. In den Flurerweiterungen befinden sich hinter großflächigen Glaserkern Sitzgelegenheiten; hier haben die Schüler die Möglichkeit, sich zu orientieren und für eine kurze Zeit aufzuhalten. Eine senkrechte Zäsur des Riegels, die auch vom fließenden Verkehr aus wahrgenommen wird, bildet die Verglasung des aus der Achse des Baukörpers gedrehten Treppenhauses. — Bei der Lösung der Bauaufgabe durch das Kölner Architekturbüro Felder stand neben den städtebaulichen und organisatorischen Anforderungen vor allem auch der gezielte Umgang mit verschiedenen Baumaterialien im Vordergrund. Die Außenwände sind mit einer Schale handgestrichener Ziegel verkleidet. Holz, Sichtbeton und Ziegel sind die bestimmenden Elemente des Innenraums. Das Pädagogische Zentrum ist mit einer Lichtdecke und einem Holzfußboden ausgestattet. — Neben dem Gebäudeensemble an der Universitätsstraße umfasst das Projekt ein Gebäude an der Palanter Straße für zwei Turnhallen mit den dazugehörenden Umkleiden und Nebenräumen. Die beiden Turnhallen sind übereinander angeordnet, wobei der Boden der unteren Turnhalle etwa drei Meter unter Geländeniveau liegt.

The extension building for two secondary schools, the Schiller school and the Elisabeth-von-Thüringen school, in the Cologne district of Lindenthal not only provides the much-needed additional classrooms, but also fills a gap in the urban structure. The long classroom wing on Universitätsstrasse closes the line of buildings along the road. The extension's end on the corner of Berrenrather Strasse is marked by the three-storey, predominantly closed body of the education centre Pädagogisches Zentrum. The corridors of the four-storey classroom wing are oriented toward the traffic-laden Universitätsstrasse and shelter behind a perforated façade. Generous bay windows with seats occasionally open up the corridors and offer students the possibility to stop and take a short break on their way from classroom to classroom. As a feature that is well visible from the road, the glassed-in staircase twists out from the building's axis to outline a vertical fissure in the quadrangular building. — Above and beyond the challenges posed by urban planning regulations and organizational requirements, the Cologne-based architectural practice Felder emphasized a targeted variation of building materials. The curtains walls are clad in hand-made brick. Wood, exposed concrete and brick determine the interior space. The education centre is equipped with an illuminated ceiling and a wood floor. — In addition to the ensemble on Universitätsstrasse, the project includes a building on Palanter Strasse that will accommodate two gyms plus changing rooms and side rooms. The two gyms are located on two floors, with the lower floor at approximately three metres below ground-floor level.

Eupener Straße 125–133

NTZ Neues Technologie Zentrum

Architekt Niels Christensen **Bauherr** LIG Lammerting Immobilien Gruppe

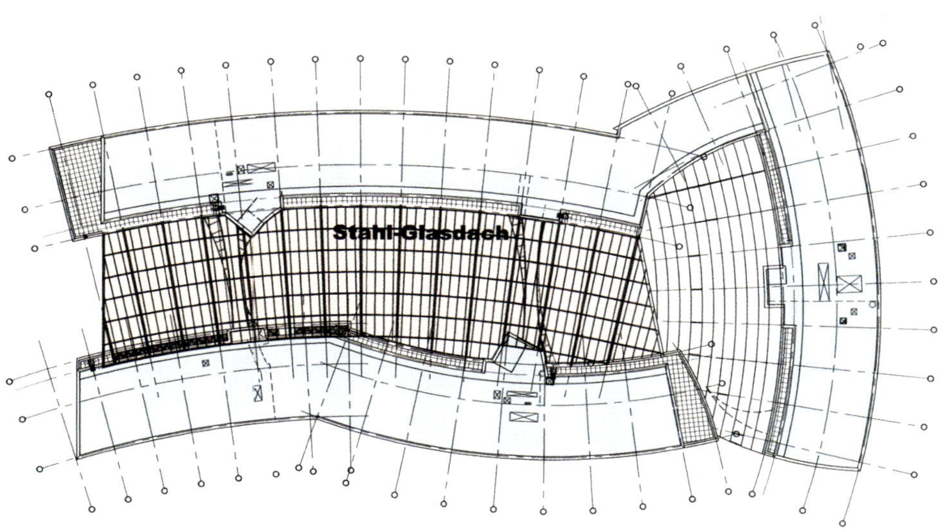

oben
Blick in das Atrium
links
Dachaufsicht

rechts
Ansichten

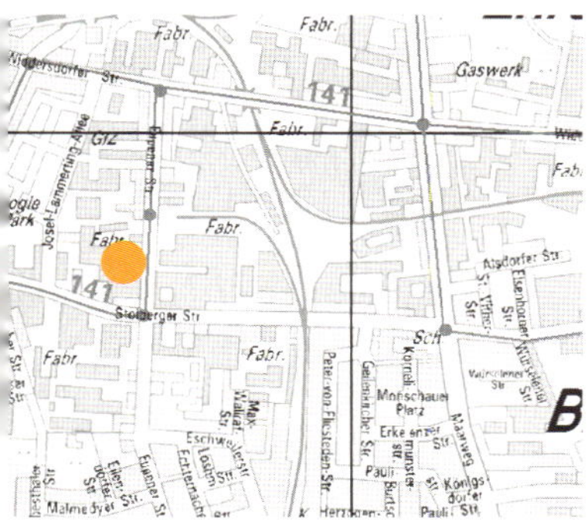

Bruttogeschossfläche
22.000 Quadratmeter
Fertigstellung
2003

Mit dem NTZ (Neues Technologie Zentrum) wurde im Herzen des »TechnologiePark Köln« ein neuer städtebaulicher und architektonischer Akzent gesetzt. Der Kölner Architekt Niels Christensen hat das NTZ in einem geschwungenen Grundriss konzipiert. Damit soll einerseits dem 22.000 Quadratmeter großen Komplex die Schwere genommen, andererseits dem Haus durch die asymmetrisch geschwungen angeordneten Baukörper und Brücken Leichtigkeit verliehen werden. — Aufgeteilt ist der neue Gebäudekomplex im Kölner Westen in zwei sich gegenüberliegende, geschwungene Baukörper und einen vor Kopf abgesetzten, ebenfalls geschwungenen dritten Gebäudetrakt. Dazwischen liegt ein großzügiger glasüberdachter Innenhof. Die einzelnen Gebäudetrakte sind durch Brücken miteinander verbunden. — Kommunikative Anreize werden auf allen Ebenen gefördert: zum Beispiel durch das im mediterranen Stil eingerichtete, lichtdurchflutete Atrium als repräsentatives Entree und als Raum für Erholungsphasen sowie durch ein Casino im Querriegel. Die Brücken zwischen den Längsriegeln eröffnen den Nutzern kurze Wege und fördern damit ebenfalls die Kommunikation in dem Gebäude, das insbesondere durch die Glas- und Stahlkonstruktionen im Atrium ein hohes Maß an Transparenz vermittelt. — Das NTZ hat sechs Vollgeschosse und ein vom Innenhof zurückgesetztes siebtes Staffelgeschoss. Der Neubaukomplex soll mit einem zweiten Bauabschnitt in etwa gleicher Größe in südlicher Richtung erweitert werden. Hauptnutzer des NTZ ist das Bundesverwaltungsamt, das bereits knapp ein Jahr nach der Grundsteinlegung mit 650 Mitarbeitern dort eingezogen ist. Mit diesen neuen Nutzern zählt der TechnologiePark Köln inzwischen 5.500 Mitarbeiter in 300 Firmen und Institutionen auf einer Fläche von insgesamt 220.000 Quadratmetern Bruttogeschossfläche.

With the completion of the NTZ or New Technology Center in the heart of Cologne's TechnologyPark – the region's largest multifunctional and service-oriented location for firms – new emphasis was placed on urban design and architecture. Light, lively, communicative, and highly economical, is how the NTZ presented itself at its official opening in late May. The Cologne architect Niels Christensen conceived the NTZ using a curved ground plan. On the one hand, the plan extracted heaviness from the 22,000-square-meter-large complex; on the other, by using asymmetrically curved building structures and bridges, it granted the house a creative lightness. — The new building complex in West Cologne is divided into two curved building structures that face one another, but also includes a third likewise curved building tract placed before the conclusion. Between these is a spacious glass-roofed inner courtyard. The individual building tracts are connected by bridges. — The communicative dimension is encouraged on every level of the building: for example, through the Mediterranean-style light-drenched atrium showcased here as a representative entrée, through the Pause and Communication Room, and through the casino in the lateral building tract. The bridges between building tracts running lengthways create short passageways for users, and this, too, encourages communication in a building that conveys an enormous amount of transparency with its atrium's glass-and-steel constructions. — The NTZ has six complete floors as well as the seventh attic-floor recessed by the inner courtyard. Through a second building section of approximately the same dimensions, the new building complex continues its architectural path in a southerly direction. The NTZ's principal user is the Federal Administration Office, which, hardly a year after the laying of the cornerstone, moved onto the premises with its 650 employees. Along with these new users, the TechnologyPark employee count is meanwhile 5,500, dispersed over 300 firms and institutions, on a surface of 22,000 square meters of floor space alone.

Ehrenfeld

Liebigstraße/Hans-Wild-Straße

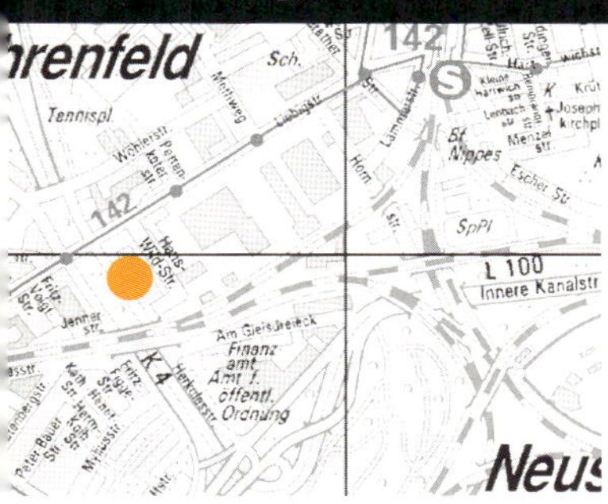

Wohnbebauung

Architekt Prof. Ulrich Coersmeier Bauherr Grund und Boden GmbH/ Grund und Boden Baubetreuung

Ehrenfeld

Grundstücksgröße
12.566 Quadratmeter
Bruttogeschossfläche
25.636 Quadratmeter
Fertigstellung
2001

Das Grundstück des Projekts in der Liebigstraße lag lange Zeit aufgrund seiner stark belasteten Lage brach. Der benachbarte Schlachthof auf der einen Seite und der Bahndamm bzw. die Autobahn auf den anderen Seiten rahmten den Standort ein. Nach teilweiser Überdeckelung der Autobahn und dem dadurch gewonnenen Potenzial einer öffentlichen Freifläche wurde für das zentral gelegene Areal ein Wettbewerb mit 80 Teilnehmern ausgeschrieben, aus dem die Kölner Architekten Prof. Ulrich Coersmeier und Michael Hecker als erste Preisträger hervorgingen und mit der Realisierung betraut wurden. — Die Umgebung mit ihren geschlossenen, teilweise hohen Baustrukturen ist großstädtisch und auch Bahndamm und Autobahn geben entsprechende Dimensionen vor. Sehr entschieden ist das Rückgrat der neuen Wohnbebauung ausgeprägt. Die addierten Geschosswohnungswinkel werden durch ein leichtes Dach zusammengehalten und bilden Tore zu den dahinter liegenden Höfen. Diese werden zum Park hin von zweigeschossigen Trakten im Wechsel mit Treppentürmen und gläsernen Erschließungsbrücken gebildet. — Das Siedlungsinnere ist verkehrsfrei gehalten, die Parkmöglichkeiten verteilen sich auf eine Tiefgarage an der Liebigstraße, filigrane Stahl-Paletten am Bahndamm sowie im Baumschatten vor den »Toren« der Bebauung.

The building plot of this project on Liebigstrasse remained undeveloped for a long time on account of its highly inopportune location. The site is framed on one side by the neighbouring slaughterhouse and on the others by the railway and motorway. Following the partial covering of the motorway and the possibility for a public open space thus created, proposals were invited from 80 participants for this centrally located area. Cologne architect Ulrich Coersmeier's was awarded first prize and entrusted with the task of developing the site. —The surrounding built up area containing some high-rise structures is urban and the railway track and motorway contribute to this effect. The central spine of the new residential building development is an outstanding feature. The quarters are covered by a light roof and form a gate to the inner courtyards. These quarters lead to a park and take the form of two-floored tracts alternating with staircases in the form of towers and glassed-over connecting bridges. — The inner areas of this residential estate are kept free of traffic with parking provided in an underground car park on Liebigstrasse, elaborate steel palettes on the Bahndamm as well as behind hedges and beneath the shade of trees in front of the »gates« of the complex.

Fotos: Palladium/Schuh

Innere Kanalstraße/Subbelrather Straße

Colonius Carré

Architekt Mronz + Schaefer Architekten BDA **Bauherr** Colonius Carré Entwicklungsgesellschaft mbH

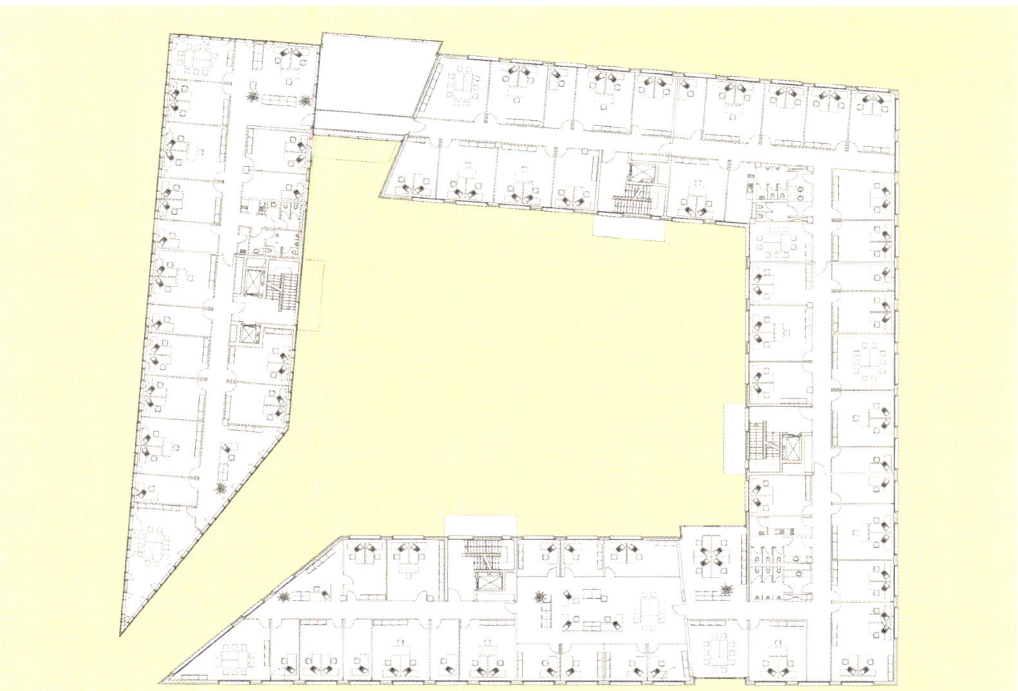

oben
Blick auf die Ecke
links
Grundriss Regelgeschoss

rechts oben
Innenansicht
rechts unten
Innenhof
rechts außen
Modellfoto

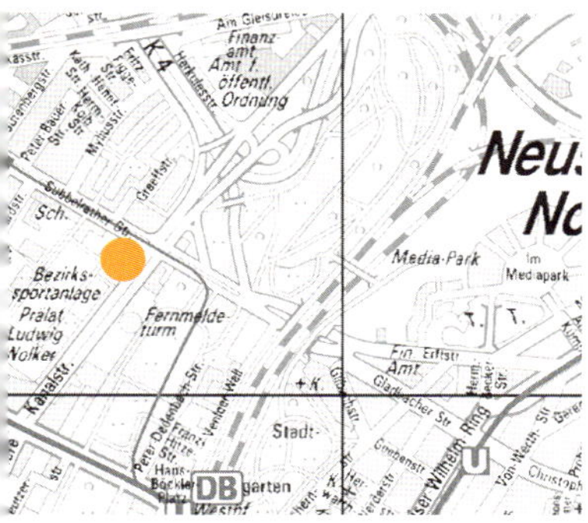

Grundstücksgröße
13.100 Quadratmeter
Bruttogeschossfläche
14.500 Quadratmeter
Fertigstellung
2004

An der heterogen bebauten und stark befahrenen Inneren Kanalstraße soll gegenüber dem Fernmeldeamt mit dem weithin sichtbaren Colonius Turm ein städtebaulich markantes, architektonisch modernes und in seiner Nutzung flexibles Bürogebäude errichtet werden. — Der entwickelte Gebäudekomplex »Colonius Carré« besitzt als eine Art Plastik im Stadtraum eine eigenständige Identität mit hohem Wiedererkennungswert und kann sich in der von Solitärgebäuden geprägten städtebaulichen Umgebung gut behaupten. — Das Gebäudeensemble gliedert sich in drei Baukörper mit unterschiedlichen Charakteren, die strukturell jedoch eine Einheit bilden und an von Erosionsprozessen ästhetisch modellierte Gesteinsformationen erinnern. Die scharfkantigen Außenflächen der Solitärgebäude stehen wie die Seiten frisch gebrochener Natursteine zueinander. Zur Inneren Kanalstraße hin entsteht ein siebengeschossiges Haus, das mit einer glatten kühlen Fassade eine elegante Antwort auf den schnell fließenden Autoverkehr und die hektische Betriebsamkeit geben soll. Das fünfgeschossige Gebäude an der Subbelrather Straße reagiert mit der regelmäßigen Lochfassade auf die ihm gegenüberliegende städtische Bebauung und fügt sich harmonisch in das gesamte Straßenbild ein. Ein L-förmiger Gebäudeausschnitt der Gesamtskulptur mit nur vier Geschossen stellt einen proportionalen Bezug zur niedrigen Nachbarbebauung an der Subbelrather Straße her. Die Staffelgeschosse mit exklusiven Büros haben Zugang zu den platzseitigen Dachterrassen. — Die Gebäude lassen aufgrund ihrer Anordnung drei Felsspalten ähnliche Öffnungen unterschiedlicher Form und Größe entstehen, die den Eintritt in den innenhofartigen Raum ermöglichen. Der gebäudehohe Einschnitt des Haupteingangs befindet sich im Kreuzungsbereich Innere Kanalstraße/Subbelrather Straße. Im Verlauf der Subbelrather Straße wird die Spalte zwischen den Steinhäusern durch einen gläsernen, zur Gebäudeflucht nach hinten versetzten Verbindungskeil fast gänzlich geschlossen und bietet dem Fußgänger eine weitere, passagenartige Öffnung. Eine dritte, sich zum Außenraum hin aufweitende Gebäudefuge steht in unmittelbarer Sichtbeziehung zum Haupteingang.

An architecturally modern, flexible office building, striking in its urban development concept, is being constructed on the architecturally heterogenous and busy with traffic Innere Kanalstrasse, opposite the telephone exchange with its highly visible Colonius tower. — The complex of buildings to be developed here, the »Colonius Carré«, possesses a unique character, something like a sculpture within the urban space, and certainly stands comparison to the free-standing buildings to be found in this area of the city. — The ensemble is designed as three structures with different characters, which nevertheless create a harmonious structural unit reminding one of rock formations aesthetically modelled by processes of erosion. The sharp-edged outer surfaces of the free-standing buildings face each other like the surfaces of freshly broken natural stone. A seven-storey building is being constructed facing onto Innere Kanalstrasse, whose cool, smooth surface has been designed to provide a riposte to the fast moving traffic and hectic activity of the street. The five-storey building facing onto Subbelrather Strasse responds with its regular windowed façade to the buildings lying opposite it and will integrate itself very harmoniously into the street as a whole. An L-shaped section with only four storeys produces a proportional link to the low neighbouring buildings on Subbelrather Strasse. The staggered storeys with exclusive offices have access to the roof terraces. — On account of their arrangement the buildings allow the creation of three crevice-like gaps of different shapes and sizes, providing access to a space something like an inner courtyard. The building-high break of the main entrance is located at the crossroads of Innere Kanalstrasse and Subbelrather Strasse. The gap between the stone buildings along Subbelrather Strasse is almost completely closed by a glass connecting structure, offering pedestrians a further, passage-like opening. A third structure is located in a position where it is highly visible from the main entrance.

Piusstraße/Venloer Straße

Wohnbebauung »Pius-Carré«

Architekt planquadrat, Elfers Geskes Krämer Bauherr ZETA Immobilien-Projektentwicklungs GmbH

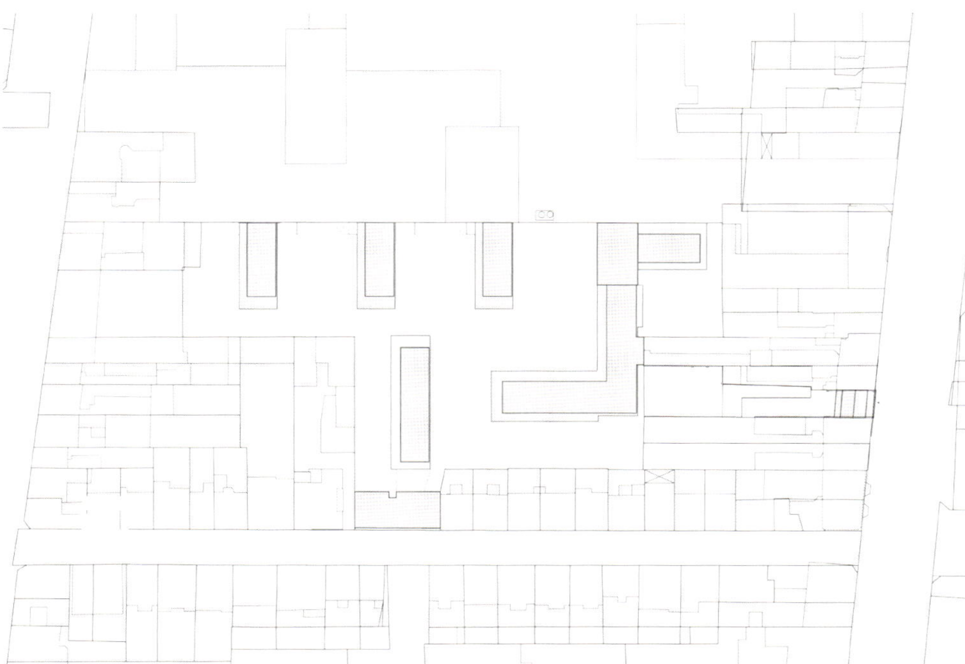

oben
Luftbild/Simulation
links
Lageplan

rechts
Blicke in den Innenhof

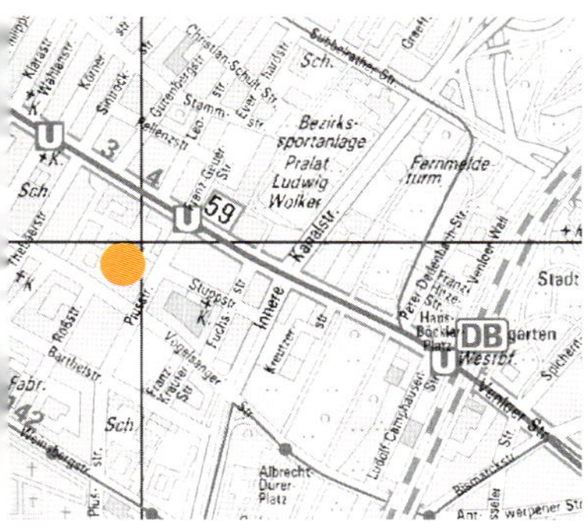

Durchführung
Bauwens GmbH & Co. KG
Bruttogeschossfläche
13.000 Quadratmeter
Fertigstellung
Ende 2004

Visualisierung: wilkdesign.de

Der Raum zwischen Barthonia-Forum und Piusstraße wird als öffentlich durchwegbarer Raum begriffen, der aber einen intimen Charakter besitzt. Die Durchwegung soll vor allem den Bewohnern selbst dienen, aber durchaus auch halböffentlichen Charakter haben. — Die Ausrichtung der Baukörper erfolgt nach Belichtungskriterien, sie sind prinzipiell nach Süden orientiert. Zwei Teile der Figur sind gedreht, um Bewegung zu lenken und den Raum zu formen. Eine Überhöhung der Ecke am Barthoniaforum nimmt die Akzente der Umgebung auf und dient als Signet für den gesamten Wohnbereich. — Das entstehende Ensemble unterscheidet sich in Ausrichtung und Lage. Der Baukörper an der Wand zur Shedhalle am Barthoniaforum gliedert sich kammartig in drei Teile auf. Dazwischen entstehen private Grünbereiche. Die hier entstehenden Wohnungen eignen sich besonders gut für Familienwohnen. Die ebenerdigen Wohnungen haben direkten Gartenanschluss, die oberen großzügige Balkons und Dachterrassen. — Der südöstlich benachbarte Baukörper stellt die räumliche Verknüpfung zur Piusstraße her. Durch seine geringe Tiefe und Südausrichtung entstehen auch hier helle Wohnungen mit einer sehr privaten Südseite, die durch Gärten und Balkons gegliedert wird. — An der Piusstraße wird der Baukörper in das Straßenbild eingepasst. Der 1,5-geschossige Durchgang dient als zweiter Eingang in den Wohnkomplex. — Räumlich wird das Gebiet dann durch den zweifach geknickten Baukörper am Barthoniaforum definiert. Die überhöhte Ecke und die verschiedenen Richtungen des Körpers bestimmen den Charakter des Quartiers. In diesem komplexen Baukörper werden entsprechend abwechslungsreiche Wohntypologien entstehen. — Die Ecke am Barthoniaforum kann mit ihren sechs Obergeschossen zum attraktiven Turmwohnen genutzt werden. So entsteht nicht nur ein städtebauliches Signet, sondern auch Wohnungen mit interessantem Ausblick.

The concept for the site between Barthonia forum and Piusstrasse street includes the possibility of public thoroughfares while defining a basically intimate character. The paths above all serve the convenience of the residents, but at the same time have semi-public features. — The buildings are oriented to ensure optimum lighting conditions and predominantly look south. Creases in two parts of the structure direct movement and shape space. The elevated corner on Barthonia forum relates to other landmarks in the area and at the same time represents the visiting card of the residential estate. — The ensemble taking shape here features different orientations and positions. The structure adjacent to the wall facing the shed hall on Barthonia forum consists of three ridges with private green areas in-between. Its dwellings are ideal for families. The ground-floor flats have direct access to the gardens while flats on the upper floors are equipped with spacious balconies or rooftop terraces. — The building immediately to the southeast creates a spatial link to Piusstrasse. Of little depth and with southward orientation, it also accommodates bright flats with an intimate southern front enhanced by gardens and balconies. — The front along Piusstrasse adapts to the surrounding cityscape. An arch spanning 1.5 storeys provides a second entrance to the residential estate. — The site is defined by the building on Barthonia forum with its two sharp creases. The elevated corner and the different directions indicated by the architecture determine the character of a complex structure that will accommodate equally varied living typologies. — The tower on Barthonia forum corner with its six upper floors offers attractive living space. More than just a landmark, it provides rooms with views.

Venloer Straße/Neptunplatz

Wohn-, Geschäfts- und Bürohaus

Architekt b&k+ Brandlhuber & Kniess + **Bauherr** Grundstücks-gemeinschaft Breuer

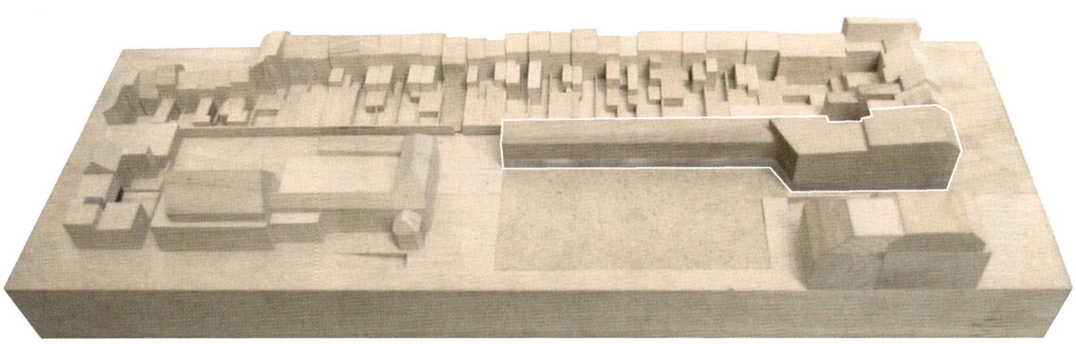

oben
Blick über den Neptunplatz
links
Modellfoto

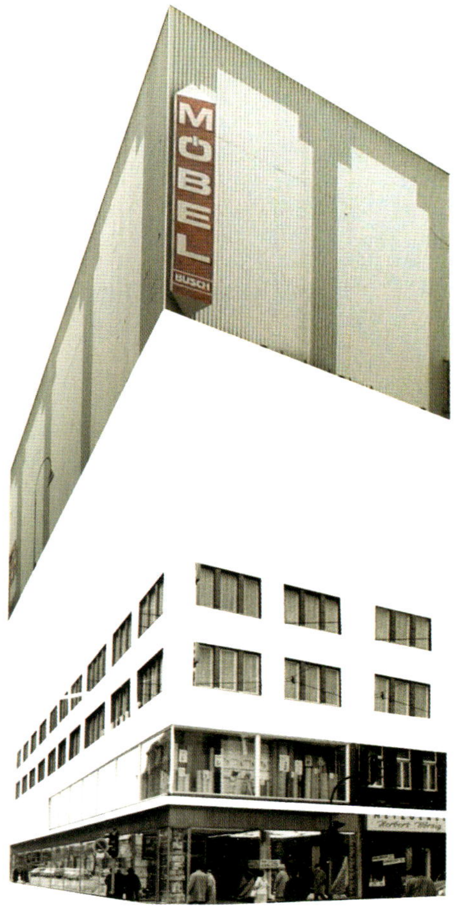

rechts oben
Ansicht des Bestands vor 2000
rechts unten
Blick von der Venloer Straße
rechts außen
Bestandsanalyse

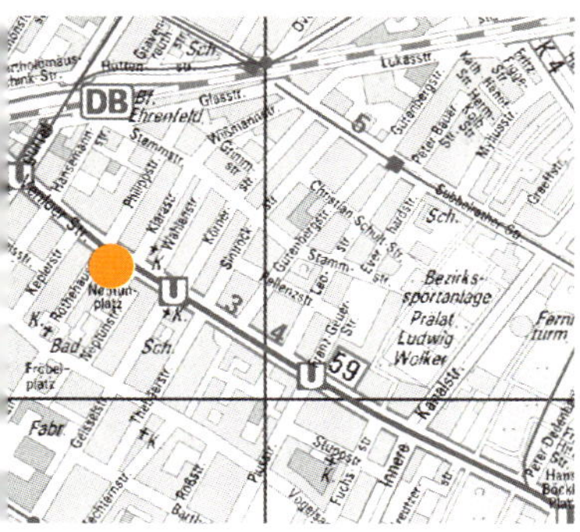

Grundstücksgröße
1.950 Quadratmeter
Bruttogeschossfläche
7.200 Quadratmeter
Fertigstellung
2001

Fotos: Michael Reisch

Der bestehende Gebäudekomplex an der Venloer Straße 301–303/Neptunplatz beherbergte von 1949 bis 1968 das Kaufhaus Gebrüder Breuer und bis Ende 2000 das Möbelhaus Busch. Der Neptunplatz mit dem Bau des historischen Neptunbades war hiermit einer monofunktionalen Nutzung gegenübergestellt. Mit der Ansiedlung einer kleinteiligeren Mischnutzung von Gewerbe, Büro und Wohnen sollte der Neptunplatz für den Stadtteil Ehrenfeld aufgewertet werden. Gleichzeitig wurde angestrebt, den zu ersetzenden Gebäudeteil mit dem Platz zu verweben und den Neptunplatz an die Venloer Straße anzubinden. — Das bestehende Gebäude an der Venloer Straße blieb zum großen Teil erhalten, wurde jedoch im Inneren den neuen Nutzungsanforderungen an eine flexible Grundrissgestaltung angepasst. Die Planung des Kölner Architekturbüros b&k+ Brandlhuber & Kniess + sah die Umnutzung in ein Büro- und Geschäftshaus vor. Im Erdgeschoss wurde eine Ladenfläche geschaffen, die weiteren Obergeschosse können als Büroflächen mit variablen Aufteilungsmöglichkeiten genutzt werden. Das ehemals mittig angesiedelte Treppenhaus wurde an die Außenseite des Gebäudes verlegt, vorhandene Wände ersetzte man zum Teil durch eine freie Stützenstellung. Die vorgefundene, mit einer Metallverkleidung verhangene und horizontal betonte Lochfassade wurde freigelegt und saniert. Das konstruktive System aus Stützen im Erdgeschoss und der tragenden Fassade eines Massivbaus vom ersten bis zum dritten Obergeschoss blieb weitgehend erhalten. Ein dreigeschossiger Neubau mit Tiefgarage ersetzt die ehemalige Bebauung entlang des Neptunplatzes. Die durchgängige Fassaden- und Dachbekleidung aus rautenförmig angeordneten Metallpaneelen verleiht dem Gebäude sein eigenwilliges Erscheinungsbild.

The complex of buildings at Venloer Strasse 301–303/Neptunplatz housed the Busch furniture house until the end of 2000. This meant the Neptunplatz, with the historic Neptunbad had a monofuntional use. The change to a mixture of small-scale shops, offices and residential units was intended to increase the status of Neptunplatz and the district of Ehrenfeld. Another aim was to integrate the different buildings with the square (Neptunplatz) and to link the square and Venloer Strasse. — The exisiting buildings were largely retained, but the interior layout was adapted to create a suitably flexible floor plan. Cologne architects b&k+ Brandhuber & Kniess + transformed the structure into an office building with shops. Shop spaces were created on the ground floor with the upper floors given over to offices with flexible possibilities concerning the division of space. The staircase was moved from the centre of the building to the outside. The existing metal cladding and horizontally organized façade were exposed and renovated. The constructive system of pillars on the ground floor and the façade from the first to third floors were largely retained. A three storey new building with underground garage replaces the existing building along Neptunplatz. The extensive use of façade and roof cladding made from metal panels lends the building its unusual quality.

Philippstraße 31–39

Wohnbebauung »Philippshof«

Architekt Prof. Petry + Partner **Bauherr** FRECOR Projektentwicklung Wohnen GmbH

oben

Blick aus der Vogelperspektive (Animation)

links

Grundriss Erdgeschoss

rechts
Animation

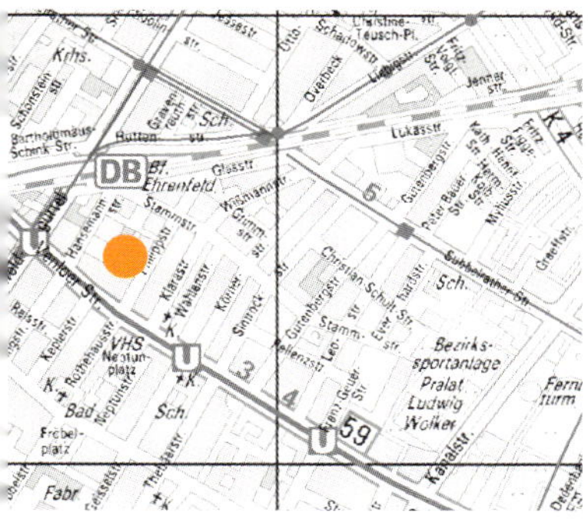

Grundstücksgröße
3.086 Quadratmeter
Wohnfläche
3.900 Quadratmeter
Tiefgarage
69 Stellplätze
Fertigstellung
2004

Der nordwestlich der Innenstadt gelegene Stadtteil Ehrenfeld gilt als zunehmend gefragter Wohnstandort im Kölner Stadtgebiet. Die Gründe hierfür liegen vor allem in der zentralen Lage und der umfassenden Infrastruktur, welche dieses gewachsene Viertel bietet. Auch das von der Stadt Köln konsequent betriebene Sanierungskonzept für den Stadtteil ist ein Faktor, der die Wohnqualität erheblich gesteigert hat. — In dieses Konzept gehört das Bauvorhaben »Philippshof«, das die FRECOR GmbH, eine Tochtergesellschaft von Corpus Projektentwicklung Wohnen und der Bauunternehmung Freericks, realisiert. — Mit dem Ziel, einen Gewerbestandort in ein Wohngebiet umzuwandeln, wurde für das Projekt zunächst eine Werkzeugmaschinenfabrik in ein Gewerbegebiet umgesiedelt. An ihrer Stelle entstehen nun 48 Wohneinheiten mit insgesamt etwa 3.900 Quadratmetern Wohnfläche nach der Planung des Kölner Architekturbüros Prof. Petry + Partner. — Hinter dem straßenbegleitenden, viergeschossigen Wohngebäude einen ruhigen Innenbereich zu schaffen ist der zentrale Entwurfsgedanke. Die Wohnräume und Balkone in dem U-förmig geplanten Gebäude sind nach außen angeordnet. Die benachbarte öffentliche Grünanlage setzt sich in den Gärten, die den Erdgeschosswohnungen zugeordnet sind, und in den Dachterrassen fort. Der begrünte Innenhof ist zentraler Zugang und steht in Gemeinschaftseigentum allen Bewohnern zur Verfügung. — Die Häuser verfügen trotz der geringen Zahl von drei Obergeschossen über Aufzüge, sodass alle Wohnungen auch mit dem Rollstuhl nutzbar sind. Die Zwei- bis Fünfzimmer-Eigentumswohnungen mit einer Größe von 62 bis 116 Quadratmetern sind mit multimedialer Anbindung in allen Wohn- und Schlafräumen, Parkettfußböden in Wohnzimmern und Fluren sowie mit Holzfenstern und Rollläden ausgestattet.

The district of Ehrenfeld lying to the north-west of the inner city is a residential area of increasing desirability within Cologne. Its central location and fully-developed infrastructure are the main reasons for the popularity of this growing district. The thorough renovation and regeneration programme being carried out in Ehrenfeld by the city has also contributed to the dramatic increase in the quality of life here. — The »Philippshof« construction plan being brought to realization by FRECOR GmbH, a subsidiary of Corpus Projektentwicklung Wohnen and the building firm Freericks, is part of this programme. — In order to achieve the goal of transforming a trading area into a residential development, a tool making factory has been relocated to a trading estate. 48 residential units with a total living area of 3,900 square meters are being constructed on the site using plans designed by the Cologne architectural office Prof. Petry + Partner. — The creation of a quiet inner area behind the four-storey residential building bordering the road is the central design principle. The neighbouring green space is, so to speak, taken up in the gardens around which the ground floor flats are arranged and in the roof terraces. The green inner courtyard has central access and is the common property of all residents. — Despite being only three storeys in height, the buildings are equipped with lifts making all flats accessible to wheel chairs. The two-to-five-room private flats ranging in size from 62 to 116 square meters have multi-media connections in all living rooms and bedrooms, parquet floors in the living rooms and halls as well as wooden window frames and shutters.

Nussbaumerstraße/Ottostraße

Jüdisches Gemeindezentrum

Architekt Arge Prof. Alfred Jacoby/Prof. Ulrich Coersmeier **Bauherr** Synagogen Gemeinde Köln

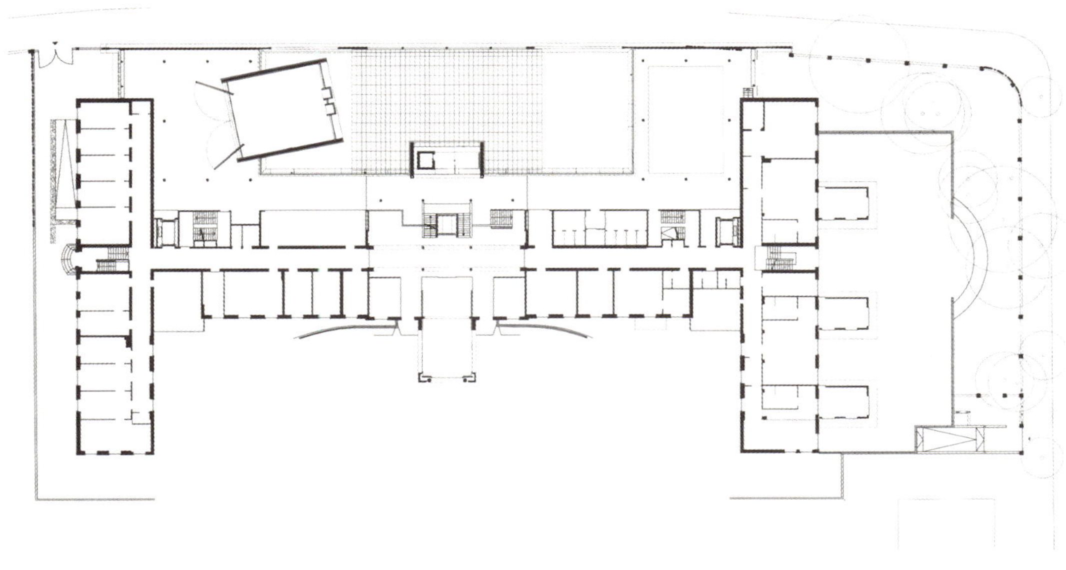

oben
Ansicht des Altbaus
links
Grundriss Erdgeschoss

rechts
Modellfoto

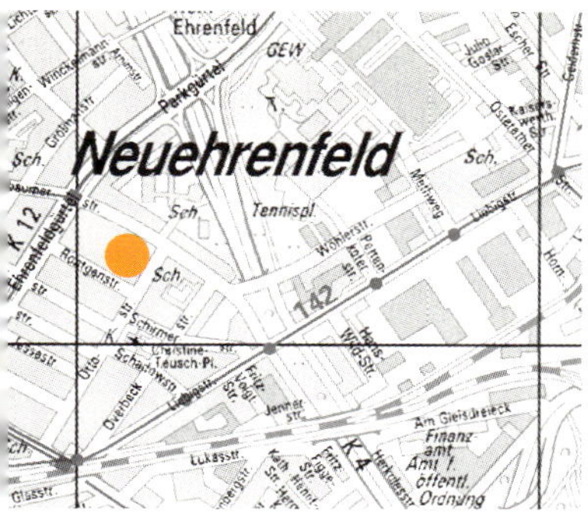

Grundstücksgröße
6.482 Quadratmeter
Bruttogeschossfläche
Altbau: 4.675 Quadratmeter
Neubau: 5.273 Quadratmeter
Fertigstellung
2003

Hier wird auf historischem Boden und mit historischer Substanz gebaut und so die Geschichte dieses Ortes, an dem sich zunächst das »Israelitische Asyl« und nach dem Zweiten Weltkrieg dann das »Belgische Krankenhaus« befanden, fortgeschrieben. Die historischen Schichten sollen sichtbar bleiben und in Teilen auch wiederhergestellt werden. — Der Eingang in der neuen Wandscheibe an der Nussbaumerstraße, die dem alten Gebäude vorangestellt wird, verkörpert die Geste eines einladenden Tores. Öffnung und Einladung werden signalisiert, die Hoffnung auf Überwindung des Schutzbedarfs steht dahinter, wenngleich in der Realität noch Panzerglas und Kontrollschleusen erforderlich sind. Um den somit halböffentlichen Eingangs-Innenhof gruppieren sich das gläserne Foyer des Gebäudes, der Mehrzwecksaal und der nach Osten orientierte solitäre Kubus des introvertierten Betraums. Oberhalb sprechen die beiden zusätzlichen Pflegezimmertrakte, symmetrisch als Neubauteile hinzugefügt, eine eigene architektonische Sprache. — Das zentrale zweigeschossige Foyer dient als Verteilerraum für die vielfältigen Nutzungsbereiche des gesamten Baus und erschließt im Erdgeschoss den Mehrzwecksaal sowie den sich weit öffnenden Kubus der Synagoge. — Die Farbigkeit des Gesamtkomplexes ist zunächst durch die roten Ziegel der Bestandsgebäude geprägt. Von ähnlichem Terrakotta-Farbwert sind die verputzten Außenwände geprägt und auch die Paneele der leichten Bauteile leiten sich davon ab. Lediglich die Neubauteile wie der Zentralbau, die Tor-Wand sowie der Synagogenkubus brechen durch eigenständige Farbigkeit aus diesem Kanon aus.

This project is being built on historic ground using historic material and thus writing a further chapter in a site that was the »Israelite Asylum« and later, after World War II housed the »Belgian Hospital«. The historical layers are to be left visible, even restored. — The entrance area in the new wall on Nussbaumerstrasse, which is being placed in front of the original building, embodies the gesture of a gate standing open in welcome. Opening and invitation are signalled, with the hope of overcoming security requirements implied, even if in reality bullet-proof glass and control stations are still a necessity. Around this half open entrance area-inner courtyard are grouped the glass foyer of the building, the multi-purpose hall, and, facing east, the prayer room. The two additional care room tracts, symmetrically introduced as new building elements, speak their own architectural language. — The central, two-storey foyer serves as a means of access to the different areas of the building and leads on the ground floor to the multi-purpose hall and the largely open cube of the synagogue. — The colour of the whole complex is marked by the red brick of the existing building. The plastered outer walls similarly use a terracotta colour as do the panelling of the light building sections. The new elements of the building such as the central building, the wall of the entrance as well as the cube of the synagogue break with this pattern by having their own colour scheme.

Am Kölner Brett 2

Loftgebäude »Kölner Brett«

Architekt b&k+ Brandlhuber & Kniess + **Bauherr** Ortner Schulze Mertens GbR

oben
Blick auf die Straßenfassade
(Foto: Michael Reisch)
links
Lageplan

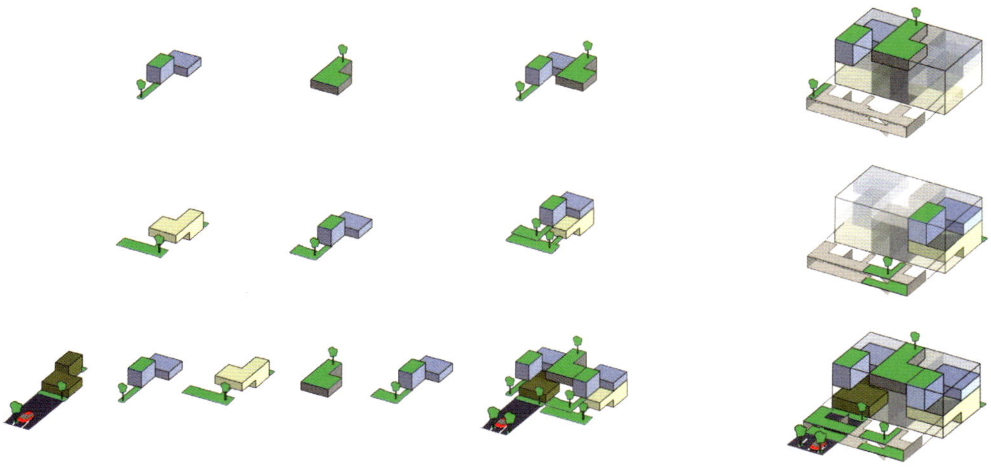

rechts oben
Zusammensetzung der Raummodule
rechts unten
Ansichten
(Fotos: Stefan Schneider)

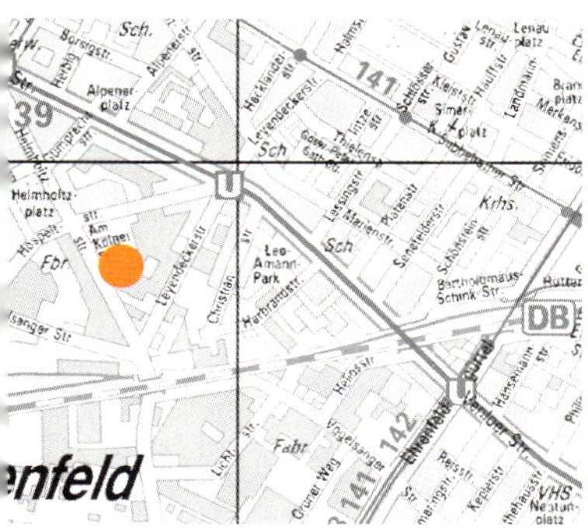

Grundstücksgröße
799 Quadratmeter
Bruttogeschossfläche
1.608 Quadratmeter
Fertigstellung
2000

Das Grundstück befindet sich innerhalb des durch Konversion geprägten Stadtteils Köln-Ehrenfeld. Entsprechend der vorgefundenen Potenziale wurde ein Gebäude mit einem Angebot errichtet, das üblicherweise nur durch Umnutzung bestehender Industrie- und Gewerbeeinheiten in so genannte Lofts entsteht. Die Verbindung von Wohnen und Arbeiten innerhalb eines großzügigen, aber auch differenzierten Raumangebots wendet sich an die Zielgruppe kreativ Schaffender im Kunst- und Medienumfeld. — Die Gesamtstruktur wird modular entwickelt. Der kompakte Baukörper setzt sich aus zwölf identischen, in ihrer Lage gedrehten oder gespiegelten Raummodulen zusammen. Die Grundfläche eines Moduls ist zu einem Drittel zweigeschossig mit der Option, eine zweite Ebene einzuziehen, und zu zwei Dritteln eingeschossig. — Aus den nutzungsneutralen Grundeinheiten entsteht durch horizontale und vertikale Schaltmöglichkeiten ein hoher Grad an Grundrissflexibilität und räumlicher Vielfalt. Die Erschließung erfolgt in den Obergeschossen rückseitig über eine vom Gebäude abgelöste Balkonanlage und im Erdgeschoss von der Rückseite beziehungsweise direkt von der Helmholtzstraße. — Das Gebäude wurde in Ortbeton-Massivbauweise aus tragenden Wandscheiben und Spannbetonfertigteildecken erstellt. Um individuelle Ansprüche innerhalb der Module zu realisieren, wurden verschiedene Optionen angeboten. So standen drei verschiedene Sanitäreinheiten zur Auswahl; außerdem wurden die Galerien an vorgerichteten Auflagerpunkten nach Fertigstellung des Gebäudes entsprechend der individuellen Vorstellungen der Nutzer in Eigenregie erstellt. Mit einer Kombination von großformatigen Schiebeflügeln und flachen Kippflügeln in den beiden Hauptfassaden kann der Innenraum weitgehend geöffnet und differenziert belüftet werden.

The property is located in the Ehrenfeld district of Cologne, an area marked by conversion projects. In accordance with the existing potential a building was built offering an opportunity which normally would only be found in the conversion of existing industrial and trading units. The linking of residential and working areas within a single generous and also differentiated space is aimed at creative people within the arts and media. The overall structure is being developed in a modular fashion. — The compact structure is composed of twelve identical, rotated or mirrored spatial modules. One third of the floor space of a module is on two storeys, with the option to insert a second level and two thirds is on a single storey. — The neutrality of usage of the units leads to a high degree of flexibility of layout and spatial variety. At the back of the building the upper storeys have been designed with balconies detached from the building and the ground floor faces directly onto Helmholtzstrasse. — A number of options have been provided to accommodate individual requirements within the module. So for example there are three sanitary units to choose from; moreover the galleries were erected at prepared points of support after the completion of the building according to the individual ideas of the end-users. A combination of large scale sliding wings and flat tilting wings in both the main façades enables an extensive opening and differentiated airing of the inner space.

Am Kölner Brett 8

Denkfabrik ag4 mediatecture company
Architekt ag4 mediatecture company/Christoph Kronhagel
Bauherr ag4 mediatecture company

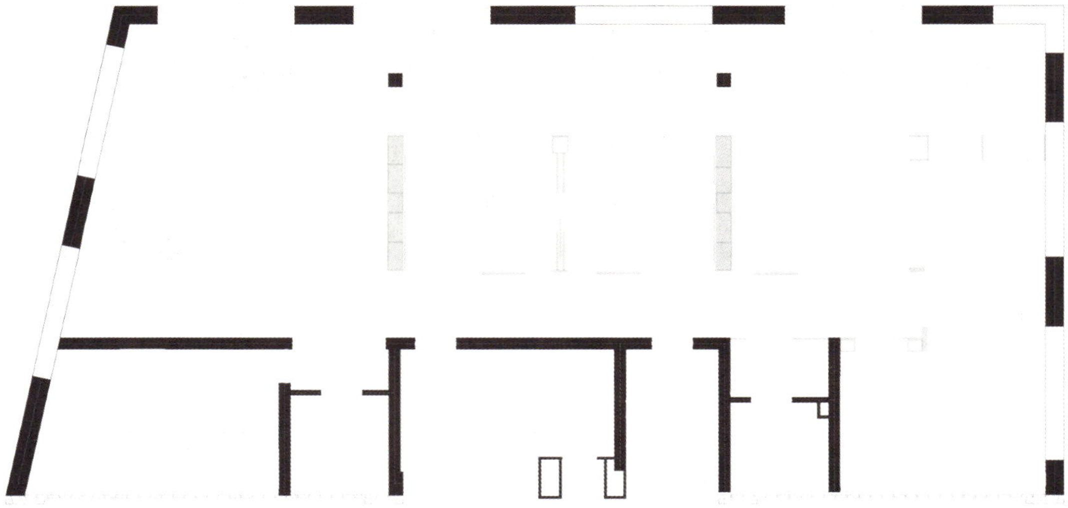

oben
Ansicht bei Nacht
links
Grundriss Erdgeschoss

rechts
Außenansichten

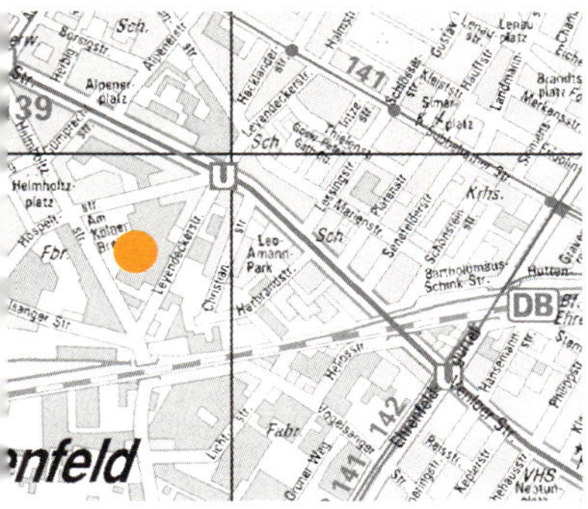

Grundstücksgröße
530 Quadratmeter
Bruttogeschossfläche
500 Quadratmeter
Fertigstellung
2000

Foto: Arne Hofmann

Die architektonische Form des Bürogebäudes wurde einfach und klar gegliedert: ein liegendes »U«, das eine herzliche Öffnung als Zugang für seine Gäste in der Mitte entfaltet. — Die beiden Abschlüsse der U-Form erhielten eine vollformatige Industrieverglasung, die mit transparenter Wärmedämmung gefüllt wurde. Diese Gestaltung an der Hauptseite des Gebäudes hat neben dem Anspruch an architektonische Klarheit auch eine kommunikative Aufgabe: Die Fassade soll einen »Einblick« in die Mentalität der ag4 gewähren. Mit Absicht wurde dieser »Einblick« aber nicht transparent, sondern transluzent gestaltet. Insbesondere nachts wird diese Fassade damit zu einem Monitor, weil sich die Objekte und Bewegungen innen auf der Mattscheibe der Industrieverglasung projizieren. — Diese mediatektonische Gestaltung eines Bürogebäudes wurde noch mit weiteren Mitteln unterstrichen. Der Claim von ag4 – »Mediatektur – Schnittstelle zwischen den virtuellen Welten und den konkreten Orten« – wurde angewendet, indem eine erkennbare Verbindung zwischen der Architektur des Gebäudes und der ag4-Website eingeführt wurde: ein Rahmen in der Farbe Orange. Dieser Rahmen hat in seiner Ausprägung an der Fassade rein bautechnisch keine Funktion. Er ist ein Zeichen für »Content«, das die mediale Wirkung der Fassade betont. Genau das gleiche Zeichen übernimmt auf der Website (www.ag4.de) auch die Aufgabe des Contentmanagements. — Für die weitere Fassade wurde von ag4 eine individuelle Konstruktion entwickelt, die es erlaubt, den Sonnenschutz an jedem Arbeitsplatz flexibel einzustellen. Die Fassadenpaneele bestehen aus Acrylglas-Doppelstegplatten, deren Kammern mit semitransparenten Folien gefüllt wurden. Je nach Lichteinwirkung verändert sich die visuelle Materialwirkung. — Für eine flexible Arbeitsplatzstruktur entwickelte ag4 eine Raumstruktur, die flexible Abgrenzungen möglich macht, ohne das Gemeinschaftsgefühl damit zu stören. Auch die Möblierung wurde von dem Team ag4 selbst konzipiert. — In beiden Geschossen wurden in die Mitte der Ebenen Glasboxen mit Holzschiebetüren gesetzt. Dort sind die notwendigerweise geschlossenen Büros untergebracht.

The architectural form of this office building has been simply and clearly conceived: a »U«, when viewed from above, providing a warm opening to welcome its guests. — Both arms of the U have been completed with a full-format industrial glazing, which has been filled with a transparent heating insulation. In addition to the goal of architectural clarity, this design on the front side of the building also has a communicative role to play: The façade is intended to provide an »insight« into the mentality of ag4. This »insight« is however intentionally not transparent but translucent. At night, in particular, this façade becomes a monitor, with the objects and movements within being projected onto the matt screen of the industrial glazing. — This mediatectonic design has been underscored by a number of features. ag4's claim – »mediatecture – the interface between virtual worlds and real places« – has been applied to the extent that a recognizable link between the architecture of the building and ag4's website has been introduced: an orange coloured frame. From a purely architectural point of view this frame on the façade has no function. It is a sign of the »content«, which the media effect of the façade seeks to underscore. The same symbol on the website (www.ag4.de) has the task of content management. — An individual construction has been developed by ag4 for the other façades, which allows the sunscreen to be adapted to each individual work place. The panelling of the façade consists of acrylic glass double plates, whose chambers are filled with semi-transparent foils. The visual effect of the material alters with the light. — In order to achieve a flexible workplace structure, ag4 developed a spatial structure, enabling flexible divisions without damaging a sense of a close working group. The concept of the furniture was also developed by the company. — Glass boxes with wooden sliding doors are positioned on both floors and the, by necessity, closed off offices are located here.

Äußere Kanalstraße 1–33

Wohnbebauung »Vitalisblöcke«

Architekten luczakArchitekten **Bauherr** GAG/Grund und Boden Baubetreuung

oben
Ansicht von der Äußeren Kanalstraße
links
Typengrundriss 2003/2030

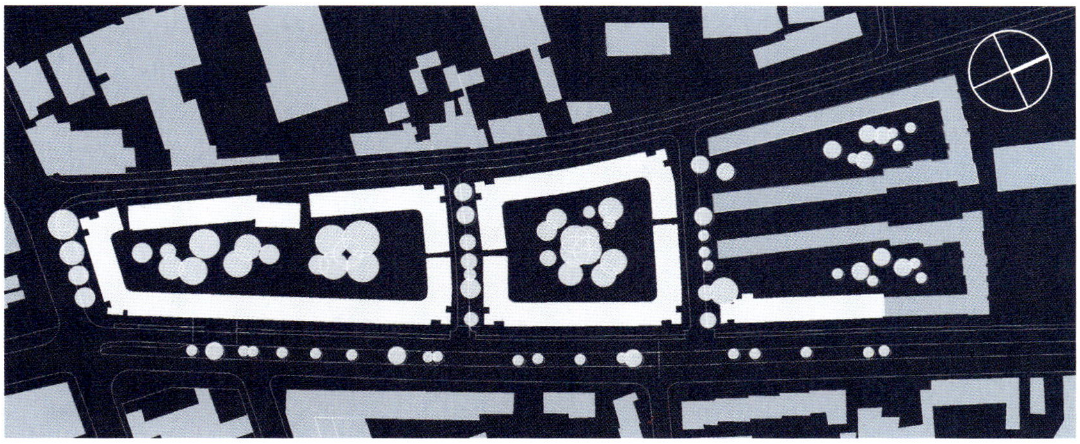

rechts oben
Lageplan
rechts
Blick in den Innenhof
rechts außen
Blick auf die Blockecke

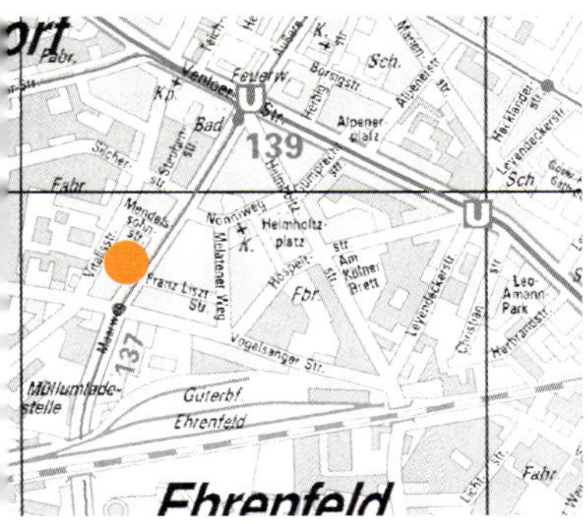

Grundstücksgröße
20.709 Quadratmeter
Bruttogeschossfläche
34.420 Quadratmeter
Fertigstellung
2001 bis 2004 (in drei Bauabschnitten)

Auf dem Grundstück zwischen Äußerer Kanalstraße und Vitalisstraße, am Übergang zwischen Wohn- und Gewerbenutzung im nordwestlich der Innenstadt gelegenen Stadtteil Ehrenfeld, werden in drei Bauabschnitten insgesamt 429 Wohnungen realisiert. Die Sanierung von drei bestehenden Wohnblocks aus den Zwanzigerjahren erwies sich als unwirtschaftlich und aus der Sicht heutiger Wohnstandards kaum möglich. Der Abriss führte zur Suche nach einer zeitgemäßen städtebaulichen Figur und flexiblen Grundrissen für den öffentlich geförderten Wohnungsbau. Nach einem 1998 ausgelobten Wettbewerb wurde der Beibehaltung der robusten Blockstruktur der Vorzug gegeben, die sich jedoch gegenüber dem Vorgänger durch eine längs durch die Blöcke verlaufende Wegeverbindung und markante Ecklösungen unterscheidet. — Durch wenige Variationen einfacher Bauelemente wird die klare und großzügige Blockstruktur aufgelockert. Die Balkone an den Innenhoffassaden sind versetzt zueinander angeordnet, die Fensterbänder der Straßenfassaden wechseln rhythmisch in ihrer Aufteilung und ihre Laibungen sind von unterschiedlicher Farbigkeit. Die viergeschossigen Baukörper werden sehr einfach und geradlinig in Putz und Ziegel, den traditionellen Materialien des rheinischen Wohnungsbaus, ausgeführt, wobei massive Treppenhaustürme die Blockecken betonen. — Um den Bewohnern vielfältige Nutzungen zu ermöglichen, sind die Wohn-, Kinder- und Elternzimmer in der Größe wenig differenziert und daher austauschbar. Fenster, Türen und tragende Wandscheiben bilden Lichtkorridore. Die Struktur des gesamten Hauses verzichtet auf tragende Innenwände, vier Pfeiler in der Mittelzone lassen die Verwandlung einer klassischen Dreiraum-Wohnung in einen maximal freien Grundriss zu. Die Wohnungen im Erdgeschoss erhalten Terrassen und Gärten in Höhe des Gebäudesockels. Alle Bewohner kommen über die Treppenhäuser auf kürzestem Wege in die begrünten Innenbereiche mit altem Baumbestand und großzügigen, geometrisch gestalteten Freibereichen.

429 flats are being constructed in three building sections on a plot lying between Äußere Kanalstrasse and Vitalisstrasse at the intersection between residential and business areas in the district of Ehrenfeld in the northwest of the inner city. The renovation of three residential blocks from the 1920s proved uneconomical and scarcely possible given the standards required for flats today. The flats were pulled down and the search begun for an urban development with a flexible ground plan for the publicly funded residential development. The requirements laid down in a competition in 1998 were to retain the robust block structure but to move in a new direction by creating paths running through the block structure and through a striking design for the corners. — The clear and generous scale of the block structures is to be enlivened through the use of a few variations on simple construction elements. The balconies on the sides of the buildings facing the inner courtyard are staggered and the window ledges on the sides facing the street are rhythmically arranged and painted different colours. The four-storey buildings are very simply and linearly arranged using plaster and brick, the traditional materials for residential buildings in the Rhineland, with massive stair towers emphasizing the corners. — In order to allow the residents the greatest possible freedom concerning how they use the flats, the living rooms and adult's and children's bedrooms differ very little in size and can thus be interchanged. The ground floor flats are to be given terraces and gardens at the level of the socle. All residents can very quickly access the green inner courtyards via the stairways. These green spaces are to keep the old trees and are designed with generous, geometrical open spaces.

Maarweg

AWB-Betriebshof Maarweg

Architekt WPW Ingenieure GmbH **Bauherr** Abfallwirtschaftsbetriebe Köln GmbH (AWB)

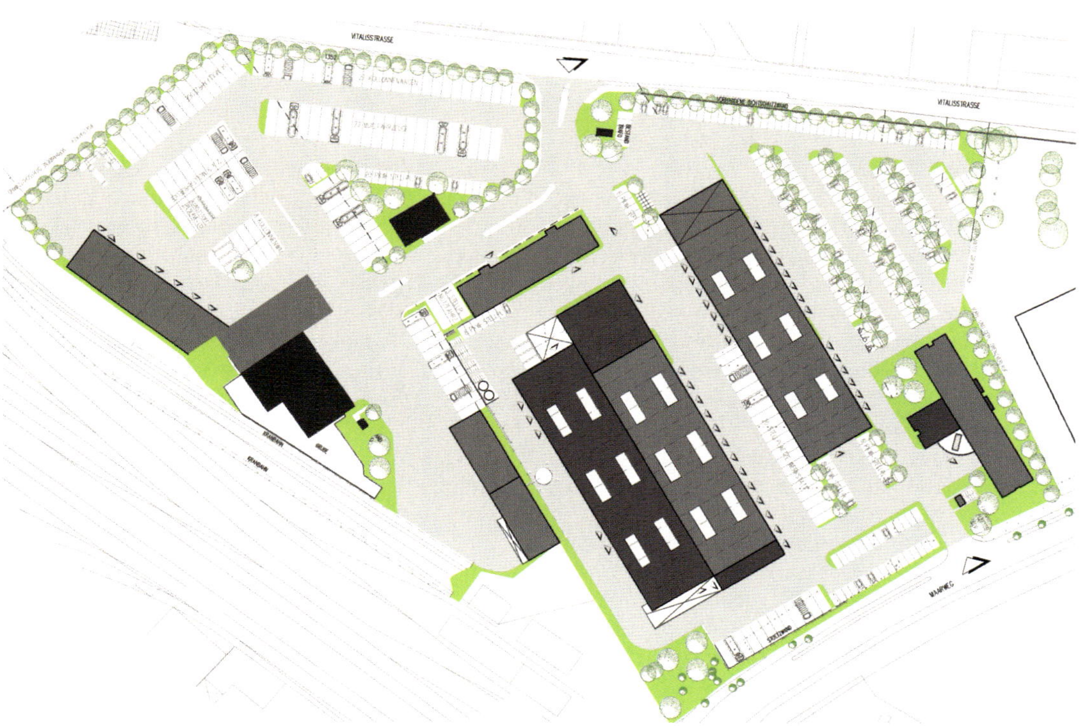

oben
Ansicht Verwaltungsgebäude
links
Lageplan

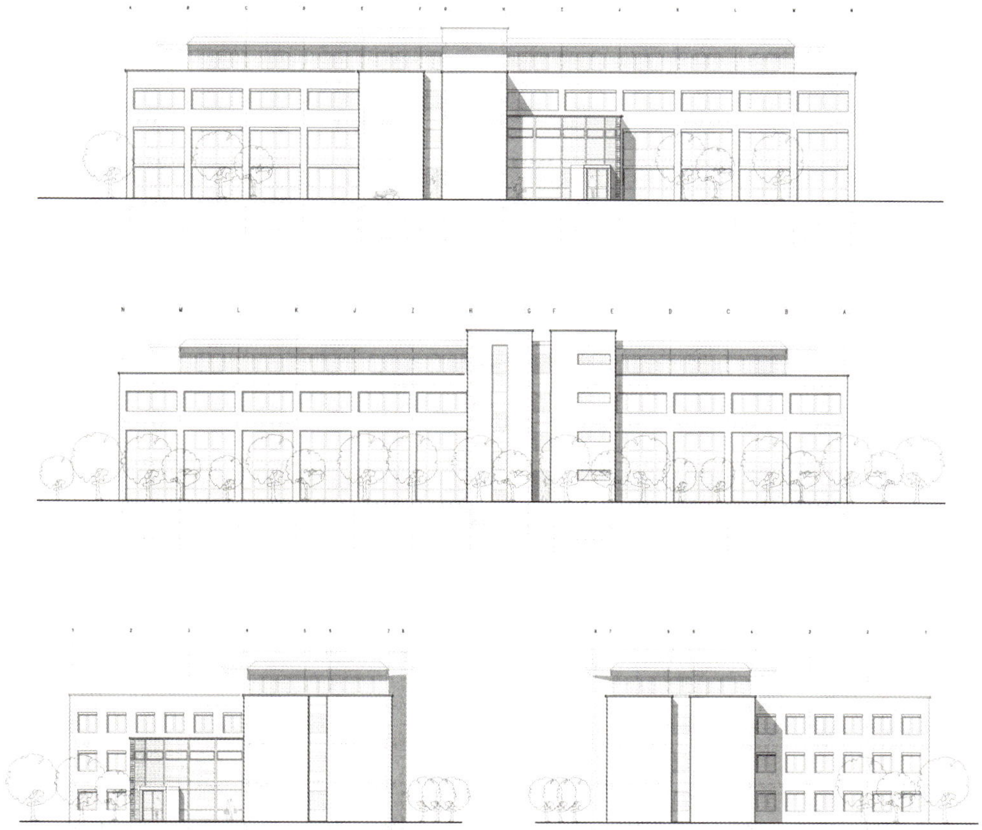

rechts
Ansichten Verwaltungsgebäude

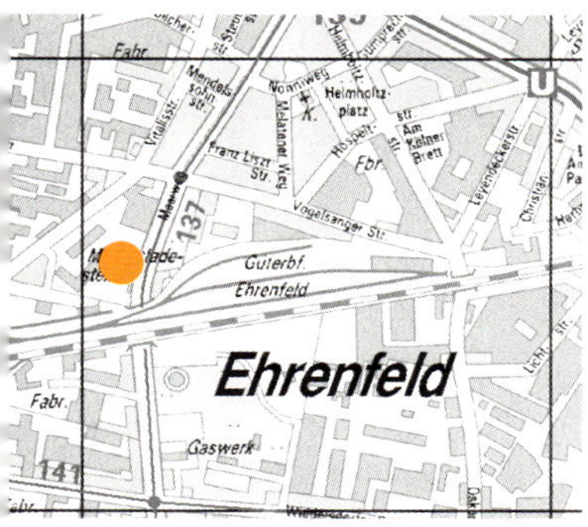

Bruttogeschossfläche
etwa 14.500 Quadratmeter
Fertigstellung
2003

Die Abfallwirtschaftsbetriebe der Stadt Köln (AWB) haben im Jahre 2000 den Schritt in die Privatisierung vollzogen. Dies erforderte umfangreiche Restrukturierungsmaßnahmen in allen Betriebsteilen. Für den baulichen Bereich bestand die Anforderung in einer räumlichen Bündelung der linksrheinischen Aktivitäten. Durch eine optimale Ausnutzung AWB-eigener Liegenschaften sollten nicht mehr benötigte Gebäude und Grundstücke freigesetzt und einer anderen Nutzung zugeführt werden. Dies war zu verbinden mit einer Verbesserung der baulichen Strukturen und der verschiedenen innerbetrieblichen Funktionsabläufe. — Ausgehend von den genannten Vorgaben wurden verschiedene Standorte untersucht. Die Ergebnisse wurden in Variantenstudien einander gegenübergestellt und für die Entscheidungsfindung des Auftraggebers aufbereitet. Hierbei wurden neben den zu erwartenden Baukosten auch logistische Aspekte, mögliche Verkehrsprobleme, eventuell zu nutzende Bausubstanz, mögliche Veräußerungsgewinne, Mieteinnahmen und eine Vielzahl weiterer Kriterien betrachtet. Das in enger Zusammenarbeit mit den Gremien des Bauherren entwickelte Konzept sieht eine Konzentration der linksrheinischen Funktionen von Straßenreinigung und Müllabfuhr sowie der zentralen Funktionen der LKW-Werkstatt, der Zentralverwaltung und des Zentrallagers auf dem Gelände des bestehenden Betriebshofes Maarweg vor. — Straßenreinigung und allgemeine Verwaltung wurden zusätzlich auf dem Gelände angesiedelt. Die bestehenden Gebäude für Werkstatt und Müllabfuhr wurden sukzessive durch Neubauten ersetzt. Die Neustrukturierung musste unter Aufrechterhaltung des laufenden Betriebes der Müllabfuhr, der LKW-Werkstatt und der Müllumladestation am Standort durchgeführt werden. — Es wurde eine Gesamtanlage konzipiert, die den wirtschaftlichen und funktionalen Ansprüchen der AWB in einer neuen Wettbewerbssituation gerecht wird. Im Ergebnis entstand ein moderner Betriebshof, dessen Teile unter funktionalen und logistischen Gesichtspunkten geordnet sind.

In 2000, the sanitation department of the City of Cologne (AWB) made the final step to privatizing its business. Doing so required comprehensive restructuring measures, which effected all of their work posts. In the area of building needs there was a spatial fusion of their activities on the left side of the Rhine. Through an optimized use of the AWB's own real estate, no longer needed buildings and properties were vacated, and new uses were assigned to them. This was linked to improving building structures, as well as to various internal business functions. — Based on the listed limitations, various locations were examined, with results yielding a variety of studies then displayed one beside the other, allowing the client to make a choice. Alongside the expected building costs, also taken into account were the logistical aspects, possible traffic difficulties, existing building materials for use, rental units, and a large number of additional factors. The concept that was carefully developed, together with the client's administrative body, proposed a concentration of the street-cleaning and trash collection functions on the Rhine's left side, with the central functions of the trucks' garages, central administration, and central storage facilities on the grounds of the department's existing factory courtyard in Maarweg. — The street-cleaning and general administration facilities were also relocated to these grounds. The existing buildings for garages and trash collection were gradually replaced with new buildings. The new structuring had to be carried out alongside the running of the daily business of trash collecting, repairing vehicles, and emptying the collected waste at dumping stations. — With a new competition situation, an overall facility was conceived which satisfied the AWB's economic as well as their functional requirements. The result was a modern factory courtyard with building components as well-ordered functionally as they were logistically.

Takustraße

Wohnquartier »STADTpark«

Architekt Thomas Kostulski Architekten BDA **Bauherr** Unternehmensgruppe Dr. Habibi

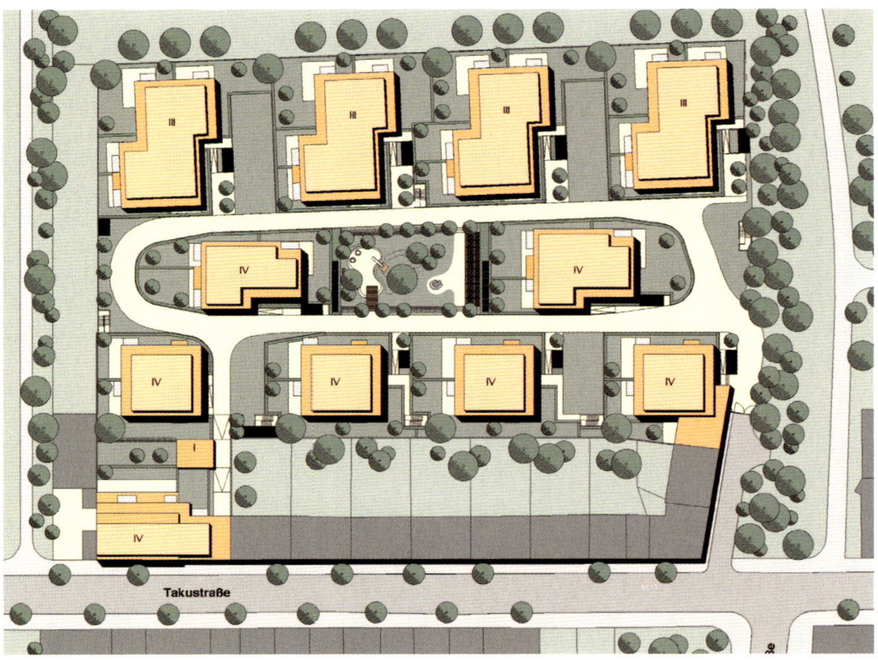

oben
Blick in den begrünten Innenbereich
links
Lageplan

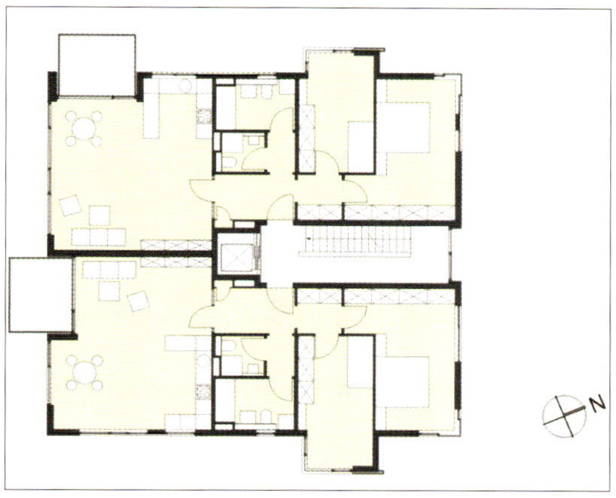

rechts oben
Perspektive Torgebäude
rechts oben, außen
Perspektive
rechts unten
Grundriss Regelgeschoss
rechts unten, außen
Innenraumperspektive

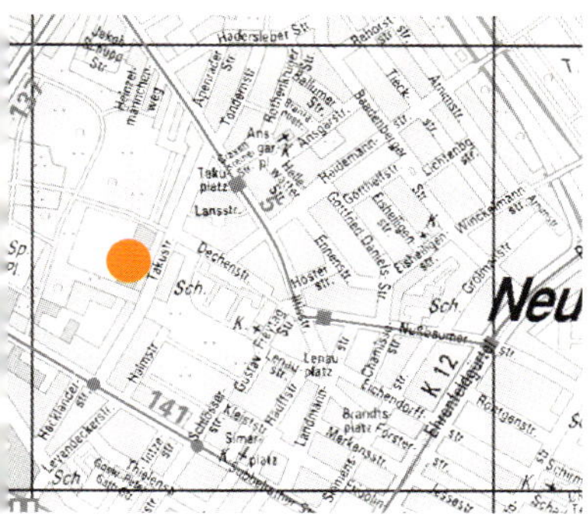

Bruttogeschossfläche
14.220 Quadratmeter
Grundstücksgröße
11.500 Quadratmeter
Fertigstellung
2005

Abbildungen: Kaliber-Design

Das Projekt »STADTpark« entsteht im nordwestlich der Kölner Innenstadt gelegenen Stadtteil Neuehrenfeld. Das Viertel ist geprägt von seiner gewachsenen Struktur und seinem Wandel, der sich über die letzten 20 Jahre vollzogen hat und weiterhin vollzieht. In diese Entwicklung von einem innerstädtischen Industriestandort zu einem aufstrebenden Wohn- und Arbeitsviertel gliedert sich auch die neue Wohnbebauung in der Takustraße ein. — Hier, in unmittelbarer Nachbarschaft des Takuparks, plant die Unternehmensgruppe Dr. Habibi eine Wohnanlage mit rund 150 Wohneinheiten. Im Jahr 2000 setzte sich nach einem Wettbewerb der Kölner Architekt Thomas Kostulski durch und wurde mit der Realisierung seines Entwurfs beauftragt. — Auf dem bisher von der Deutschen Post als Betriebsgelände genutzten Grundstück werden bis 2005 zehn frei stehende, drei- bis viergeschossige Stadtvillen mit einem Staffelgeschoss entstehen. Entlang der Takustraße wird eine Lücke in der bestehenden straßenbegleitenden Bebauung geschlossen. Hier entsteht ein Torgebäude, durch das die in sich abgeschlossene Anlage erschlossen wird. Mit der im Zugangsbereich geplanten Conciergerie wird dieser Servicegedanke erstmalig in Köln umgesetzt. — Der Entwurf schafft eine hohe außenräumliche Qualität durch den großen Anteil an öffentlichen Grünflächen und privaten Gärten. Zudem können die Außenbereiche autofrei gehalten werden, da eine Tiefgarage mit 157 Stellplätzen alle Gebäude miteinander verbindet. Die Häuser selbst verfügen über klar gegliederte Fassaden und eine Detailführung, die sich auf wenige hochwertige Materialien beschränkt. In den verschiedenen Gebäudetypen sind unterschiedlichste Grundrisstypologien mit Wohnungsgrößen zwischen 50 und 225 Quadratmetern geplant.

The STADTpark project is being constructed in the district of Neuehrenfeld in the northwest of Cologne's inner city. This area is marked by a very developed structure and by a process of change which has been taking place over the past twenty years and which is set to continue. This new residential development on Takustrasse is part of this process of transition from an inner city industrial area to an emerging residential and working district. — Here, in the immediate vicinity of the Takupark, the Dr. Habibi business group plans to construct a development with approximately 150 residential units. A competition was held in 2000 from which a design by Cologne architect Thomas Kostulski was selected and he was commissioned with the realization of this design. — By 2005 ten free-standing, three to four storey urban villas with a staggered upper storeys are to be built on a plot of land previously used by Deutsche Post. Thus a break in the development along Takustrasse will be closed. A gate building is to be constructed. This entrance area with concierge facility will be the first of its type in Cologne. — The design creates a high quality of external design through a high level of green spaces and gardens. An underground garage with parking for 157 vehicles linking all buildings will help keep the external area free of traffic. The buildings themselves have very clearly designed façades and a detail of design which limits itself to the use of very few high quality materials. The different designs of building have different ground plans with flats ranging in size from 50 to 225 square meters.

Girlitzweg

Gewerbe- und Landschaftspark

Städtebauliche Planung Büro Angelis **Bauherr** HIBA GmbH & Co. KG

oben
Blick von Süden (Modellfoto)
links
Lageplan

rechts
Eingangsturmhaus, Haus C
rechts außen
Fassadenausschnitt, Haus B

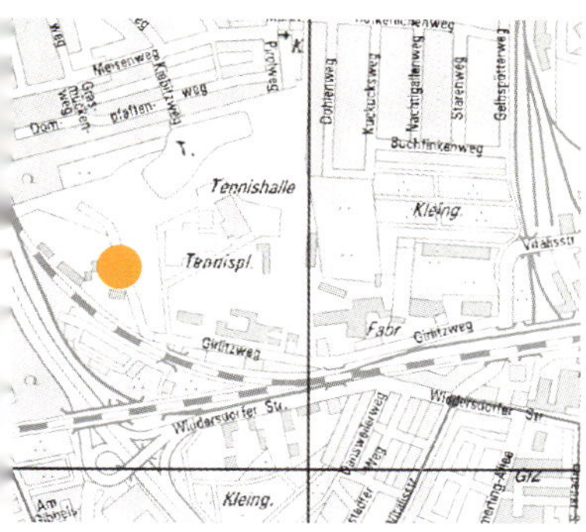

Architekt Haus A
Schilling Architekten
Architekt Haus B
Büro Angelis
Architekt Haus C
Döring, Dahmen, Joeressen

Grundstücksgröße
etwa 100.000 Quadratmeter
Fertigstellung
noch unbekannt

Das städtebauliche Konzept für das Gewerbegebiet Girlitzweg wurde aus dem besonderen Reiz der Spannung zwischen naturparkartiger Landschaft und verdichteter Gewerbenutzung entwickelt. — Die Bebauung schmiegt sich an die Bahntrasse an. Das dichte und kompakte Bebauungskonzept ermöglicht eine gute Grundstücksausnutzung und erhält einen erheblichen Teil des Landschaftsraumes, der unbebaut bleibt. — Die verbleibende zusammenhängende Freifläche wird ein funktionsfähiges Naherholungsgebiet, das gleichzeitig den bestehenden geschützten Landschaftsbestandteil im Seebereich unangetastet lässt. Durch behutsame Eingriffe wird die charmante Wildnis zu einem Landschaftsgarten weiterentwickelt. Diese besonders günstige Lage am Rande eines Landschaftsparkes stärkt den Standort des Gewerbegebietes. — Der als Allee weitergeführte Girlitzweg erschließt das Gesamtgebiet schleifenförmig. Der ruhende Verkehr wird in Tiefgaragen oder im Bereich der Alleen platziert. Bestehende Fuß- und Radwege werden ausgebaut und verweben das Gelände mit den benachbarten Quartieren. — Das Baugebiet gliedert sich in drei Schichten mit jeweils unterschiedlichen Aufgaben und Charakter. Vier eigenständig gestaltete Plätze bereichern den öffentlichen Raum. — In einer äußeren Schicht ordnet sich entlang der Bahn produzierendes Gewerbe an. Die dort angesiedelten Gebäude mit lauterer Nutzung dienen gleichzeitig als Schallschutz für das anschließende Gebiet. Ein Turm markiert als Landmarke den Eingangsplatz. — Die mittlere Schicht ermöglicht eine entsprechend der Nachfrage einstellbare Mischung von Hallen- und Gewerbenutzungen. Die Baufelder werden durch U-förmige, das Straßenbild prägende Bauten gerahmt. Das Innere kann flexibel aufgefüllt werden. — Die innere Schicht dient als Filter zum Landschaftspark. Durch sie wird eine klare Bebauungskante formuliert. In diesem Bauwerk sind kleinteilige Nutzungen, loftartige Gewerberäume und Studios mit Wohnanteilen angeordnet. — Den nördlichen Abschluss der Gesamtanlage bildet ein höheres Torbauwerk, das Büro- und Werkstattbereiche aufnimmt.

The planning concept for the commercial estate on Girlitzweg draws on the fascinating contrast between a park-like natural landscape and a dense commercial morphology. — The buildings nestle close to the railway track. The dense and compact development plan guarantees an optimum use of space while preserving a significant part of the natural landscape, which remains undeveloped. — The contiguous open space will be transformed into a park with high recreational value while leaving the protected lakeside untouched. Cautious interventions transform the charming wilderness into a landscape garden. This ideal location at the edge of a landscape park significantly enhances the attractiveness of the commercial estate. — A bow-shaped avenue extends Girlitzweg and provides access into the estate. Stationary traffic is guided to underground carparks or to the area around the avenues. Existing foot- and cycling paths will be extended and improved to link the estate with its surroundings. — The building site is structured in three layers with different functions and features. Four individually designed squares enhance the public space. — Industrial units find their place in an outer layer along the railway tracks. Noise-producing processes are situated in these buildings, which at the same time serve as noise-protection for the adjoining layer. A tower forms a landmark in the entrance area. — The intermediate layer offers flexible possibilities for sheds and commercial uses as demand requires. U-shaped buildings around the plot perimeters define the street grid. The inside space can be developed to meet individual requirements. — The final layer serves as a buffer zone between the commercial estate and the landscape park. This building, which clearly defines the estate's boundary, houses a variety of smaller enterprises, commercially used lofts and studios that also include living space. — The northern end of the estate is marked by a tall gateway that will accommodate offices and workshops.

Mercedes-Allee

Projektentwicklung Mercedes-Allee

Architekt Architektur-Center der DaimlerChrysler AG/Kister Scheithauer Gross **Bauherr** LIG Lammerting Immobilien Gruppe

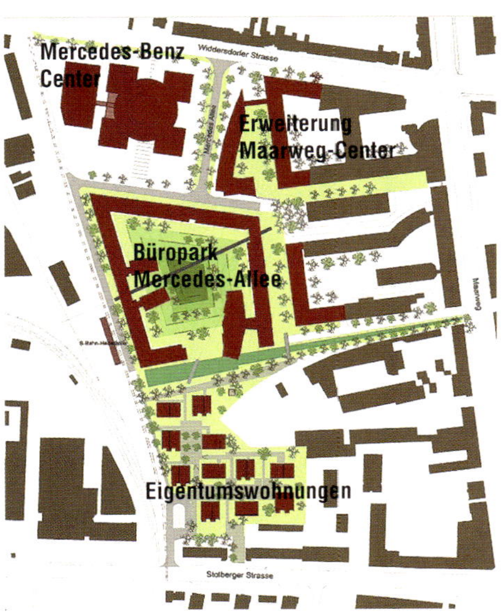

oben
Mercedes-Benz-Center (Entwurf: Architektur-Center der DaimlerChrysler AG)
links
Lageplan

rechts
Blick auf den Büropark
(Entwurf: Kister Scheithauer Gross)

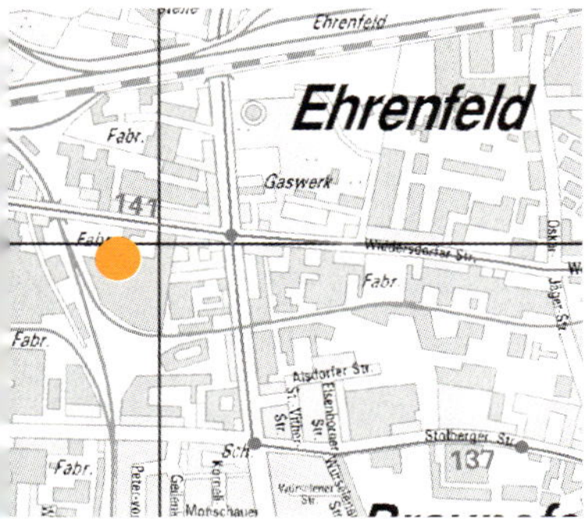

Fertigstellung
2005 (Mercedes-Benz-Center)
2008 (Büropark)

Die Projektentwicklung Mercedes-Allee im TechnologiePark Köln der LIG Lammerting Immobilien Gruppe zeichnet sich durch eine konsistente städtebauliche Planung aus, die die Nutzungen Arbeiten, Wohnen, Leben konzeptionell miteinander verbindet. — Ein architektonisches Highlight dieser Projektentwicklung wird das neue »Mercedes-Benz-Center« sein. Das Center besteht aus einem zentral gelegenen konischen Rundbau mit Edelstahlfassade sowie vier ergänzenden Quadern. Das vom Architektur-Center der DaimlerChrysler AG entworfene Gebäude hat eine Bruttogeschossfläche von etwa 35.000 Quadratmetern. Solche Mercedes-Benz-Center wurden bislang in Berlin und München realisiert; weitere sind in Mailand, London und Paris in Planung. — Ein weiteres Kernstück dieser neuen Projektentwicklung im TechnologiePark Köln, die das Karree Widdersdorfer Straße, Maarweg, Stolberger Straße bis zur so genannten HGK-Trasse umfasst, wird der »BüroPark Mercedes-Allee« sein. Die Gestaltung des Komplexes mit einem 18-geschossigen Hochhaus und die Konzentration der weiteren Bürogebäude an den Grundstücksrand ermöglicht die Anlage einer großzügigen Grünfläche. — Eine rund 15.000 Quadratmeter große Grünfläche mit entsprechenden Grünvernetzungen, auch hin zu den südlich gelegenen Eigentumswohnungen, soll dem Standort als »grünes Herz« eine hohe Aufenthaltsqualität verleihen. Angrenzend an den »BüroPark Mercedes-Allee« entsteht eine durchgrünte Wohnanlage mit vier- bis sechsgeschossigen Stadthäusern mit insgesamt 125 Eigentumswohnungen. Die südorientierte Himmelsausrichtung, verbunden mit Loggien und Dachterrassen, wird arbeitsnahes Wohnen in einem grünen Umfeld ermöglichen.

In Cologne's TechnoloyPark complex, the Mercedes Avenue project development, headed by the real estate agency LIG (Lammerting Immobilien Gruppe) distinguishes itself through consistently and well-applied urban design planning, which conceptually combines the designated areas of use: work, housing, and living. — The Mercedes Benz Center is an architectural highlight of the project development. The center consists of a round construction, both centrally-located and conical in form, with a stainless-steel façade and four supplementary square forms. The overall floor space of the Mercedes Benz Center, designed by the DaimlerChrysler architectural center, is circa 35,000 square meters. Such Mercedes Benz Centers are built exclusively in selected metropolises such as Berlin, Munich, Cologne, London, and Paris. — The OfficePark on Mercedes Avenue is yet another showpiece of the new project development executed in Cologne's TechnologyPark. This extends from the Widdersdorfer-Strasse Mall, Maarweg, and Stolberger Strasse to the so-called HGK survey route. The design of the complex, with 18-storey high-rise building and additional office buildings concentrated on the site's perimeter, also creates a spacious green surface. — While from the high-rise, one has a view of Cologne and its trademark, The Cathedral, users of the neighbouring six-storey building enjoy the view as reflected on the architectural design of the building's façade. — The circa 15,000 square meters of green surface, along with its corresponding gardening networks extending as far as the condominiums located to the south of the complex, give the entire location, as its »green heart«, a refined residential quality. — Dense with greenery, and built alongside the OfficePark on Mercedes Avenue, is a housing complex with four to six-storey townhouses and a total of 125 condominiums. This southerly-orientated complex, combined with loggias and roof terraces, allows for living spaces close to one's place of work in a green setting.

Buschweg/Stefan-Zweig-Straße/Schumacherring/Börnestraße

Solarsiedlung Köln-Bocklemünd

Architekt Miksch & Partner, Architekten AKNW **Bauherr** LEG Landesentwicklungsgesellschaft NRW GmbH

oben
Ausschnitt Fassade
links
Solarmodule

rechts
Börnestraße vor Sanierung
rechts außen
Börnestraße nach Sanierung

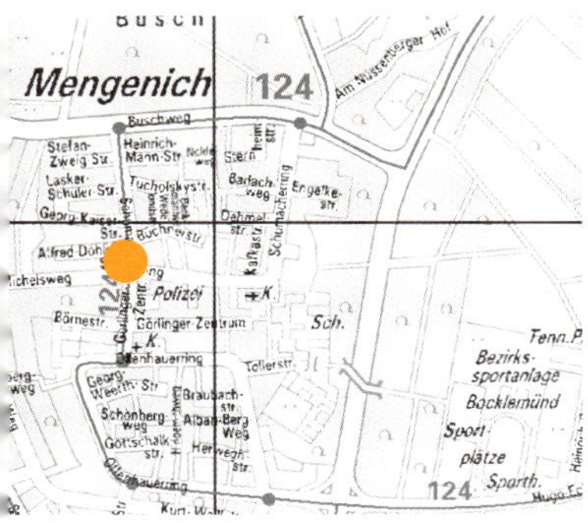

Fertigstellung
2001

Fotos: Dirk Slawski

Die Siedlung der LEG NRW in Köln-Bocklemünd war bis zum Jahr 2000 eine typische Siedlung der Sechzigerjahre mit altersbedingten Erneuerungsbedarf. Hier befinden sich 33 überwiegend achtgeschossige Gebäude mit insgesamt 548 Wohnungen auf etwa 39.000 Quadratmetern Gesamtwohnfläche. In verkehrsgünstiger Randlage im Nordwesten Kölns gelegen, ist Bocklemünd von ausgedehnten Grünflächen umschlossen. — Im August 2000 begann die energetische Nachrüstung der Siedlung mit Integration von Fotovoltaik; die Bauleitung übernahm das Kölner Architekturbüro Miksch & Partner. Die gesamte Außenhülle der Gebäude wurde durch neue Vorhangfassaden aus hellen Keramikplatten erneuert, eine Verbesserung der Wärmedämmung wurde durch die Verwendung von zehn Zentimeter starken, bituminierten Mineralfasern in den Fassadenmodulen sowie durch ergänzende Dämmmaßnahmen an den Kellerdecken erzielt. Hierdurch konnte der Heizwärmebedarf rein rechnerisch um mehr als die Hälfte reduziert werden. Zusätzlich sind in die Fassaden oberhalb der zweiten Stockwerke, in die Balkonbrüstungen ab der dritten beziehungsweise vierten Etagen sowie in die Dächer etwa 1.500 Quadratmeter dunkelblaue Fotovoltaikmodule integriert worden, deren Energieertrag in das Netz des örtlichen Versorgers eingespeist wird. — Des Weiteren erhielten die Eingangsbereiche eine neue Gestaltung mit viel Glas, beleuchteten Straßennamen und Hausnummern, teilweise verglasten Vordächern sowie einigen barrierefreien Zugangsmöglichkeiten. In den Wohnungen wurden die Bäder und die Oberböden erneuert. Bereits im Frühjahr 2001 konnten die Modernisierungsmaßnahmen zur Solarsiedlung abgeschlossen werden, seitdem wird Bocklemünd mit Strom aus regenerativer Sonnenenergie versorgt. Im März 2002 erhielt die Solarsiedlung Köln-Bocklemünd vom Magazin »Stern« die Auszeichnung als »SOLAR-Sternstadt«.

The LEG NRW estate in the Bocklemünd district of Cologne was, until 2000, a typical estate from the 1960s with all the usual renovation requirements brought about by age. The estate consists of 33 mainly eight-storey buildings with a total of 548 flats and a total living space of 39,000 square meters. Situated on the north-west edge of Cologne with good transport connections, Bocklemünd is surrounded by extensive green spaces. — An energetic modernisation programme was commenced in August 2000 with the integration of a photovoltaic system; supervision of the building project was undertaken by Cologne architect's office Miksch & Partner. The entire outer shell of the buildings was renovated with bright, ceramic plates and an improvement to the insulation system was achieved through the use of 10 centimeter thick bituminised mineral chamfers in the façade, and supplementary insulation measures in the roofs of the basements. These steps alone achieved a fifty per cent reduction in heating requirements. Additionally some 1500 square meters of dark blue photovoltaic have been integrated into the façades above the second floor, the balconies of the third and fourth floors and in the roofs of the buildings. The energy yield of these installations is stored in the net of the local energy supplier. — Further measures include a new design for the entrance areas with extensive use of glass, illuminated street names and building numbers, partially glazed canopies and some barrierless access options. Within the flats themselves, the baths and the ceilings have been renovated. The modernisation programme to convert the development into a solar estate was completed as early as spring 2001, since which time Bocklemünd has been powered with regenerative solar energy. In March 2002 Stern magazine awarded Bocklemünd the title of »SOLAR-Sternstadt« (SOLAR–star town).

August-von-Willich-Straße/Franziska-Anneke-Straße

Umnutzung der ehemaligen Kaserne Klerken

Architekt Falke + Falke Architekten u. a. **Bauherr** Grund und Boden Baubetreuung/LEG Landesentwicklungsgesellschaft NRW GmbH

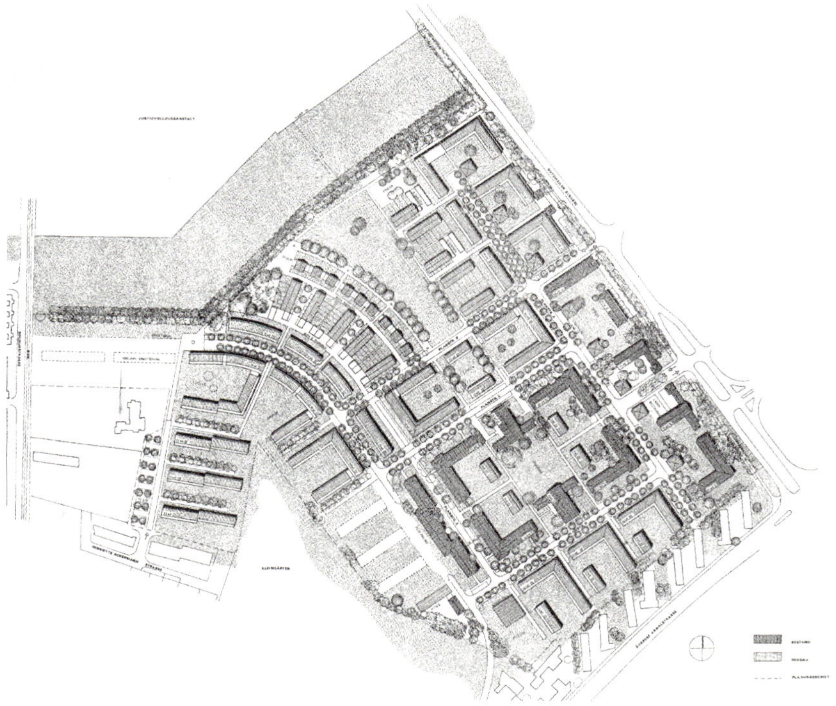

oben
Luftbild (Juli 2003)
links
Lageplan

rechts
Ansichten der Wohnbebauung

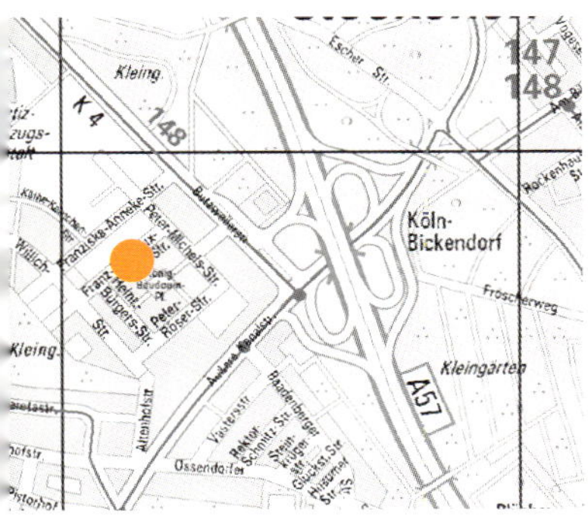

Grundstücksgröße
etwa 23,5 Hektar
Fertigstellung
2004

Die Kaserne Klerken im Stadtteil Ossendorf (Bezirk Ehrenfeld) gehörte zu den größeren Militärarealen in Köln, die von den belgischen Streitkräften aufgegeben wurden. Sie bietet der Stadt ein enormes Entwicklungspotenzial für den Wohnungsbau. — Das städtebauliche Konzept des Kölner Architekturbüros Falke + Falke ging als Sieger beim Landeswettbewerb 1995 »Wohnkonzepte für ehemalige Militärsiedlungen in NRW« hervor, welcher vom Ministerium für Bauen und Wohnen NRW, der Stadt Köln und der LEG Landesentwicklungsgesellschaft NRW ausgelobt wurde. — Auf der Grundlage des Entwurfs entstehen etwa 1.200 Wohnungen; sowohl im öffentlich geförderten Wohnungsbau als auch im frei finanzierten Geschosswohnungsbau und als Eigentumsmaßnahmen im Reihenhausbau. Die Planung ermöglicht eine relativ dichte, innerstädtische Bebauung; nur so ist der schonende Umgang mit dem unbesiedelten Freiraum möglich. Durch farbliche Zurückhaltung der viergeschossigen Baukörper (weiße Putzfassaden, Klinker im Erdgeschoss) sollen das Grün, die Farben der Natur beziehungsweise des Parks hervorgehoben werden. Zur Vermeidung monotoner Fassaden werden einzelne Häuser innerhalb einer Häuserfront durch ›Modellierung‹ hervorgehoben. — Die Erdgeschosswohnungen sind behindertenfreundlich und barrierefrei ausgestattet und mit zugeordneten Gärten nach Süden oder Südosten versehen. — Das bestehende und denkmalgeschützte Ensemble der Unterkunftsgebäude ist eingebettet in ein übergeordnetes städtebauliches Konzept. Die axiale Strenge der Kaserne wird als Ausgangspunkt für die Fortführung eines städtebaulichen Gefüges verstanden, das sich mit einer heterogenen Bebauungsstruktur zu einer zentralen Grünfläche hin öffnet. Diese Geste des Öffnens wird durch die sich daraus ergebende Grünverbindung und die vielfältigen Wegebeziehungen in die angrenzenden Stadtbezirke verstärkt. Ziel ist es, dem ehemaligen Kasernengelände seinen introvertierten, negativ behafteten Charakter zu nehmen und gleichzeitig die Identität des Ortes zu wahren. In diesem Dualismus liegen der Reiz und die Herausforderung, auf diesem Areal einen attraktiven grünen Stadtteil entstehen zu lassen.

The Klerken barracks in Ossendorf is one of the major military sites in Cologne, relinquished by the Belgian armed forces. It provides the city with an enormous development opportunity for residential housing. — An urban development concept conceived by Cologne architect's office Falke + Falke emerged as the winner from a 1995 state competition »Residential concept for the former military settlements in North Rhine Westphalia« organized by the city of Cologne and the Landesentwicklungsgesellschaft NRW (LEG). — On the basis of this design some 1,200 flats are to be built; these include publicly subsidized flats, privately funded flats and terraced houses for sale as private property. The plan enables a relatively dense, inner-city style development, which is important for a sensitive approach to the undeveloped space. The restraint shown in the use of colour in the four-storey buildings (white plastered façade, clinker-brick on the ground floor) emphasises the green of the surrounding nature and the park. To avoid monotonous façades, individual buildings within a row of houses have been empahsized through »modelling«. — The ground floor flats are disabled-friendly and designed without barriers and with gardens positioned to the south or southeast. — The existing ensemble of accommodation buildings, which are listed buildings, is embedded into a generic urban development concept. The axial strictness of the barracks is seen as a starting point for the continuation of an urban development structure, heterogeneous in its architecture and opening on to a central green area. This gesture of openness is strengthened through the connection to green spaces thus achieved and the large number of paths leading into the neighbouring districts of the city. The aim is to free the former barracks site of its introverted negative character, while simultaneously retaining the identity of the place. It is in this dualism that the stimulus and challenge lies to develop an attractive, green urban district on this site.

Von-Hünefeld-Straße

Bürogebäude SSG, Köln-Ossendorf, Fonds IV und VII

Architekt **KSP Engel und Zimmermann Architekten** **Bauherr** **Josef-Esch-Fonds-Projekt**

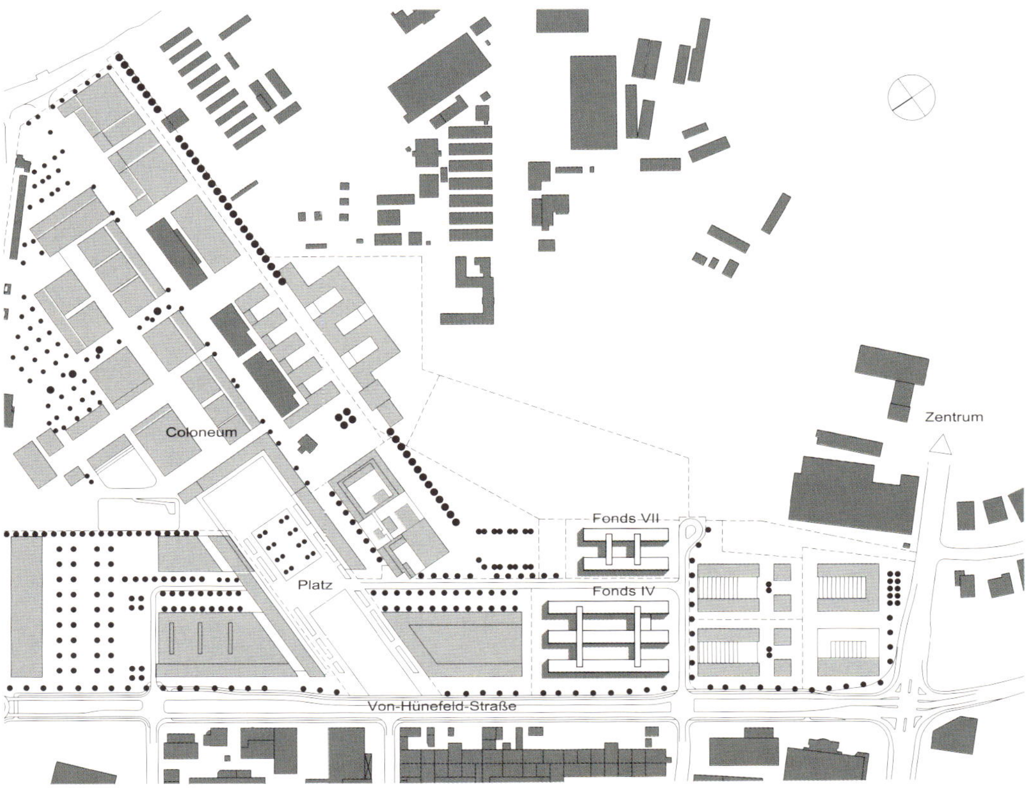

oben
Blick entlang der Straße
links
Lageplan

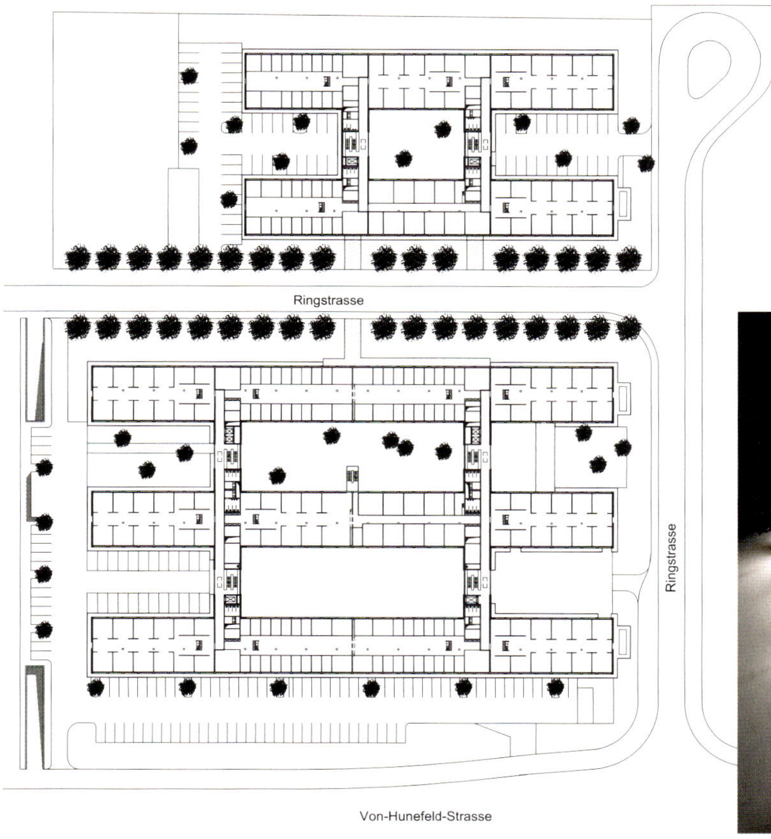

rechts
Grundriss Regelgeschoss
rechts außen
Blick aus der Vogelperspektive

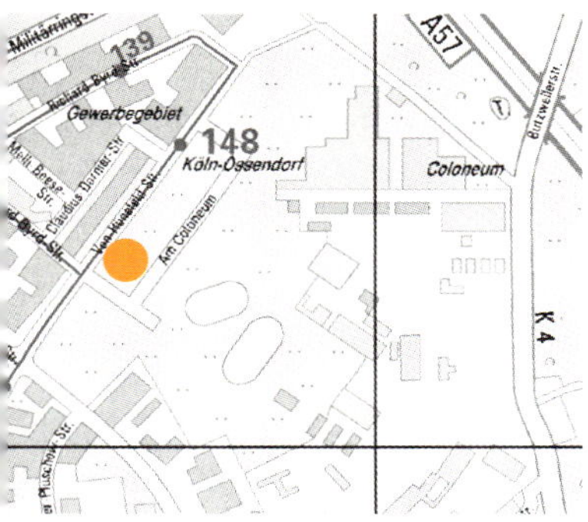

Grundstücksfläche
24.860 Quadratmeter
Bruttogeschossfläche
etwa 45.000 Quadratmeter
Fertigstellung
2004

Modellfotos: Axel Schmidt

Auf dem Gelände des ehemaligen Flughafens »Butzweiler Hof« entstand in den Jahren 1998 bis 2000 bereits das »Coloneum«, Europas größtes Film- und Fernsehproduktionszentrum, nach den Plänen von KSP Engel und Zimmermann. Es bildet den Schwerpunkt einer künftigen Medienstadt mit zahlreichen Dienstleistungs- und Gewerbeeinrichtungen. Der übergeordnete städtebauliche Masterplan wurde ebenfalls von KSP Engel und Zimmermann Architekten entwickelt. Entlang einer klaren Ost-West-Achse lagern sich die Gebäudeteile des »Coloneums« an. Von einem großen öffentlichen Platz, den die Anbindungsstraße zur Innenstadt flankiert, zweigt in südlicher Richtung eine Querachse ab, zu deren beiden Seiten sich die Bürogebäude Fonds IV und VII gegenüberliegen. — Auf etwa 45.000 Quadratmetern Bruttogeschossfläche entstehen zurzeit Büroflächen für eine Tochtergesellschaft der Stadtsparkasse. Aus den Vorgesprächen mit dem Nutzer resultierte die Idee einer »Bankfabrik«, die sich in einer strengen Grundrisskonzeption abbildet. Fünfgeschossige Gebäuderiegel reihen sich parallel zur Erschließungsstraße und werden untereinander von orthogonal einschneidenden Treppenhausspangen, die alle Nebenräume beinhalten, erschlossen. Die Ziegelsteinfassade der Gebäuderiegel mit ihren regelmäßig angeordneten und nahezu quadratischen Fensteröffnungen unterstreicht das Bild einer »Bankfabrik« zusätzlich. Die Bürobereiche sind in 400 Quadratmeter großen, zum Teil zusammenschaltbaren Einheiten konzipiert, um maximale Flexibilität hinsichtlich der Vermietung und der Umsetzbarkeit verschiedenster Büronutzungen zu erzielen. Die aus der Grundrissstruktur entwickelten Innenhöfe und die Fassaden der Treppenhausspangen werden begrünt.

The »Coloneum«, Europe's biggest film and production centre was built from plans by KSP Engel und Zimmermann on the site which used to be occupied by »Butzweiler Hof« airport. It is to form the centre of a future media city with numerous service and trading facilities. The overall urban development plan was similarly devised by KSP Engel und Zimmermann Architekten. The »Coloneum's« buildings are arranged along a clear east-west axis. From a large public square, which the linking road to the inner city flanks, a cross axis branches off to the south, across which Fonds buildings IV and VII face each other. — Office space for a subsidiary of the Stadtsparkasse is currently being constructed on a total of 45,000 square meters of gross floor space. Discussions held with the commissioner of the building prior to construction resulted in the idea of a »bank factory«, reflected in the strict concept of the ground plan. Five storey buildings run parallel to the road with orthogonal units housing the stairs. The brick façades of the buildings with the regular arrangement of their almost square windows underscores the image of a »bank factory«. The office spaces are conceived as 400 meter units, which can in part be placed together, to achieve maximum flexibility concerning the leasing and adaptability for different office requirements. The inner courtyards, which have been developed from the ground plan, and the façades of the buildings housing the staircases, have been covered with greenery.

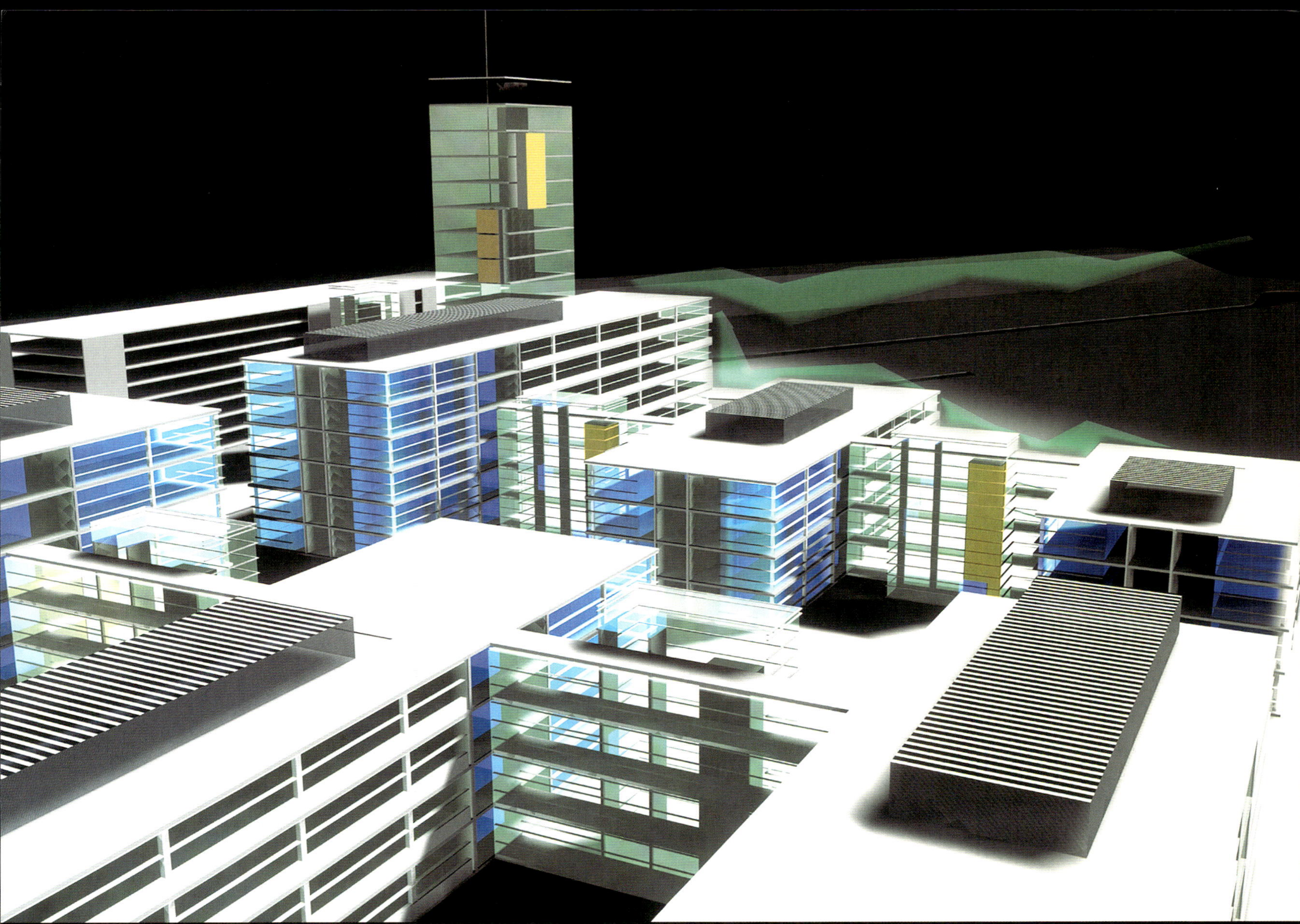

Nattermannallee

BioCampus Cologne Büro- und Laborgebäude

Architekt schultearchitekten **Bauherr** BioCampus Cologne Grundbesitz GmbH & Co. KG

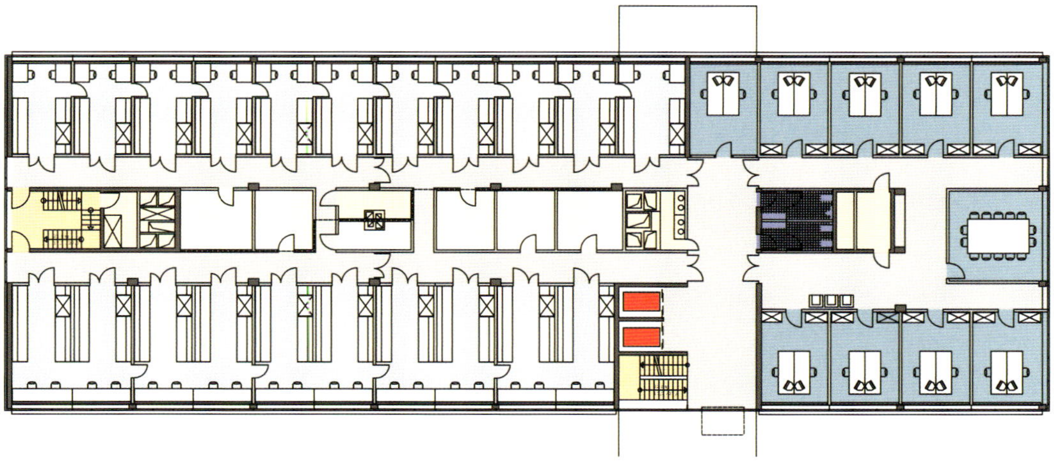

oben
Studie Campus
links
Grundriss Büro- und Laborgebäude

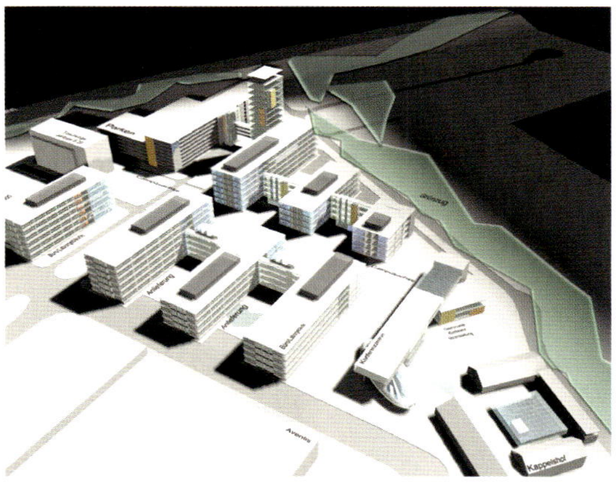

rechts oben
Bebauungsstudie der Gesamtanlage
rechts oben, außen
Skizze
rechts unten
Visualisierung

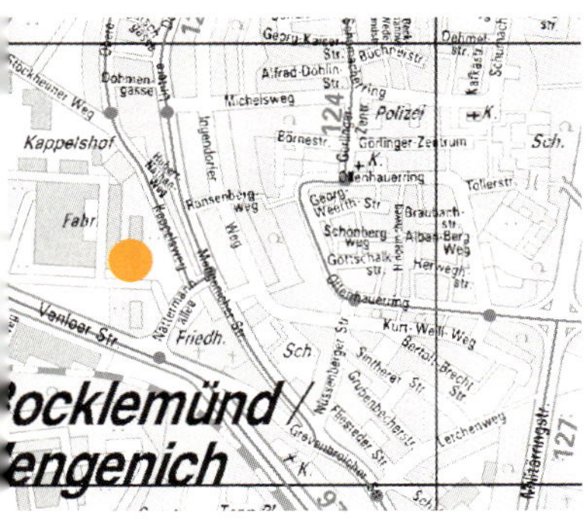

Bruttogeschossfläche
etwa 8.700 Quadratmeter
Fertigstellung
Ende 2004

Der BioCampus Cologne befindet sich auf dem ehemaligen Nattermann Gelände in Köln/Bocklemünd und beherbergt einige Biotechnologie-Firmen mit dazugehörigen Produktionsbereichen. Das Gesamtgrundstück an der BAB 1 wird im Süden durch die Venloer Straße B 59, im Norden durch den Stöckheimer Weg und im Osten durch die Nattermannallee begrenzt. — Zwei weitere Bausteine – ein sechsgeschossiges Büro- und Laborgebäude sowie eine sechsgeschossige Parkpalette – sollen hier nun realisiert werden. — Beide Neubaumaßnahmen sind um ein bestehendes Laborgebäude platziert, sodass ein Platz entsteht, der für die weitere Flächenentwicklung als Ausgangspunkt dienen wird. — Zwischen dem Büro- und Laborgebäude und der Autobahn ist ein Baufenster für die mögliche Ansiedlung eines Produktionsbereiches vorgesehen. — Das Büro- und Laborgebäude ist in seiner Nutzung und somit auch in seiner äußeren und inneren Gestaltung deutlich in zwei Bereiche unterteilt. Es entsteht hierbei eine Teilung im Verhältnis von etwa 2:1. Der südliche Teil des Gebäudes, der den größeren Anteil einnimmt, ist mit Labornutzungen belegt; der nördliche Teil beinhaltet Büroflächen. Das Bindeglied zwischen diesen beiden Einheiten bildet der Haupteingang mit seiner vertikalen Erschließung. — Die Trennung der beiden Nutzungen Büro und Labor erweist sich als Vorteil: Optimierte Raster (Labor 1,15 Meter und Büro 1,35 Meter) sowie die Tatsache, dass die Büroräume nicht mit aufwändiger Labor-Haustechnik ausgestattet werden müssen, machen das Gebäude wirtschaftlich. Das Haus ist als Dreibundanlage konzipiert, bei der durch die Koppelung von Flur- und Mittelzone mit den Laborflächen sehr flexible Laborwelten mit bis zu drei Mieteinheiten pro Geschoss entstehen können.

The BioCampus Cologne is located on what was the Nattermann site in the Cologne district of Bocklemünd and plays host to a number of biotechnology firms and related productions facilities. The BAB 1 plot is bordered to the south by the Venloer Strasse B 59, to the north by Stöckheimer Weg and to the east by Nattermannallee. — Two further developments – a six-storey office and laboratory building as well as a six-storey parking facility- are also to be erected here. — The two new building projects are to be placed around an existing laboratory building, creating a space which will serve as a starting point for further development of the area. — Between the office and laboratory building and the motorway there is an area for development where it is planned to introduce a production area. — The office and laboratory building, in keeping with its dual purpose, is very clearly split into two areas in both the external and internal design. The division is in a ratio of approximately 2:1. The southern and also largest part of the building is designated for laboratory use, while the northern part contains office spaces. The main entrance with its vertical design is the link between these two areas. —This clear division of uses has a number of advantages: optimal rasters (laboratories 1.15 meters and offices 1.35 meters) as well as the fact that the office spaces don't have to be fitted with expensive laboratory equipment ensure that the building is economical. The building is conceived as a tri-partite complex, creating a very flexible laboratory environment with up to three areas for rent per floor.

Nippes/Chorweiler

An der Schanz 1 a

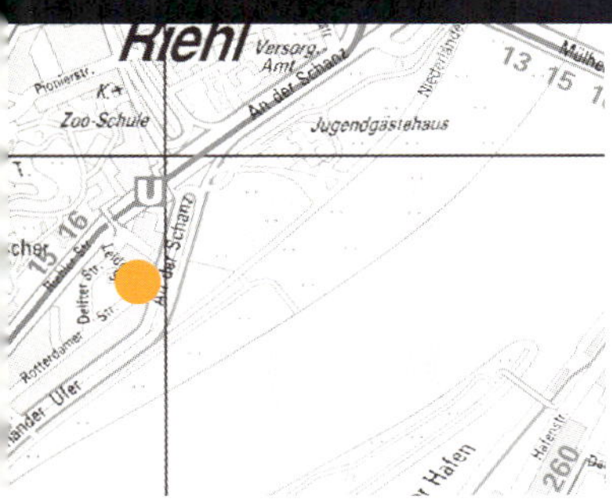

Umbau eines ehemaligen Umspannwerks zur Galerie

Nippes

Architekt b&k+ Kniess Bauherr Luis Campaña Galerie, Galerie Vera Gliem, Galerie Hammelehle und Ahrens, Sabine Schmidt Galerie

Fertigstellung
2002

Bei dem architektonischen Kleinod zwischen Schnellstraßen, Tunneln und Hochhäusern handelt es sich um die Transformation eines ehemaligen Umspannwerkes zur Galerie. Genutzt werden die Räume von insgesamt vier Galerien. Die Architekten b&k+ Kniess haben hierzu die Beton-Fertigelemente des Altbaus teilweise ausgebaut und durch nach außen gewölbte Fenster ersetzt. Dies ermöglicht Blicke sowohl in die Innenräume als auch auf die teilweise unbehandelte Unterkonstruktion. Mit Aluminiumfolie kaschierte Wärmedämmplatten und haustechnische Anlagen werden somit zu einem dominierenden Gestaltungsprinzip. Insgesamt verfügt das Gebäude auf vier Geschossen über eine Nutzfläche von 1.000 Quadratmetern. Im Obergeschoss wurde darüber hinaus eine Atelierwohnung eingerichtet. Das ehemalige Umspannwerk liegt zwischen dominanten Wohntürmen (Colonius-Hochhaus) aus den Siebzigerjahren und unmittelbar an einer Tunnelausfahrt, sodass es sich zwar unauffällig in das Stadtbild einfügt, aber im Schatten der Hochhäuser fast unterzugehen droht.

This architectural gem found between a few busy streets, the tunnel, and high-rise buildings, transforms a former »transformer station« into a gallery. The spaces are used by altogether four galleries. Here the architects b&k + Kniess have refinished sections of the precast concrete elements, and replaced them with outward-curving windows, allowing for views of the interior spaces and partially untreated firring. With aluminium foil-coated insulated paneling and the structure's domestic engineering system, a dominating design principle is set in motion. The building has four floors, and more than a 1,000 square meters of utility space. In addition, a studio-apartment was built on the ground-floor level. The former transformer is situated between the dominating residential towers of the Colonius high-rise building from the 1960s, and since it stands directly at the tunnel's exist, it not only holds an unassuming spot in the urban imagery, but also seems devoured by the shadows of the high-rise.

Riehler Straße 173

Elefantenhaus mit Außengehege

Architekt Oxen + Römer und Partner Bauherr Zoologischer Garten Köln AG

oben
Modellfoto
links
Lageplan

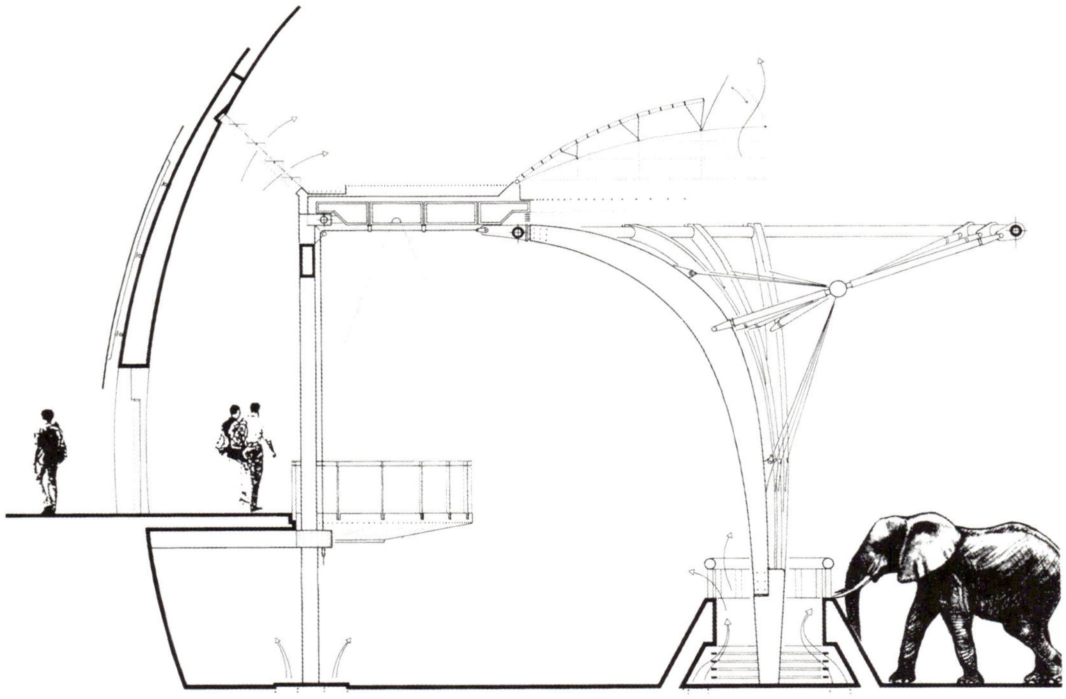

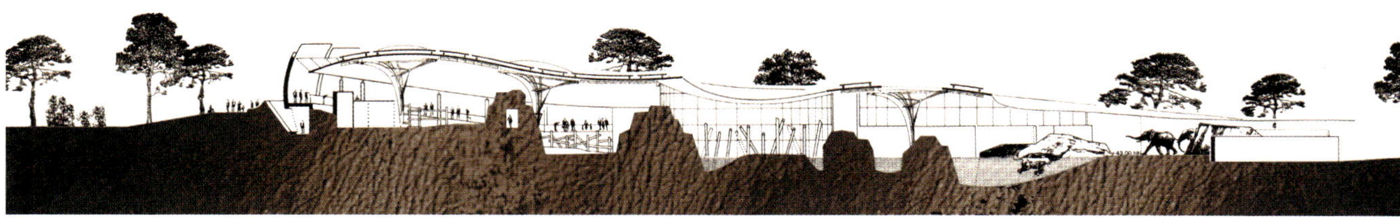

rechts oben
Schnitt (Detail)
rechts unten
Schnitt (Gesamtanlage)

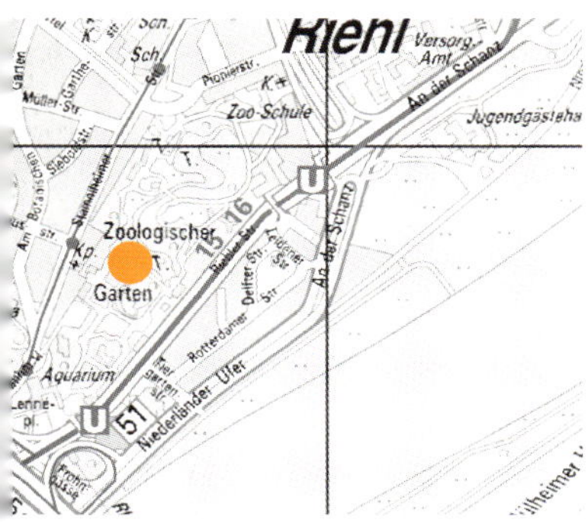

Grundstücksgröße
20.000 Quadratmeter
Fertigstellung
2004

Die Planungsaufgabe für den Neubau eines Elefantenhauses im Kölner Zoo steht am Ende einer Reihe von Absurditäten zwischen der Ausrottung von Tieren in ihrem natürlichen Lebensraum und den Investitionen in den Artenerhalt. Sie ist schlüssig als letzte Stufe wiedergewonnener Verantwortung im Miteinander zwischen Tier und Mensch. Ein einfühlsamer und respektabler Umgang mit den Tieren führt zunächst zur Beschäftigung mit deren Dimensionen. Mit einem Gewicht von bis zu sechs Tonnen, einer Rückenhöhe im Mittel von 3,50 Metern, einer Stoßkraft bis zu 15 Tonnen und einer Rüsselgeschwindigkeit von bis zu 200 Kilometern/Stunde setzen sie ihre ganz eigenen Maßstäbe. — Manche Überlegungen scheiden daher wegen der spezifischen Vorgaben bereits sehr früh aus – schnell wird deutlich, dass konventionelle Denkansätze mit dem menschlichen Maß als Grundnorm zu keinem befriedigendem Ergebnis führen können. Was bleibt, ist die Formulierung eines Lebensraumes unter Zuhilfenahme der entsprechenden planerischen Voraussetzungen. Sie sind die Essenz intensiver Beschäftigung mit den verbesserten Lebensweisen der Dickhäuter in arterhaltender Gefangenschaft. — Die Formulierung architektonischer Räume wird zugunsten naturnah gestalteter Innen- wie Außenbereiche aufgegeben, das Dach wird zum schützenden Unterstand und die Übergänge zwischen Innen- und Außenraum sind fließend. Metaphern wie »Blätterdach« und »Baumstützen« dienen zur Beschreibung dessen, was sich als neue Stil- und Strukturelemente zu einem harmonischen Ganzen zusammenfügen wird.

The planning of a new building for the elephant house at Cologne zoo comes at the end of a long sequence of absurdities concerning the extinction of species in their natural environment and investing in the protection of the species. It is the last stage in a re-won trust between animal and man. A sensitive and respectful treatment of the animals begins with considering their dimensions. With a weight of between three to six tonnes, a height to the centre of the back of 3.50 metres, a pulling power of 15 tonnes and a trunk speed of up to 200 kilometers an hour, elephants are unique. — Some ideas can be ruled out very quickly given these facts – it very quickly becomes clear that conventional notions based upon human dimensions can produce no satisfactory results. What we are left with is the development of a living space with the help of the corresponding planning requirements. They are the essence of an intensive engagement with improved living conditions for these pachyderms in a species preserving captivity. — The formulation of the architectural spaces is to be achieved through the creation of inner and outer spaces corresponding as far as possible to nature, the roof becoming a protective shelter and the transition between internal and external spaces made fluid. Metaphors such as »leaf roof« and »tree supports« serve to describe those new elements of structure and style which are helping to create a harmonious entity.

Werkstattstraße 9

NippesLoft

Architekt luczakArchitekten Bauherr Hohr Immobilien GmbH

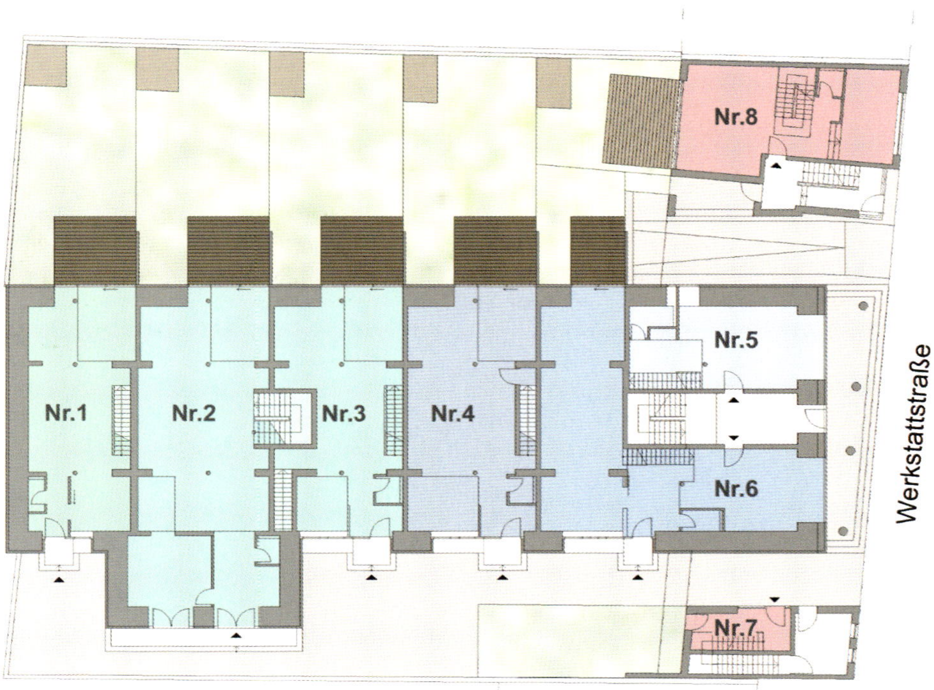

oben
Ansicht des ehemaligen Bunkers
links
Grundriss Erdgeschoss

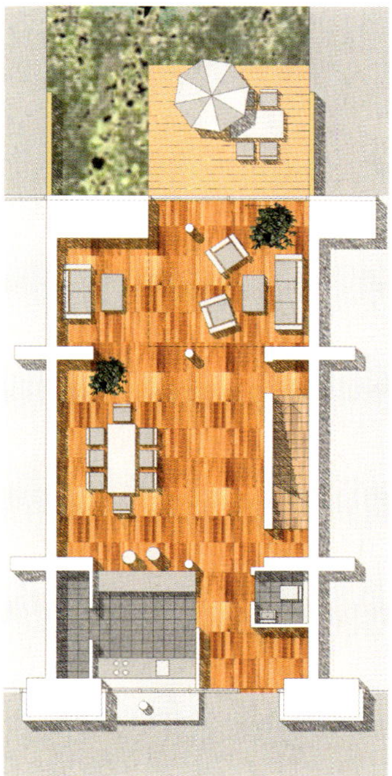

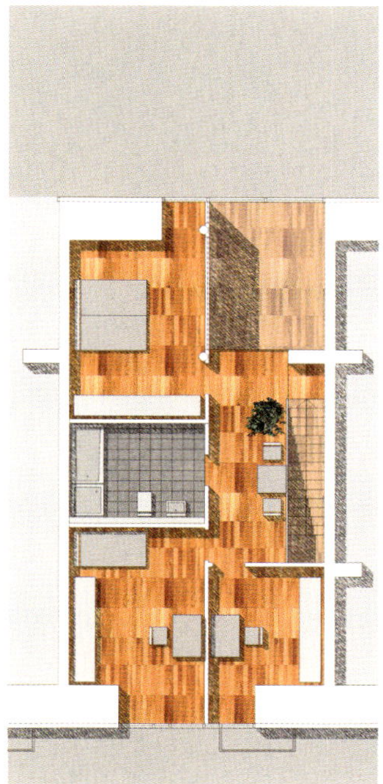

rechts
Grundrisse »Loft«
rechts außen
Modellfoto

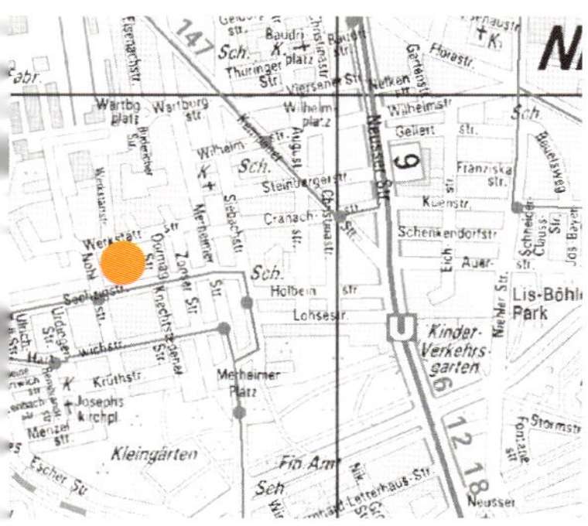

Grundstücksgröße
1.712 Quadratmeter
Bruttogeschossfläche
2.675 Quadratmeter
Fertigstellung
2004

Ein zweigeschossiger Hochbunker aus dem Zweiten Weltkrieg, im Kölner Stadtteil Nippes nahe dem S-Bahnhof gelegen, erfährt eine radikale Umgestaltung. Nach mehreren Zwischennutzungen entschied sich der Bauherr Jean-Paul Hohr für die Realisierung eines Entwurfs mit großzügigen Nutzungseinheiten zum Wohnen und Arbeiten. Das Entwurfskonzept des Kölner Architekten Thomas Luczak sieht eine völlige Entkernung und das Aufschneiden der bis zu 1,40 Meter dicken Stahlbetonwände und Decken vor. Gemeinsam mit einem viergeschossigen Neubau, der die vorhandene Baulücke in der Werstattstraße schließt, entsteht ein Ensemble von 17 Lofts und Stadtwohnungen. Die Lofts im ehemaligen Bunker erhalten zweigeschossige, glasüberdeckte Atrien nach Westen, die das Sonnenlicht tief in die Räume dringen lassen. Die Stadtwohnungen werden von einer zweigeschossigen Tonne mit eingehängten Emporen überdacht. — Jede Einheit ist wie ein Haus im Haus und jedes dieser Häuser hat mindestens zwei Ebenen, geschossübergreifende Lufträume und/oder Emporen. Großzügige Bereiche zum Wohnen und Arbeiten und flexibel nutzbare Räume gehen fließend ineinander über. Alle Lofts und Stadtwohnungen haben Gärten oder große Dachterrassen. Hohe Fassadenöffnungen mit Schiebetüren, oft vor den doppelgeschossigen Räumen, verbinden innen und außen. Der geplante Ausbau lässt mit seinen puren Materialien und den unaufdringlichen Details viel Raum für eigene Wohnideen. Weiße Wände, Eichenparkett und Steinzeugfliesen betonen Solidität und Eleganz. Die Verwendung von Holz an den Fensterfronten, Türen und Böden soll eine natürliche Wohnlichkeit vermitteln.

A two storey over ground bunker near the S-Bahn in the Cologne district of Nippes is undergoing a radical conversion. Having had a number of uses over the years, the investor Jean-Paul Hohr decided on a design with spacious units for living and working. The design concept developed by Cologne architect Thomas Luczak envisages a complete hollowing out and a cutting away of the up to 1.40 meter thick reinforced concrete walls. Along with a four-storey new structure, which will close the gap in Werstattstraße, the ensemble will consist of 17 lofts and city houses. The lofts in the former bunker will be complemented in the west by two-storey glass-roofed atria, allowing the natural light to penetrate deep into the rooms. The city houses will be covered by a two-storey barrel-like structure with galleries. — Each unit is like a house within a house and each of these houses has atria or galleries of at least two levels. Spacious areas for living and working and spaces with flexible uses flow into one another. All the lofts and city houses have either gardens or roof terraces. High windows with sliding doors, often placed in front of the double storey spaces, link the interior and the exterior. The planned development, with its use of pure materials and unobtrusive details, allows a lot of scope for residents to develop their own ideas of living. White walls, oak parquets and stone tiles underscore a sense of solidity and elegance. The use of wood in the window frames, doors and floors creates a natural homeliness.

Pasteurstraße 1 a

Büro- und Produktionsgebäude für einen Glasbaubetrieb
Architekt b&k+ brandlhuber **Bauherr** J. + H. G. Dönges

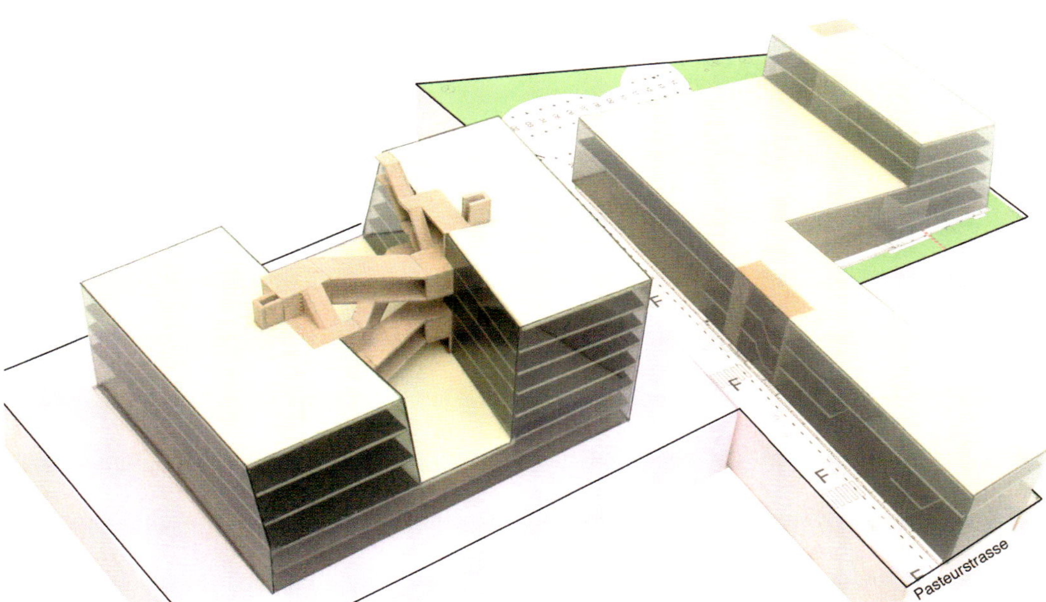

oben
Straßenseitige Ansicht
links
Modell 1. (rechts) und 2. (links) Bauabschnitt

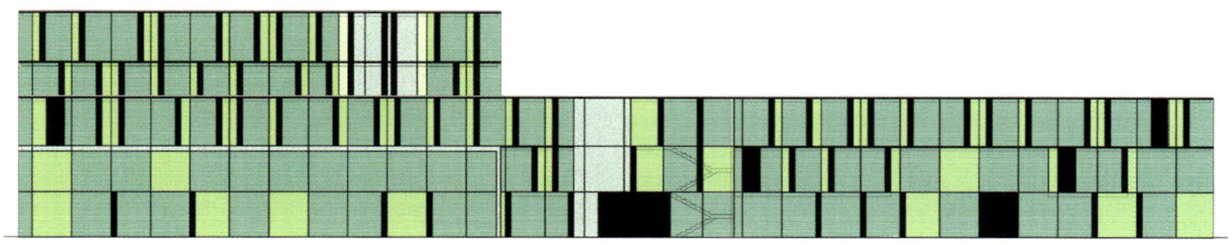

rechts
Ansichten

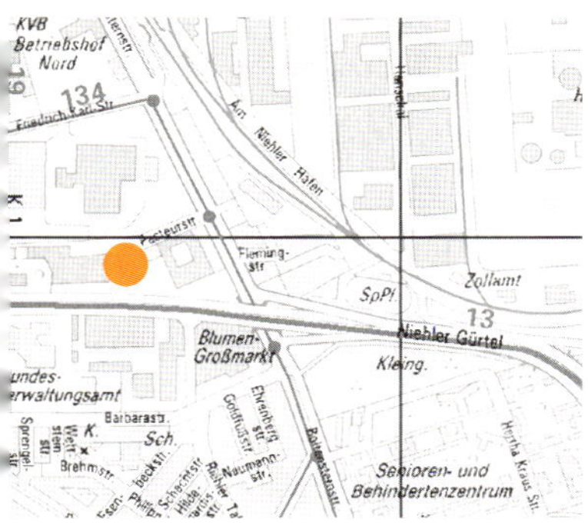

Grundstücksgröße
4.200 + 3.500 Quadratmeter
Bruttogeschossfläche
1. Bauabschnitt:
4.740 Quadratmeter
2. Bauabschnitt:
7.800 Quadratmeter
Fertigstellung
2003 (1. Bauabschnitt)

Das Grundstück liegt in einem überwiegend gewerblich genutzten Gebiet nahe des Niehler Hafens im Norden der Kölner Innenstadt. Geplant ist die Errichtung eines neuen Lager- und Produktionsgebäudes für einen ortsansässigen glasverarbeitenden Betrieb. Um das vorhandene Grundstück maximal auszunutzen, werden über den derzeitigen Bedarf des Betriebes hinaus noch Produktions- und Lagerflächen zur externen Vermietung errichtet. — Die Kubatur des geplanten Baukörpers ergibt sich aus der Prämisse dieser maximalen Grundstücksauslastung; hier werden den im Erdgeschoss gelegenen Produktions- und Lagerhallen teilweise Bürogeschosse aufgesattelt. — Die Gebäudevolumina sind sehr günstig auf dem Grundstück positioniert. Wegen der Realisierung minimaler Abstandsflächen zu den Nachbargrundstücken ist eine der Fassaden um etwa sieben Grad nach innen geneigt. Das Gebäude ist teilweise unterkellert, wobei eine Nutzung mit Tiefgarage und Lagerräumen vorgesehen ist. Das Untergeschoss wird in Stahlbetonbauweise als weiße Wanne ausgebildet. Zwei vertikale Erschließungskerne enthalten jeweils ein Fluchttreppenhaus, einen Personenaufzug sowie einen vertikalen Versorgungsschacht. — Das Gebäude selbst ist ab dem Erdgeschossniveau in Stahlbauweise geplant. Die Konstruktion besteht aus Stahlrahmen, die im Abstand von etwa fünf Metern seriell gereiht sind. Quer zu diesen Achsen spannt die Sekundärkonstruktion in Form von Trapezblech-Verbunddecken. Das gesamte Gebäude ist von einer Ganzglasfassade umhüllt, die aufgrund des Einsatzes verschiedener Fensterformate rhythmisch gegliedert ist. Durch die unterschiedlichen Grüntöne der Glasscheiben wird dieses Spiel noch verstärkt.

This plot lies in a largely business area near the Niehl Harbour in the north of Cologne's inner city. It is planned to construct a new warehouse and production building for a local company specialising in glassware. To make maximum use of the existing plot, it is planned to construct additional production and storage areas for rent by other companies. — The cube-like structure of the building is planned from the premise of making maximum use of the plot. Production and storage halls as well as office space are planned for the ground floor. — The volumes of the building are also positioned to utilize the plot to the full. In order to achieve a minimum distance to the neighbouring plots, the façades of the building are tilted inwards at an angle of seven degrees. The building is partly equipped with underground areas, for which an underground car park and storerooms are planned. The lower floor is to be built using reinforced concrete. Two vertical cores are to house a fire escape staircase, a lift for use by people as well as a vertical supply shaft. — The building itself from ground floor up is to be built using steel. The construction is to consist of steel frames, placed approximately five metres apart. The whole building is to be cased in a glass façade, with a rhythmic design arising from windows in different formats. This sense of play will be underscored by the use of different shades of green in the glass panes.

Henry-Ford-Straße

Nippes

Ford Supplier Park

Architekt WPW Ingenieure GmbH Bauherr H.F.S. Hypo Fondsbeteiligungen für Sachwerte GmbH

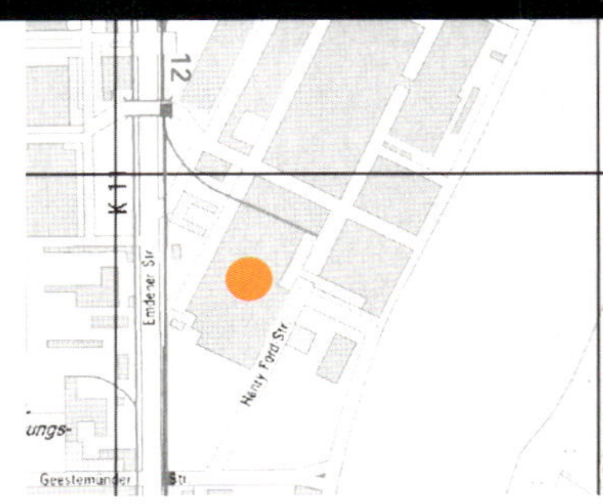

Aufgrund des enormen Kostendrucks in der Automobilindustrie nimmt der Zwang zur Reduktion von Produktionskosten immer mehr zu. Dies erfordert die Unterbringung der Anlieferbetriebe in unmittelbarer Nähe zu der Produktion. Basis des Planungskonzepts ist die Erkenntnis, dass die logistischen Vorgänge nur dann optimal ablaufen können, wenn sie ohne vertikale Schnittstellen stattfinden. Die Konzeption sieht zwei größere, parallel zueinander liegende Gebäude mit einer für alle nutzbaren zentralen Infrastruktur vor, die mit Begriffen aus dem Bereich der PKW-Endmontage bezeichnet wurden. In einem Gebäude (»Chassis«) werden Getriebeeinheiten, Auspuffanlagen, Kühler, Klimaanlagen, Stoßfänger und Benzintanks vormontiert, im anderen Gebäudekomplex (»Trimm«) Türen, Verkleidungen, Kabelbäume, Instrumententafeln, Dachhimme und Dichtungen. Verbunden sind diese beiden Fertigungsstraßen mit einem elektrischen, 800 Meter langen Hängebahnsystem. Damit die verfügbare Grundfläche optimal für Fertigungszwecke genutzt werden kann, wurden einzelne Funktionen, die nicht als Primärnutzung in die Erdgeschossebene gehören, auf die Dachfläche verlegt. Die Gebäude wurden überwiegend in reiner Stahlbauweise errichtet, lediglich die Bereiche mit Dachnutzung sind mit Stahlbetonfertigteilen errichtet.

Because of enormous financial pressures in the automobile industry, cutbacks on production costs by optimizing logistics is becoming more and more the norm. This calls for bringing delivery businesses closer to production facilities. The basis of the planning concept is, therefore, the realization that the needed logistic procedures can only function effectively when they can occur without so-called vertical diversions. The concept here proposes two large buildings, which stand parallel to one another, utilizing the same centralized infrastructure, and designated with expressions from the automobile final-assembly trade. One building (»Chassis«) specializes in the pre-assembling of gear parts, exhaust and air-conditioning systems, coolers, bumpers, and gas tanks. The other building complex (»Trim«) specializes in doors, paneling, harnesses, dashboards, roofing, and gaskets. Both production lines are connected to a 800-meter-long conveyor belt system suited to handling the parts and transport systems between Ford and the suppliers. To ensure the maximum utilization of the available work space, important functions not necessarily related to the primary use of the ground floor spaces are relocated to sections of the spacious attic-floor. The building's main sectors were constructed as a steel construction.

Grundstücksfläche
85.000 Quadratmeter
Bruttogeschossfläche
61.000 Quadratmeter
Fertigstellung
2001

Am Molenkopf

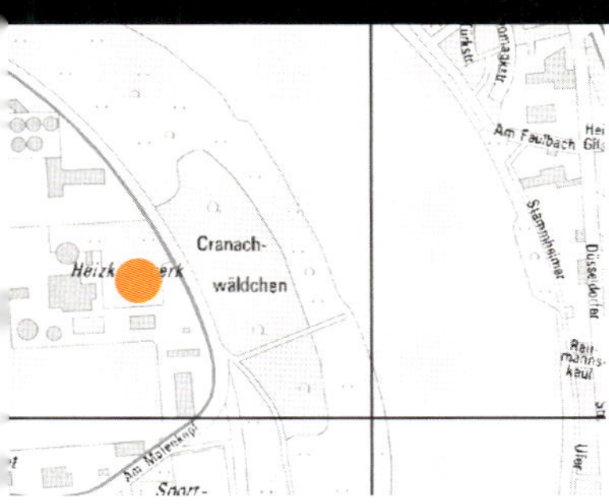

Heizkraftwerk Niehl II

Nippes

Architekt GEW RheinEnergie AG, Abteilung Kraftwerksplanung
Bauherr GEW RheinEnergie AG

Generalunternehmer
Siemens AG
Investitionsvolumen
250 Mio. Euro
Fertigstellung
Ende 2004

Die GEW RheinEnergie AG errichtet am Standort des Heizkraftwerks Niehl eine neue Anlage mit Kraft-Wärme-Kopplung. »Niehl II« soll die seit 26 Jahren bestehende Dampfturbinenanlage ablösen und die Fernwärmeerzeugung für Köln gewährleisten. Die bestehende Anlage ging 1976 ans Netz und hat mittlerweile das Ende ihrer technischen und wirtschaftlichen Lebensdauer erreicht. Das Anlagenkonzept für Niehl II sieht u. a. eine Gasturbine mit einer Leistung von rund 260 Megawatt vor. Mit den Turbinenabgasen wird ein nachgeschalteter Abhitzekessel beheizt, der pro Stunde rund 270 Tonnen Dampf mit einer Temperatur von etwa 570 Grad Celsius und einem Druck von 131 bar erzeugt. Darüber hinaus wird ein Dampfturbine mit einer elektrischen Leistung von rund 145 Megawatt errichtet. Insgesamt stellt die neue Anlage rund 400 Megawatt Strom und im Bedarfsfall bis zu 370 Megawatt Wärme bereit. Damit lassen sich rund 300.000 Haushalte mit Fernwärme und eine Million Haushalte mit Strom versorgen. Der Gesamtwirkungsgrad liegt bei über 86 Prozent. Das ist der Anteil, der an Energie aus dem Brennstoff nutzbar ist. Im Vergleich dazu: Die bisherige Anlage hat einen Wirkungsgrad von maximal 78 Prozent. Das Heizkraftwerk lässt sich zu Spitzenzeiten auch mit leichtem Heizöl befeuern. Mit dem Bau wurde Ende Juni 2003 begonnen.

On the grounds of the Niehl thermal power station, the GEW RheinEnergie AG is erecting a new facility intended for the coupling of power and heat resources. Niehl II will replace the 26-year-old steam turbine facility, and ensure the production of Cologne's district warm water supply. The existing facility, first introduced into the network in 1976, had meanwhile reached the end of its technical and economic capacities. Among its other details, the Niehl II concept includes a gas turbine with an electrical capacity of circa 260 megawatts. With turbine exhausts, a waste heat boiler is set in operation and produces circa 270 tons of steam per hour, at a temperature of 570 degrees Celsius and pressure level of 131 bar. Also to be erected is a steam turbine with an electrical capacity of circa 145 megawatts. In total, the new facility produces circa 400 megawatts of electricity and, as needed, offers up to 370 megawatts of heating units. This supplies approximately 300,000 households with district heating, and a million more with electricity. The overall radius of effectiveness is above 86 percent, corresponding to the usable portion of energy retrieved from fuels. By comparison, the previous facility's radius of effectiveness was, at best, 78 percent. Construction work began at the end of June 2003.

Schneebergstraße

Katholisches Gemeindezentrum Köln-Blumenberg

Architekt Architekturbüro Bienefeld BDA (Entwurf), Anton Harff (Baubetreuung/Oberbauleitung) **Bauherr** Katholische Kirchengemeinde St. Marien Köln-Fühlingen/Monsignore Wilhelm Höhner

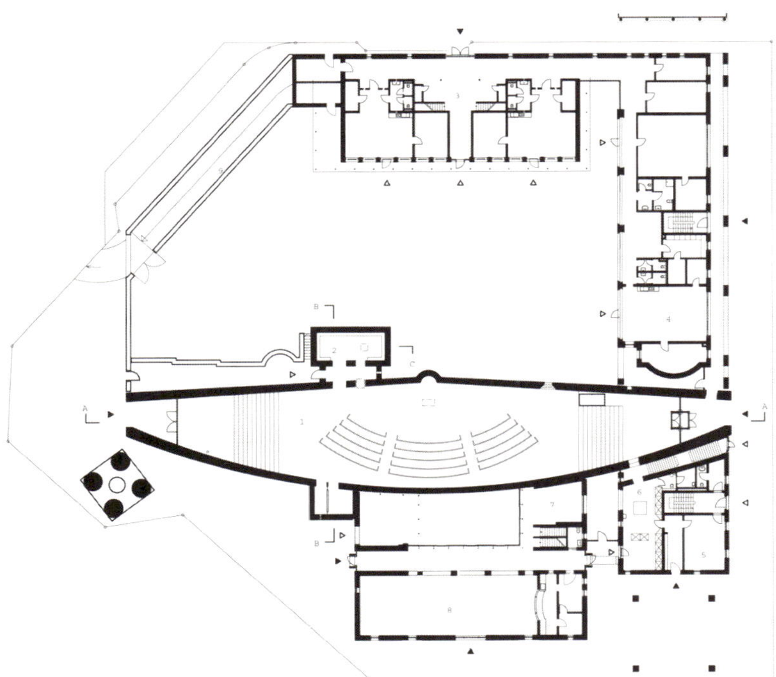

oben
Baustelle (Juli 2003)
links
Grundriss Erdgeschoss

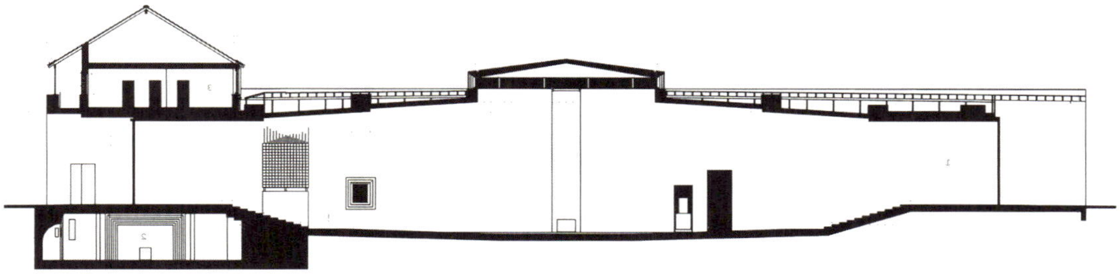

rechts oben
Querschnitt
rechts unten
Detail Fassade
rechts unten, außen
Modellfoto

Bauausführung
Arbeitsgemeinschaft Wollwert
Bauunternehmung GmbH & Co. KG/
Wolff & Müller Bau GmbH
Fertigstellung
2003

Das neue katholische Gemeindezentrum im Kölner Stadtteil Blumenberg entsteht nach dem Entwurf des Baumeisters Heinz Bienefeld. Nach dessen Tod hat sein Sohn Nikolaus Bienefeld die Betreuung der Bauarbeiten übernommen. Dominierendes Entwurfskriterium ist die große Hofbildung im Kontext mit dem umgebenden Städtebau. Es entsteht ein Ruhepunkt für das gesamte Gebiet. — Die Parallelstellung der Baukörper erleichtert die Orientierung und ermöglicht ein leichtes Finden der Zielorte. Eine ruhige Linienführung wird im Westen, Norden und Süden durch die nahezu gleich hohen Baukörper erreicht. Auch die Kirche ist in diese architektonische Ordnung eingebunden und soll sich bewusst nicht durch eine besondere Höhenentwicklung von dem umgebenden Profanen abheben. Vielmehr unterscheidet sie sich von der Umgebung durch ihre durchgehende Großform, den möglichst großen Freiraum der Bodenfläche, die Vermeidung einer Überfrachtung durch Übermöblierung und ihre nicht zu große Helligkeit. Das Tieferlegen des Kirchenbodens um zwei Meter beinhaltet nicht nur eine bergende Geste, sondern eröffnet auch eine von außen unvermutete Großräumigkeit. — Die Kirche wird als monolithischer Baukörper erscheinen. Ihre Farbigkeit erhalten die einzelnen Betonschichten durch wechselnden Natursteinzuschlag. Die Oberfläche der Kirchenwände wird gespitzt, um die natürliche Farbe der Zuschläge zur Geltung zu bringen.

The new Catholic congregational house in the Cologne-Blumenberg is being constructed from a design by Cologne architect Heinz Bienefeld. After his death, the construction process was entrusted to his son Nikolaus Bienefeld. The dominant design criterion is the large courtyard in the context of the surrounding urban landscape. It provides a place of rest for the entire area. The parallel arrangement of the buildings facilitates orientation. — A quiet arrangement of lines in the north, west and south is to be achieved through the almost uniform height of the buildings. The church is also included in this architectural ordering and is consciously not made noticeably higher so as to avoid emphasis. It distinguishes itself from the surrounding buildings more through its dimensions, the greatest possible openness of the floor space, the avoidance of being overclutered with fittings and a not too great brightness. The floor of the church is sunk by two meters not only as a gesture of self-effacement but also to achieve a sense of spaciousness which cannot be guessed at from without. — The church has the appearance of a monolithic structure. Colour is achieved by the addition of different natural stones in the individual concrete elements. The surface of the church walls are to be treated to bring out the full effect of these colours.

Porz

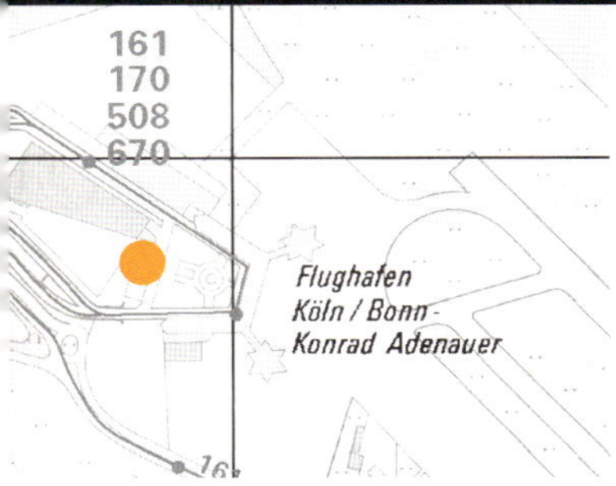

ICE-Bahnhof »Flughafen Köln/Bonn«

Porz

Architekt Murphy/Jahn Inc. Architects **Bauherr** Deutsche Bahn AG Station & Service

Gesamtkosten
532 Mio. Euro
Spatenstich
29. Januar 2002
Fertigstellung
2004

Der Anschluss des Flughafens Köln/Bonn an die ICE-Neubaustrecke Köln-Rhein/Main und der damit verbundene S-Bahn-Anschluss der Städte Köln und Bonn gehört unter finanziellen Aspekten zu den bedeutsamsten Ausgleichsprojekten für die Region Bonn, die durch den Regierungsumzug nach Berlin vereinbart wurden. Im Mai 1998 hatten der Bund, das Land Nordrhein-Westfalen sowie die Flughafen Köln/Bonn GmbH die Vereinbarung über die Finanzierung des Anschlusses des Flughafens an die Eisenbahn-Neubaustrecke einschließlich der S-Bahn-Anbindung unterzeichnet. Bei der Anbindung des Airports »Konrad Adenauer« an das Hochgeschwindigkeitsnetz der DB handelt es sich um den Neubau einer zweigleisigen, elektrifizierten und etwa 15 Kilometer langen Strecke. Die Erschließung für den Reisezugverkehr (ICE-Züge) und den Regionalverkehr (S-Bahn) übernimmt ein unterirdischer Bahnhof am Flughafenterminal. Eine 156 Meter lange und 40 Meter breite Stahl-Glas-Konstruktion bildet das Dach des Bahnhofs. Der viergleisige, neue Flughafenbahnhof liegt 18 Meter tief direkt unter dem neuen Terminal. Reisende gelangen über Rolltreppen und Aufzüge direkt in die Check-In-Halle. Auf der Strecke sollen pro Richtung in den Spitzenzeiten zwei ICE-Züge je Stunde sowie drei S-Bahn-Züge im 20-Minutentakt verkehren.

Viewed from the financial aspects, connecting the Cologne/Bonn Airport to the newly-constructed Köln-Rhein/Main route of the ICE rapid-transit line, and suburban railway connection for the City of Cologne and Bonn, ranks among one of the most important compensatory projects for Greater Bonn, agreed to in conjunction with the move of Germany's governmental seat to Berlin. In May of 1998, the Federal Government of Germany, Land Nordrhein-Westfalen, and Cologne/Bonn Airport GmbH, signed the agreement for financing a connecting of the airport to the newly-constructed railway line Köln-Rhein, including the suburban railway connection. The rail connection of the Konrad Adenauer Airport to the high-speed network of the Deutsche Bahn AG railway concerns an electrified, two-track route circa 15 kilometers long. The merging of the rapid-transit trains' traffic (ICE trains) with that of the regional trains' is handled by a subterranean station at the airport terminal. A 156-meter-long and 40-meter-wide glass-and-steel construction forms the station's roof. The new airport station has four tracks, and is positioned directly below the new terminal at a depth of 18 meters. During peak hours, two ICE-trains run in both directions every hour, and three suburban railway trains every 20 minutes.

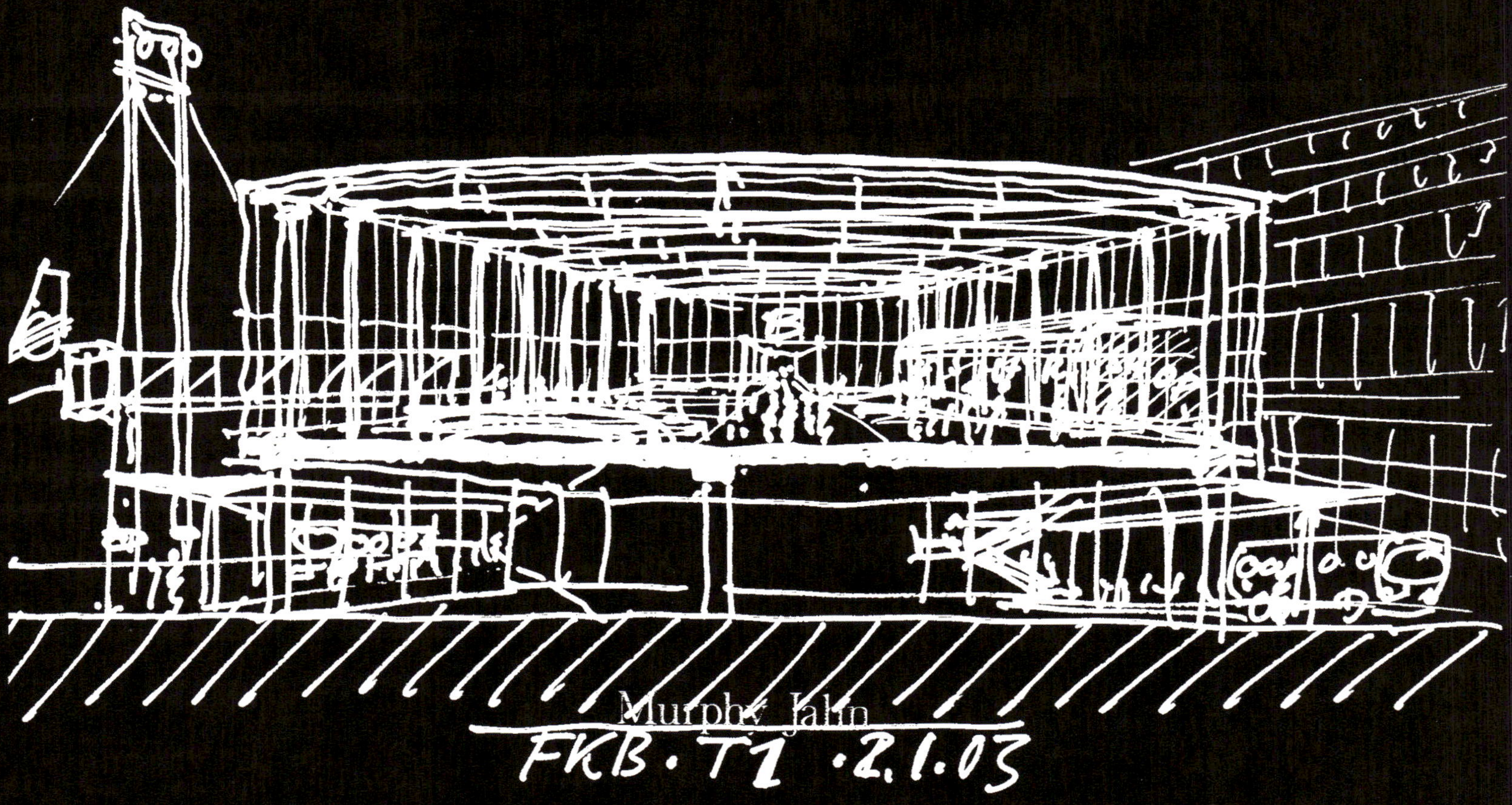

Waldstraße

Umbau und Erweiterung Flughafen Köln/Bonn, Terminal 1

Architekt Murphy/Jahn Inc. Architects **Bauherr** Flughafen Köln/Bonn GmbH

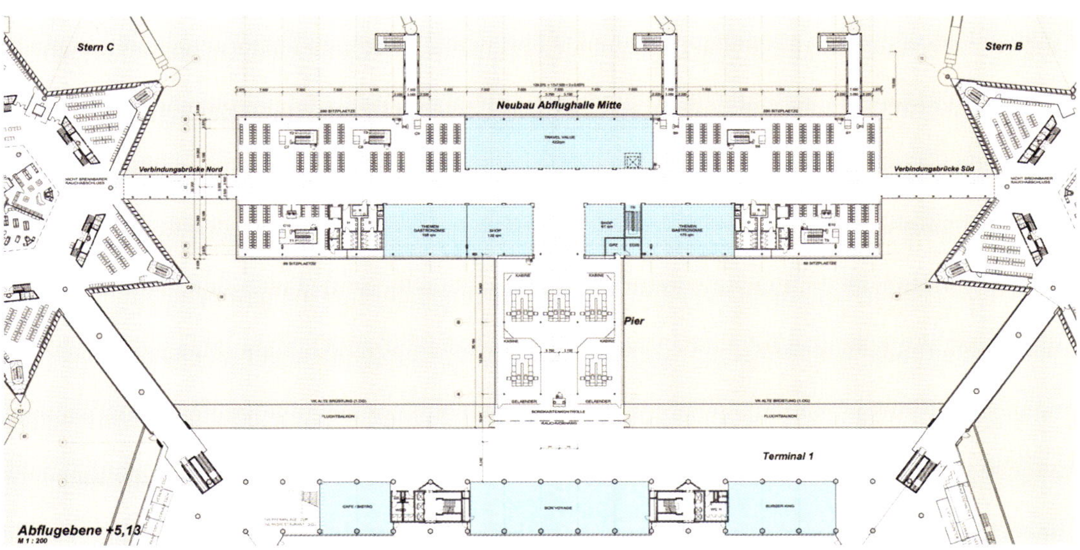

oben
Skizze des Erweiterungsgebäudes
links
Grundriss

rechts oben
Blick in den Erweiterungsbau
rechts unten
Blick vom Flugfeld auf den Neubau

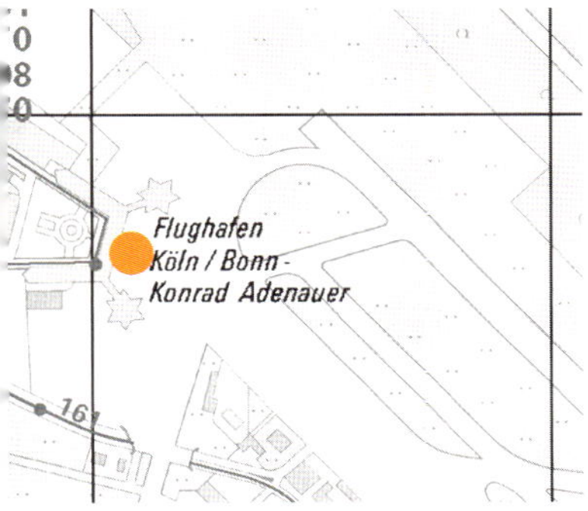

Genehmigungs- und Ausführungsplanung
Architekturbüro Karl-Heinz Schommer
Bruttogeschossfläche
8.750 Quadratmeter
Abflughalle
130 x 30 x 7,5 Meter
Fertigstellung
Ende 2004

Der Flughafen Köln/Bonn erlebt trotz der zurzeit herrschenden Flaute im Luftverkehr einen ungebrochenen Boom an Passagieraufkommen. Grund dafür sind die so genannten Low Cost Carrier, die in Köln/Bonn einen attraktiven Standort gefunden haben. Da die bestehenden Terminals bereits ausgelastet sind, wird für die Passagiere der Low Cost Carrier eine Erweiterung der Abflugpositionen erforderlich. — Die Erweiterungsfläche ist als frei stehende, aufgeständerte Halle im Vorfeld konzipiert – auf einer Linie zwischen die bestehenden sternförmigen Abfluggebäude – und mit dem Altbau lediglich durch drei Brückenbauwerke verbunden. Zukünftig wird die Sicherheitskontrolle für das gesamte Terminal 1, das über 13 Gates verfügt, im mittleren Brückenbauwerk zentralisiert. Durch das Absetzen vom Altbau werden alle räumlich-funktionalen Anforderungen auf eine elegante und doch schlichte Weise gelöst: So ermöglicht die Erweiterung in Form einer frei stehenden Halle eine hohe Anzahl gleichzeitig zu nutzender Busgates an beiden Längsseiten des Gebäudes. Die tiefer in das Vorfeld gelegten Flugzeugpositionierungen sind für die Rollbewegungen der Flugzeuge und die Anordnung von Serviceflächen optimiert. Busse und Servicefahrzeuge werden um den Neubau im Kreis geführt und somit flexibel organisiert. Die Verkaufsflächen im Terminal 1 sollen mehr als verdoppelt werden. — Die Abflughalle ist zur Entflechtung der Verkehrswege auf einem Betontisch aufgeständert und wird von einem filigranen Stahltragwerk in leichter Bogenform überspannt. Alle Bauteile sind mit einfachen Geometrien ausgebildet. Der Raum wird aus dem filigranen Tragwerk, einer gläsernen Fassade und frei stehenden gläsernen Trennwänden für Sicherheitsbereiche und Verkaufsflächen gestaltet. Dadurch entsteht eine Transparenz, die sowohl Sicherheit und Übersicht für die Passagiere als auch architektonische Klarheit schafft. Die Bauarbeiten werden bei laufendem Betrieb durchgeführt.

Despite today's economic lull in air travel, the Cologne/Bonn Airport is experiencing an unbroken boom on its passenger lists. The reason for this are the so-called »low cost carriers«, which, in Cologne and Bonn, have now found a lucrative new location. Since all the existing terminals are fully occupied, passengers using low cost carriers require additional and/or expanded departure areas. — Aligned with the existing star-shaped departure terminal complex, the added expansion surface is conceived as a free-standing, supported hall in the foreground, connected to the old building by no more than three bridge constructions. In the future, the security control for the entire Terminal 1 will be housed in the centrally-located bridge construction. Disengaging the old building satisfies every spatial-functional requirement in an elegant as well as simple manner: in the form of a free-standing hall, the expansion allows for a large number of simultaneously-used bus gates, arranged lengthwise on both sides of the building. At the same time, positioning the planes even deeper into the foreground optimizes both take-off preparations and the arrangement of service areas. Buses and shuttles will circle the new building, and enjoy more organizational flexibility. The size of the shopping areas in Terminal 1 will be more than doubled. — Finally, the simplicity of the construction's geometry makes it more economical. Separating the traffic routes, the departure hall lies on a concrete tabling held by a filigree and arch-formed support carrier of steel. The space is designed using a delicate, support carrier, a glazed façade, and free-standing glazed dividing walls for the security and sales areas. The resulting transparency ensures not only the passengers' safety, but also creates an architectural clarity that makes the structure easy to understand. The construction work transpires independent of the daily businesses.

Waldstraße

Köln/Bonn Airport, Terminal 2

Architekt Murphy/Jahn Inc. Architects **Bauherr** Flughafen Köln/Bonn GmbH

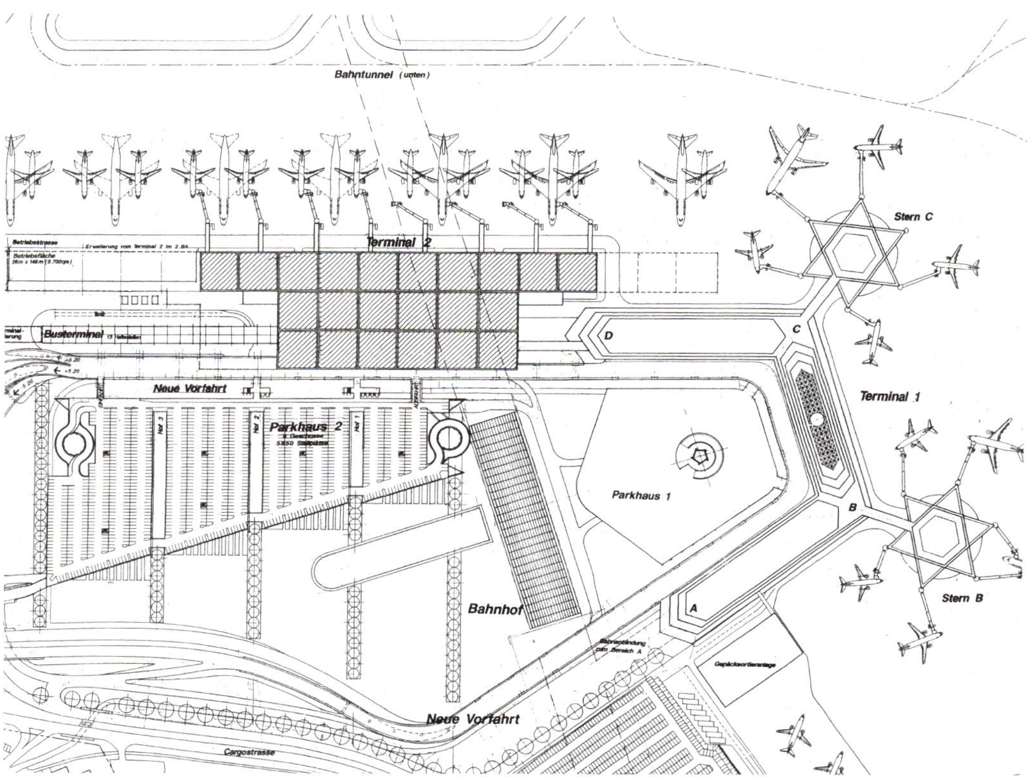

oben
Blick von der Zufahrt
links
Lageplan

rechts
Rahmenlose Glasfassade
rechts außen
Blick vom Atrium

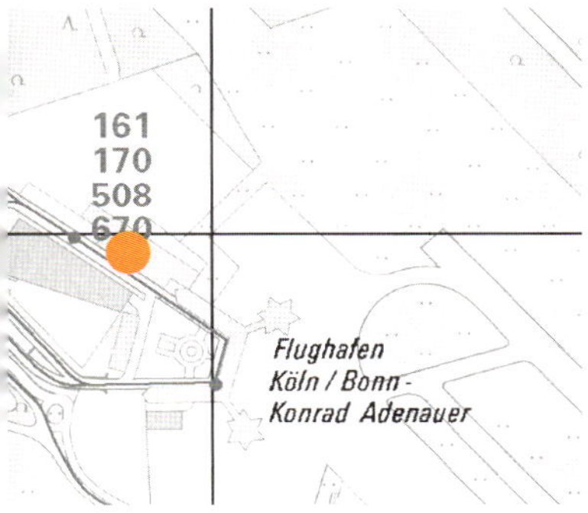

Bruttogeschossfläche
69.000 Quadratmeter
Fertigstellung
2000

Im Sommer 2000 wurde das Terminal 2 am Flughafen Köln/Bonn in Betrieb genommen. Es ist Teil des bislang größten Bauprojekts in der Geschichte des Flughafens, das zudem zwei Parkhäuser mit über 10.000 Stellplätzen, ein neu konzipiertes Zu- und Abfahrtsystem und den flughafeneigenen unterirdischen Bahnhof umfasst. Ab 2004 fahren dort ICEs, S-Bahnen und Regional-Express-Züge ein. — Der Entwurf des Chicagoer Architekturbüros Murphy/Jahn sollte laut Aussage des Bauherren gestalterisch mit der Architektur von Terminal 1, das 1970 von Paul Schneider-Esleben fertig gestellt wurde, harmonieren und die kurzen Distanzen für die Passagiere wahren. — Das 300 Meter lange und 75 Meter breite Terminal 2 bietet auf vier Geschossen 69.000 Quadratmeter Nutzfläche. Das Dachtragwerk, eine gefaltete Konstruktion mit nach Norden orientierten Oberlichtern, wird von stählernen Baumstützen getragen, die in einem Raster von 30 mal 30 Metern angeordnet sind. Insgesamt verfügt das Terminal über 40.000 Quadratmeter Glasfläche. 12.500 Quadratmeter davon sind allein in der rahmenlosen Glasfassade verbaut, 22.500 Quadratmeter in der Dachkonstruktion. Somit wirkt der Bau trotz seiner Maße leicht, transparent und lichtdurchflutet. Gläserne Aufzüge und Bodenflächen sowie das landseitige Atrium unterstützen diesen Eindruck auch im Inneren des Gebäudes. — Terminal 2 ist für über sechs Millionen Passagiere ausgelegt. Es verfügt über acht gläserne Fluggastbrücken, zehn Busgates und 40 Check-in-Schalter. Die vollautomatische Gepäcksortieranlage bewältigt 3.000 Koffer pro Stunde. Lounges, Shops, Restaurants, Bars und Reisebüros versorgen sowohl Passagiere als auch Besucher.

Terminal 2 of Cologne/Bonn airport opened for use in summer 2000. It is part of the largest construction project in the history of the airport to date and includes the construction of two multi-storey car parks with 10,000 spaces, a newly designed arrival and departure system and the airport's own underground railway station. From 2004, ICEs, S-Bahns and Regional-Express trains will be using this station. — In accordance with the requirements of the commissioner's of the building, the design of Chicago architect's office Murphy/Jahn complements the architecture of Terminal 1, completed in 1970 by Paul Schneider-Esleben and keeps the distances the passengers have to travel around the complex as small as possible. — The 300 meter long and 75 meter wide Terminal 2 building offers 69,000 square meters of space on four levels. The roof, a folded construction with high windows oriented to the north, is supported by steel pillars, arranged in a 30 by 30 meter grid. The terminal has a total of 40,000 square meters of glass surfaces. 12,500 of these are in the frameless glass façade alone, with a further 22,500 in the roof construction. This enables the building to achieve a light, bright and transparent effect despite its great mass. Glass lifts and floors and an atrium reinforce this sense within the building. — Terminal 2 is designed to handle six million passengers. There are eight glass passenger bridges, ten bus gates and 40 check-in counters. The fully-automated luggage sorting system processes 3,000 items of luggage per hour. There are lounges, shops, restaurants, bars and travel agents for passengers and visitors.

Ettore-Bugatti-Straße

Bürogebäude Airport Business-Park »ABC Tower«

Architekt Johannes Zepp + Engelbert Zepp **Bauherr** abc tower projektgesellschaft mbH

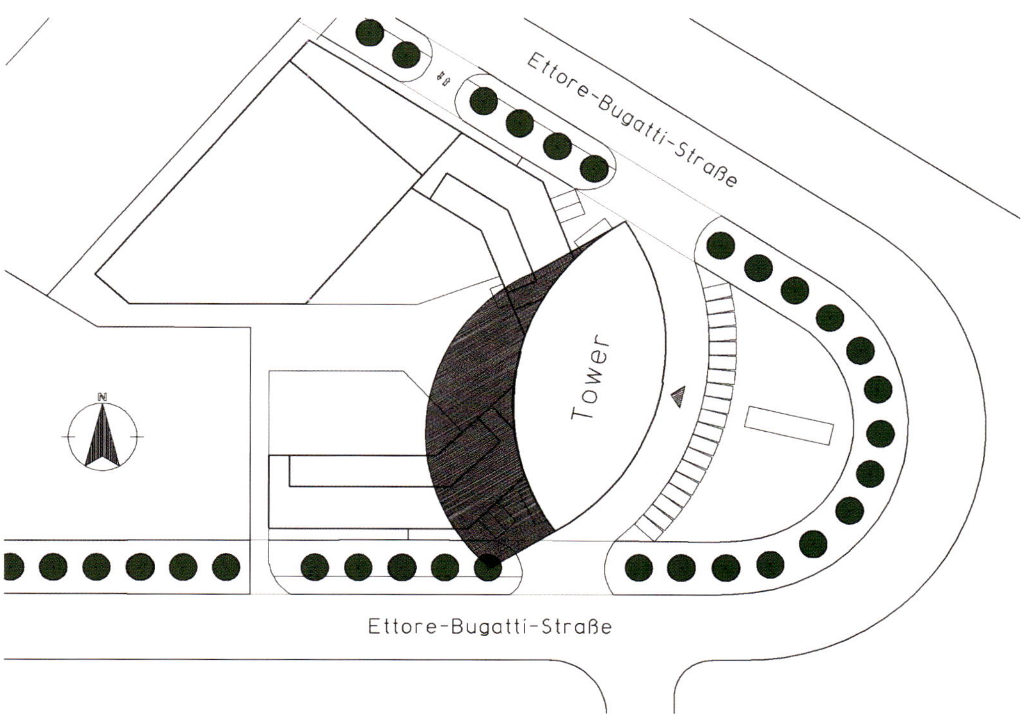

oben
Eingangsfassade
links
Lageplan

rechts
Ansichten des Hochhauses
rechts oben
Der Kölner Oberbürgermeister Fritz Schramma (links) und Architekt Engelbert Zepp bei der Projektpräsentation während der EXPO REAL 2001 in München

Bruttogeschossfläche
etwa 17.000 Quadratmeter
Fertigstellung
2002

Dem Entwurf liegt die städtebauliche Festsetzung der Stadt Köln im Bebauungsplan zugrunde. Im Airport Business Park, topografisch in der Mitte von Flughafen und Zentrum, war auf diesem Grundstück die Möglichkeit zur Errichtung eines Hochhauses mit einer maximalen Gesamthöhe von 65 Metern festgesetzt. — Nach Durchführung eines vom Bauherrn ausgelobten Wettbewerbs im Sommer 2000 wurde auch nach Vorlage flacher Bebauungsvorschläge die Hochhauslösung favorisiert und durchgeführt. Extrem günstige Wirtschaftlichkeit des Gebäudes und andererseits hohe Qualität waren die vom Bauherren auferlegten Voraussetzungskriterien. In dieser Hinsicht wurde im Ergebnis ein Gebäude durch Einzelvergaben erstellt, das um mehr als 20 Prozent unter den üblichen Baukosten vergleichbarer Objekte dieser Kategorie liegt. — Das Gebäude wird durch seine Ellipsenform bestimmt, die durch die Ecklage des Grundstücks ihre zusätzliche Prägung erfährt. Mit seinen transparenten Gebäudespitzen und der durchgehend verglasten Mittelachse in Verbindung mit der Backsteinverklinkerung ist die Wirkung von der Schmalseite her transparent und leicht, von der breiten Ost- und Westseite her mit markanter Symbolik. Die Mittelachse ist stark betont und ermöglicht über ihre Transparenz eine auf allen Geschossen erfahrbare Sichtverbindung zwischen Kölner Flughafen und Dom. — Im Inneren sind die Konferenz- und Besprechungsbereiche in den Gebäudespitzen hinter einer durchgehenden Doppelfassade zugeordnet. Die übrigen Wandflächen sind mit einer konventionell errichteten Klinkerfassade hergestellt. Die darin befindlichen Kastenfenster sind tief heruntergezogen und ermöglichen einen großzügigen Eindruck am Arbeitsplatz und gleichzeitig optimalen Lichteinfall mit hervorragendem Ausblick in Ost-West-Richtung. — Die Kombination von Doppelfassade und konventionell errichteter Fassade sowie die Minimierung des Gebäudeerschließungs- und Technikkerns mit einem Anteil von nur 11,5 Prozent ermöglichen die hohe Wirtschaftlichkeit des Gebäudes. — Dem Tower sind eine viergeschossige Mantelbebauung und ein Parkhaus mit etwa 480 Stellplätzen im westlichen Teil zugeordnet.

This design concept establishes the collected urban-planning stipulations of the city of Cologne's redevelopment plan. In AirportPark, located in the topographical heart of the airport and center, there was the possibility of erecting a high-rise building at a maximum height of 65 meters. — Following a competition with monetary prize, carried out by the project's clients in the summer of 2000, over the preferred presentation of flat redevelopment proposals, the high-rise solution was both favored and executed. Deciding factors for the clients were the extremely economical building costs as well as the structure's high quality. In this respect, the result was a building tailored-to-plan, whose building costs were more than 20 percent below those of objects usually found in this category. — The building is defined by its elliptical form, intensified by the site's corner situation. With its transparent peaks and uninterrupted glazed middle-axis, combined with its brick-walled surfacing, the overall effect from the building's narrower side is transparent and light, and from its wider east-west side decidedly symbolic. The middle-axis is highly emphasized, and the transparency, apparent on every floor, allows for a clear visual connection between the Cologne Airport and the cathedral. — In the interior spaces, conference and discussion areas located in the building's peaks are arranged behind an uninterrupted double facade. The remaining wall surfaces are formed by a conventionally erected clinker-brick façade. The deeply-set cased windows found here reach toward the floor, and make not only a spacious impression on the work place, but also create ideal light conditions, with an exceptional view in an east-westerly direction. — The combination of double façade and conventionally-erected façade, and minimized costs for building procedures and technicians, with a share of only 11,5 percent, make the building highly economical. — In the western sector, the tower receives a four-storey surface redevelopment, and parking facilities for circa 480 vehicles.

Houdainerstraße 32

Gemeindezentrum Porz-Zündorf
Architekt Kister Scheithauer Gross, Architekten und Stadtplaner
Bauherr Evangelische Kirchengemeinde Porz-Zündorf

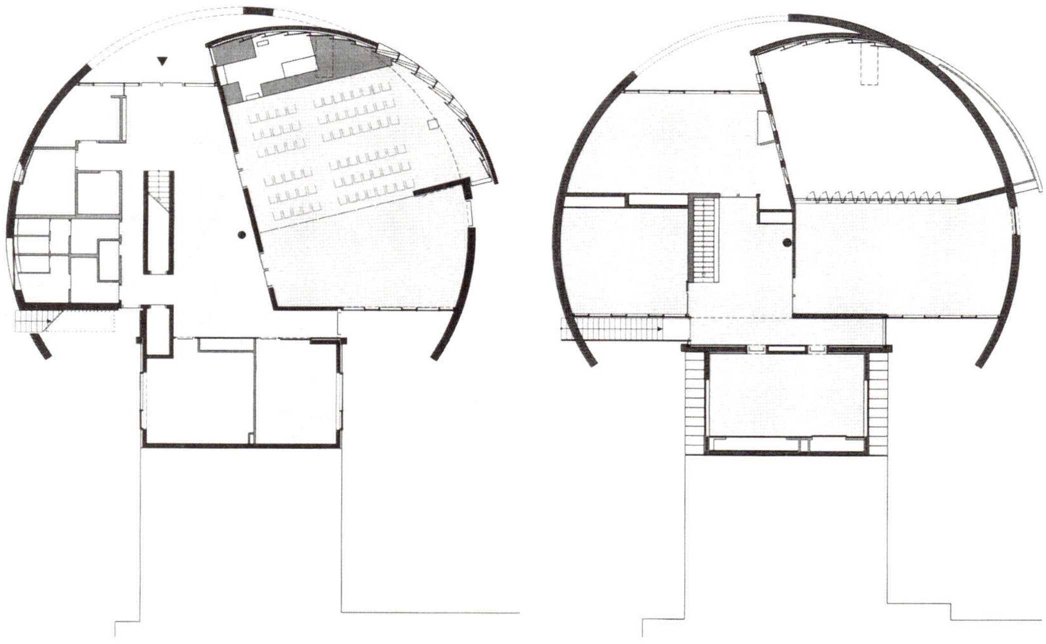

oben
Modellfoto
links
Grundrisse Erdgeschoss
und Obergeschoss

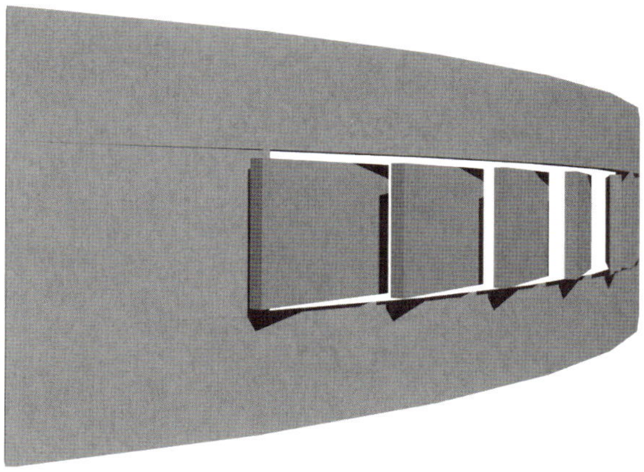

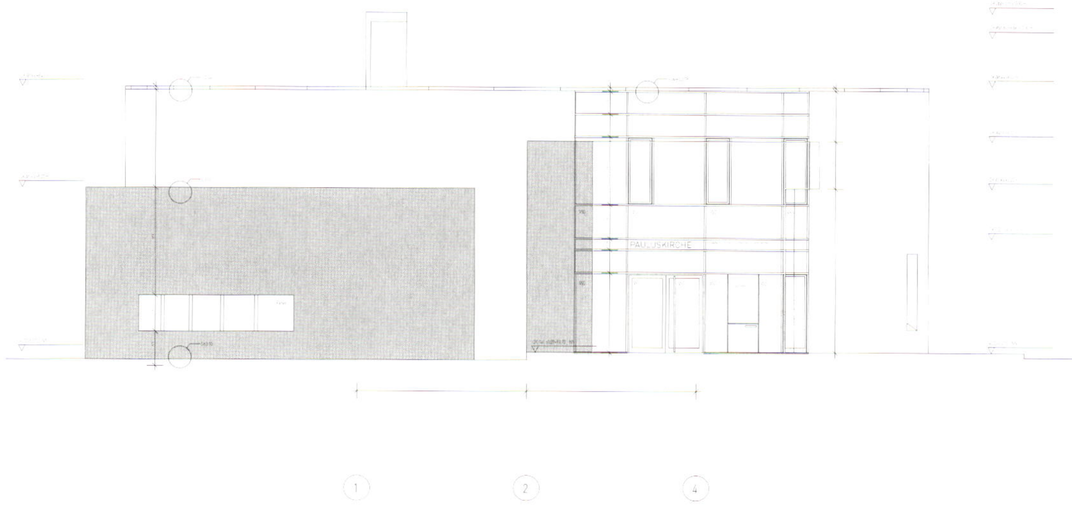

rechts oben
Fensterdetail
rechts unten
Ansicht

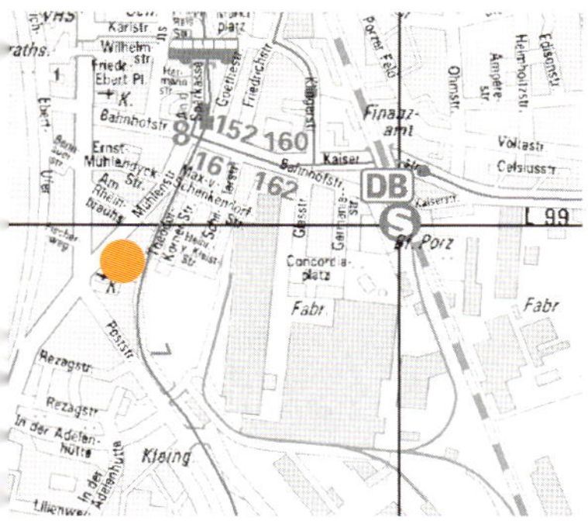

Grundstücksgröße
1.000 Quadratmeter
Bruttogeschossfläche
etwa 700 Quadratmeter
Fertigstellung
Mitte 2003

Im eingeladenen Wettbewerb von 1996/97 gewann das Architekturbüro Kister Scheithauer Gross den ersten Preis für den Bau eines Gemeindezentrums. Für das Neubaugebiet in Porz-Zündorf wurde klar, dass es eines architektonisch signifikanten Baues bedarf, um im peripheren Wachstum eine Orientierung und Bedeutung zu bilden. — Ein Rundbau – einer der ursprünglichsten Bautypen – verkörpert einprägsam die Idee des christlichen Miteinander und lässt den scheinbar zufälligen Bauplatz zu einem Ort und Merkstein in der weiteren städtebaulichen Entwicklung werden. Er zentriert, schließt aber nicht ab, denn der Kreis der verputzten Wand ist in dreifacher Weise offen: So ist das Segment der Außenwand des Gottesdienstraumes herausgedreht und thematisiert ein über den Menschen »Hinausweisen« auf Gott. Räumlich wird durch Seitenlichteinfall eine lebendige und auf den Altar orientierte Raumstruktur geschaffen. Des Weiteren bildet sich durch einen großen Ausschnitt in der Fassade ein Eingangshof, der in das Zentrum einladen will, da durch großzügige Verglasung der zurückliegenden Fassade Einblicke in das Foyer möglich sind. Zum Dritten lässt sich aus der inneren Struktur des Neubaus leicht ein Anbau in Fortführung des Kindergartengebäudes bewerkstelligen. — Die Geometrie des Konzepts erlaubt es, dass der Gottesdienstraum sich über Faltwände zum Gemeinderaum erweitert. Mögliche Fensterelemente im großen Gruppenraum im ersten Obergeschoss lassen auch eine Empore zu (Chor mit Blickverbindung zur Orgel). — Vier Materialelemente bestimmen die Erscheinung des Gebäudes: die äußere verputzte Wand, die Holzelemente des Gottesdienstraumes (Wand und Boden), die Sichtbetondecken und -stützen sowie die bodenbündig verglasten Fenster der Gruppenräume.

Architect's office Kister Scheithauer Gross won first prize in a competition for the construction of church rooms in 1996/97. It soon became clear that it would require a building of architectural significance to provide orientation and meaning among the Porz-Zündorf new development. — A round building – one of the most natural of building forms – both ideally embodies the idea of Christian fellowship and allows the seemingly random site to become a significant location within the further urban development of the area. It centres around itself but does not shut itself off, as the circle of the plastered wall opens up in three ways: the outer wall of the house of worship projects and symbolizes mankind's quest for God. With the light falling from the side a lively spatial structure oriented towards the altar is created. In addition to this, a section has been cut away in the façade to create an entrance court, inviting people into the centre, with the generous glass façade offering a view into the entrance hall. Thirdly an annex building emerges effortlessly from the inner structure as a continuation of the kindergarten. — The geometry of the design allows the place of worship to extend into the community room through the use of folding walls. Windows in the main group room on the first floor create a gallery (choir from where the organ can be seen). — Four materials define the appearance of the building: the external plastered wall, the wooden elements of the place of worship (wall and floor), the exposed concrete roofs and pillars and the glass windows of the group rooms reaching down to the floor.

Theodor-Heuss-Straße

Jugendzentrum SKM

Architekt schultearchitekten **Bauherr** Stadt Köln

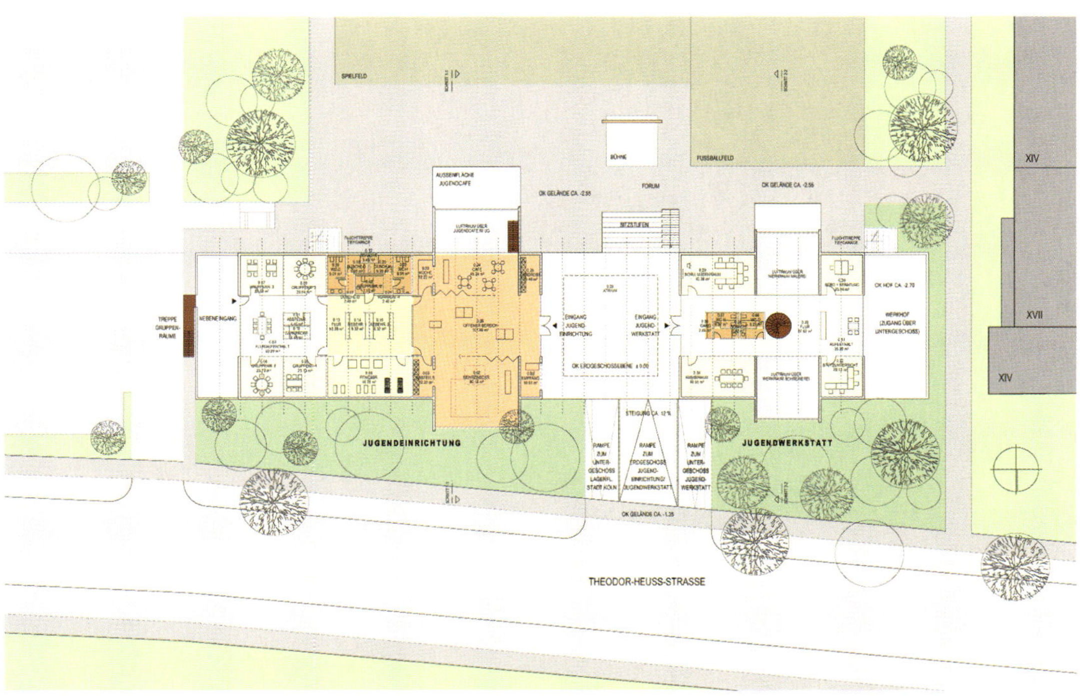

oben
Skizze
links
Grundriss Erdgeschoss

rechts
Modellfoto

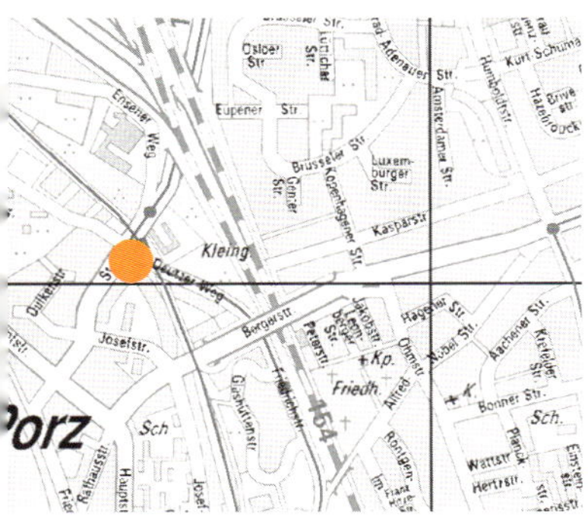

Träger
Sozialdienst Katholischer Männer Porz (SKM)
Bruttogeschossfläche
1.500 Quadratmeter
Fertigstellung
2005

Das Amt für Stadtsanierung und Baukoordination sowie das städtische Jugendamt planen im Sanierungsgebiet Finkenberg ein Jugendzentrum mit einer Jugendeinrichtung und einer Jugendwerkstatt. — Als Standort ist der Umbau und die Aufstockung einer kaum genutzten Parkanlage projektiert. Im Zentrum Finkenbergs an der Theodor-Heuss-Straße und in unmittelbarer Nähe zu verschiedenen Schulen gelegen, bietet diese Parkpalette die Möglichkeit, das Raumprogramm beider Einrichtungen in einer zusammenhängenden Gebäudestruktur zu realisieren. Die vorhandene Umgebung, ein stark durchgrüntes Umfeld mit verschiedenen Spieleinrichtungen, wird als Freifläche in die Planung integriert. — Die Parkpalette wird bis auf die Baukonstruktion des Rohbaus zurückgebaut. Auf die obere Ebene wird über die gesamte Grundfläche eine eingeschossige Ebene aufgesattelt. Nutzungseinheiten wie der Mehrzweckraum, das Café und die Werkstätten prägen durch Überhöhungen das Erscheinungsbild des Jugendzentrums. Ein zentrales, offenes Atrium definiert für beide Nutzungen einen gemeinsamen Eingangsbereich, der bei Veranstaltungen als Eventfläche bespielt werden kann. — Die Räumlichkeiten der Werkstatt umfassen je einen Werkbereich für Metallverarbeitung und für Malerei, verschiedene Lagerräume, einen Aufenthaltsbereich und für Außenaktivitäten einen Werkhof. Diese Nutzungen sind in zwei Ebenen untergebracht, die über eine interne Treppe miteinander verbunden sind. Galerien in der ersten Ebene öffnen sich in die Lufträume der Werkstätten. Der Werkbereich ist über die vorhandene Rampenanlage an der Theodor-Heuss-Straße zugänglich. — Gegenüber der Werkstatt wird die Jugendeinrichtung über eine transparent gestaltete Fläche mit einem Café und einem Mehrzweckraum als Foyer erschlossen. — Das Café ist zweigeschossig ausgebildet und öffnet sich mit einer Außengastronomie zu den vor der Einrichtung gelagerten vorhandenen Spielflächen. Ein Fitnessraum mit Umkleiden, Garderoben und Nebenräumen schließt an den offenen Mehrzweckbereich an. Räume für Gruppenarbeit, Schulung und Hausaufgabenbetreuung bilden, räumlich von der Eingangszone getrennt, den Abschluss der Jugendeinrichtung.

The department for renovation work and building coordination and the city youth department are planning a youth centre with facilities and a workshop in the renovation district of Finkenberg. — A scarcely used car park building is to be converted and increased in height. The close proximity of this parking facility on Theodor-Heuss-Strasse in the centre of Finkenberg to a number of schools provides the possibility to accommodate the spatial requirements of both the youth centre and the workshop in one connected structure. The existing environment, a heavily greened area with a number of games facilities are integrated into the plan as an open space. — The parking building is to be built back to the shell. A single floor level stretching across the entire extent of the building is to be constructed on the upper level. Facilities such as the multipurpose room, the café and the workshops are to be accommodated through the raising of the youth centre. A central, open atrium provides a common entrance area for both sections, which can be used as an area for events. — The workshop area includes spaces for metal work and painting, a number of storerooms, a recreation room and a yard for outdoor activities. These facilities are housed on two levels, linked by an internal stairway. Galleries on the first level open onto the atria of the work stations. The work area can be accessed via the existing ramp on Theodor-Heuss-Strasse. — Opposite the work station, the youth facility is completed by a transparent area with a café and a multi-purpose room serving as a foyer. — The café is on two levels and opens, with a catering facility serving the outside of the building onto the games area positioned in front of the building. A fitness centre with changing rooms, places for leaving clothing and additional rooms, connects to the multi-purpose area. The facility is completed by rooms for group work, education and home work which are spatially separate from the entrance zone.

Kalk/Mülheim

Deutz-Mülheimer Straße

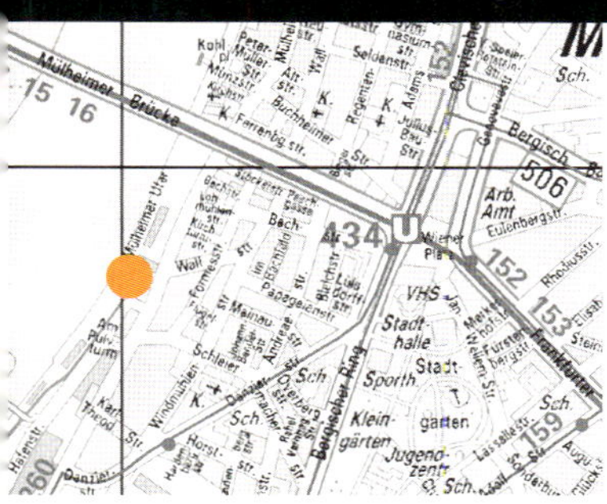

Mülheimer Hafen/»Wohnen am Strom«

Architekt schultearchitekten Bauherr HGK/modernes Köln

Mülheim

Grundstücksgröße
17.800 Quadratmeter
Wohnfläche
10.500 Quadratmeter
Fertigstellung
2004

In Mülheim entsteht auf dem Gelände des historischen Schutzhafens eine Wohnbebauung in unmittelbarer Rheinlage. Die bis Mitte der Neunzigerjahre als Umschlagplatz und Lagerstätte für Schiffsgüter genutzte Fläche wurde im Rahmen eines vorhabenbezogenen Bebauungsplanes zur Wohnbaufläche umgewidmet. Bei der Gebietsentwicklung legten die Architekten besonderen Wert auf eine Vernetzung mit dem angrenzenden Quartier und die Öffnung des Stadtteils zum Rhein hin. — Über mehrere Zugänge und Durchgänge zwischen den Baukörpern wird die jahrzehntelang versperrte Anbindung an den Fluss wiederhergestellt und das fehlende Teilstück der Rheinuferpromenade ergänzt. Südlich der Mülheimer Brücke entwickelt sich das Wohngebiet entlang der Deutz-Mülheimer Straße im Anschluss an den Festplatz des Stadtteils auf einem plateauartigen Sockelbauwerk, um eine Hochwasserfreiheit der Anlage zu gewährleisten. Städtebaulich sieht der Entwurf eine viergeschossige, straßenbegleitende Bebauung vor, die sich über hofbildende Baukörper zum Rhein öffnet und ihren Abschluss in aufgeständerten Kopfbauten findet. Diese Baukörper, die sich am Motiv des Hafenkrans orientieren, nehmen in ihrer Anordnung die Rheinkrümmung im Mülheimer Hafen auf und stellen einen wichtigen Akzent für diesen Stromabschnitt dar.

In Mülheim on the right side of the Rhine on the site of the historic winter harbour, a varied ensemble of residential buildings is to be constructed in 2004. The area, which until the mid nineties was used as a trade centre and storage site for shipping goods, has been rededicated as part of a building plan. The architects laid special value on linking the district to its neighbouring area and on opening the district up to the Rhine. — A series of routes of access running through the development will open up connections to the river which had been blocked for decades and at the same time complete the missing piece in the Rheinuferpromenade. To the south of the Mülheimer bridge, the residential structure will develop along the Deutz-Mülheimer road on a raised plateau-like structure, protecting the building against flooding. The design envisages a four-storey development running along the road and culminating in five storey structures, which draw upon the motive of a harbour crane and which dominate the skyline along the riverbank. They will be aligned to the bends in the river in the Mülheim harbour district and form an important feature of this stretch of the river. Alongside green residential courtyards and landscaped areas, a careful treatment of the riverside promenade helps to retain the character of the harbour.

Gummersbacher Straße/Westtangente

Deutzer Feld

Bebauungsplan Büro Zimmermann **Grundstückseigentümer** aurelis Real Estate GmbH & Co. KG

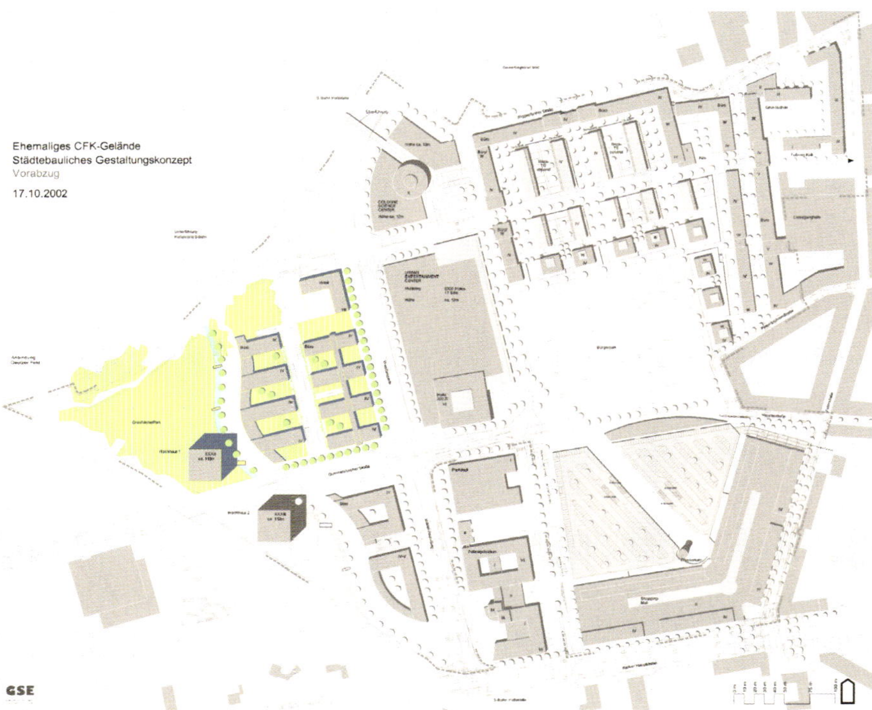

oben
Lufbild (Juli 2003)
links
Lageplan

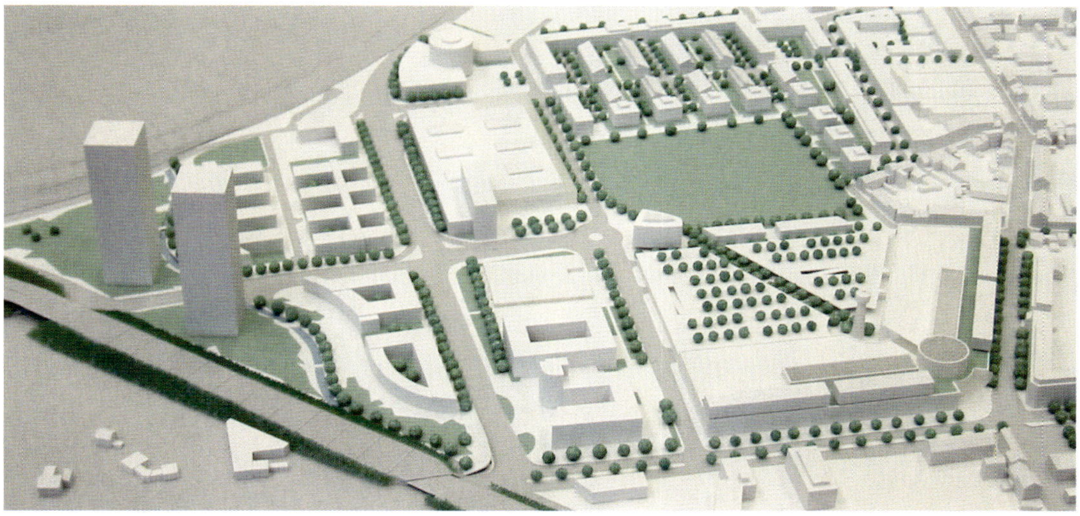

rechts oben
Wettbewerbsentwurf 1999
(3pass Architekten und Stadtplaner)
rechts oben, außen
Bebauungsplan
rechts unten
Modellfoto

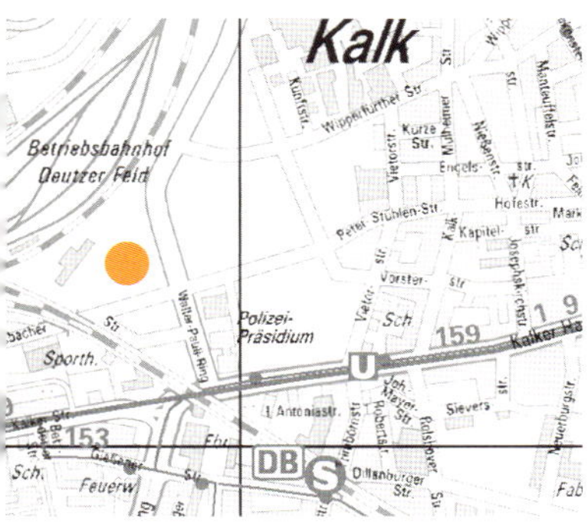

Grundstücksgröße
etwa 47.000 Quadratmeter
Bruttogeschossfläche
etwa 80.000 Quadratmeter
Fertigstellung
voraussichtlich ab 2004
in Bauabschnitten

Die Flächen der ehemaligen Chemischen Fabrik Kalk wurden erstmals in der Mitte des 19. Jahrhunderts für eine industrielle Nutzung in Anspruch genommen. In den Jahren kurz nach dem Ende des Zweiten Weltkriegs wurden weitere Grundstücke zum Werksgelände hinzugezogen. Ende der Siebzigerjahre begann der Niedergang der Chemischen Fabrik Kalk, die ihre Produktion 1994 endgültig einstellte. — Mitte 1995 wurde der Bau der Westumgehung Kalk vom Rat der Stadt Köln beschlossen. In diesem Zusammenhang wurde die Verwaltung beauftragt, ein städtebauliches Planungskonzept zu erarbeiten. Das Firmengelände wurde 1997 von einem Konsortium übernommen, das die bestehende Gebäudesubstanz weitgehend abräumte und die erheblichen Bodenverunreinigungen sanierte. Das Grundstück der ehemaligen Chemischen Fabrik Kalk ist heute bis auf das bereits neu errichtete Polizeipräsidium und den denkmalgeschützten Wasserturm ein weitgehend unbebautes Gelände. — Auf einer Fläche von etwa 30 Hektar soll in Zukunft ein neuer Westteil des Stadtviertels Kalk entstehen.1999 gingen die Kölner Architekten und Stadtplaner 3pass als erste Preisträger aus einem eingeladenen Verfahren zur städtebaulichen Konzeption des Geländes hervor. Mit der Erstellung des seit Mai 2003 rechtskräftigen Bebauungsplanes wurde das Architekturbüro Zimmermann beauftragt. — Für den Teilbereich des so genannten Deutzer Feldes zwischen der Westtangente und der westlich gelegenen Bahnlinie wurde eine vom Grundstückseigentümer initiierte Planung in das Gesamtkonzept integriert. Der westliche Abschluss wird von einer geschwungenen Bebauungskante sowie von zwei in den Freiraum zu den Bahnanlagen gestellten Hochhäusern gebildet. Hier sollen Bürogebäude entstehen, die insbesondere von der Nähe des technischen Rathauses, der KölnArena, dem neuen ICE-Haltepunkt Köln-Deutz sowie der Messe profitieren werden.

The site of the former Kalk chemical factory was first used for industrial purposes in the middle of the 19th century. In the years immediately following the end of World War II, further plots were incorporated into the industrial site. At the end of the 1970s Kalk began to go into decline, and production was finally wound up in 1994. — In the middle of 1995 Cologne city council took the decision to construct a west bypass for Kalk. In this context the local administration was commissioned to develop an urban development concept. The industrial site was taken over in 1997 by a consortium and the existing buildings were largely demolished and the high level of ground pollution cleaned up. However, apart from the new police headquarters and the water tower, which is a listed building, the site of the Kalk chemical factory remains largely undeveloped. — On an area of approximately 30 hectares it is planned to construct a new western section for the district of Kalk. First prize from invited entries for an urban development concept was awarded to Cologne architects and urban planners 3pass. Architect's office Zimmermann was commissioned to devise the construction plans. — For the area known as the »Deutzer Feld« between the western ring road and the railway lines lying to the west, a plan devised by Deutsche Bahn AG has been integrated into the whole. The western edge will be formed by a curved construction edge and two high-rise buildings in the open space adjacent to the railway lines. Office buildings are to be constructed here which will be able to benefit from the proximity of the technical town hall, the Arena, the new Cologne-Deutz ICE station and the exhibition halls.

Dillenburger Straße 71–93/95–97

Technikhof Köln Kalk 1. und 2. Bauabschnitt (mit Laboranteil)
Architekt Architekturbüro Felder **Bauherr** Stadt Köln/Amt für Stadtentwicklung und Statistik

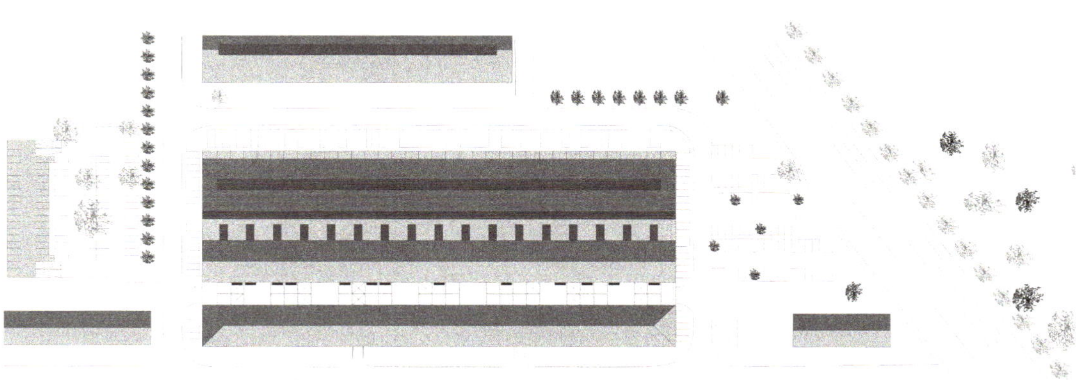

oben
Blick auf die eingestellten Boxen
links
Lageplan

rechts
Blick in die innen liegende Gasse
rechts außen
Nordfassade

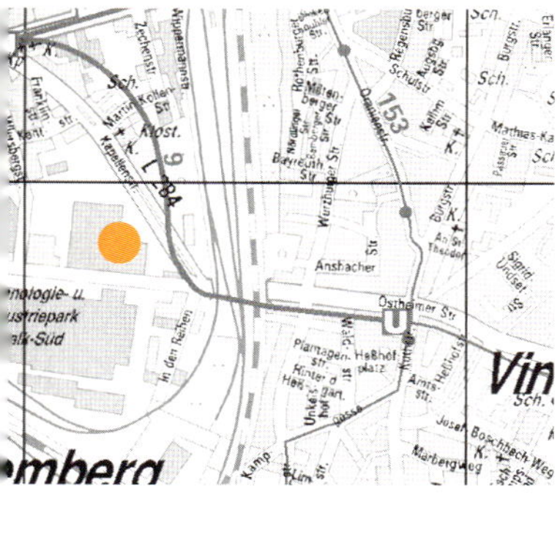

Projektsteuerer
Grund und Boden Baubetreuung GmbH
Grundstücksfläche
10.000 Quadratmeter
Bruttogeschossfläche
15.000 Quadratmeter
Fertigstellung
2001

Fotos: Lukas Roth

Großartige Ideen für die Arbeitswelt der Zukunft werden immer wieder verkündet, doch beschäftigen sich ihre Protagonisten meist nur mit Detailfragen. Die räumliche Organisation der Arbeitsplätze – die eigentliche Arbeitswelt – ist selten Gegenstand der Überlegungen. Ein – noch dazu ästhetisch anspruchsvolles – Angebot macht nun ein neuer Gewerbehof in Köln-Kalk, nicht mit teurer Luxusware für etablierte Firmen, sondern mit maßgerechten Startbedingungen für hoffnungsvolle Neugründungen. — Die Umnutzung des ehemaligen KHD-Traktorenwerkes an der Dillenburger Straße ist Teil eines größeren Programms, mit dem die Kölner Stadtverwaltung die Neuansiedlung von Gewerbe in dem von hoher Arbeitslosigkeit geprägten Stadtteil fördern will. Mit Hilfe kleinerer und mittlerer Betriebe soll auf den Industriebrachen eine langfristig stabilere Erwerbsstruktur entstehen. Mit dem Traktorenwerk standen dafür in nahezu idealer Kombination ein mehrgeschossiger Gebäuderiegel sowie zwei Werkhallen zur Verfügung, alle in den Dreißigerjahren im industriellen Backsteinkleid erbaut und mit entsprechendem Fluidum behaftet. Hinter dieser romantisch verklärenden Hülle findet man heute eine zeitgemäße und vor allem funktionierende Gewerbestruktur. Von hier soll die Initialzündung für ein ausgedehntes Areal ehemaliger Industrieflächen und den ganzen Stadtteil ausgehen. — Auf der Rückseite zeigt sich die Halle deutlich zurückhaltender, mit innen liegenden Büroräumen und einer an industrielle Vorbilder erinnernden Glasfassade. Dieser Gegensatz von Dichte und Weite zwischen den beiden Seiten prägt nachhaltig den Charakter des Gewerbehofes, wobei die enge Struktur im Inneren der Anlage ganz offensichtlich besser funktioniert.

We are always hearing of great new ideas for the working environment of the future, but these ideas generally only concern themselves with questions of detail. The spatial organization of the work place – the real working environment – is seldom a consideration. A new development in Cologne-Kalk seems to be addressing itself to the real issues – and in a highly aesthetic manner at that – and not for well-established companies, but for promising new enterprises. — The conversion of the former KHD tractor factory on Dillenburger Strasse is part of a larger programme, with which Cologne city council is hoping to attract new businesses to a district with high unemployment. By attracting small and medium sized businesses it is hoped to develop a stable, long term employment situation in this industrially barren area. The tractor works, with multi-storey buildings and two production halls from the 1930s with brick cladding and a corresponding fluidity provide an almost perfect combination. Behind this romantically transfigured shell, one finds today a contemporary and above all functional working environment. This is to act as a catalyst for an extensive area of former industrial sites and for the whole district. — Viewed from the back the hall appears more restrained, with office spaces and a glass façade reminiscent of industrial models. This opposition of density and expansiveness between the two sides is to be a lasting feature of the development, leading to a far better functioning of the narrow internal structure.

Burgstraße 42

Pfarrkirche St. Theodor

Architekt Paul Böhm Bauherr Katholische Pfarrgemeinde St. Theodor

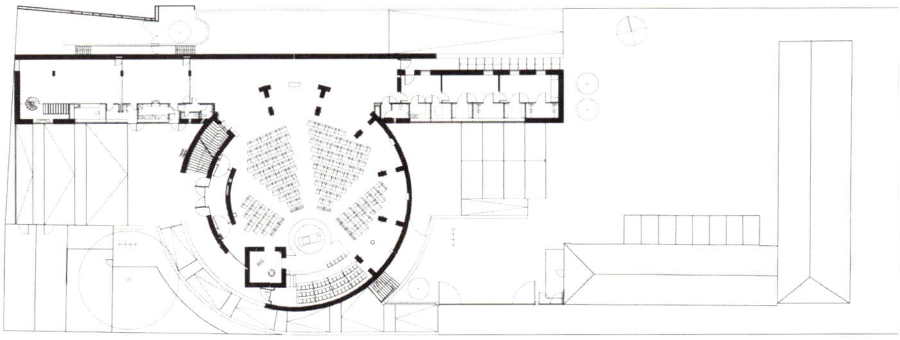

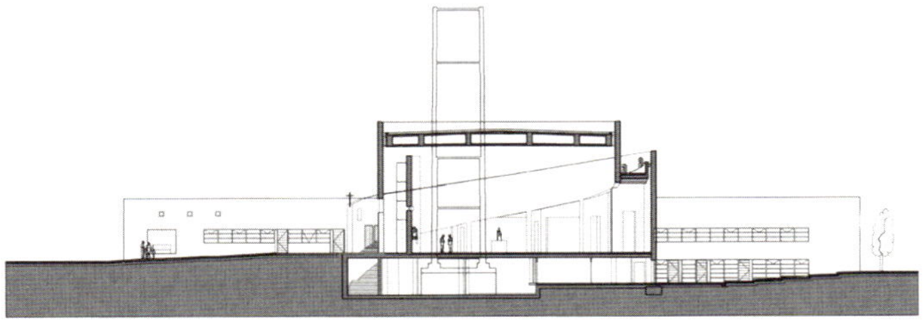

oben
Innenraum
links
Grundriss und Schnitt

rechts
Blick von der Burgstraße
rechts außen
Lichteinfall

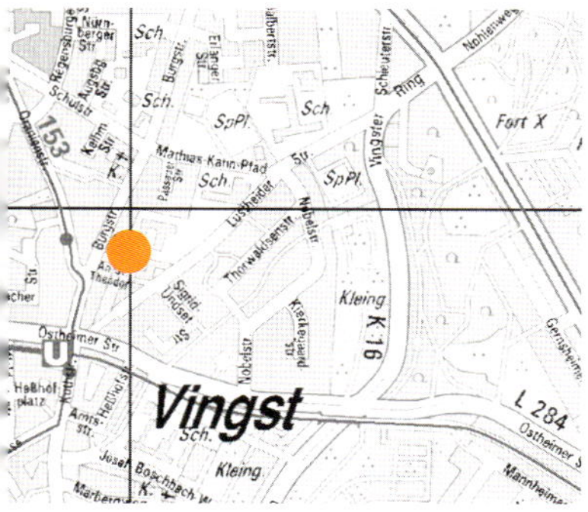

Fertigstellung
2000

Der Entwurf ordnet die städtebauliche Situation im Bereich um die Kirche. Es soll ein klar ablesbarer Bezirk vom Pfarrbüro an der Burgstraße über den Kirchbau und den Pfarrsaal bis hin zu Kindergarten und Kindertagesstätte an der Lustheider Straße entstehen. — An der Burgstraße öffnet sich ein Empfangsplatz, der zur Kirche hin leicht ansteigt. Der Pfarrhof, der vom Empfangsplatz durch den Kirchbau getrennt ist, liegt auf dem Niveau des Pfarrsaales. Er ist ein offener Platz, der sich durch seine Lage sehr gut für die unterschiedlichsten Aktivitäten eignet. An der Nordseite des Riegels befindet sich der Werkhof. Der Pfarrsaal wird durch seine Freistellung leichter erreichbar und als ein für die Gemeinde wichtiges Gebäude ablesbar. Im Osten wird der Pfarrhof vom Kindergarten begrenzt. — Der Neubau besteht aus einem lang gestreckten Riegel und dem Rundbau, der zwischen Empfangsplatz und Pfarrhof geschaltet ist und das Zentrum der Anlage bildet. Über den Windfang betritt man einen schlichten, aber feierlich intimen Raum, der von zwei ringförmigen Rundwänden unterschiedlicher Radien gebildet wird. Diese nehmen den bestehenden Kirchturm in einer Art offenen »Umarmung« in den Kirchenraum auf und integrieren ihn. Der Turm als das überlieferte »Alte« ist somit Bestandteil des Neuen. Wandscheiben gliedern die Bereiche zwischen den Ringen in Bereiche für Altar, Taufbecken, Chor und Orchester. Die Orgel integriert sich in den Turm. Im nördlichen Teil erweitert sich der Kirchenraum und verschmilzt mit dem Riegel. — Der Bereich zwischen den raumbildenden Ringwänden nimmt im Außenbereich eine flache Treppe auf, die um den Rundbau herum auf das Kirchendach führt. So entsteht ein begehbarer, öffentlicher Kirchbau. — Der Neubau ist in eingefärbten monolithischen Leichtbetonwänden ausgeführt, deren Oberfläche sandgestrahlt ist. Das Kirchendach ist als wassergebundene Fläche ausgeführt, das Riegeldach extensiv begrünt. Die Fußböden bestehen aus dunklem, geschliffenem Bitumenterrazzo, während die Außenflächen mit veredelter Oberfläche betoniert sind. Der bestehende Turm wurde innen wie außen neu verputzt.

This design places the church at the centre of the development. A clearly defined area is to be constructed from the parish office on Burgstrasse via the church and the parish hall through to the Kindergarten and children's day centre on Lustheider Strasse. — There is an entrance square on Burgstrasse which slopes gently up to the church. The parish court, which is separated from the entrance square by the church, is located on the same level as the parish hall. It is an open square whose position is very well suited to the wide range of activities taking place. On the north side is a work yard. The free positioning of the parish hall makes it easy to access and identifies it as a building of considerable importance within the community. The parish hall is bordered to the east by the Kindergarten. — The new building consists of an elongated building and a round structure placed between the entrance square and the parish court and forms the centre of the development. Passing through the porch, one enters a simple, but ritually intimate space formed by two walls of different radii. This, so to speak, embraces the existing church tower and integrates it into the church's interior. The tower, representing the »old« building is thus made an integral part of the new. Walled sections divide the area within the rings into areas for the altar, the christening bowl, the choir and orchestra. To the north the church space extends to merge with the long building. — In the outer section the area between the two circular walls forms a staircase which winds around the building leading to the church roof. The result of the design is an accessible church, welcoming to the public. — The new structure is executed with monotone, monolithic, lightweight concrete walls, whose surfaces are sandblasted. The roof of the long building is extensively planted with green. The floors are of a dark, polished bitumen terrazzo, while the outer areas are marked by refined surfaces. The existing tower has been replastered both on the outside and inside.

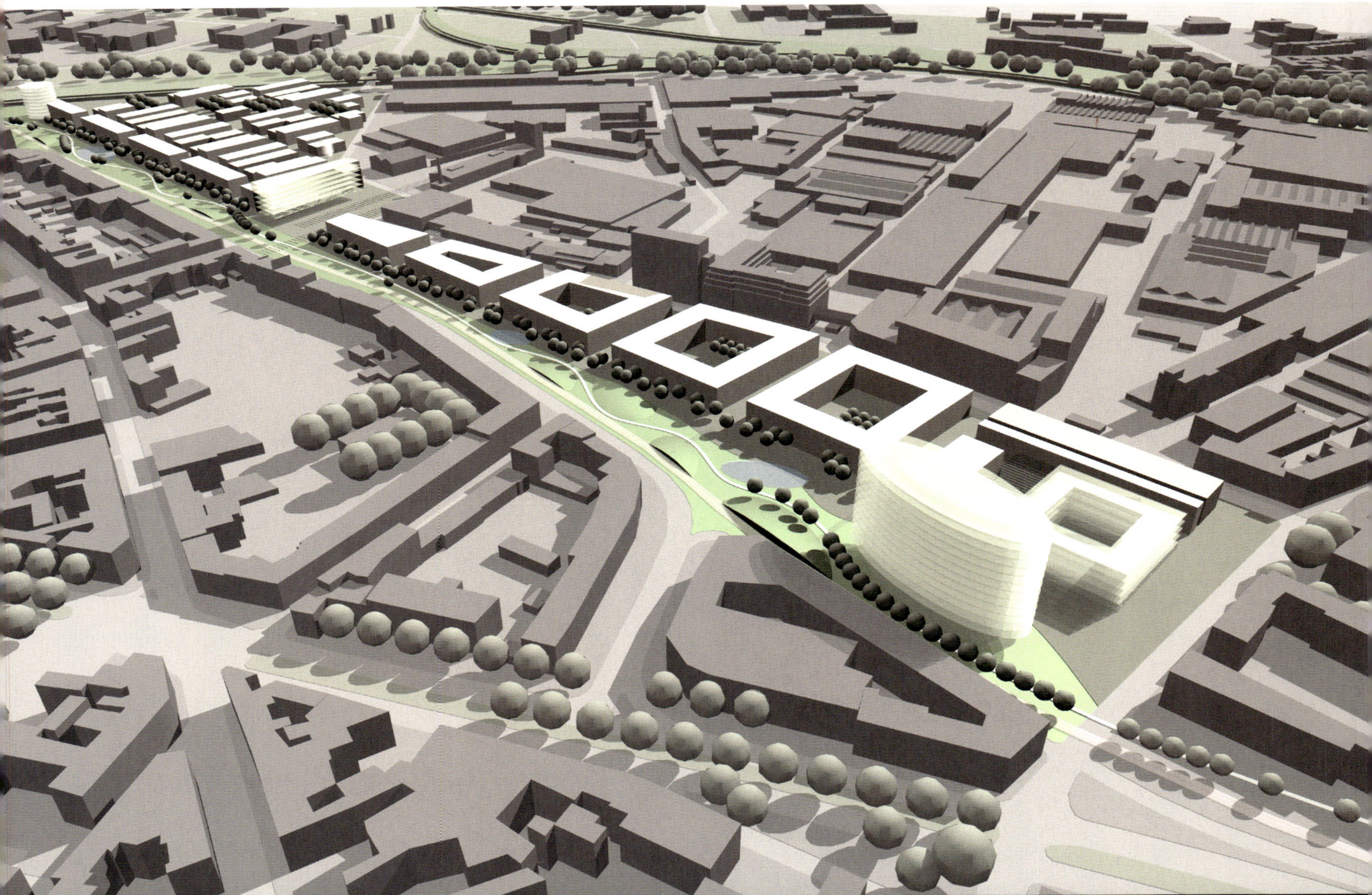

Schanzenstraße

Gewerbepark Köln-Mülheim

Architekt Büder + Menzel/Busmann + Haberer

Grundstückseigentümer aurelis Real Estate GmbH & Co. KG

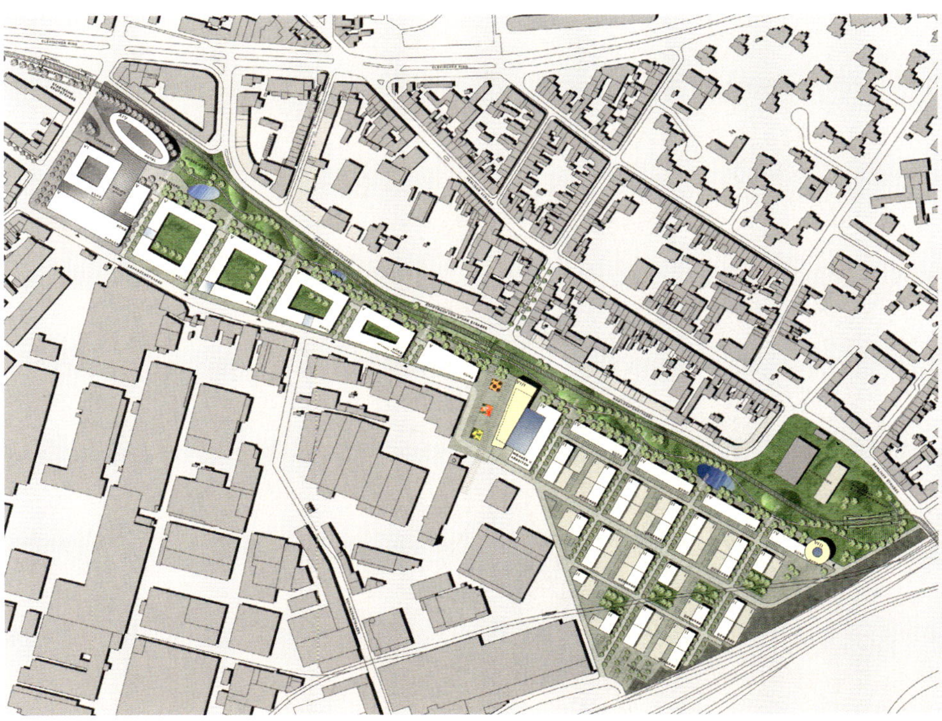

oben
Blick aus der Vogelperspektive
links
Lageplan

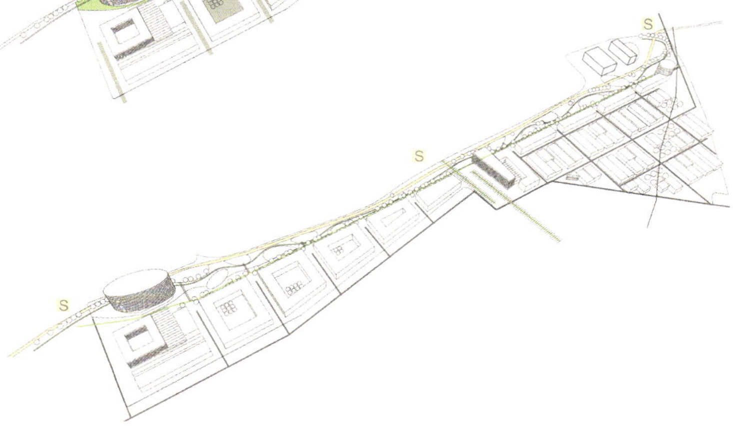

rechts oben
Subzentren
rechts mitte
Grünanlagen
rechts außen
Erschließung

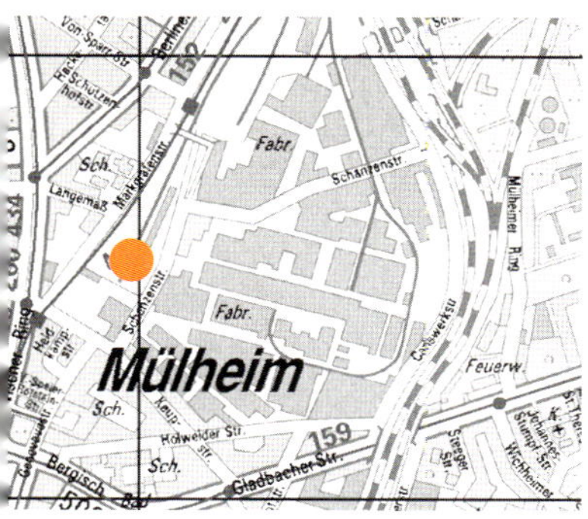

Freiraumplanung
kiparlandschaftsarchitekten
Grundstücksgröße
etwa 11,3 Hektar
Fertigstellung
in Bauabschnitten ab 2005

Der rechtsrheinisch gelegene Stadtteil Köln-Mülheim ist eine prosperierende Region, deren Entwicklung in den nächsten Jahren voraussichtlich noch zunehmen wird. In zentraler Lage, umgeben von gründerzeitlichen Wohnquartieren, soll der ehemalige Güterbahnhof Mülheim einen innovativen Strukturwandel erfahren. Hier werden großflächige Reserven für Dienstleistung und medienorientiertes Gewerbe geplant. — Die Anbindung des Gebiets an den Wiener Platz als Verkehrsknotenpunkt ist über Straße und Stadtbahn bereits gegeben. Die bestehende und zukünftige Bebauung wird mittels eines modellierten Grünbereiches miteinander verknüpft und bietet so die Grundlage für ein Freiraumkonzept, das einerseits die Bedürfnisse der Bevölkerung nach notwendigen Freiflächen befriedigt und andererseits den neuen Arbeitskräften Potenziale für Kreativität und Erholung bietet. — Drei Kristallisationspunkte bestimmen den städtebaulichen Entwurf und strukturieren die Erschließung des Geländes. Die aurelis Real Estate GmbH & Co. KG ist Eigentümer des gesamten Geländes nördlich des an der Südspitze gelegenen Ensembles. Diese zum Wiener Platz orientierten Gebäude sollen medienorientierte Nutzung aufnehmen, während der organisch geformte Hochpunkt als Hotel dient. — Den Mittelpunkt der geplanten Bebauung bildet das sozialgewerbliche Projekt mit neuer Platzfläche am Übergang der Von-Sparr-Straße. Hier sind die Anbindungen an die stadtteilspezifischen Nutzungen wie Bürgerzentrum, Markt, Kindergarten, Schule oder Kultur-Hochbunker realisierbar. — Einen formalen Abschluss bildet der runde Hochpunkt am nördlichen Ende des Baugebietes. Das Parkhaus am Kopf der blockartigen Gewerbebebauung ermöglicht in Kombination mit dem neuen Haltepunkt »Rixdorfer Straße« eine Park & Ride Nutzung.

The Cologne district of Mülheim, located on the right of the Rhine is a flourishing area whose growth is set to continue over the next years. The former Mülheim goods depot, located in a central position surrounded by residential buildings dating from the Gründerzeit, is set to undergo a major conversion project. It is planned to develop spacious areas for service and media businesses. — Good road and S-Bahn links already exist for this site on Wiener Platz. The existing and future developments are to be linked by a modelled green area providing the basis for an open space, which will, on the one hand, satisfy people's needs for such an area, and, on the other hand, create an environment where working people can seek rest and creativity. — Three crystallization points define the urban development aspect of the design, and structure the development of the site. — The new landmark of the business park is to be located in the southern part of the development, a prelude for the free-standing and block structures to follow. These structures are intended for media-oriented businesses, whilst the organically formed high point will serve as a hotel. — The central point of the development is to be a project combining business and civic facilities with news spaces created at the intersection of Von-Sparr-Strasse. Facilities connected to the requirements of an urban district such as a citizen's centre, market, Kindergarten, school or cultural facilities can be realized here. — A formal completion is formed by a higher round structure at the northern end of the development. The multi-storey car park at the head of the block-like business structure will, in conjunction with the new »Rixdorfer Strasse« station, create a park & ride facility.

Düsseldorfer Straße

Wohnbebauung

Architekt Prof. Ulrich Coersmeier **Bauherr** Rotonda Acht Immobilien GmbH & Co. KG (Eine Projektgesellschaft der LEG NRW und der ZAWD)

oben
Blick aus der Vogelperspektive
links
Lageplan

rechts oben
Ansicht Hochhaus
rechts
Modellfoto

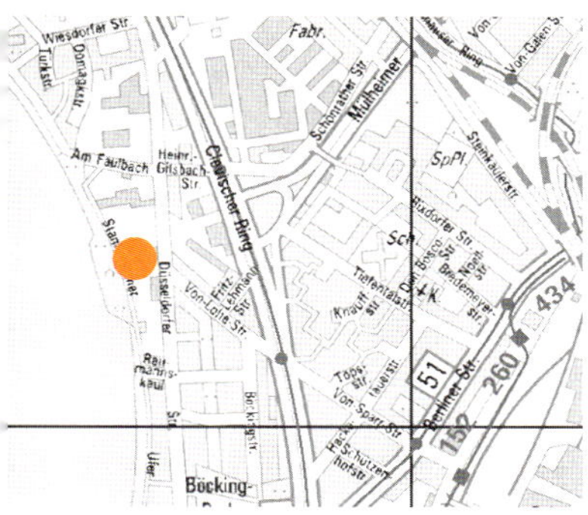

Grundstücksgröße
etwa 40.000 Quadratmeter
Bruttogeschossfläche
etwa 64.420 Quadratmeter
Fertigstellung
2004 (1. Bauabschnitt)

Im Norden des rechtsrheinisch gelegenen Stadtteils Köln-Mülheim entsteht auf einem zuvor gewerblich genutzten Gelände ein neues Wohnquartier. Zwischen Düsseldorfer Straße und Rhein spannt sich das lang gestreckte trapezförmige Grundstück auf. — Der Entwurf des Kölner Architekten Prof. Ulrich Coersmeier verknüpft über einen zentralen Platz die Parkanlage des Böcking Geländes mit dem Rheinufer. Eine Reihung von sieben Wohntürmen zeichnet die geschwungene Rheinuferlinie nach und gibt dem neuen Wohngebiet ein eigenes Gesicht zum Strom. Durch die großen Gebäudezwischenräume gelingt es, die typische Uferatmosphäre in die Tiefe des Wohngebietes zu transportieren. Das Wohnen am Rhein wird so für alle Bewohner erfahrbar. Die viergeschossige Blockrandbebauung an der Düsseldorfer Straße fasst den Straßenraum und schirmt das dahinter liegende Wohnquartier gegen den Verkehrslärm ab. Ein Hochhaus am nördlichen Rand begrenzt das neue Wohnquartier; es gibt laut Aussage des Architekten Halt und Identifikation in einem heterogenen städtebaulichen Umfeld und setzt ein Zeichen in der rechtsrheinischen Silhouette. — Die Erdgeschossebene, und damit das gesamte Terrain, wird im Verhältnis zur Düsseldorfer Straße um etwa einen Meter angehoben und ist damit hochwassersicher. Die weitläufige »grüne Mitte« des Wohngebiets ist als offenes Raumkontinuum angelegt, das die zentralen Naherholungsfunktionen im Quartier aufnimmt und den Bezug zum Rhein herstellt. Alle Wohnwege münden in die zentrale Platzanlage. — Die privaten Stellplätze werden überwiegend in Tiefgaragen untergebracht und ermöglichen damit Autofreiheit im unmittelbaren Wohnumfeld. Die Vielfalt des Wohnungsangebotes, Rheinbezug und Verknüpfung sehr unterschiedlicher Freiraumangebote charakterisieren die Gesamtanlage.

A new residential area is being constructed in the north of the Cologne district of Mülheim on an area previously used for industrial purposes. The elongated, trapezium-shaped building plot stretches between Düsseldorfer Strasse and the Rhine. — The design by Cologne architect Prof. Ulrich Coersmeier links the parking unit of the Böcking site with the Rhine via a central square. A row of seven residential towers follows the course of the Rhine giving the residential development an individual quality. The design succeeds in maintaining the atmosphere of the riverside within this residential development and the residents will be able to enjoy the sense of living on the Rhine. The four-storey block development on Düsseldorfer Strasse shields the residential area lying behind from the noise of the traffic. A high building marks the edge of the residential development to the north, providing, according to the architect, a point of identification within a heterogeneous urban landscape and a major contribution to the skyline on the right side of the Rhine. — The ground floor is raised one meter above Düsseldorfer Strasse, protecting the building against flooding. The extensive »green centre« of the residential area is laid out as an open spatial continuum. — The private parking spaces are largely located in an underground car park, which helps keep the residential area free of traffic. The development is marked by a variety of different flats, the proximity of the Rhine and a wide range of open spaces.

Auguste-Kowalski-Straße

Quartierzentrum Donewald

Architekt Planungsgruppe HOME Hoffmann + Mehlich BDA

Bauherr F. Freericks GmbH Co KG

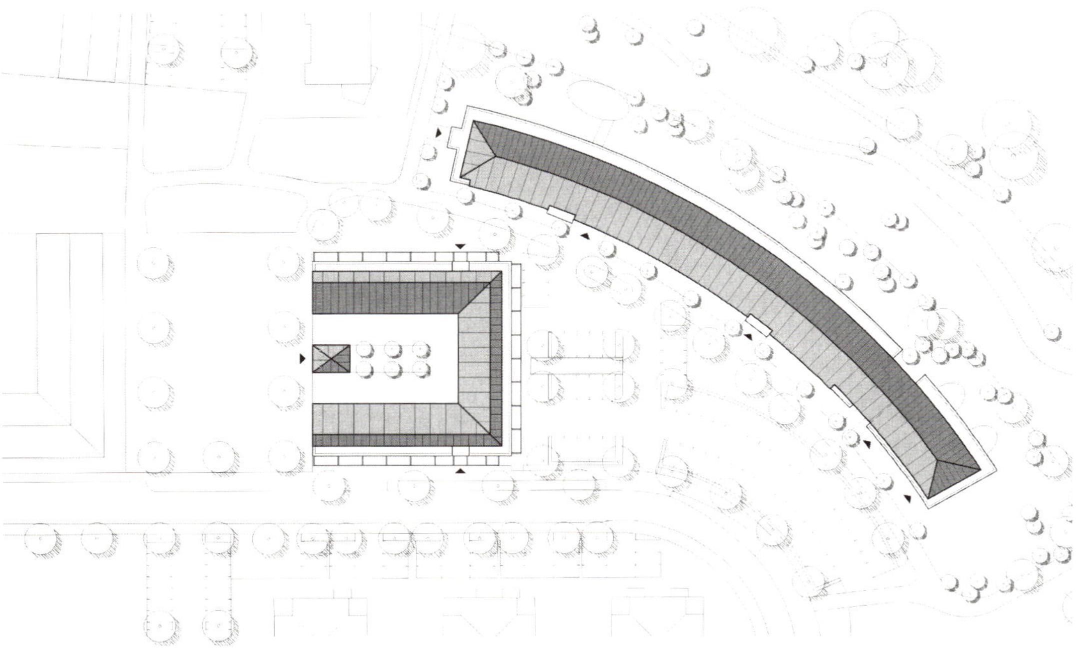

oben

Ansicht des »Blocks«

links

Lageplan

rechts oben
Grundrissausschnitt »Spange«
rechts unten
Luftbild (Juli 2003)

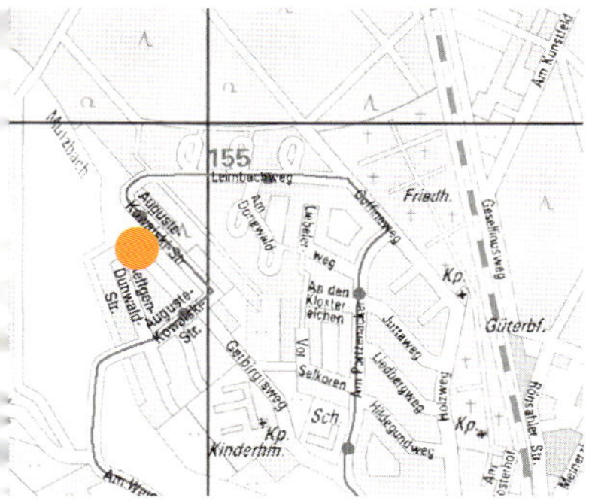

»Spange«
Nutzfläche gesamt
5.977 Quadratmeter
Fertigstellung
Ende 2003

»Block«
Nutzfläche gesamt
3.621 Quadratmeter
Fertigstellung
2004

Das Quartierzentrum Donewald ist der letzte Baustein eines Bauvorhabens, das mit 15 Hektar Gesamtfläche eines der größten Kölner Wohnbauprojekte der Neunziger Jahre darstellt. Es rundet den rechtsrheinischen Ortsteil Dünnwald mit einer drei- bis viergeschossigen Bebauung zum Landschaftsgebiet »Mutzbachaue« ab. Die »Spange« ist Teil einer nahezu geschlossenen westlichen Randbebauung des Quartiers. — Der kreisringförmige Baukörper hat eine Länge von etwa 130 Metern und vereint unter seinem Dach eine dreigruppige Kindertagesstätte, 18 zum Teil altengerechte Service-Wohnungen sowie ein Altenpflegeheim mit 80 Plätzen. Das Altenpflegeheim wird von dem Orden der Vinzentinerinnen betrieben. Eine kleine solitäre Kapelle mit einer streng ovalen Grundrissfiguration ist auch nach außen wirksames Zeichen dieses christlichen Engagements. — Die Fassade des viergeschossigen Baukörpers wurde konsequent flächig gestaltet, um die räumliche Spannung des ringförmigen Baukörpers mit einem Innenradius von 150 Metern zum Ausdruck zu bringen. Terrakottafarbige Ziegel und das Weiß der Fassade bestimmen das äußere Erscheinungsbild des Gebäudes. — Der auf einer quadratischen Grundfläche von 39 mal 39 Metern errichtete Baukörper »Block« ist wie die »Spange« ein Teil der Neubebauung. — An einem Stadtplatz, dem Endpunkt eines inneren Grünzuges gelegen, dient das Wohn- und Geschäftshaus der Nahversorgung des Quartiers. Läden und Gastronomie im Erdgeschoss bilden eine Plattform für eine U-förmige Wohnbebauung in drei Ebenen. — Die einfamilienhausähnlichen Wohnungstypen mit drei bis vier Zimmern werden von einem begrünten Freibereich im ersten Obergeschoss – mit Spielfläche und Vorgärten – aus erschlossen. — Vorgesetzte Arkaden dienen zugleich auch als großzügige Terrassen der Wohnungen. Rote Ziegel und die Stahlkonstruktion der Arkade sind die prägenden Materialien der Fassade.

The Donewald centre is the last element in a construction plan on fifteen hectares – the biggest residential development in Cologne in the 1990s. The three to four-storey buildings link the area of Dünnwald lying on the right of the Rhine with the Mutzbachaue landscape area. The »Spange« (bracelet) is apart of an almost continuous development marking the western limit of the area. — The circular building is 130 metres in length and combines a children's day centre for three groups, 18 service flats partly equipped for the elderly and an old people's home able to accommodate 80 residents. A small, free standing chapel with a strict oval form is another very clear symbol of the Christian ethos of the development. — The façades of the four-storey structure have been designed with very flat surfaces to emphasize the spatial tension of the circular development, which has an internal radius of 150 meters. The external appearance is marked by the use of terracotta-coloured bricks and the white of the façade. The »Block«, constructed on a square plot of 39 meters by 39 meters is, like the »Spange« part of the new development. — On an urban square, marking the end of an inner green zone, this residential building with business and shops caters for the area's immediate needs. There are shops and restaurants on the ground floor creating a platform for a three level u-shaped residential building. — The flats, which resemble detached family homes with three to four rooms are designed with a green open space with play areas and front gardens on the first floor. — Arcades located in front of the development also serve to provide spacious terraces for the flats. The red brick and steel of the arcades are the defining materials of the façade.

Egonstraße

Werkstattgebäude Großklärwerk Köln-Stammheim

Architekt Architekturbüro Felder **Bauherr** Stadtentwässerungsbetriebe Köln

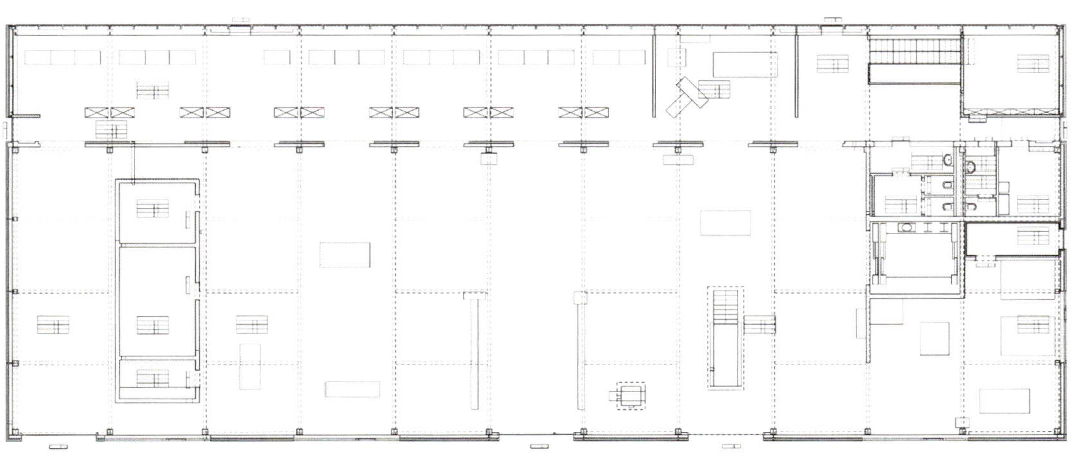

oben
Ansicht der Oberlichter
links
Grundriss Erdgeschoss

rechts oben
Innenansicht der Halle
rechts außen
Ansicht bei Nacht
rechts unten
Ansicht des Werkstattriegels

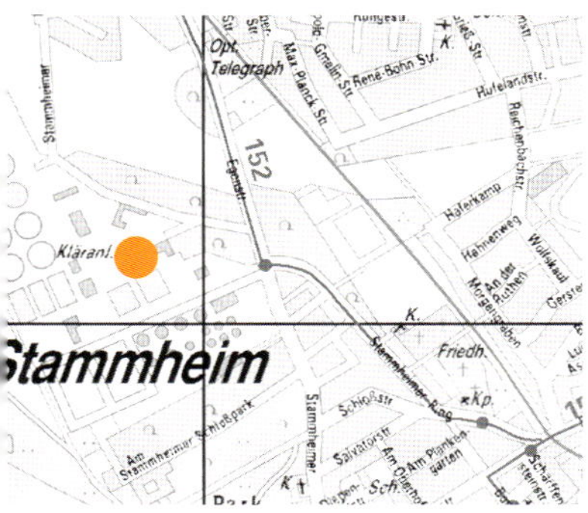

Grundstücksgröße
3.200 Quadratmeter
Bruttogeschossfläche
1.650 Quadratmeter
Fertigstellung
2000

Fotos: Lukas Roth

Zur weiteren gestalterischen und logistischen Verbesserung des Werksareales Großklärwerk Köln-Stammheim wurde pünktlich zur Eröffnung der EXPO-Außenstelle Abwassertechnik das Werkstattgebäude fertig gestellt. — 1999 wurde das hier vorgestellte multifunktionale Werkstattgebäude dem Bauherren übergeben. Es bildet mit dem vorher entstandenen Mehrzweckgebäude ein lineares städtebauliches Ensemble in Nord-Süd-Ausrichtung. Westlich des Ensembles liegt ein Teil der Werkserschließung, östlich reihen sich unterschiedlich gestaltete Außenräume entlang der Gebäude bis hin zum wilden Grün im Norden. Ein enges Kostenkorsett zwang zur industriellen Bauweise mit Stahlskelett-Konstruktion und vorgehängten Betonsandwichplatten. — Der Neubau dient überwiegend Schlosserei- und Instandsetzungsarbeiten sowie der Reparatur der Schwerlastfahrzeuge und großvolumiger Pumpen. Es wurde besonderer Wert auf eine klare Formensprache gelegt, die das enge Kostenkorsett und die Zeitachse der Gebäude dokumentiert. — Gegliedert ist der Bau in eine Halle mit markanten Oberlichtern und einen vorgelagerten Riegel mit kleineren Raumeinheiten. Der Hallenteil wurde im Kellerbereich in Stahlbetonaußenwänden mit Mauerwerk errichtet, im Obergeschoss als Stahlskelettbau, an den Fertigbetonplatten gehängt sind. Die Oberfläche der Fertigbetonplatten wurde farblich gestaltet. Es dominiert ein grüner Granitsplit, der in dunklem Mörtel eingelassen ist. — Die Tragstruktur mit den markanten Oberlichtern schafft eine günstige Ausleuchtung des Gebäudes nach innen und eine charakteristische Wirkung der Halle nach außen. Einfachste Materialien erzeugen in ihrer Ganzheit ein gleichsam wirtschaftlich preiswertes wie auch räumlich reiches Gefüge. — Der eingeschossige Riegel mit den kleineren Raumeinheiten bildet die Fassade nach Osten. Hier sorgen Oberflächen in Holz und ein hoher Glasanteil für eine helle und offene Atmosphäre.

As early as 1992, the architectural practice of Felder was commissioned to overhaul the structure around the sewage plant in Cologne's Stammheim district. A multi-purpose building was erected. — A new multi-functional workshop entered into use in 1999. With the earlier multi-purpose building it forms a linear urban ensemble oriented on a north-south axis. A part of the plant's access area lies to the west, while distinctly individual exterior spaces range along the eastern side of the buildings to the edge of the green wilderness to the north. A strict budget required a steel skeleton structure with attached concrete slabs. The shed's clear architectural idiom of distinctive skylights and, at its front, a rectangular block with workspaces looking out into the green landscape, provides a unifying framework for the diverse functions represented inside. — The new building is mainly used for metalwork and repairs, also on heavy goods vehicles and large-volume pumps. — The emphasis was on a clear idiom reflecting the tight budget and the different construction dates. The ensemble consists of a shed and the block at its front, which accommodates smaller workrooms. On the basement floor, the shed has walls of reinforced concrete combined with masonry, while the upper level is a steel skeleton structure with attached concrete slabs. — The surfaces of the prefabricated concrete slabs received a colourful texture of green granite chippings embedded in dark mortar. The load-bearing structure with its distinctive skylights floods the building's interior with light and, on the exterior, gives it an identity of its own. — The use of simple materials allows creating a rich spatial effect at economical prices. The single-storey block with smaller workrooms defines the building's eastern front. Timber and glass surfaces ensure a bright and open atmosphere.

Register

Architekten (Auswahl)

Bauherren/Investoren (Auswahl)

Die Deutsche Bibliothek verzeichnet diese Publikation in der Deutschen Nationalbibliografie; detaillierte bibliografische Daten sind im Internet über http://dnb.ddb.de abrufbar.

ISBN 3-935455-23-2

Redaktion
Philipp Meuser (verantwortlich)
Andrea Platena
Uta Keil

Redaktionsassistenz
Brigitta Hahn-Melcher
Anne Krusemark
Bettina-Dorothee Mecke
Natascha Meuser

Redaktionsschluss
15. Juli 2003

Übersetzung in die englische Sprache
Andrew Ennis
Nina Hausmann
Karl Edward Johnson

Grafikkonzept
Atelier Frank, Berlin

Grafische Umsetzung
Michaela Prinz, Berlin

Bildnachweis
Die Abbildungen wurden von den jeweiligen Bauherren, Projektentwicklern und Architekten zur Verfügung gestellt. Bildrechte verbleiben bei den Urhebern.

Impressum

Danksagung
Stadt Köln, Dezernat für Wirtschaft, Stadtentwicklung und Stadtplanung

Stadtplanungsamt
Anne Luise Müller, Dipl.-Ing. Architektin
Hermann Gellissen, Baudirektor
Uwe B. Sardemann, Dipl.-Ing.

Amt für Stadtsanierung und Baukoordination
Andreas von Wolff, Ltd. Baudirektor

Amt für Stadtentwicklung und Statistik
Günter Wevering, Oberbaurat

Amt für Wirtschafts- und Beschäftigungsförderung
Michael Josipovic, M.A.

Fotografen (Auswahl)
Compère, Nicole; Denancé, Michel; Esch, Hans-Georg; Gebler, Christoph; Hempel, Jörg; Hofmann, Arne; Jones, Peter Blundell; Kohler, Carola; Kraneburg, Christoph; Leiska, Heiner; Lepkowski Studios; Meuser, Philipp (Luftbilder); Meyer, Constantin (www.constantin-meyer.de); Müller, Stefan; Reisch, Michael; Richters, Christian; Riehle, Tomas; Roth, Lukas (www.lukas-roth.de); Schmidt, Axel (www.studio-schmidt.de); Schilling, Stefan; Schmitz, Uwe (www.uweschmitz.com); Schneider, Stefan; Schuh, Oliver/Palladium Photodesign; Slawski, Dirk; Steinprinz, Sigurd; Spoering, Uwe (www.uwespoering.de); Suhan, Cornelia; Visuelles Design Zerbes; Wieland, Stephan; Willebrand, Jens; Zurborn, Wolfgang